PDA 高速数据采集分析系统应用指南
详尽解析质量管理及工业大数据来源

刘伟铭　彭燕华　毕士龙　编著

电子工业出版社·
Publishing House of Electronics Industry
北京·BEIJING

内 容 简 介

本书系统地诠释工业 PDA（Process Data Acquisition）高速数据采集分析系统的一般原理，结合丰富的插图，介绍该系统的功能、性能指标、安装使用方法；广视角地剖析该系统支持的 PLC、硬件接口模块、数据总线类型；详细阐述完全开放的数据接口。本书共 13 章，充分展示 PDA 高速数据采集分析系统架构、技术研发、应用策略，以及数据采集原理、编程技巧。其中涉及的相关系统，如长期趋势分析系统、开放式高频时序数据库、数据库系统及升迁工具、数字钢卷转换计算系统、数字钢卷快速搜索统计系统、设备诊断同步过采样系统、轧辊剥落预警及快停系统、辊道电流监测系统、高频高密高速数据平台等，具有重要的工程指导意义。

本书可供在自动化、计算机、材料等领域从事技术科研、设计、软件开发的工程技术人员参考，也可供高等院校自动化专业师生阅读，尤其对现场调试和维护工程师具有较高的参考价值。本书是工程经验的总结，可作为工作手册，为质量分析和大数据平台提供基础数据。

图书在版编目（CIP）数据

PDA 高速数据采集分析系统应用指南 ：详尽解析质量
管理及工业大数据来源 / 刘伟铭，彭燕华，毕士龙编著.
北京 ： 电子工业出版社，2024. 11. -- ISBN 978-7-121-
49103-0

Ⅰ. TP368.39-62

中国国家版本馆 CIP 数据核字第 202435TW69 号

责任编辑：郭穗娟
印　　刷：三河市良远印务有限公司
装　　订：三河市良远印务有限公司
出版发行：电子工业出版社
　　　　　北京市海淀区万寿路 173 信箱　　邮编　100036
开　　本：787×1092　1/16　印张：32.5　字数：828.8 千字
版　　次：2024 年 11 月第 1 版
印　　次：2024 年 11 月第 1 次印刷
定　　价：98.00 元

凡所购买电子工业出版社图书有缺损问题，请向购买书店调换。若书店售缺，请与本社发行部联系，联系及邮购电话：(010)88254888，88258888。

质量投诉请发邮件至 zlts@phei.com.cn，盗版侵权举报请发邮件至 dbqq@phei.com.cn。

本书咨询联系方式：(010)88254502，guosj@phei.com.cn。

前　言

我国工业领域高性能控制器基本被国外产品垄断，现场总线标准、通信协议几乎由国外公司掌控，本国工业数据的高速采集面临诸多技术壁垒和国外公司的重重加密。想要自主地拿到本国工厂的高频高密数据成为一种奢望，迫切需要改变这种局面。

二十多年来，我们的研发团队专注于通信协议的研发、现场总线的剖析、高速数据的采集、实时数据的压缩、海量数据的存储、在线数据的分析等，倾注了大量的精力，孜孜不倦，在相关公司的精诚合作下成功开发了一系列的 PDA 软硬件产品，系统综合性能指标大大提高。

经过二十多年的发展与创新，融品牌、人脉、信誉、质量、用户的支持为一体，成为国内外集生产、研发和销售为一体，规模适中、支持数据源种类较齐全的工业 PDA 高速数据采集分析系统供应商，构建了一套完整的技术标准。

本书介绍的 PDA 高速数据采集分析系统的设计符合国际标准，兼容了国内外主流电气品牌，满足工业级需求，在冶金、水泥、能源等行业得到了广泛应用和用户的一致好评。

PDA 高速数据采集分析系统的改进和推广应用得到了中冶赛迪集团有限公司、中国宝武钢铁集团有限公司、北京大学、重庆电子科技职业大学等单位的大力支持。本书由刘伟铭、彭燕华和毕士龙编著，彭燕华综合策划，对各章内容的组织、技术细节提出了宝贵意见；毕士龙对高分辨率数字钢卷整体架构、功能划分作出了一些建设性指导，指明了轧辊剥落预警及快停系统的研发路线图。此外，还有 3 位工作人员参与了本书的编写：余丹峰开创了轧机设备诊断与时序数字钢卷相融合的分析方法，杜雪飞结合市场经济提出了技术改进措施，刘安平审阅了全书。本书的出版得到了相关单位的倾情帮助，凝聚了一批专家的心智，在此一并致谢。

在本书的编写过程中，编著者参考并引用了许多国内公开出版物的内容，也采纳了一些没有列入参考文献的内部资料。限于篇幅，本书中没有一一列出这些文献资料，在此，谨向上述文献资料的作者和提供单位表示真诚的感谢。

本书的出版得到了电子工业出版社和经纬铭月科技（武汉）有限公司的大力支持。首先感谢经纬铭月科技（武汉）有限公司，该公司秉持"合作、诚信、务实、创新"的工作理念，勇于追求高质量、高可靠性的产品品质，服务客户，跟随电控技术的发展趋势，力求技术和经济的完美结合。最后特别感谢电子工业出版社编辑为本书的出版做了大量认真而细致的工作。

希望本书对提高我国工业产品质量，对设备测试、故障诊断、工业 4.0、大数据质量分析有一些贡献，能够推动广大工程技术人员共同行动起来彻底解除工控领域"卡脖子"问题。

尽管编著者认真做了大量的工作，但限于业务水平和经验，书中定然存在欠妥之处，敬请广大读者批评指正。编著者联系方式：E-mail 为 pda2002@sina.com，微信为 18602738125。本书采用黑白印刷，原彩图都被转换为黑白图片，需要彩图的读者可登录华信教育资源网下载，网址为 http://www.hxedu.com.cn。

编著者

2024 年 6 月

目 录

第1章 PDA高速数据采集分析系统概述

PDA（Process Data Acquisition）高速数据采集分析系统是一种集数据采集、压缩、存储和分析于一体的工业实时高速数据采集分析平台，具有在线和离线分析功能。同时，它也是一个高性能的通用产品，是工业4.0时代大数据基础平台。

该系统中的PDA服务器（PDA Server）通过多种形式采集来自不同信号源的数据，采集点数可灵活配置。

（1）为设备制造厂提供设备测试的手段。

（2）为生产厂的运行维护提供设备故障诊断和状态检测的有效方法。

（3）为动态过程分析提供便捷的工具。

（4）为产品质量异议判别提供准确的依据。

（5）为新产品开发提供强力数据支撑。

（6）作为智能无人驾驶数据记录仪，包括记录雷达、图像识别、语音识别、深度学习、激光测距、路径规划、驾驶指令、导航定位、设备状态。

该系统可不间断地同时采集多台PLC（可编程逻辑控制器）数据，采样周期可达到0.05ms，采集点数可达到100000点，支持主流PLC、网络、现场总线、硬件接口模块等，支持多服务器多客户端模式。对特殊设备，合作开发PDA驱动程序，定制专用分析功能。

经过长期的研发和工程实践，PDA高速数据采集分析系统形成一系列高频、高密、高速数据应用子系统。PDA高速数据采集分析系统及子系统见表1-1。

表1-1　PDA高速数据采集分析系统及子系统

序　号	英文简称	系统名称
1	PDA	高速数据采集分析系统
2	LTA	长期历史趋势分析系统
3	HDS	开放式高频时序数据库HDServer
4	OCX	WinCC-PDA　FTView-PDA　Web-PDA
5	DBU	数据库系统及升迁工具
6	DCC	高分辨率数字钢卷转换集群存储系统(厘米级 毫秒级)
7	CFS	钢卷快速搜索统计系统
8	DSO	设备诊断同步过采样系统
9	RSA	轧辊剥落预警及快停系统
10	RCM	辊道电流监测系统
11	HDP	高频高密高速数据平台/系统
12	MPC	轧制节奏跟踪系统

PDA 高速数据采集分析系统在 Windows XP、Windows 7、Windows 10、Windows 11、Windows Server 等操作系统下运行。由于该系统持续研发应用时间跨度大，书中可能涉及操作系统 Windows 的多种版本，但使用方法不变。

1.1 解决的应用问题

通过总线、网络、硬件接口模块对 PLC 数据及各类实时数据进行高速采样，并提供如下分析功能。

（1）绘图模式的选择。基于时间的 X 轴、基于长度等的 X 轴、普通图形、2D 图形、3D 图形。

（2）统计功能。计算选定区间最大值、最小值、瞬时值、平均值、方差、标准差、峰度、偏态、中值等。

（3）颜色控制。

（4）视图导航。

（5）信号之间的算术运算，如加、减、乘、除、平方、开方、常用数学函数的四则运算。

（6）各种滤波器，如低通滤波器、高通滤波器、带通滤波器、带阻滤波器。

（7）快速傅里叶变换等。

1.2 应 用 领 域

PDA 高速数据采集分析系统广泛应用于冶金、石化、水泥、能源、电力、医药、烟草、加热炉、机械制造、交通运输、大型船舶、造纸、印刷、设备诊断、质量管理、工业大数据、军工、军事、航空、航天等行业，如图 1.1 所示。该系统可为质量管理和大数据平台提供基础服务。

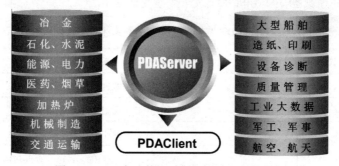

图 1.1　PDA 高速数据采集分析系统应用行业

1.3 应 用 界 面

PDA 数据采集分析系统是否被用户接受，很大程度上取决于分析软件的性能，该系统支持高效的二维分析（见图 1.2）和三维分析（见图 1.3）。

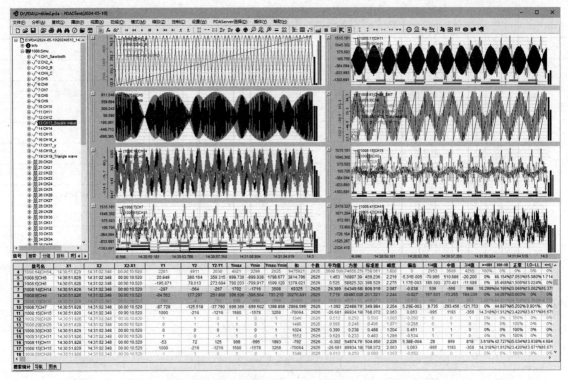

图 1.2 二维分析

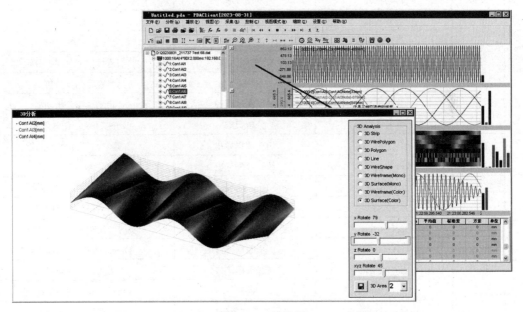

图 1.3 三维分析

1.4 主要功能特点

PDA 数据采集分析系统中数据的采集、分析、复用、接口、报表等功能有独特的特点，其主要功能特点见表 1-2。

表 1-2 PDA 数据采集分析系统的主要功能特点

序号	类别	特点 1	特点 2	特点 3
1	数据采集	毫秒级数据采样	分布式数据采集	采用客户机/服务器结构
		微秒级时间分辨率	无线数据采集	开放、兼容、通用
		100000 点存取	秒级天数据文件	支持主流 PLC
		高效实时数据压缩	分钟级年数据文件	支持现场总线和硬件 IO
		数据打包采集	捕捉瞬时信号	电文支持（各种类型混排）
		采集状态指示	逻辑虚拟信号	采用专用板卡合作开发
		系统报警	云同步	特殊设备合作开发 PDA 驱动
		Excel 配置地址簿	无线模块组态	专用板卡、专用网络
		采集点数灵活配置	支持内存映象网	—
2	数据分析	实时趋势	曲面拟合	XY 轴转换
		历史趋势	板形分析	数字表
		动态回放	频谱分析	曲线标注
		多栏屏显	相位分析	数据字典
		双 X 轴标记	能谱分析	事件标注
		双 Y 轴标记	加速度分析	数字滤波
		动态 Y 轴标记	同比分析	绝对/计算时钟
		自动定标	视图导航	故障分析
		对齐功能	滚轮平移	大数据 Office
		时序分析	滚轮缩放	支持多主多从多窗口
		二维视图	趋势图平移	信号搜索、分层、分组
		三维视图	变焦缩放	视频同步分析
		曲线拟合	视图高度调整	定制专用分析功能
		三维曲面视图	分析策略	中文/英文/任意语种
3	数据复用	信号树导出	历史数据导出	兼容第三方数据格式
		分析数据导出	统计数据导出	
4	数据接口	Modbus-TCP	Http Server	完全开放的实时数据接口
		OpcUaServer	HMI 接口	数据库升迁
		OpcUaClient	高速转发	实时、历史时序数据库接口
		KafkaServer	历史数据接口	Oracle 等数据库实时接口
		KafkaClient	在线数据接口	视频同步分析接口
		MQTTServer	插件	数据文件生成完成接口
		WebSocketServer	示波器波形分析	质量管理系统及大数据接口
		Ftp Server	数据远传	数据平台 PLC 通信协议服务
5	报表	数据统计	QDR 质量数据记录	全流程质量管理及数据分析
		质量报表	轧机刚度跟踪报表	大型液压缸性能测试报表
		轧机刚度测量	轴承油膜计算	动态运行记录及抄表系统
		动态能耗报表	质量异义判别	专家系统

1.5　系统性能指标

1. 数据类型

（1）字符串。LSTRING[Length]: 占用 2+Length 字节，前 2 字节为字符串最大长度和实际长度。

STRING[Length]: 占用 1+Length 字节，第 1 字节为字符串实际长度。

CHAR[Length]: 占用 Length 字节

（2）模拟量。SINT: signed char,int8,smallint,SByte

BYTE: USINT,unsigned char,uint8

INT: short,int16,shortint

DINT: long,int32,longint,lint,integer

WORD: UINT,uint16,unsigned int,DATE,S5TIME

DWORD: UDINT,unsigned long,uint32,longword,cardinal,ulong,TIME,TIME_OF_DAY

INT64:

UINT64:

REAL: FLOAT,single

DOUBLE: LREAL,DateTime

（3）数字量。BIT(BOOL,Boolean)

可以把字符串、模拟量和数字量混排。

2. 采样周期

采样周期为 0.05～20.0ms。

3. 数据压缩

（1）实时压缩：注重实时性和效率。

（2）高效压缩：具有高的压缩比，注重压缩率。

（3）不压缩：注重开放性。

4. 采集点数

采集点数不小于 100000 点，当采样周期很短时，采集点数可能会因计算机性能而减少。

5. 数据源连接数

数据源连接数≤100。

6. 数据采集方式

数据采集方式如下：

（1）通过工业以太网、PROFIBUS-DP、RFM 网等网络采集数据。

（2）硬件接口模块采集。

（3）PLC 主动发送数据，PDA 服务器接收数据。

（4）PDA 服务器直接读取 PLC 中的数据。

（5）数据被打包传送。

7. 系统时钟

系统时钟包括计算时钟和实时时钟（广域同步）。

8. 数据接口

PDA 高速数据采集分析系统支持 Dos、Windows 32/64 位、Linux 32/64 位、Android、MAC OS、iOS 等平台，具有完全开放的历史数据接口，全面兼容第三方数据和插件。

主要数据接口如下：

（1）视频同步数据接口。

（2）在线数据接口。

（3）数据文件生成完成接口。

（4）完全开放的实时数据接口。

（5）Oracle 等数据库实时接口。

（6）质量管理系统及大数据接口（内存指针+数据文件）。

（7）HMI 接口（内存指针+数据文件）。

（8）高速转发数据接口：Modbus-TCP 接口、OPC UA 接口、MQTT 接口、Kafka 接口、WebSocket 接口。

9. 系统设备

尽可能采用通用设备和通信协议，摒弃专用接口模块和网络。

10. 分布式数据采集

（1）PDA 服务器的布置不局限于地理位置，可以布置在全球任何合适的地方。

（2）局域以太网时钟同步误差小于 1ms。

（3）支持 GPS 时钟同步。

1.6 支持的 PLC、现场总线和厂商

PDA 高速数据采集分析系统支持主流 PLC 和现场总线的数据采集，该系统支持的 PLC、现场总线及其厂商见表 1-3。

表 1-3　PDA 高速数据采集分析系统支持的 PLC、现场总线及其厂商

序号	类别	类型	主要厂商或技术特点
1	PLC	S7-400	SIEMENS，采样周期可达到 2ms，点到点传输
		FM458	
		S7-300	
		S7-1200	
		S7-1500	
		TDC	
		S7-200smart	
		SIMOTION SCOUT	

续表

序号	类别	类型	主要厂商或技术特点
1	PLC	MicroLogix 1000, 1100	Rockwell Automation Allen-Bradley
		MicroLogix 1200, 1500	
		SLC 500	
		CompactLogix	
		FlexLogix	
		PLC-5	
		ControlLogix	
		SoftLogix 5800	
		RSLogix	
		PACSystem	GE
		9070	
		9030	
		Modicon 984	施耐德
		Quantum	
		Premium	
		Momentum/M340	
		HPCi	ALSTOM
		AC500	ABB
		AC31	
		750 等各系列	WAGO
		各系列	MOOG
		CX 等各系列	BECKHOFF
		FX 等各系列	Mitsubishi
		WDPF	Westinghouse
		LogiCAD TCS	—
		CoDeSys	—
		IsaGraF	—
		智能控制器	—
		变频器	—
2	现场总线	GDM(Global Data Memory)	—
		PROFINET	—
		Realtime Ethernet	Beckhoff
		EtherCAT	—
		MPI	—
		PROFIBUS-DP	—
		RS232	—
		RS485	—
		CANopen	—
		DeviceNet	—
		M-Bus	—
		EtherCAT	—
		EGD	—
		Ethernet/IP	—

续表

序号	类别	类型	主要厂商或技术特点
2	现场总线	IO-Link	—
		LonWorks	—
		KNX/EIB	—
		SERCOS interface	—
		InterBus	—
		LIGHTBUS	—
		ASInterface	—
		DALI DMX	—
		BACnet	—
		KNX	—
		MP BUS	—
		Enocean	—
		Fieldbus	—
		Reflective memory	—
		TC-net	TMEIC
		CC-Link	—
3	通信协议	Modbus	—
		Modbus-TCP	—
		OPC	—
		OPC UA	—
		S7 Ethernet TCP	—
		S7 ISO-on-TCP	—
		Ethernet UDP	—
		Ethernet TCP	—
		Ads	Beckhoff
		SRTP	—
		SNP	—
		实时数据文件	—
		电能表 DL/T645-2007	—
4	操作系统	VxWorks	—
		Windows	—
		Linux	—
		专用	—
5	硬件 AI	0～5V，1～5V，0～10V	16bit，A/D 转换 PDA 高速数据采集分析系统时基 0.05～20.0ms 8 或 16 通道模拟量输入 全隔离
		0～±5V，0～±10V	
		0～10mA，4～20mA	
		0～±10mA，0～±20mA	
		0～1A，0～5A	
		0～±1A，0～±5A	
		毫伏级弱信号	
6	硬件 DI	+5V，+12V，+24V DC 数字量	光电全隔离 8、16 或 32 通道数字量输入 模块可级联扩展至数百点 通道可按信号类型分组

续表

序号	类别	类型	主要厂商或技术特点
7	专用 AI 类别	热电阻 Pt100/Cu50	—
		热电偶 J、K、T、E、R、S、B	—
		角位移、电子尺	—
		电位器、频率信号	—
		SSI 串行同步接口	通信速率：250kHz、500kHz、1MHz、2MHz 数据长度：16 或 32 位

1.7　典型网络拓扑图及解决方案

PDA 高速数据采集分析系统支持主流的 PLC 和通信协议，该系统的典型网络拓扑图如图 1.4 所示，数据流向如图 1.5 所示。

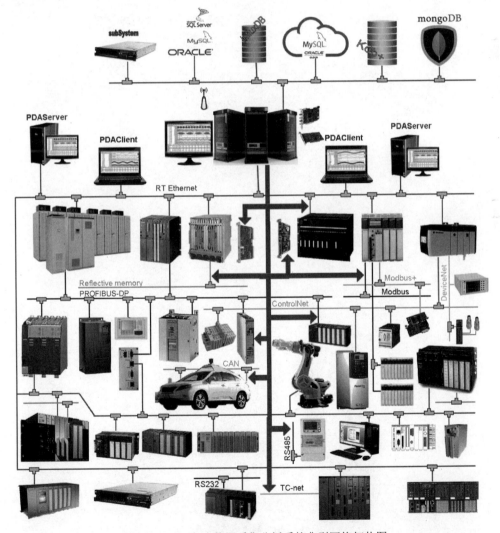

图 1.4　PDA 高速数据采集分析系统典型网络拓扑图

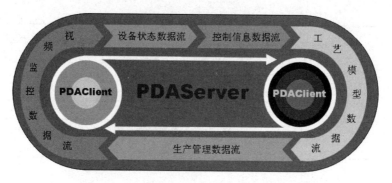

图 1.5　PDA 高速数据采集分析系统数据流向

第 2 章　PDA 高速数据采集分析系统的安装、卸载及维护

PDA 高速数据采集分析系统运行于 Windows 环境，当高速采集数据或打开较多数据时会占用较多系统资源。为此，对 Windows 作一些优化设置。

2.1　原版 Windows 的安装

非原版 Windows 可能会导致一些设备驱动程序不能安装或系统不稳定，而且其附加垃圾软件太多，不能卸载干净。

1. 安装方法一

对于 BIOS（基本输入输出系统）支持的、采用 MBR（Main Boot Record）硬盘分区格式的计算机，可采用本方法，具体操作步骤如下。

（1）从 U 盘启动计算机。

（2）格式化 C:盘。

（3）找到的原版 Windows 安装软件压缩包并解压，如图 2.1 所示。

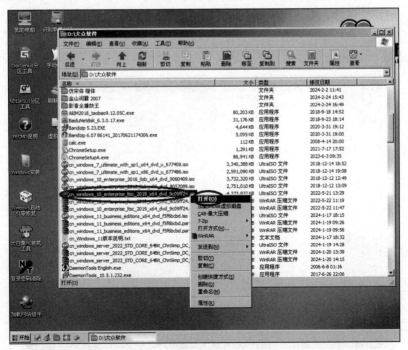

图 2.1　解压 Windows 安装文件

（4）把 Windows 安装文件中的 bootmgr、boot、sources 提取到 C:\，如图 2.2 所示。

（5）在 cmd 下运行 C:\boot\bootsect.exe /nt60 C:，有时可不执行这个命令。

（6）拔下 U 盘，重启计算机，按提示安装 Windows。

（7）安装完 Windows 后，安装对应版本的设备驱动程序，如 EasyDrv7_Win10.x64.7.22.1012.2.iso。

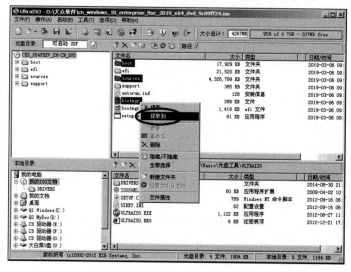

图 2.2　提取 Windows 安装文件

2. 安装方法二

除了上述安装方法一，还可用"Windows 安装"工具安装。对于只支持 GUID 硬盘分区格式的计算机，只能采用这种安装方式。对于支持 MBR 硬盘分区格式的计算机，也可采用本方法，但最大只支持 2.1TB 硬盘。安装方法二的操作步骤如下。

（1）从 U 盘启动计算机。

（2）格式化 C:盘。

（3）找到原版 Windows 安装文件并把它装载到虚拟光驱 E:盘中，如图 2.3 所示。

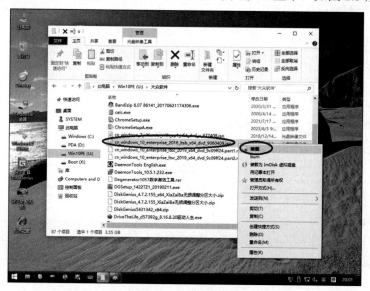

图 2.3　装载 Windows 安装文件到虚拟光驱 E 盘

（4）单击桌面上的"Windows 安装器"，选择 E:盘中的 INSTALL.WIM，运行 Windows 安装工具，如图 2.4 所示。MBR 硬盘分区格式计算机的 Windows 安装设置如图 2.5 所示。

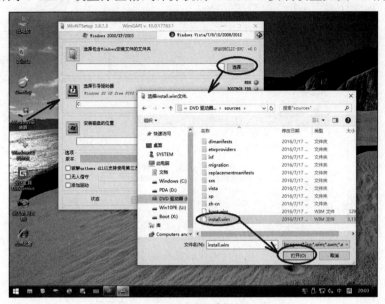

图 2.4　运行 Windows 安装工具

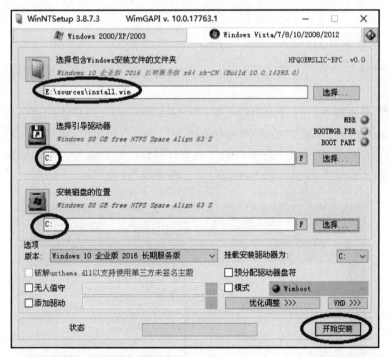

图 2.5　MBR 硬盘分区格式计算机的 Windows 安装设置

对于只支持 GUID 硬盘分区格式（也简称 GPT 硬盘分区格式）的计算机，要把引导驱动器安装在 ESP 分区，EFI 分区包括 ESP 和 MSR 两个分区。对于引导驱动器和安装磁盘的位置，都可选择 C:盘，图 2.6 所示为 GPT 硬盘分区格式计算机的 Windows 安装设置。对于单硬盘，也要创建 EFI 分区。

图 2.6　GPT 硬盘分区格式计算机的 Windows 安装设置

2.2　Windows 设置

1. 设置开机自动登录 Windows 并禁止锁定

用管理员账号登录计算机，在设置密码后进行如下设置，以便在计算机启动后免输用户名和密码。

单击"开始"菜单命令，打开"运行"窗口，输入"cmd"。在弹出的命令提示符窗口中，输入"control userpasswords2"或"rundll32 netplwiz.dll, UsersRunDll"，注意字母的大小写。

在图 2.7 所示的操作界面中，取消"要使用本计算机，用户必须输入用户名和密码"复选框中的钩符号，单击"确定"按钮，输入开机用户名和密码。

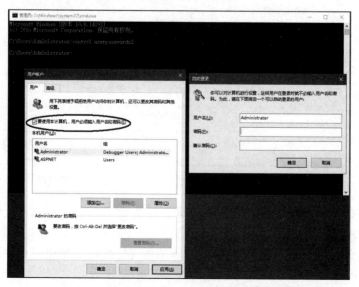

图 2.7　设置开机自动登录 Windows 的操作界面

注册表方法：

```
[HKEY_LOCAL_MACHINE\SOFTWARE\Microsoft\Windows NT\CurrentVersion\Winlogon]
DefaultUserName=Administrator
DefaultPassword=123456
AutoAdminLogon=1
```

2. 设置系统电源方案

将屏幕保护程序设置为"无"，关闭显示器，关闭硬盘，将系统待机设置为"从不"，设置禁止远程访问。设置 Windows 电源方案如图 2.8 所示。

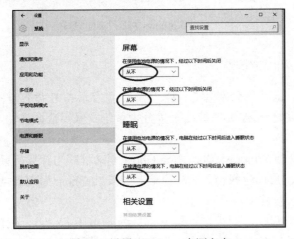

图 2.8　设置 Windows 电源方案

3. 禁止用户远程连接到此计算机

用户通过远程桌面连接到 PDA 服务器可能造成 PDAWatchDog.exe 不能正常工作，任何客户端不用通过远程桌面即可在线监控（见第 5 章）。Windows XP 和 Windows 10 远程桌面设置如图 2.9 所示，Windows 7 远程桌面设置如图 2.10 所示。

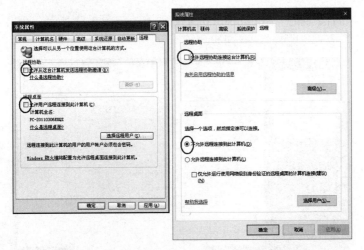

图 2.9　Windows XP 和 Windows 10 远程桌面设置

图 2.10 Windows 7 远程桌面设置

4. Windows 的安装及出错处理

将硬盘分为 3 个区，盘符号分别为 C、D、E。C:盘容量和 E:盘容量都为 50GB，C:盘用于安装 Windows；D:盘用于安装 PDA 高速数据采集分析系统及保存数据文件，其容量应尽可能大些；E:盘用于备份文件。

当采用 Ghost 工具安装 Windows 时，如果 Ghost 驱动程序与计算机硬件不匹配，就可能导致安装完 Windows 后第一次启动时报错。循环重启，在安装 Ghost 后期加载驱动程序时中止安装驱动程序，即可避免这种情况发生。

若 Windows 不能正常启动，则可在登录 Windows 前按下 F8 键，选择安全模式。在安全模式下，系统会修复一些错误。重启计算机后一般可以正常使用 Windows。

5. 安装必要的软件

必要的软件包括 PDF 阅读器、超级急救盘或其他 Ghost 工具、输入法、Microsoft Office、PDF 虚拟打印机、WinRAR 压缩工具、UltraEdit、EditPlus、杀毒软件等。

6. 开启并选择 Administrator 账户

其他管理员账户的权限没有 Administrator 的权限高。按图 2.11 所示，开启 Administrator 账户（界面图中的"帐号"应为"账号"，余同）。

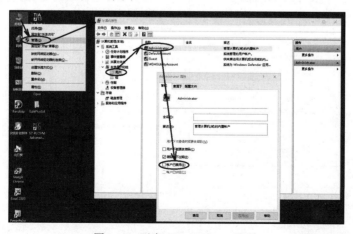

图 2.11 开启 Administrator 账号

7. 设置账户和安全策略

如果操作系统为 Vista、Windows 7、Windows 8、Windows 10 等，那么可用管理员账户登录。设置步骤如下：打开"控制面板"，单击"所有控制面板项"→"用户账户"→"更改用户账户控制设置"选项，在弹出的"用户账户控制设置"面板中选择"从不通知"，单击"确定"按钮，重启计算机。更改用户账户设置如图 2.12 所示。

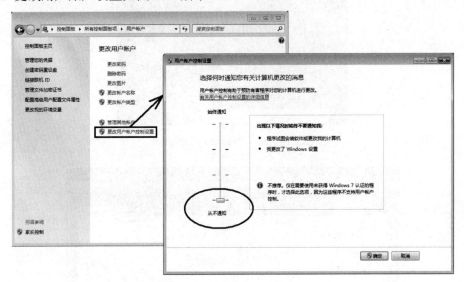

图 2.12　更改用户账户设置

Windows 10 的本地安全策略设置如图 2.13 所示。

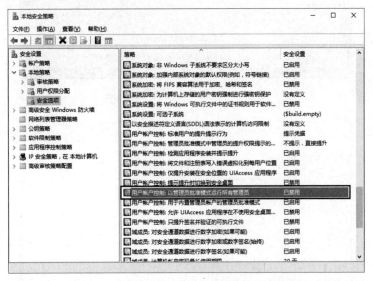

图 2.13　Windows 10 的本地安全策略设置

8. 设置杀毒软件

启动 Windows 10 中的 Windows Defender，如图 2.14 所示。按图 2.15 所示，设置 Windows Defender；按图 2.16 所示，启动 Windows Defender 的排除功能；按图 2.17 所示，设置 Windows Defender 的排除项。

图 2.14　启动 Windows Defender

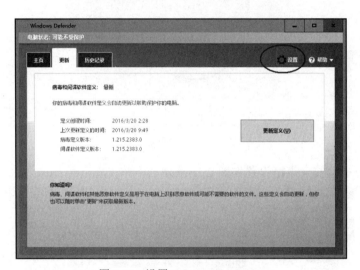

图 2.15　设置 Windows Defender

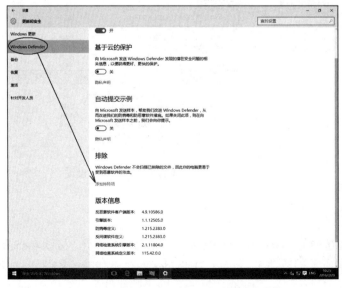

图 2.16　启动 Windows Defender 的排除功能

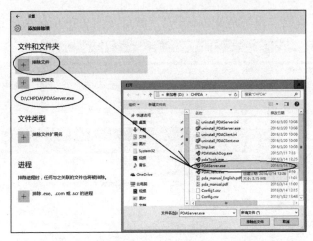

图 2.17　设置 Windows Defender 的排除项

9. 关闭杀毒软件

按图 2.18 所示，关闭 Windows Defender。

图 2.18　关闭 Windows Defender

10. 关闭自动更新功能

如果计算机上安装的操作系统是 Windows XP，就可按图 2.19 所示关闭其自动更新功能。

图 2.19　关闭 Windows XP 的自动更新功能

如果计算机上安装的操作系统是 Windows 7，就可按图 2.20 所示关闭其自动更新功能。

图 2.20　关闭 Windows 7 的自动更新功能

如果计算机上安装的操作系统是 Windows 10，就可按"Win+R"组合键，打开"运行"窗口，输入"services.msc"。对"Windows Update"，选择"禁用"选项，按图 2.21 所示关闭 Windows 10 的自动更新功能。

图 2.21　关闭 Windows 10 的自动更新功能

11. 设置 Windows 10 的启动组

在 Windows 10 中运行下述命令，可打开启动组。

%USERPROFILE%\appdata\roaming\microsoft\windows\start menu\programs\startup

12. 提高计算机运行速度的方法之一——设置电源选项

按图 2.22 所示，设置电源选项，选择"高性能"选项。

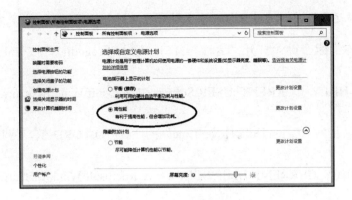

图 2.22 设置电源选项

13. 提高计算机运行速度的方法之二——设置显示性能

如果计算机上安装的操作系统是 Windows 7，那么按图 2.23 所示，设置 Windows 7 的显示性能，选择"调整为最佳性能"选项。

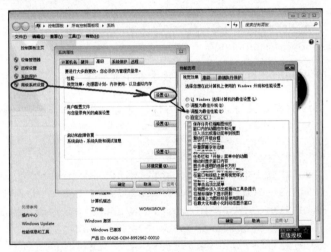

图 2.23 设置 Windows 7 的显示性能

如果计算机安装的操作系统是 Windows 10，那么按图 2.24 所示，设置 Windows 10 的显示性能，选择"调整为最佳性能"选项。

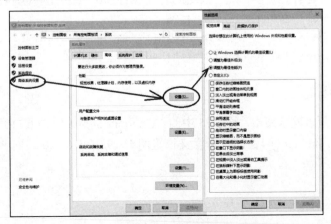

图 2.24 设置 Windows 10 的显示性能

14. 提高计算机运行速度的方法之三——通过修改注册表关闭任务栏预览窗口

（1）按"Win+R"组合键，打开"运行"窗口，输入"regedit"，按 Enter 键进入注册表编辑器。

（2）定位到为 HKEY_CURRENT_USER\Software\Microsoft\Windows\CurrentVersion\Explorer\Advanced。

（3）创建一个名称为"ExtendedUIHoverTime"的 32 位 DWORD 值，将其值设置为 16 进制的 9000。

（4）定位到 HKEY_CURRENT_USER\SOFTWARE\Microsoft\Windows\CurrentVersion\Explorer\Taskband。

（5）创建一个名称为"NumThumbnails"的 32 位 DWORD 值，将其值设置为 0。

（6）重启 Windows。

创建下面的 a.reg（注册表）文件，单击"运行"命令，即可关闭任务栏预览窗口。

```
Windows Registry Editor Version 5.00
[HKEY_CURRENT_USER\Software\Microsoft\Windows\CurrentVersion\Explorer\Advanced]
"ExtendedUIHoverTime"=dword:00009000
[HKEY_CURRENT_USER\SOFTWARE\Microsoft\Windows\CurrentVersion\Explorer\Taskband]
"NumThumbnails"=dword:00000000
```

15. 在 Windows 10 中删除此计算机下的视频等 6 个文件夹

创建下面的 b.reg（注册表）文件，单击"运行"命令，即可删除此计算机下的视频等 6 个文件夹。

```
Windows Registry Editor Version 5.00
[-HKEY_LOCAL_MACHINE\SOFTWARE\Microsoft\Windows\CurrentVersion\Explorer\MyCo
mputer\NameSpace\{f86fa3ab-70d2-4fc7-9c99-fcbf05467f3a}]
[-HKEY_LOCAL_MACHINE\SOFTWARE\Microsoft\Windows\CurrentVersion\Explorer\MyCo
mputer\NameSpace\{d3162b92-9365-467a-956b-92703aca08af}]
[-HKEY_LOCAL_MACHINE\SOFTWARE\Microsoft\Windows\CurrentVersion\Explorer\MyCo
mputer\NameSpace\{B4BFCC3A-DB2C-424C-B029-7FE99A87C641}]
[-HKEY_LOCAL_MACHINE\SOFTWARE\Microsoft\Windows\CurrentVersion\Explorer\MyCo
mputer\NameSpace\{3dfdf296-dbec-4fb4-81d1-6a3438bcf4de}]
[-HKEY_LOCAL_MACHINE\SOFTWARE\Microsoft\Windows\CurrentVersion\Explorer\MyCo
mputer\NameSpace\{088e3905-0323-4b02-9826-5d99428e115f}]
[-HKEY_LOCAL_MACHINE\SOFTWARE\Microsoft\Windows\CurrentVersion\Explorer\MyCo
mputer\NameSpace\{24ad3ad4-a569-4530-98e1-ab02f9417aa8}]
```

16. 多网卡路由设置

按图 2.25 所示设置多网卡路由。图 2.25 中的"C:\>route add 192.168.0.210 mask 255.255.255.255 192.168.0.220 metric 1 IF 0x10004"的表示意义设置网卡 192.168.0.220 访问 PLC 192.168.0.210。

图 2.25　设置多网卡路由

按图 2.26 所示检查多网卡路由的设置结果。

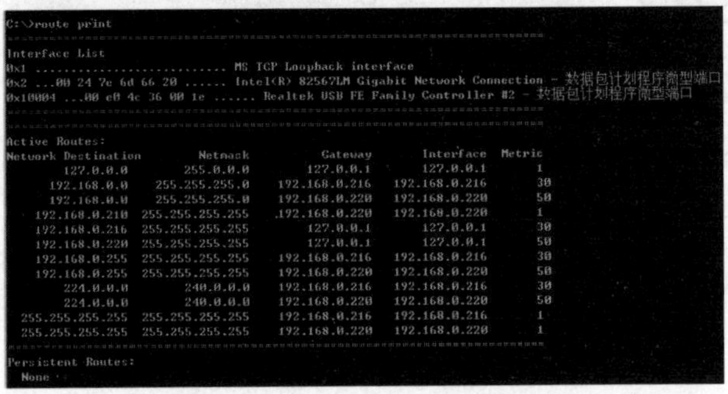

图 2.26　检查多网卡路由的设置结果

2.2.17　系统备份

重启计算开机，通过超级急救盘或其他 Ghost 工具，将系统备份到 Windows2000.gho 或 WindowsXP.gho 或 Windows2003.gho 或 Windows2008.gho 或 Vista.gho 或 Windows 7.gho 或 Windows 8.gho 或 Windows 10，以便系统恢复。

2.3　PDAServer 的安装

1. PDAServer 的系统配置

对于在线运行 PDAServer 的计算机，推荐的系统配置不低于以下条件。

（1）CPU：2.13GHz，双核

（2）内存：4GB

（3）硬盘：500GB

（4）显卡：独立

（5）网络适配器：10MB/100MB/1000MB 自适应，支持多网络适配器。

（6）其他相关网络适配器、数据采集卡。

（7）操作系统：Windows 2000 / Windows XP / Windows 2003 / Windows 2008 / Vista / Windows 7 / Windows 8 / Windows 10 等，关掉无关服务。

（8）数据采集卡：MC6068/MC6069（可选件）。

（9）PCI/PCIe 插槽：1 个或 1 个以上（MC6068 对应 PCI 总线，MC6069 对应 PCIe 总线）。

2. 数据采集卡 MC606x 的安装

若需要特殊采样周期或功能，则可安装数据采集卡。

安装数据采集卡 MC6068 及 x86 驱动程序 MC6068.inf、MC6068.sys，或者安装数据采集卡 MC6069 及 x86/x64 驱动程序 MC6069.inf、MC6069.sys、MC6069x64.sys。数据采集卡 MC6068 及相关驱动程序安装之后"设备管理器"面板就会显示其信息，如图 2.27 所示。

之后，启动计算机指示灯约每秒闪一次。将数据加密 U 盘插入计算机主机箱的 USB 接口，红灯应亮。

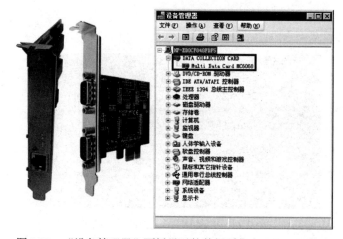

图 2.27　"设备管理器"面板显示的数据采集卡 MC6068 信息

3. PDAServer 的自动安装

在安装 PDAServer 前，在任务管理器中结束 PDAWatchDog.exe 和 PDAServer.exe 进程。执行 PDAServer_Setup.exe 自动安装程序，进行 PDAServer 的自动安装，如图 2.28 所示。

图 2.28　进行 PDAServer 的自动安装

4. PDAServer 的手动安装

将 PDAServer.exe、PDAClient.exe、PDAWatchDog.exe、MC6068.inf、MC6068.sys、pda244.gsd、pda_manual.pdf、pda_manual_English.pdf、language.ini、Config.csv 等文件复制到某驱动器或文件夹并将其完全共享。

将 PDAClient.exe 的快捷方式发送到桌面，将 PDAWatchDog.exe 的快捷方式添加到 Windows 启动栏中。手动设置 Windows 启动时自动运行 PDAWatchDog，如图 2.29 所示。

图 2.29　手动设置 Windows 启动时自动运行 PDAWatchDog（看门狗）

5. 卸载 PDAServer

（1）在任务管理器中结束 PDAWatchDog.exe 进程，如图 2.30 所示。

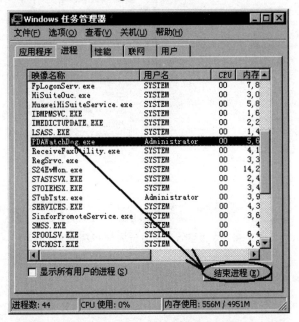

图 2.30　在任务管理器中结束 PDAWatchDog.exe 进程

（2）关闭 PDAServer.exe。

（3）执行卸载程序 Uninstall PDAServer，操作步骤如图 2.31 所示。

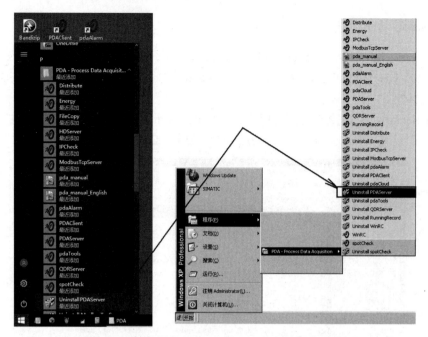

图 2.31　卸载程序 Uninstall PDAServer 的操作步骤

6. 设置以管理员身份运行 PDAServer.exe

按图 2.32 所示设置以管理员身份运行 PDAServer.exe。

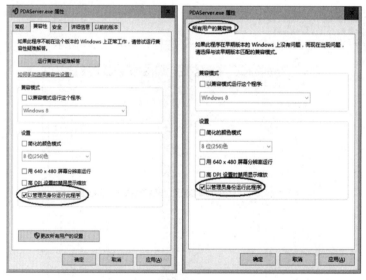

图 2.32　设置以管理员身份运行 PDAServer.exe

7. PDA 高速数据采集分析系统之系统组态

（1）根据工程项目网络地址分配表设置 IP、DP 等地址，并且检查相关的硬件设备。

（2）根据工程项目网络地址分配表、数据源类型、采集的点数修改组态文件 Config.csv。

（3）将 language.ini 文件中的内容翻译成当地语言。

（4）重启计算机，即可自动进行数据采集。

（5）组态文件 Config.csv 中定义的模拟量和数字量要与 PLC 程序中定义的模拟量和数字量保持一致。

（6）对组态文件 Config.csv 中暂时没有连接的 PLC，可以用分号注释，在该 PLC 连接后去掉分号，重新启动 PDA 服务器即可采集该 PLC 的数据。示例如下：

```
;[1000,49CH,4.000ms,192.168.0.210,25,Simu,192.168.0.216,3,0]
```

（7）PDA 高速数据采集分析系统之系统文件的备份。将 PDAServer.exe、PDAClient.exe、PDAWatchDog.exe、MC6068.inf、MC6068.sys、pda244.gsd、pda_manual.pdf、pda_manual_English.pdf、Config.csv 等文件复制到安全的位置。

（8）某项目 16INT+16BIT 的组态文件 Config.csv 示例如下，其详细说明见第 5 章，文件格式和文中的标点符号必须符合要求。

```
[1000,25CH,10.000ms,192.168.0.210,25,txtNote,192.168.0.216]
No,   Name,Adr/note  ,Unit,Len,Offset  ,Gain    ,Type,ALM,HH  ,HI  ,LO  ,LL
CH1=,    ,        ,   ,2  ,0.000000,1.000000,INT ,0 ,0.000,0.000,0.000,0.000
CH2=,    ,        ,   ,2  ,0.000000,1.000000,INT ,0 ,0.000,0.000,0.000,0.000
CH3=,    ,        ,   ,2  ,0.000000,1.000000,INT ,0 ,0.000,0.000,0.000,0.000
CH4=,    ,        ,   ,2  ,0.000000,1.000000,INT ,0 ,0.000,0.000,0.000,0.000
CH5=,    ,        ,   ,2  ,0.000000,1.000000,INT ,0 ,0.000,0.000,0.000,0.000
CH6=,    ,        ,   ,2  ,0.000000,1.000000,INT ,0 ,0.000,0.000,0.000,0.000
CH7=,    ,        ,   ,2  ,0.000000,1.000000,INT ,0 ,0.000,0.000,0.000,0.000
CH8=,    ,        ,   ,2  ,0.000000,1.000000,INT ,0 ,0.000,0.000,0.000,0.000
CH9=,    ,        ,   ,2  ,0.000000,1.000000,INT ,0 ,0.000,0.000,0.000,0.000
CH10=,   ,        ,   ,2  ,0.000000,1.000000,INT ,0 ,0.000,0.000,0.000,0.000
CH11=,   ,        ,   ,2  ,0.000000,1.000000,INT ,0 ,0.000,0.000,0.000,0.000
CH12=,   ,        ,   ,2  ,0.000000,1.000000,INT ,0 ,0.000,0.000,0.000,0.000
CH13=,   ,        ,   ,2  ,0.000000,1.000000,INT ,0 ,0.000,0.000,0.000,0.000
CH14=,   ,        ,   ,2  ,0.000000,1.000000,INT ,0 ,0.000,0.000,0.000,0.000
CH15=,   ,        ,   ,2  ,0.000000,1.000000,INT ,0 ,0.000,0.000,0.000,0.000
CH16=,   ,        ,   ,2  ,0.000000,1.000000,INT ,0 ,0.000,0.000,0.000,0.000
CH17=,   ,        ,   ,2  ,0.000000,1.000000,BIT ,0 ,0.000,0.000,0.000,0.000
CH18=,   ,        ,   ,2  ,0.000000,1.000000,BIT ,0 ,0.000,0.000,0.000,0.000
CH19=,   ,        ,   ,2  ,0.000000,1.000000,BIT ,0 ,0.000,0.000,0.000,0.000
CH20=,   ,        ,   ,2  ,0.000000,1.000000,BIT ,0 ,0.000,0.000,0.000,0.000
CH21=,   ,        ,   ,2  ,0.000000,1.000000,BIT ,0 ,0.000,0.000,0.000,0.000
CH22=,   ,        ,   ,2  ,0.000000,1.000000,BIT ,0 ,0.000,0.000,0.000,0.000
CH23=,   ,        ,   ,2  ,0.000000,1.000000,BIT ,0 ,0.000,0.000,0.000,0.000
CH24=,   ,        ,   ,2  ,0.000000,1.000000,BIT ,0 ,0.000,0.000,0.000,0.000
CH25=,   ,        ,   ,2  ,0.000000,1.000000,BIT ,0 ,0.000,0.000,0.000,0.000
CH26=,   ,        ,   ,2  ,0.000000,1.000000,BIT ,0 ,0.000,0.000,0.000,0.000
CH27=,   ,        ,   ,2  ,0.000000,1.000000,BIT ,0 ,0.000,0.000,0.000,0.000
CH28=,   ,        ,   ,2  ,0.000000,1.000000,BIT ,0 ,0.000,0.000,0.000,0.000
CH29=,   ,        ,   ,2  ,0.000000,1.000000,BIT ,0 ,0.000,0.000,0.000,0.000
CH30=,   ,        ,   ,2  ,0.000000,1.000000,BIT ,0 ,0.000,0.000,0.000,0.000
CH31=,   ,        ,   ,2  ,0.000000,1.000000,BIT ,0 ,0.000,0.000,0.000,0.000
CH32=,   ,        ,   ,2  ,0.000000,1.000000,BIT ,0 ,0.000,0.000,0.000,0.000
```

2.4 PDAClient（客户端系统）的安装和卸载

将 PDA 服务器系统文件夹映射到此计算机 W:盘，将 PDAClient.exe 复制到桌面，也可执行 PDAClient_Setup.exe 安装程序。具体安装和卸载步骤参考 2.3 节。

2.5 其他子系统的安装及卸载

类似 2.3 节，其他子系统安装程序有 QDRServer_Setup.exe、ModbusTcpServer_Setup.exe、Distribute_Setup.exe、Energy_Setup.exe、RunningRecord_Setup.exe、pdaAlarm_Setup.exe、WinRC_Setup.exe、pdaTools_Setup.exe、IPCheck_Setup.exe、pdaCloud_Setup.exe、dbUpgrade_Setup.exe、dbUpgradeTS_Setup.exe、ProcessServer_Setup.exe、spotCheck_Setup.exe。

2.6 系 统 维 护

（1）不得通过网络调用 PDA 服务器中的 PDAWatchDog.exe 和 PDAServer.exe。如果强行调用，可能会造成 PDA 服务器网络阻塞。

（2）PDA 高速数据采集分析系统之系统文件。PDA 高速数据采集分析系统之系统文件可安装到任意指定的驱动器或文件夹。

其中，PDAServer.exe 是数据采集软件，PDAClient.exe 是在线监控分析及离线分析软件，PDAWatchDog.exe 是系统看门狗，MC6068.inf 和 MC6068.sys 是数据采集卡 MC6068 的 Windows 驱动程序，pda244.gsd 是 PDA 的 DP 网桥 PDA DPM-2B244-0AB0 配置文件，language.ini 是用户语言配置文件，Config.csv 是采集信号配置文件，Config.pda 是分析策略文件，Tag.ini 是逻辑信号定义文件。日期文件夹用于存放对应日期的数据文件和 QDR 数据文件。

（3）PDA 数据文件。这类文件存放在 PDA 高速数据采集分析系统相应的日期文件夹中。

（4）PDA 高速数据采集分析系统之系统文件的备份。

将 PDAServer.exe、PDAClient.exe、PDAWatchDog.exe、MC6068.inf、MC6068.sys、pda244.gsd、pdaInterface.dll、pdaTools.exe、pda_manual.pdf、pda_manual_English.pdf、language.ini、Config.csv 等文件复制到安全的位置。

（5）系统恢复。用 Ghost 工具将 Windows2000.gho 或 WindowsXP.gho 或 Windows2003.gho 或 Windows2008.gho 或 Vista.gho 或 Windows 7.gho 或 Windows 8.gho 或 Windows 10.gho 恢复到 C:盘，然后重启计算机。

（6）PDA 高速数据采集分析系统的启动。重启计算机，PDA 高速数据采集分析系统会自动启动。

（7）维护。定期对病毒库进行更新。

（8）故障处理方法。

① 重启计算机。

② 重新安装 Windows 和 PDA 高速数据采集分析系统。

③ 与供应商联系。

（9）不要对 PDAServer 进行过多操作。

（10）在人工查询历史曲线或在线监控时，请使用 PDAClient.exe 的桌面快捷方式。

（11）如果操作异常，请记录异常现象：先关闭出现异常的程序，再重新打开该程序，或者重启计算机。

（12）未尽事宜，请电询区域代理商或发邮件到 pda2002@sina.com。

第3章 PDA高速数据采集分析系统之系统文件说明及系统组态

PDA高速数据采集分析系统之系统组态信息记录在组态文件Config.csv中，可通过PDAClient配置，也可通过Excel配置。

3.1 系统文件说明

组态文件Config.csv记录了连接信息、信号、系统配置信息，可由用户以记事本方式创建，也可在"PDAClient.exe"面板中单击"文件(File)"→"导出信号树(Export Signal Tree)"命令而创建，使用ANSI编码记录信息。

文件中保留的字符有"," ";" ":" "[" "]" "=" ，不可增减。

组态文件Config.csv可由用户用记事本创建，也可在"PDAClient.exe"面板中，单击"文件(File)"→"导出信号树(Export Signal Tree)"命令而创建。

采集信号配置文件记录了连接信息。以下以采集以太网数据为例进行说明，其他方式类同。

要求采集信号内容应与PLC中定义的一致，各种数据类型可以混排。

PDAServer.exe、PDAClient.exe启动时，会自动载入当前路径下的组态文件Config.csv中。

PDA高速数据采集分析系统之系统文件连接字段说明见表3-1。

表3-1 PDA高速数据采集分析系统之系统文件连接字段说明

序号	字　　段	说　　明	示　　例
1	PDAServerPort	数据起始地址、端口号等	1000
2	ChannelNumber	连接的信号数量	50CH
3	TimeBase	采样周期	4.0ms
4	DataSourceIP	PLC数据源的IP地址。对于S7-400，其可能是MAC地址	192.168.0.210
5	DataSourceStyle	连接类型。若需字节交换，则其为"25S"，原则上在PLC中完成字节交换。位（BIT）、字符串（STRING）、字符（CHAR）类型不参与字节交换	25
6	Note	连接字段说明、PROFINET设备名、OPC组	Test1
7	PDAServerIP	PDA服务器的IP地址	192.168.0.216

PDA高速数据采集分析系统之系统信号字段说明见表3-2，其中，Area、jPort、jCH、jOp、jValue、vPort、vCH、tPort、tCH、Rev、Syn与质量数据记录相关。

表 3-2　PDA 高速数据采集分析系统之系统文件信号字段说明

序号	字　段	说　明
1	No	变量序号
2	Name/ItemId	变量名或 OPC Item Id，不超过 160 个字符
3	Adr/note	变量地址/说明，不超过 80 个字符
4	Unit	物理单位，最长为 12 字符
5	Len	变量长度，用字符串表示时最长为 48 字符
6	Offset	偏移量
7	Gain	增益系数，8 位有效小数
8	Type	变量类型，采集 S7 字符串时用 CHAR，采集 PLC 中的字符串时一律推荐采用 CHAR
9	ALM	报警设置：0 表示 No，1 表示 Warning，2 表示 Alarm，3 表示 Warning:On / Rising edge，4 表示 Warning OFF / Drop edge，5 表示 Alarm On / Rising edge，6 表示 Alarm:OFF / Drop edge
10	HH	高-高报警设定值
11	HI	高报警设定值
12	LO	低报警设定值
13	LL	低-低报警设定值
14	Opr	操作记录设置，1 表示记录
15	Field	数据库表字段名或 PDA 符号，不超过 45 个字符
16	Area	工艺段或工艺区
17	jPort	条件判断变量所在的连接端口
18	jCH	条件判断变量通道号，为模拟量或数字量
19	jOp	条件判断类型，如 ">" "<" "=" ">=" "<=" "<>"
20	jValue	条件判断值，该值为实数
21	vPort	速度变量所在的连接端口
22	vCH	速度变量通道号，该值为模拟量
23	tPort	目标值变量所在的连接端口
24	tCH	目标值变量通道号，该值为模拟量
25	Rev	设置为头尾是否反向，该值为模拟量或数字量，当>0 时，它表示 Yes，例如，需要把热轧粗轧第 2、4 道次的该值设为 1
26	Syn	设置是否与头尾反向变量同步反向，当>0 时，它表示 Yes，若热轧时使用热卷箱，则粗轧区的该值都要设为 1
27	PLCBit	设置 PLC 中的变量是布尔量（<0）还是位（0~31）
28	Head(s)	头部时间
29	Tail(s)	尾部时间
30	Head(m)	头部长度
31	Tail(m)	尾部长度
32	Dec	统计报表小数位数
33	I	统计方式；0 表示瞬时值，1 表示累积值，2 表示平均值
34	Rate	电表倍率
35	ModbusAdr	映射到 Modbus 寄存器的地址
36	Group	变量所属的组名
37	GFlag	变量所属组标志
38	Trend	趋势报警时间间隔，单位：s
39	sChk	点检方案，0~8

续表

序号	字　段	说　明
40	TableName	数据库的表名
41	TableNote	数据库的表注释
42	CodeA	所属设备的设备编码 A
43	NameA	所属设备的设备名称 A
44	CodeB	所属设备的设备编码 B
45	NameB	所属设备的设备名称 B
46	CodeC	所属设备的设备编码 C
47	NameC	所属设备的设备名称 C
48	ID	信号在数据平台的 ID 号
49	Expressions	计算公式

PDA 高速数据采集分析系统之系统文件配置信息见表 3-3。

表 3-3　PDA 高速数据采集分析系统之系统文件配置信息

序号	类　别	字　段	说　明
1	FileName	Prefix	设置数据文件名前缀，以区别不同用户
		suffix	设置数据文件名后缀，以区别不同用户
		Title	设置项目名称，用于远程和手机端的项目选择，也用于数据库名
2	Quality data record	QDR_Only	其值>0，表示设置为只保存质量数据，不保存时序数据
		QDR_Dir	质量数据保存位置
		QDR_Filename	质量数据文件名，最多包含 7 个变量，前 3 个字段为产品 Id，可以是字符串或模拟量，后 4 个字段为钢种和规格
		QDR_Begin0~3	开始生产信号，前 3 个字段为产品 Id，第 4 个字段为判断条件
		QDR_Area0~QDR_Area31	分别设置 32 个区的产品 Id 和区名
		QDR_Reverse	反向条件，前 3 个字段为产品 Id，第 4 个字段为判断条件
		QDR_End0~3	生产完成判断条件，前 3 个字段为产品 Id，第 4 个字段为判断条件
		QDR_IP	与 QDRServer 通信的 IP 地址
		QDR_ServerIP	QDRServer 的 IP 地址
		QDRServer0~9	QDRServer.exe 所在的目录
		PDI0~9	—
		PDItarget	—
		csv0~9	—
		csvTarget	—
		DiagnosisDir	设备诊断数据所在的目录
		HDServer	HDServer.exe 所在的目录
		Stiffness0~9	刚度计算数据所在的目录
		StiffnessDir	—
		Calibrate0~9	—
		CalibrateDir	—
		RollChange0~3	换辊过程数据所在的目录
		Search0~9	数字钢卷搜索目录
		FilesDeleteDir	无条件删除的临时文件目录

序号	类　别	字　段	说　　明
3	DataFile	LastTime	数据记录文件的长度，单位为 min
		Path	数据文件保存的路径
		BigDataDir	秒级数据文件保存位置
		LTADir	长期趋势分析系统生存的文件保存位置
		Trigger	结束当前数据文件的触发条件
		Name0~4	变量的值可作为数据文件名的一部分
		Route	—
4	Remain	Days	硬盘上数据文件至少保留的天数，最小值为 15 天，默认值为 90 天
		FreeSpace	空闲磁盘空间小于该值时开始删除过时的数据文件，范围为 100~2000G
5	WatchDog	PDAServer	0 表示无任何处理，1 表示定时启动
		PDAClient	—
		MaskSizeFileNum	其值=1，表示不判断文件数量变化
		MaskDesktopLocked	其值=1，表示计算机锁定时不重启
		QDRServer	—
		ClockSyn	设置 PDA 服务器是否与其他服务器时钟同步
		BroadcastClock	设置是否广播此计算机时钟
		ModbusTcpServer	—
		WinRC	—
		pdaCloud	—
		ProcessServer	—
6	Monitor	Auto	设置系统启动后 PDAClient 是否直接进入监控状态
		MonitorIP	系统监控计算机的 IP 地址
		Alarm	报警计算机的 IP 地址和端口号
		FileRecv0~9	接收文件计算机的 IP 地址和端口号
		dbUpgrade0~9	安装数据库计算机的 IP 地址和端口号
7	Database	Cycle	写数据库采样周期数
		DBPath	实时数据文件路径
		PDAServerDir	—
		OpcUaServer	—
		ADOConnectionA~J	数据库 ODBC 连接字符串
		IpA~J	数据库服务器 IP 地址
		TimeSeries0~2	influx 时序数据库的 IP 地址、数据存储硬盘、端口、组织、token 等
		ModbusTcpServerIP	ModbusTcp 服务器的 IP 地址
		Email	相关文件要发往的邮箱地址
		CloudDir	pdaCloud 云文件本地存放的位置
		CloudRT	设置是否通过 pdaCloud.exe 把实时数据发送到云端
		CloudLogin	设置访问云空间的用户名和密码
		Network connection	设置连接 internet 的连接名
		Network adapter	设置连接 internet 的物理网络适配器
		SourceDir0~25	FileCopy 源文件位置，支持文件共享和 FTP
		TargetDir0~25	FileCopy 目标文件位置

下面对主要的系统文件进行具体说明。

（1）PDAServer.exe：PDA 服务器执行文件。其主要任务是采集数据并压缩保存数据，可任意复制使用，无须安装。

（2）PDAClient.exe：在线和离线数据分析文件。可任意复制使用，无须安装。

（3）PDAWatchDog.exe：PDA 高速数据采集分析系统的看门狗。当 PDAServer.exe 等异常退出时，自动重启它，确保连续采样。

（4）pdaCloud.exe：用于进行秒级或秒级以上的长期数据文件转换，并将其与特征文件保存到云端供客户下载；分析模板实时数据，按需要上传到云，供客户实时访问。

（5）WinRC.exe：Windows 实时控制中心。它是一套与 PDA 高速数据采集分析系统无缝集成的人机界面（Human Machine Interface）系统，单向标签（Tags）支持单向数据传输，可有效地减轻网络负荷和 PLC 网络资源，屏幕 Tags 间隔 0.2s 或更短的时间更新一次，全部 Tags 高速归档，实时数据和历史趋势可由 PDA 高速数据采集分析系统查询。每个画面的 Tags 来自一个 dmc 格式的文件。可在线监控远程数据并可控制 pdaCloud 进行文件传送等。图 3.1 所示为 WinRC.exe 运行界面。

图 3.1　WinRC.exe 运行界面

（6）ModbusTcpServer.exe：Modbus-TCP 服务器。它的任务是把 PDAServer 采集的实时数据映射到 Modbus 寄存器中，为第三方访问实时数据提供服务，每个变量的寄存器地址在组态文件 Config.csv 中配置。

（7）pdaOpcUaServer.exe：对外提供 OPC UA 接口，以便第三方读取实时数据。在安装了 PDAServer 的计算机上运行时，数据刷新速率可达到每 100ms 一次，运行于其他计算机时，数据刷新速率为每秒一次。

（8）RunningRecord.exe：动态运行记录报表生成工具。根据\RunningRecord\中的分析策略文件(.pda 文件)自动生成报表，默认记录时间间隔为 1s，按分钟统计累加值(Config.csv 中 I=1)或累加值的平均值(I=2)或瞬时值(I<>1 或 2)，每小时求一个值。对布尔量和字符串，只求瞬时值。图 3.2 所示为 RunningRecord.exe 运行界面。

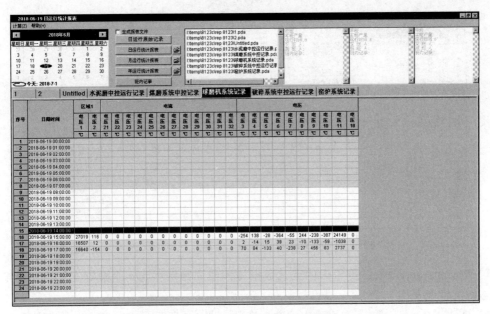

图 3.2　RunningRecord 运行界面

（9）Energy.exe：动态能耗统计报表生成工具。根据路径\Energy\中的分析策略文件（.pda 文件）自动生成报表，按班统计当班电耗、单位能耗等，一条生产线上可能安装了数百块智能电表，这样便于找寻节能降耗点。组态文件 Config.csv 中的[Rate]栏用于设置电表倍率。图 3.3 所示为 Energy.exe 运行界面。

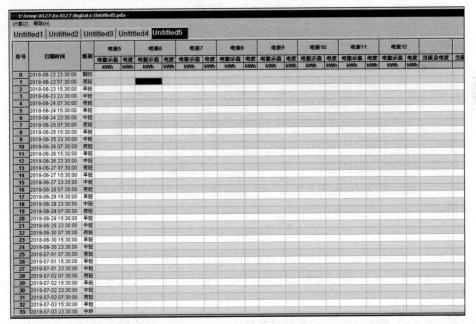

图 3.3　Energy.exe 运行界面

（10）spotCheck.exe：点检子系统。该系统按路径\spotCheck\中的分析策略统计日、月、年点检信息，分析策略可对应不同的生产班次。可在每个点检点单独设置点检模式，点检模式范围为 0～8。每台设备每天最多点检 24 次，在路径\spotCheck\spotCheck.ini 设置点检时间段。图 3.4 所示为 spotCheck.exe 运行界面。

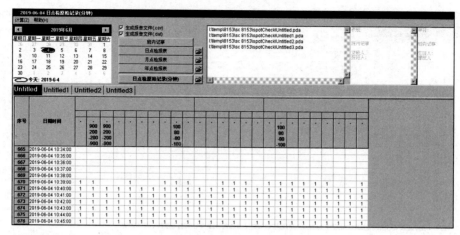

图 3.4　spotCheck.exe 运行界面

（11）ProcessServer.exe：把一天的工艺数据按秒或分钟保存为一个数据文件。还可把一年的分钟级数据文件合并为一个。

（12）Distribute.exe：将分布式采集的数据合并。图 3.5 所示为 Distribute.exe 运行界面。

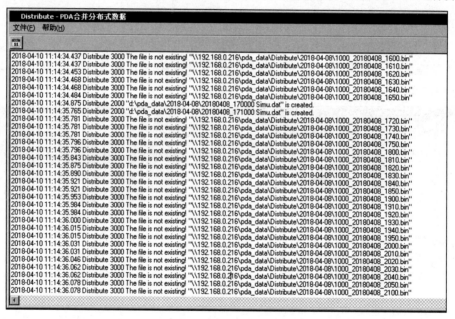

图 3.5　Distribute.exe 运行界面

（13）pdaOpcUaClient.exe：通过 OPC UA 通信协议采集数据并为 PDAServer 提供数据接口。

（14）pdaCIPClient.exe：通过 CIP 通信协议（Rockwell PLC）采集数据并为 PDAServer 提供数据接口。

（15）dbUpgradeRt.exe 和 dbUpgradeRtTS.exe：将实时数据按条件升迁到 SQL Server 等关系型数据库和 influxDB 等时序数据库中。

（16）dbUpgrade.exe 和 dbUpgradeTS.exe：将历史数据升迁到 SQL Server 等关系型数据库和 influxDB 等时序数据库中。

（17）IPCheck.exe：其主要任务是检查系统中的 IP 地址，如果存在使用 PING 命令连接不上的 IP 地址，就立即发出报警提示。

（18）pdaAlarm.exe：常规报警、趋势报警及操作记录，支持实时报警和历史报警记录功能。模拟量和布尔量设置有高-高、高、低、低-低 4 级报警值，高、低为黄色警告条，高-高、低-低为红色报警条，上升沿触发报警，下降沿复位报警，报警比警告具有更高优先级，字符串不参与报警。可在信号树或组态文件 Config.csv 中，设置单个变量的报警值和是否报警。支持实时和历史操作记录功能，若变量值发生变化，则认为触发一次操作，字符串参与操作记录。报警和操作记录每小时分别生成一个历史数据文件，pdaAlarm.exe 运行界面如图 3.6 所示。如果要对所有信号进行秒级报警，就运行 pdaAlarm.exe，历史报警记录自动保存到\Alarm*.ini，可以打开历史报警记录。对操作信号进行记录，历史操作记录自动保存到\Operation*.csv，可以打开历史操作记录。操作信号记录界面如图 3.7 所示。

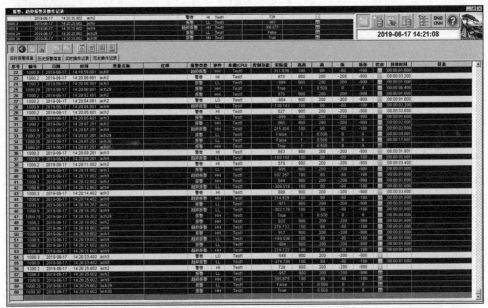

图 3.6　pdaAlarm.exe 运行界面

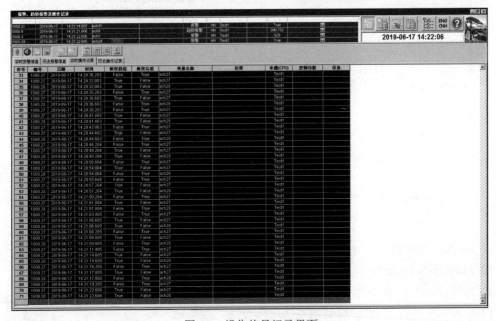

图 3.7　操作信号记录界面

（19）FileCopy.exe：按组态文件 Config.csv 中配置的源目录和目标目录，自动复制当前日期和前一天的.dat 文件。每分钟扫描一次，可配置 25 对目录，也可以手动选择目录复制，支持文件共享和 FTP。FileCopy.exe 运行界面如图 3.8 所示。

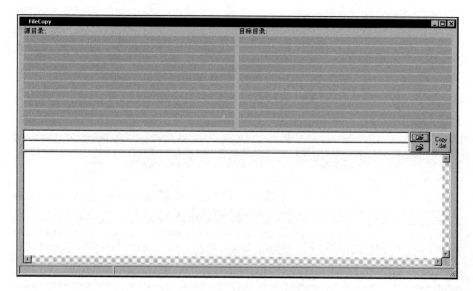

图 3.8　FileCopy.exe 运行界面

与 FileCopy.exe 相关的 FTP 服务端设置示例如图 3.9 所示。

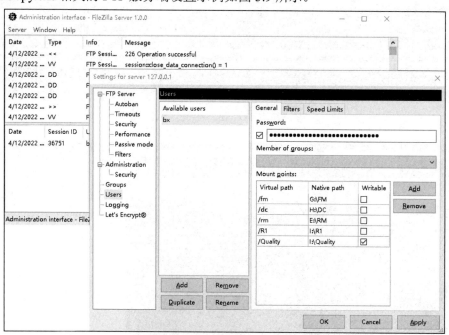

图 3.9　与 FileCopy.exe 相关的 FTP 服务端设置界面

（20）RealtimeServer.exe：提供实时数据服务。

（21）FileRecvServer.exe 和 FileSendServer.exe：提供文件接收和发送服务。

（22）Stiffness.exe：轧机刚度标定数据记录程序。

（23）Calibrate.exe：轧机的辊缝调零（简称零调）数据记录程序。

（24）RollChange.exe：轧机换辊数据记录程序。

（25）MC6068.inf MC6068.sys：数据采集卡 MC6068 的 Windows x86 驱动程序。

（26）MC6069.inf MC6069.sys：数据采集卡 MC6069 的 Windows x86 驱动程序。

（27）MC6069x64.sys：数据采集卡 MC6069 的 Windows x64 驱动程序。

（28）pda244.gsd：PDA 高速数据采集分析系统的 DP 网桥 PDA DPM-2B244-0AB0 配置文件。

（29）pdaInterface.dll：PDA 高速数据采集分析系统数据接口。

（30）pda_manual.pdf pda_manual_English.pdf：PDA 高速数据采集分析系统中的英文参考手册，可从 PDAClient 帮助菜单中调出该手册。

（31）pdaTools.exe：PDA 高速数据采集分析系统工具集，其运行界面如图 3.10 所示，可对 PDA 高速数据采集分析系统接口模块进行配置、标定、组态检查。设置 pdaTools.exe 以管理员身份运行，如图 3.11 所示。可对多种 PLC 数据进行采集，用 PDAClient 进行在线和离线分析，免授权，只能采集一台 PLC 的数据，采样周期为 10ms。

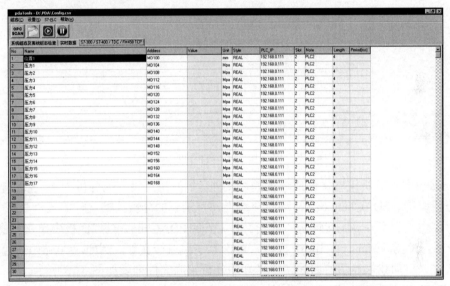

图 3.10 pdaTools.exe 运行界面

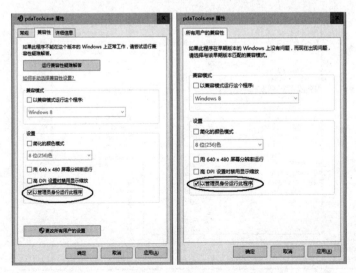

图 3.11 设置 pdaTools 以管理员身份运行

（32）Logicals.ini：这是文本文件。在"PDAClient.exe"面板中单击 f_x 按钮或单击"设置(Setup)"→"定义逻辑信号(Define Logical Singals)"命令，可自动生成该文本文件，并且自动保存在当前文件夹中；也可用记事本编辑，同样有效。该文本文件记录定义的支持多变量和任意多项式的逻辑信号，如信号延时，以及加、减、乘、除等算术运算。图 3.12 所示为定义好的 Logicals.ini 文件内容。

图 3.12   定义好的 Logicals.ini 文件内容

（33）.pda 文件：分析策略文件或分析模板文件。针对每个设备或分析方法，都可建立分析策略文件，方便调用。PDAClient.exe 启动时会将当前目录下的分析策略文件读入"分析(Analysis)"主菜单中，以便于调用。.pda 文件是二进制文件，在"PDAClient.exe"面板中单击"文件(File)"→"保存分析策略(Save analysis file)"命令，可由系统生成该文件。例如，Config.pda 文件记录了需要重点关注并自动载入显示的曲线。定义好的分析策略文件列表如图 3.13 所示。

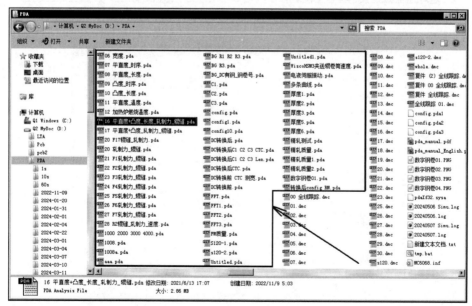

图 3.13   定义好的分析策略文件列表

（34）.dat 文件：PDA 高速数据采集和分析系统中用于采集和转换的各种数据文件。采集的数据文件存放在相应日期文件夹中，如\2021-03-15。组态文件 Config.csv 中配置数据文件保存的天数，有效值为 15～365 天，默认天数为 30 天。当之前的数据当容量不足时，自动删除。组态文件 Config.csv 中还配置一个数据文件记录的时间长度，有效值为 1～480min，默认值为 10min。例如，对用于热轧数字钢卷数据文件记录的时间一般为 2min，此时要确保相应硬盘容量足够大。

（35）.dmc 文件：数字表组态文件。数字表用于在线直观观察变量的实时值，.dmc 文件是文本文件。在 PDAClient.exe 启动时系统将这类文件自动载入 Config.dmc 文件中。

（36）RollChangeServer.exe：换辊数据记录。

（37）StiffnessServer.exe：零调及刚度测量数据记录。

（38）language.ini：语言配置文件。PDAClient.exe 内嵌了英文和简体中文两种语言，若要使用其他语种，则可修改这个配置文件并把它和 PDAClient.exe 放在同一个文件夹中。按 Ctrl+Shift+L 组合键，可将英文字符串导出到当前路径的 language.ini 文件中。其中的<CR>为换行符，不要修改它。

（39）QDRServer.exe：质量数据记录系统。该系统根据历史数据文件生成质量数据记录文件，可以手动启动转换功能。另外，在收到 PDAServer 数据文件生成的消息后，自动启动转换功能其运行界面如图 3.14 所示。

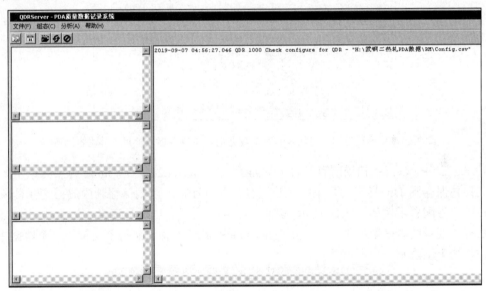

图 3.14　QDRServer.exe 运行界面

（40）QDR.ini：质量数据记录及数字钢卷配置文件。图 3.15 为某热轧带钢厂粗轧区的质量数据记录及数字钢卷配置文件内容示例，可以给其中的变量名增加注释，修改量纲和比例系数。

（41）HDServer.exe：用于数字钢卷 QDR 质量数据文件的合并。

（42）TrimServerLen.exe：用于数字钢卷的切头或切尾。

（43）SplitServer.exe：用于数字钢卷的分卷或并卷。

（44）DiagnosisServer.exe：把设备诊断数据和计算得到的特征值集成到时序数字钢卷中。

（45）fileDistribute.exe：数字钢卷分配程序。

（46）SplitServer.exe：用于数字钢卷分卷计算。

（47）FileList FileNum Search Identify Fetch iSearch：长度数字钢卷快速搜索统计系统文件。

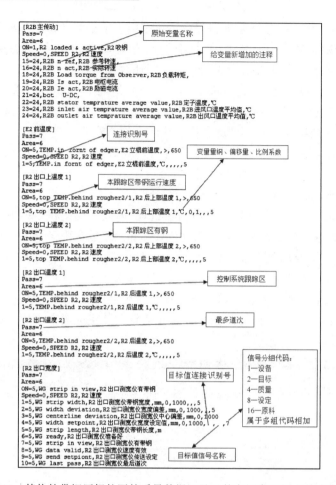

图 3.15　某热轧带钢厂粗轧区的质量数据记录及数字钢卷配置文件内容示例

（48）dat2csvRaw.exe：扫描所有子目录的.dat 文件，把 dat2csvRaw.ini 配置点的原始数据转换为.csv 文件并保存到 Dir 指定的目录中。若没有配置目标目录，则保存到原数据文件目录中。数据文件转换信号配置示例如图 3.16 所示，其中，All=1，表示导出所有变量，设置 OnePotPer 的值，以确定从每个变量的若干数据中导出一个数据，OnePotPer=1 表示从每个变量的 1 个数据中导出 1 个数据，相当于不降频导出所有数据。

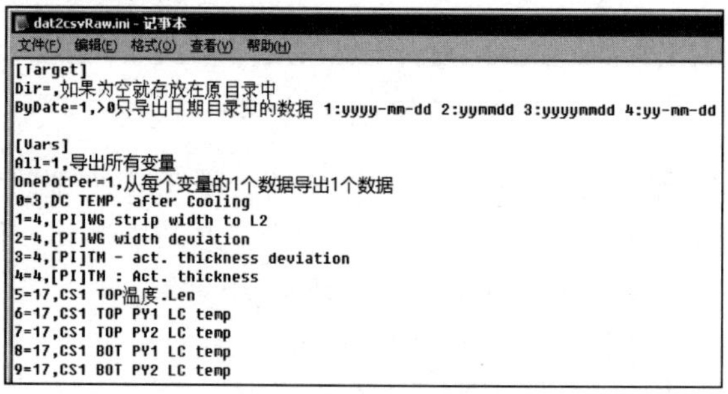

```
dat2csvRaw.ini - 记事本
文件(F) 编辑(E) 格式(O) 查看(V) 帮助(H)
[Target]
Dir=,如果为空就存放在原目录中
ByDate=1,>0只导出日期目录中的数据 1:yyyy-mm-dd 2:yymmdd 3:yyyymmdd 4:yy-mm-dd

[Uars]
All=1,导出所有变量
OnePotPer=1,从每个变量的1个数据导出1个数据
0=3,DC TEMP. after Cooling
1=4,[PI]WG strip width to L2
2=4,[PI]WG width deviation
3=4,[PI]TM - act. thickness deviation
4=4,[PI]TM : Act. thickness
5=17,CS1 TOP温度.Len
6=17,CS1 TOP PY1 LC temp
7=17,CS1 TOP PY2 LC temp
8=17,CS1 BOT PY1 LC temp
9=17,CS1 BOT PY2 LC temp
```

图 3.16　数据文件转换信号配置示例

（49）edat2csv.exe：用于扫描指定目录下的加密数据文件，并且自动将其转换为文本文件，不需要加密锁。

（50）csv2dat.exe：用于扫描指定目录下且来自加密数据文件的文本文件，并且自动将其转换为 dat 格式文件。

（51）dat2csvTime.exe：其主要任务是把时序数字钢卷.time.dat 文件原始数据降频转换为.csv 文件，并且输出用于记录钢卷的头、中、尾、全长的统计指标.time.txt 文件。

（52）dat2csvLen.exe：其主要任务是把长度数字钢卷.len.dat 文件原始数据降频转换为.csv 文件并且输出用于记录钢卷的头、中、尾、全长的统计指标.len.txt 文件。

（53）mqttServer.exe：其主要任务是通过 MQTT 通信协议对外提供实时数据，并且能够采集 MQTT 通信协议发送到 PDAServer 的数据。

（54）WebSocketServer.exe：其主要任务是通过 WebSocket 通信协议对外提供实时数据，并且能够采集 WebSocket 通信协议发送到 PDAServer 的数据。

3.2　系 统 组 态

1. PLC 中的系统组态

在 PLC 中安装对应的 PDA 驱动程序，并将需要采集的信号线路连接到驱动程序模块的引脚。通过修改或移动引脚上的信号，可以调整需要监控的变量及其顺序。不同型号的 PLC 的驱动程序不同，订货时请选择合适的 PLC。

请按设备控制特点整理需要采集的信号。

2. PDA 服务器中的系统组态

1）通过 PDAClient 组态数据源

下面介绍通过 PDAClient 组态数据源，具体操作步骤如下。

（1）运行 PDAClient.exe，其运行界面如图 3.17 所示。

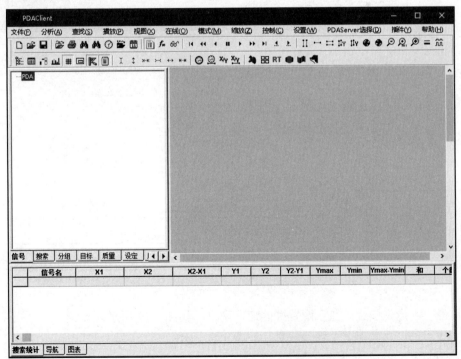

图 3.17　PDAClient.exe 运行界面

（2）在该界面中单击右键，弹出快捷菜单。在快捷菜单中选择"增加连接…"选项，新建一个连接信息，如图 3.18 所示。

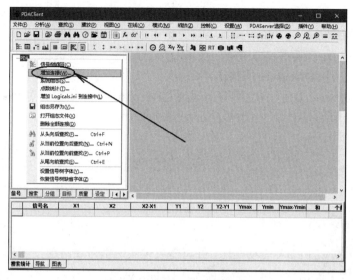

图 3.18　新建一个连接信息

（3）配置连接信息，如图 3.19 所示。

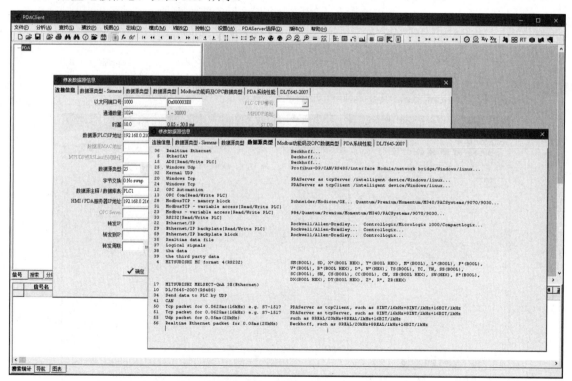

图 3.19　配置连接信息

（4）单击"确定"按钮，显示配置好的连接信息，如图 3.20 所示。

（5）方法同上，建立第 2 个连接信息，如图 3.21 所示。

2）通过 PDAClient 配置采集信号

配置采集信号即配置信号名、注释、比例系统等，如图 3.22 所示。

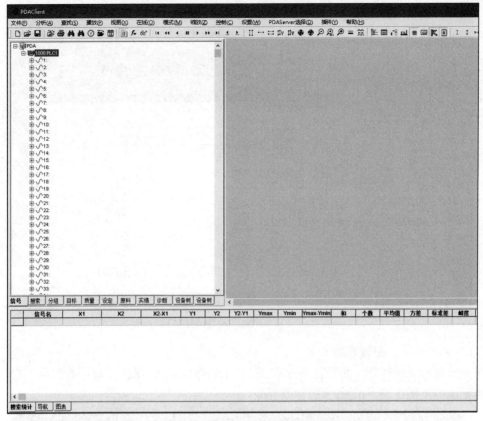

图 3.20　配置好的连接信息

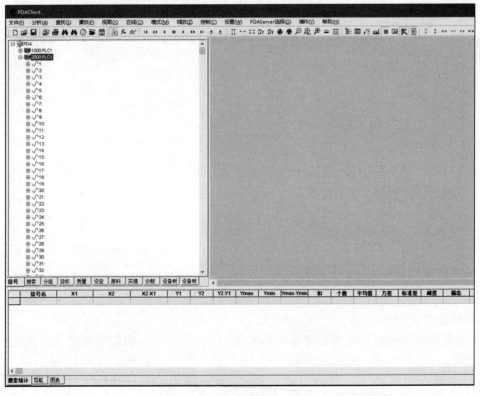

图 3.21　建立第 2 个连接信息

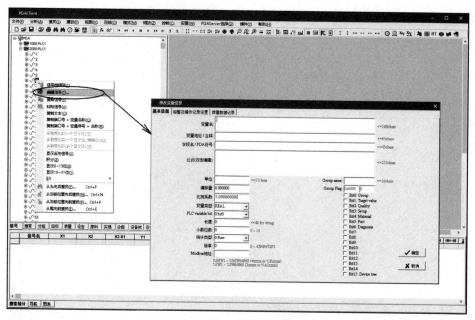

图 3.22　配置采集信号

3）通过 PDAClient 配置系统参数

系统参数包括系统时基、数据文件名的前缀/后缀/时间长度/保留天数、看门狗、自动监控、质量数据记录等。图 3.23 为配置系统参数界面。

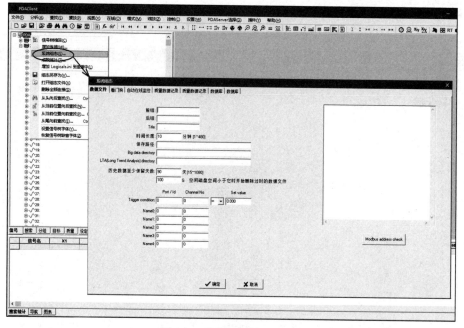

图 3.23　配置系统参数界面

4）离线检查系统组态

对变量类型和连续的位信号数量是否为 8 的倍数进行检查，检查所配置系统参数的界面如图 3.24 所示。

支持的变量类型为 BYTE、SINT、INT、DINT、WORD、DWORD、REAL、DOUBLE、STRING、CHAR、BIT。

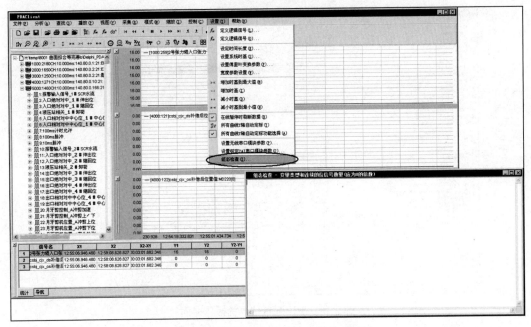

图 3.24　检查所配置系统参数的界面

5）联机检查 S7 系列 PLC 系统组态

配置好组态文件 Config.csv，连接 S7 系列 PLC，运行 pdaTools.exe，可检查 S7 系列 PLC 中的 PIBx、IBx、QBx、MBx、DB.DBBx 是否存在或采集点数是否超范围。检查 S7 系列 PLC 信号配置情况的界面如图 3.25 所示。

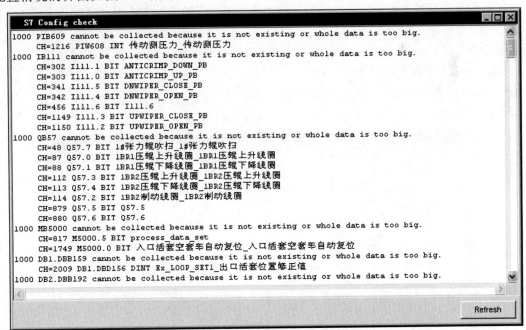

图 3.25　检查 S7 系列 PLC 信号配置情况的界面

6）通过 PDAClient 导出配置信息

可将系统配置信息导出到组态文件 Config.csv 中，并且保存到 PDA 高速数据采集分析系统之系统文件夹。重启 PDAServer.exe，新的配置即可生效，操作界面如图 3.26 所示。

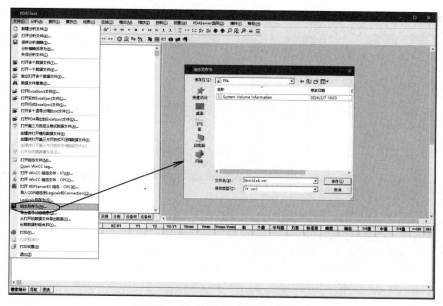

图 3.26　导出配置信息的操作界面

7）修改组态文件 Config.csv，进行系统组态综合调整

由于组态文件 Config.csv 是一个文本文件，因此可用记事本或 Excel 打开它并进行修改。直接修改组态文件 Config.csv，进行系统配置是一个有效的途径。

对模拟量，可以设置偏移量和比例系数，以便对显示值进行修改，目的是使显示值和实际值一致，默认值分别为 0.0 和 1.0。

监控点中有不少备用点，可将暂时没有列入的中间计算值填入。请用户核对并修正各变量的量纲。

修改组态文件 Config.csv 后重启计算机或重启 PDAServer.exe，新的配置即可生效。

8）通过 Excel 配置采集信号

通过 Excel 配置采集信号，具体操作步骤如下。

（1）打开 Excel，修改导出的 Untitled.csv，如图 3.27 所示。

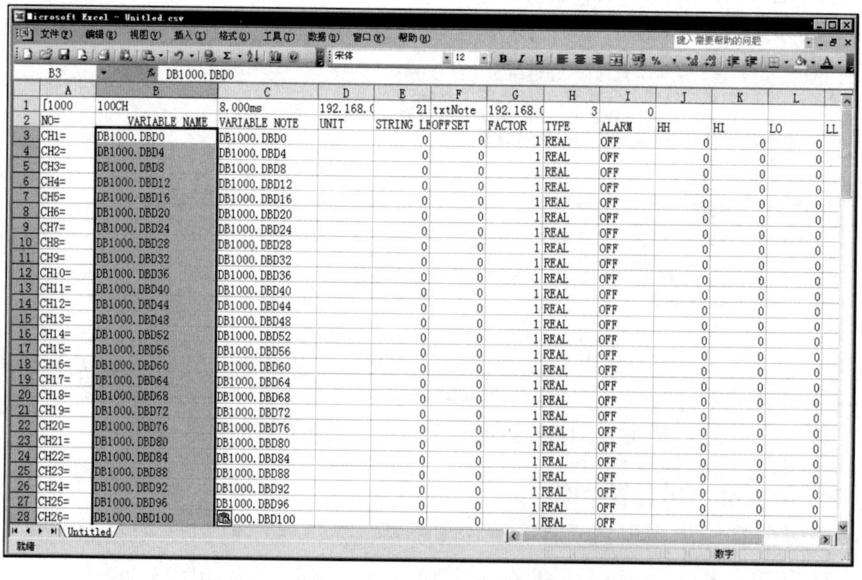

图 3.27　打开 Excel，修改导出的 Untitled.csv

（2）打开修改后的 Untitled.csv，检查配置信息，如图 3.28 所示。

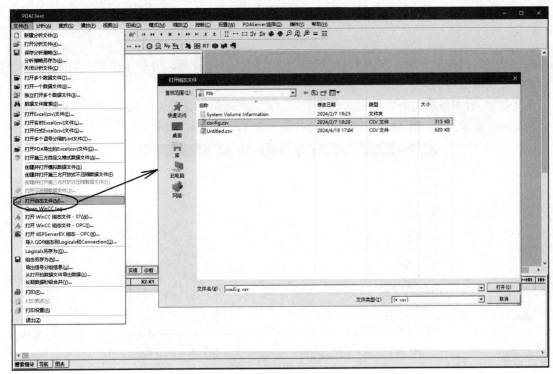

图 3.28　检查配置信息

9）各种数据类型混排

详见 1.5 节的数据类型。

3.3　PDA 服务器启动后自动进入数据采集状态

要使 PDA 服务器启动后自动进入数据采集状态，可把组态文件 Config.csv 中的[WatchDog]栏的 PDAServer 值设为 1、2 或 3，即设置看门狗运行方式，如图 3.29 所示。

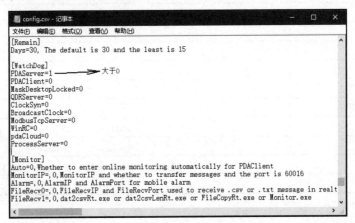

图 3.29　设置看门狗运行方式

3.4　PDA 服务器启动后自动进入在线监控状态

将需要在线监控的点全部加入 PDAClient 中并组织好界面，将此分析策略保存到 PDA 高速数据采集分析系统之系统文件夹\Config.pda。

要使 PDA 服务器启动后自动进入在线监控状态，可把组态文件 Config.csv 中的[WatchDog]栏的 PDAClient 值设为 1，把[Monitor]栏的 Auto 值设为 1，如图 3.30 所示。

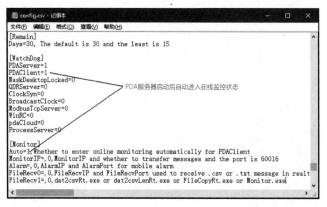

图 3.30　设置 PDAClient 启动后自动进入在线监控状态

3.5　PDA 接口模块的组态

通过 pdaTools.exe 给 PDA 接口模块，如 PDA 模拟量输入单元、PDA 的 DP 网桥等进行 IP 地址和 DP 站号的组态。

下面以某 PDA 接口模块为例，该 PDA 接口模块的出厂参数见表 3-4。

表 3-4　某 PDA 接口模块出厂参数

IP 地址	192.168.0.210
MAC 地址	0 1 2 x x x
子网掩码	255.255.255.0
网关	0.0.0.0
PDA 服务器 IP 地址	192.168.0.216
PDA 服务器端口	1000
PDA 系统时基	2 ms
PROFIBUS-DP 站号	100 [0 ～ 127]
SSI 类型	0　[0:Binary　　1:Gray]
SSI 速率	1　[0:250kHz　　1:500kHz　　2:1MHz　　3:2MHz]
SSI 位数	25　[16 ～ 32]

注：表中的冒号相当于"表示"的意思。

一般在 PDA 接口模块上设有"Reset factory"按钮，用于恢复出厂设置。按图 3.33 所示的操作步骤，设置 PDA 接口模块参数。

（1）将 PDA 接口模块与计算机用以太网线直连，把计算机 IP 地址设为 192.168.0.xxx 网段。

（2）根据 IP 地址读取组态信息（见图 3.31），输入 PDA 模块 IP 地址，单击"上载"按钮。

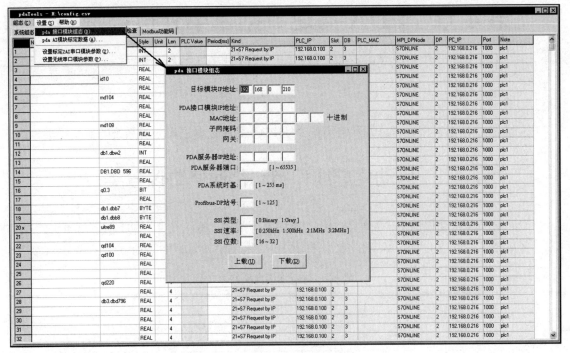

图 3.31　设置 PDA 接口模块参数

（3）设置 PDA 接口模块 IP 地址和 PROFIBUS-DP 站号，输入相关信息，单击"下载"按钮。

第4章 PDA 高速数据采集分析系统的数据采集及通信协议

下面按 PLC 厂家、型号、总线网络类型介绍 PDA 高速数据采集分析系统的数据采集方式。

4.1 自动化总线和自动化通信协议分类

自动化总线和自动化通信协议种类繁多，有些是开放的，有些是专用的。国际标准 IEC 61158 确立了多版本完全开放的现场总线标准（参看表 1-3），其通信协议按网络通信介质分类，见表 4-1。

表 4-1 网络通信介质分类

序号	通信介质	速 度	数据采集方式		例 子
			硬 件	软件协议	
1	RS232	全波特率	普通串口	PDA 集成	Modbus
2	通用 RS485	全波特率	转换为 RS232	PDA 集成	
3	RS485	全波特率	专用网络适配器支持	PDA 集成 API/OPC 网关 第三方接口	—
4	专用 RS485	全波特率	专用网络适配器支持	PDA 集成 API/OPC 网关 第三方接口	PROFIBUS-DP
5	以太网	较快	普通以太网口	PDA 集成	PROFINET
6	专用以太网	快速	专用网络适配器支持	PDA 集成 API/OPC 网关 第三方接口	EtherCAT
7	内存映象网	快速	专用网络适配器支持	PDA 集成 API/OPC 网关 第三方接口	GE Reflective Memory SIEMENS GDM TMEIC TC-net
8	其他	—	—	—	—

　　PDA 高速数据采集分析系统具有完善的通信协议软件开发模板，能快速地开发未知/未来协议，对同一厂商不同时期或不同厂商对同一通信协议的不同理解，PDA 高速数据采集分析系统均能区别对待。对部分型号的 PLC，可不用编写与该系统相关的程序，该系统就能按变量地址或符号直接读取这些 PLC 中的数据。该系统对第三方数据平台全面开放实时数据接口，便于用户进行灵活多样的数据存储和处理。

4.2　常用自动化通信协议

按应用场景，常用自动化通信协议可分为工业控制系统、过程自动化、楼宇自动化、电力系统自动化、智能电表数据读取、汽车 CAN 总线数据读取等方面的通信协议，其分类见表 4-2。

表 4-2　常用自动化通信协议分类

序号	应用场景	通信协议名称	备注
1	工业控制系统	Ethernet/IP-backplate	Rockwell ControlLogix CompactLogix MicroLogix
		GE SNP/SNPX	—
		MTConnect	—
		OPC	OLE for Process Control
		PROFIBUS-MPI/DP	—
		S7 Ethernet TCP/ISO	SIEMENS S7-400/S7-300/TDC/FM458
2	过程自动化	AS-interface	
		BSAP	Bristol Standard Asynchronous Protocol
		CC-Link	Industrial Networks
		CIP	Common Industrial Protocol
		CAN bus	Control Area Network(CANopen/DeviceNet)
		ControlNet	—
		DF1	—
		DirectNET	—
		EPA	Ethernet for plant automation
		EtherCAT	Ethernet for Control Automation Technology
		EGD	Ethernet Global Data, GE/ALSTOM HPCi
		Ethernet Powerlink	—
		Ethernet/IP	Rockwell ControlLogix/CompactLogix/MicroLogix
		FIP	Factory Instrumentation Protocol
		FINS	—
		FF	FOUNDATION fieldbus(H1/HSE)
		GDM	SIEMENS Global Data Memory
		GE RFM Reflective Memory	RFM5565/5576 VxWorks LogiCAD CoDeSys IsaGRAF
		GE SRTP	Service Request Transport Protocol GE Fanuc 90/VersaMax/PACSystems
		HART Protocol	—
		Honeywell SDS	—
		HostLink	—
		INTERBUS	—
		IO-Link	—
		Lightbus	—
		Lonworks	—
		MECHATROLINK	—
		MelsecNet	—
		Modbus/Modbus Tcp	Schneider-Modicon 984/Quantum…

续表

序号	应用场景	通信协议名称	备　注
2	过程自动化	MP-bus	Modular Power Bus
		Optomux	—
		PieP	—
		PROFIBUS	—
		PROFINET IO	—
		RAPIEnet	Real-time automation protocol for industrial Ethernet
		Realtime Ethernet	Beckhoff
		SafetyBUS p	—
		SERCOS interface	—
		SERCOS III	—
		Sinec H1	—
		Symotion	—
		SynqNet	—
		TMEIC TC-net	—
		TTEthernet	Time-Triggered Ethernet
		WorldFip	—
3	楼宇自动化	1-Wire	—
		BACnet	—
		C-Bus	—
		CC-Link	—
		DALI	Digital Addressable Lighting Interface
		DSI	Digital Signal Interface
		Dynet	—
		Enocean	—
		FIP	—
		Idranet	—
		KNX	EIB/BatiBus/EHSA
		LonTalk	—
		Modbus	—
		Modbus-TCP	—
		oBIX	—
		VSCP	—
		X10	—
		xAP	xAP Home Automation protocol
		xPL	—
		ZigBee	—
4	电力系统自动化	CDT	Cyclic Digital Transmission
		IEC 60870	-5-101/-5-102/-5-103/-5-104/-6
		DNP3	—
		FIP	—
		IEC 61850	—
		IEC 62351	—
		Modbus	—
		PROFIBUS	—

序号	应用场景	通信协议名称	备　注
5	智能电表数据读取	ANSI C12.18	—
		IEC 61107	—
		DLMS/IEC 62056	—
		DL/T645	Multi-function watt-hour meter communication protocol
		M-Bus	—
		Modbus	—
		ZigBee	—
6	汽车 CAN 总线数据读取	AFDX	Avionics Full-Duplex Switched Ethernet
		ARINC 429	—
		CAN bus	ARINC 825/SAE J1939/NMEA 2000/FMS
		FIP	—
		FlexRay	—
		IEBus	—
		IDB-1394	—
		J1587	—
		J1708	—
		KWP2000	Keyword Protocol 2000
		SMARTwireX	—
		UDS	Unified Diagnostic Services
		LIN	Local Interconnect Network
		MOST	—
		VAN	Vehicle Area Network

4.3　通过标准以太网 UDP 通信协议采集数据

PLC 端用标准以太网 UDP 通信协议将数据传送给 PDA 服务器，数据类型、长度（最大 1472 字节）、端口由用户定义。数据源类型为 25，采样周期可达到 2ms。例如：

```
[1000,82CH,10.000ms,192.168.0.210,25,Demo,192.168.0.216]
```
……

4.4　通过标准以太网 TCP 通信协议采集数据

PLC 端用标准以太网 TCP 通信协议将数据传送给 PDA 服务器，数据类型、长度、端口由用户自己定义。如果把 PDA 服务器作为 TCP 服务端，那么数据源类型为 20，采样周期可达到 2ms。例如：

```
[1000,54CH,10.000ms,192.168.0.210,20,Demo,192.168.0.216]
```

如果 PDA 服务器作为 TCP 客户端，那么数据源类型为 24。例如：

[1000,54CH,10.000ms,192.168.0.210,24,Demo,192.168.0.216]

不推荐本方式。

4.5　通过以太网高速定周期采集 S7-400 PLC 控制器数据

当西门子 S7-400 PLC 的采集点数不太多但要求采样周期很短时，采用本方案。此时，采样周期可达到 2ms，数据源类型为 0，注意填写 CPU 槽号，利用 CPU 自带或专用的以太网口均可。

在 S7-400 PLC 中增加一块 PROFINET 以太网网络适配器专门用于数据采集，可以大幅度缩短采样周期。建议选用 6GK7 443-1EX20-0XE0 等西门子升级以后的网络适配器，性能比 6GK7 443-1EX11-0XE0 好得多。

如果采集的数据曲线出现偶尔断续的情况，那是因为 S7-400 PLC 的以太网网络适配器负荷过多，可将 OB 块（组织块）中断周期改为 3ms 或 4ms 或增加一块以太网网络适配器。

1. 以共享以太网模块方式采集数据

当单台 S7-400 PLC 的采集点数不多或采样周期不是很短时，PDA 高速数据采集分析系统网络可以共享 S7-400 PLC 的编程和监控网络的方式采集，即以共享以太网模块方式采集数据，如图 4.1 所示。

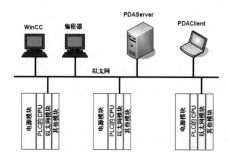

图 4.1　以共享以太网模块方式采集数据

2. 以独立以太网模块方式采集数据

给每台 S7-400 PLC 增加一块以太网模块，对 PDA 高速数据采集分析系统单独组网，可提高单台 S7-400 PLC 采集点数并缩短采样周期，如图 4.2 所示。

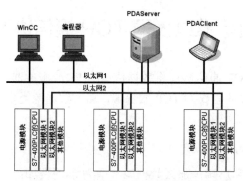

图 4.2　以独立以太网模块采集数据

3. S7-400 PLC 的系统安装

（1）将组织块 OB80、OB81、OB82、OB83、OB84、OB85、OB86、OB87、OB88、OB121、OB122 加入项目中。若发现重复，则不要替换。

（2）将 SFB37、SFC1、SFC20、SFC37 加入项目中。若发现重复，则不要替换。

（3）将 DB500、DB501、DB502、UDT501、FC501、FC502 加入项目中。S7-400 PLC 的 CPU 中的 PDA 高速数据采集分析系统的通信功能块如图 4.3 所示。

（4）将 FC501 和 FC502 放入某个循环扫描的 OB 块中，如 OB35 或 OB38 等，该 OB 块的扫描周期决定 PDA 高速数据采集分析系统的采样时间。建议对该 OB 块，不再调用其他功能块，否则，可能影响正常通信。

（5）FC501 定义的模拟量和数字量要与 PDA 服务器中的组态文件 Config.csv 中定义的模拟量和数字量保持一致。

（6）修改 FC501，将需要快速采集的模拟量和数字量填入相应的位置。

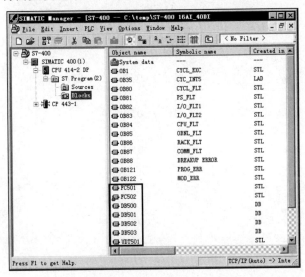

图 4.3　S7-400 PLC 的 CPU 中的 PDA 高速数据采集分析系统的通信功能块

某项目 60INT+128BIT 的 FC501 示例：

```
SET
SAVE
=     L     0.1
L     1000                          // 与 Config.csv 中的识别码 1000 要一致
T     DB501.DBW    2


L     12.345                        // 实数
L     100.0
*R                                  // 实数保留 2 位小数
RND                                 // 转换为整数
T     DBW    12                     // AI1


L     L#123456789                   // DINT 型保留低 2 字节
T     DBW    14                     // AI2
```

```
        L       L#123456789             // DINT
        DTR                             // 转换为实数
        L       0.00001
        *R                              // 截去后 5 位数
        RND                             // 转换为整数
        T       DBW    16               // AI3

......

        L       59
        T       DBW    128              // AI59

        L       60
        T       DBW    130              // AI60


        AN      M      1.0
        =       DBX    132.0            // DI1
        AN      M      1.0
        =       DBX    132.1            // DI2
        A       M      1.0
        =       DBX    132.2            // DI3

......

        =       DBX    147.6            // DI127
        A       M      1.0
        =       DBX    147.7            // DI128

        SAVE
        BE
```

某项目 16INT+16BIT 的采样周期为 2ms，CPU 在 3 槽的组态文件 Config.csv 示例如下，其中的识别码 1000 要与 PLC 采集程序中的识别码一致。

```
[1000,32CH,2.000ms,192.168.1.24,0S,CMO,192.168.1.216,3]
No,   Name           ,Adr/note,Unit,Len,Offset  ,Gain    ,Type,ALM,HH
CH1=, 波形曲线给定     ,        ,mm  ,2  ,0.000000,0.010000,INT ,0  ,0.000
CH2=, 左缸实际位移     ,        ,mm  ,2  ,0.000000,0.010000,INT ,0  ,0.000
CH3=, 右缸实际位移     ,        ,mm  ,2  ,0.000000,0.010000,INT ,0  ,0.000
CH4=, 左缸上腔压力     ,        ,KN  ,2  ,0.000000,0.010000,INT ,0  ,0.000
CH5=, 左缸下腔压力     ,        ,KN  ,2  ,0.000000,0.010000,INT ,0  ,0.000
CH6=, 右缸上腔压力     ,        ,KN  ,2  ,0.000000,0.010000,INT ,0  ,0.000
CH7=, 右缸下腔压力     ,        ,KN  ,2  ,0.000000,0.010000,INT ,0  ,0.000
CH8=, 浇铸速度        ,        ,mpm ,2  ,0.000000,0.010000,INT ,0  ,0.000
CH9=, 两缸位移差       ,        ,%   ,2  ,0.000000,0.010000,INT ,0  ,0.000
CH10=,左缸伺服阀给定   ,        ,%   ,2  ,0.000000,0.010000,INT ,0  ,0.000
```

```
CH11=,右缸伺服阀给定        ,        ,%   ,2  ,0.000000,0.010000,INT ,0  ,0.000
CH12=,左缸伺服阀阀芯反馈,        ,%   ,2  ,0.000000,0.010000,INT ,0  ,0.000
CH13=,右缸伺服阀阀芯反馈,        ,%   ,2  ,0.000000,0.010000,INT ,0  ,0.000
CH14=,两缸出力和          ,        ,KN  ,2  ,0.000000,0.100000,INT ,0  ,0.000
CH15=,两缸出力差          ,        ,KN  ,2  ,0.000000,0.010000,INT ,0  ,0.000
CH16=,SPARE              ,        ,mm  ,2  ,0.000000,1.000000,INT ,0  ,0.000
CH17=,SPARE              ,        ,Bool,1  ,0.000000,1.000000,BIT ,0  ,0.000
CH18=,SPARE              ,        ,Bool,1  ,0.000000,1.000000,BIT ,0  ,0.000
CH19=,SPARE              ,        ,Bool,1  ,0.000000,1.000000,BIT ,0  ,0.000
CH20=,SPARE              ,        ,Bool,1  ,0.000000,1.000000,BIT ,0  ,0.000
CH21=,SPARE              ,        ,Bool,1  ,0.000000,1.000000,BIT ,0  ,0.000
CH22=,SPARE              ,        ,Bool,1  ,0.000000,1.000000,BIT ,0  ,0.000
CH23=,SPARE              ,        ,Bool,1  ,0.000000,1.000000,BIT ,0  ,0.000
CH24=,SPARE              ,        ,Bool,1  ,0.000000,1.000000,BIT ,0  ,0.000
CH25=,左缸锁定阀打开      ,        ,Bool,1  ,0.000000,1.000000,BIT ,0  ,0.000
CH26=,右缸锁定阀打开      ,        ,Bool,1  ,0.000000,1.000000,BIT ,0  ,0.000
CH27=,故障停机            ,        ,Bool,1  ,0.000000,1.000000,BIT ,0  ,0.000
CH28=,SPARE              ,        ,Bool,1  ,0.000000,1.000000,BIT ,0  ,0.000
CH29=,SPARE              ,        ,Bool,1  ,0.000000,1.000000,BIT ,0  ,0.000
CH30=,SPARE              ,        ,Bool,1  ,0.000000,1.000000,BIT ,0  ,0.000
CH31=,SPARE              ,        ,Bool,1  ,0.000000,1.000000,BIT ,0  ,0.000
CH32=,SPARE              ,        ,Bool,1  ,0.000000,1.000000,BIT ,0  ,0.000
```

4. 多块 CPU 之间的数据通信

在 S7-400 PLC 单个框架中可以插入多块 CPU，各块 CPU 可通过 Global Data 进行数据通信。

在网络组态中右击"MPI"网络，在弹出的快捷菜单中选择"Define Global Data"，定义各块 CPU 之间的通信内容。多块 CPU 之间的数据通信网络组态和数据交换分别如图 4.4 和图 4.5 所示。

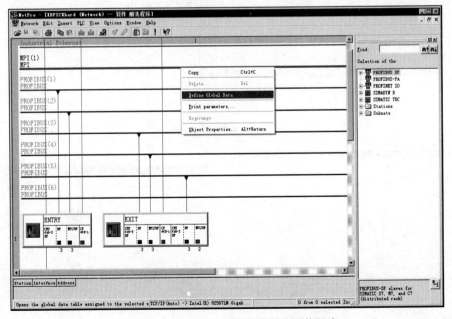

图 4.4　多块 CPU 之间的数据通信网络组态

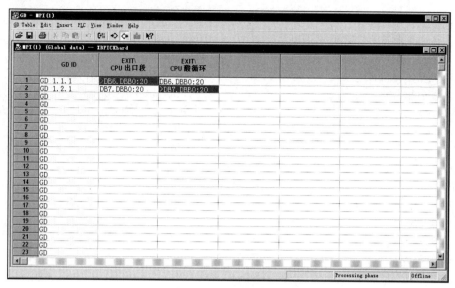

图 4.5　多块 CPU 之间的数据交换

4.6　通过以太网高速定周期采集 S7-300 PLC 控制器数据

在本数据采集方式下，数据源类型为 6，CPU 为 PN/DP 类型，S7-300 PLC 以太网高速通信硬件配置如图 4.6 所示，其他类同 4.5 节。

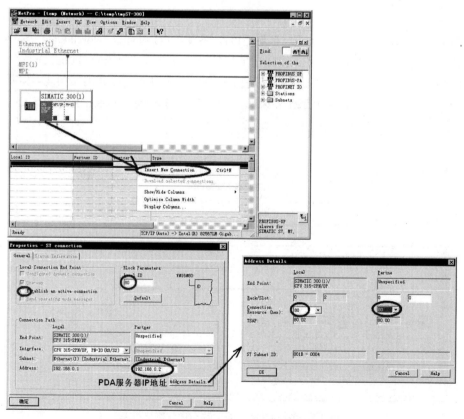

图 4.6　S7-300 PLC 以太网高速通信硬件配置

4.7　基于 PROFINET 通信协议的数据采集方式

PROFINET 由 PROFIBUS 国际组织（PROFIBUS International，PI）推出，是新一代基于工业以太网技术的自动化总线标准。作为一项战略性的创新技术，PROFINET 为自动化通信领域提供了一个完整的网络解决方案，囊括了诸如实时以太网、运动控制、分布式自动化、故障安全以及网络安全等当前自动化领域的热点。此外，作为跨供应商的技术，PROFINET 可以完全兼容工业以太网和现有的现场总线（如 PROFIBUS）技术，保护现有投资。

PROFINET 是适用于不同需求的完整解决方案，其功能包括 8 个主要的模块，依次为实时通信、分布式现场设备、运动控制、分布式自动化、网络安装、IT 标准和信息安全、故障安全和过程自动化。其典型代表为西门子 S7 系列自动化产品，全球主要的工业国家和地区均支持 PROFINET。

标准版 PDA 高速数据采集分析系统根据 CP-1616 onboard V2.3 配置 PROFINET 从站，采集的字节数为 128 的倍数，每个从站最多可采集 128×11=1408 字节（见图 4.7），可增加多个从站，以采集更多的数据。

PROFINET 最终还是依据 MAC 地址传送数据，因此，一般同一个 PN 接口（PROFINET 接口）的不同从站在 PDA 服务器中需要不同的网络适配器与之对应，PDA 服务器支持多网络适配器。

PDA 服务器中的一个以太网网络适配器分配多个 IP 地址，对每个连接通道，指定不同的 FrameID（数据帧 ID 号），一台 PLC 的以太网网络适配器与 PDA 服务器中的一个以太网网络适配器可以建立多个 PN 连接通道。

S7-400 PLC 的 CPU 携带的 PN 接口输出 1408 字节所占用的 CPU 时间在 1ms 以内。通过单独的 PROFINET 以太网网络适配器输出 1408 字节所占用的 CPU 时间为 7ms 左右，这是因为数据经过背板总线传输需要时间。

1. 以 S7-300/S7-400/S7-1500 PLC 中的 PDA 服务器作为 PROFINET 从站

这种情况下，数据源类型为 8。PROFINET 设备名不能为空字符串。外设输出字节 PQB 必须配置为连续的地址。在 OB1 中，将 DB100 中需要采集的数据复制到输出地址，与 PLC 硬件组态（见图 4.7）中的地址一致。将 OB80、OB81、OB82、OB83、OB84、OB85、OB86、OB87、OB88、OB121、OB122 加入项目中。

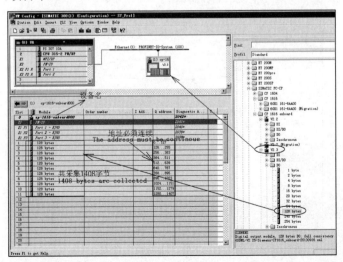

图 4.7　以单个 CP-1616 网络适配器作为 PROFINET 从站时的 CPU 硬件组态

以多个 CP-1616 网络适配器作为 PROFINET 从站时的 CPU 硬件组态如图 4.8 所示。

图 4.8 以多个 CP-1616 网络适配器作为 PROFINET 从站时的 CPU 硬件组态

通过交换机,一台 PDA 服务器(PDAServer)可采集多台 PLC 的数据,PDA 服务器(PDAServer)不需要专用的 PROFINET 以太网网络适配器 CP-1616,因为 PDA 高速数据采集分析系统已将 PROFINET 通信协议集成到普通以太网网络适配器中了。

PROFINET 属性设置如图 4.9 所示,PROFINET 总线数据刷新周期设置如图 4.10 所示。

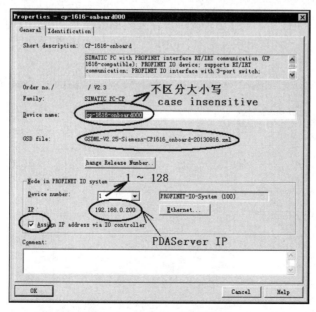

图 4.9 PROFINET 属性设置

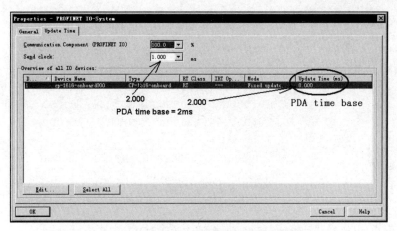

图 4.10　PROFINET 总线数据刷新周期设置

要求 CPU 输出映像地址不小于 PROFINET 范围，该地址范围设置如图 4.11 所示。

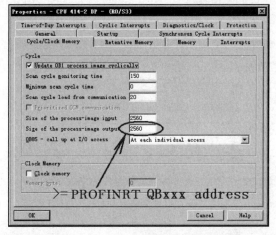

图 4.11　CPU 输出映像地址范围设置

通过 PROFINET 采集数据的网络图示例如图 4.12 所示。

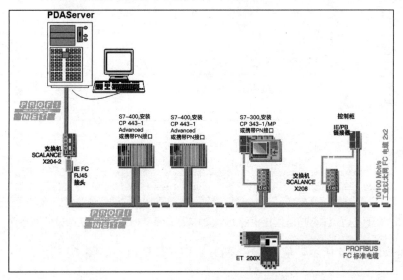

图 4.12　通过 PROFINET 采集数据的网络图示例

本数据采集方式下，PDA 高速数据采集分析系统对应的组态文件 Config.csv 示例如下：

```
[1000,704CH,8.000ms,192.168.0.100,8S,cp-1616-onboard000,192.168.0.200]
No,   Name,Adr/note,Unit,Len,Offset ,Gain    ,Type,ALM,HH
CH1=,     ,        ,4  ,0.000000,1.000000,INT ,0  ,0.000
CH2=,     ,        ,4  ,0.000000,1.000000,INT ,0  ,0.000
CH3=,     ,        ,4  ,0.000000,1.000000,INT ,0  ,0.000
......
CH702=,   ,        ,4  ,0.000000,1.000000,INT ,0  ,0.000
CH703=,   ,        ,4  ,0.000000,1.000000,INT ,0  ,0.000
CH704=,   ,        ,4  ,0.000000,1.000000,INT ,0  ,0.000
```

2. 以西门子 TDC 功能模块中的 PDA 服务器作为 PROFINET 从站

一个从站只能接收 240 字节，最后 1 个字节为 Device number，有效数据为 239 字节，PDA 数据源类型为 9。以西门子 TDC 功能模块中的 PDA 服务器作为 PROFINET 从站时的网络属性设置如图 4.13 所示。

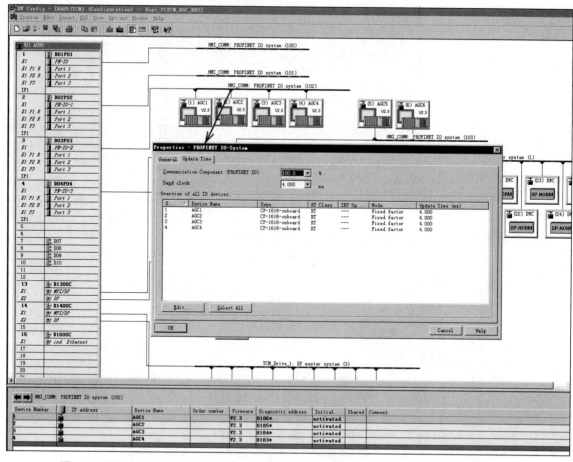

图 4.13　以西门子 TDC 功能模块中的 PDA 服务器作为 PROFINET 从站时的网络属性设置

从站 1 组态如图 4.14 所示，从站 1（AGC1）扫描周期组态如图 4.15 所示。

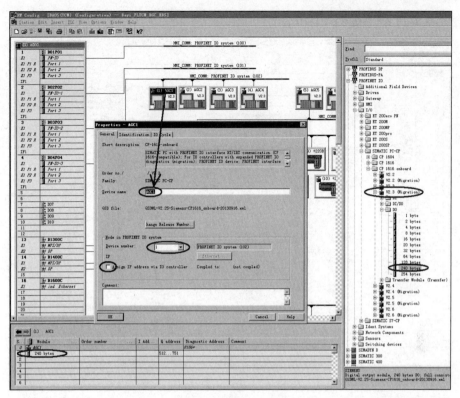

图 4.14 从站 1 组态

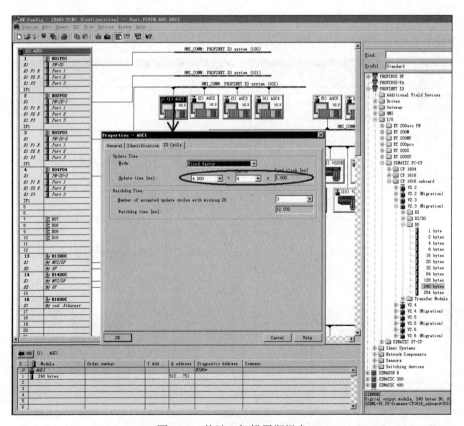

图 4.15 从站 1 扫描周期组态

从站 2（AGC2）组态如图 4.16 所示。

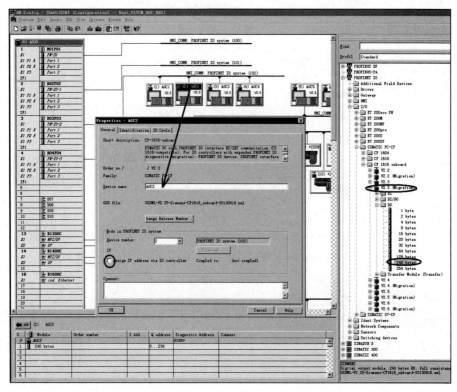

图 4.16　从站 2 组态

PROFINET 初始化程序如图 4.17 所示。

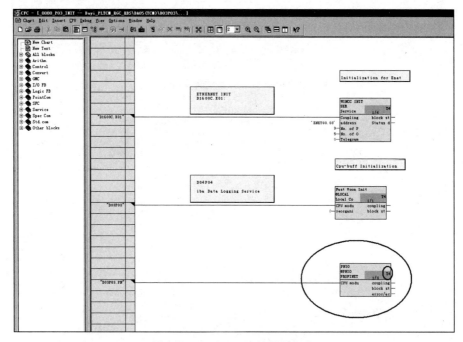

图 4.17　PROFINET 初始化程序

西门子 TDC 功能模块中的数据发送程序如图 4.18 所示。

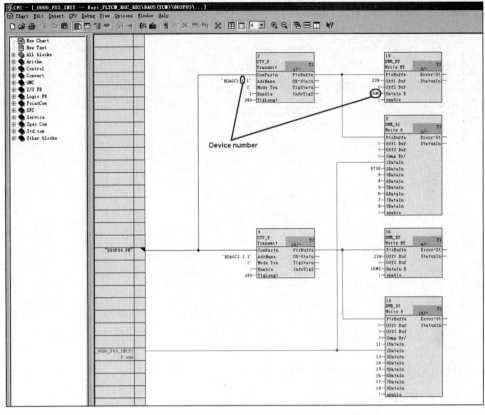

图 4.18　西门子 TDC 功能模块中的数据发送程序

PDA 高速数据采集分析系统中的连接组态和信号组态分别如图 4.19 和图 4.20 所示。

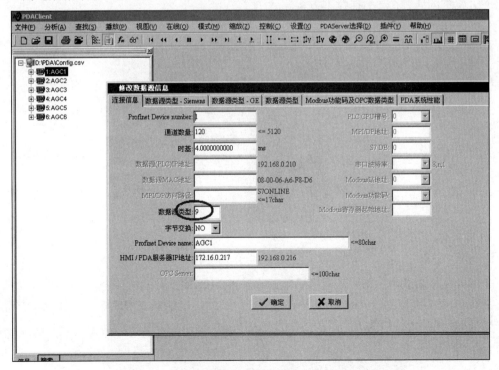

图 4.19　PDA 高速数据采集分析系统中的连接组态

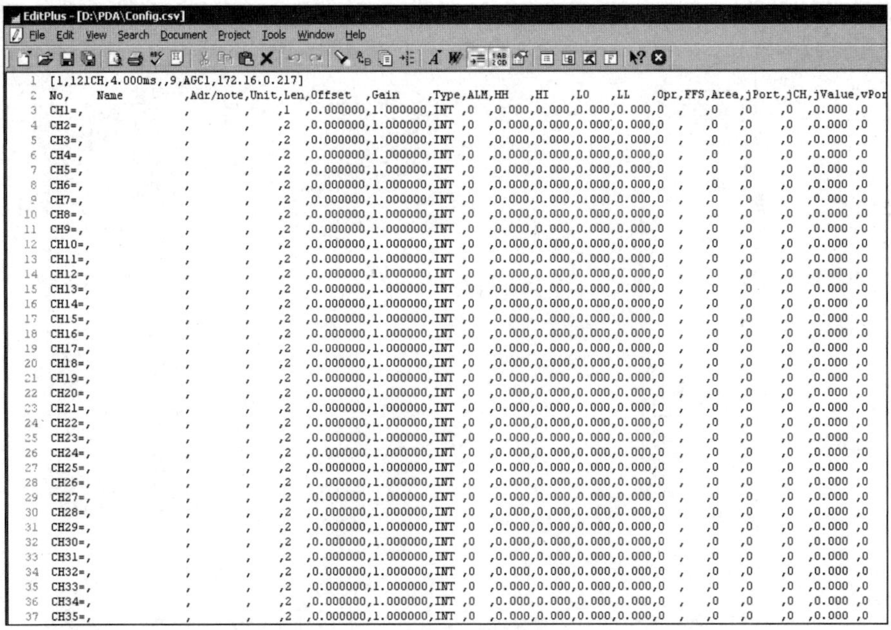

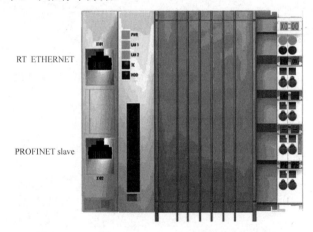

```
EditPlus - [D:\PDA\Config.csv]
File Edit View Search Document Project Tools Window Help

 1 [1,121CH,4.000ms,,9,AGC1,172.16.0.217]
 2 No,    Name      ,Adr/note,Unit,Len,Offset ,Gain    ,Type,ALM,HH  ,HI   ,LO  ,LL  ,Opr,FFS,Area,jPort,jCH,jValue,vPor
 3 CH1=,            ,        ,   ,1 ,0.000000,1.000000,INT ,0 ,0.000,0.000,0.000,0.000,0 ,  ,0  ,0   ,0  ,0.000 ,0
 4 CH2=,            ,        ,   ,2 ,0.000000,1.000000,INT ,0 ,0.000,0.000,0.000,0.000,0 ,  ,0  ,0   ,0  ,0.000 ,0
 5 CH3=,            ,        ,   ,2 ,0.000000,1.000000,INT ,0 ,0.000,0.000,0.000,0.000,0 ,  ,0  ,0   ,0  ,0.000 ,0
 6 CH4=,            ,        ,   ,2 ,0.000000,1.000000,INT ,0 ,0.000,0.000,0.000,0.000,0 ,  ,0  ,0   ,0  ,0.000 ,0
 7 CH5=,            ,        ,   ,2 ,0.000000,1.000000,INT ,0 ,0.000,0.000,0.000,0.000,0 ,  ,0  ,0   ,0  ,0.000 ,0
 8 CH6=,            ,        ,   ,2 ,0.000000,1.000000,INT ,0 ,0.000,0.000,0.000,0.000,0 ,  ,0  ,0   ,0  ,0.000 ,0
 9 CH7=,            ,        ,   ,2 ,0.000000,1.000000,INT ,0 ,0.000,0.000,0.000,0.000,0 ,  ,0  ,0   ,0  ,0.000 ,0
10 CH8=,            ,        ,   ,2 ,0.000000,1.000000,INT ,0 ,0.000,0.000,0.000,0.000,0 ,  ,0  ,0   ,0  ,0.000 ,0
11 CH9=,            ,        ,   ,2 ,0.000000,1.000000,INT ,0 ,0.000,0.000,0.000,0.000,0 ,  ,0  ,0   ,0  ,0.000 ,0
12 CH10=,           ,        ,   ,2 ,0.000000,1.000000,INT ,0 ,0.000,0.000,0.000,0.000,0 ,  ,0  ,0   ,0  ,0.000 ,0
13 CH11=,           ,        ,   ,2 ,0.000000,1.000000,INT ,0 ,0.000,0.000,0.000,0.000,0 ,  ,0  ,0   ,0  ,0.000 ,0
14 CH12=,           ,        ,   ,2 ,0.000000,1.000000,INT ,0 ,0.000,0.000,0.000,0.000,0 ,  ,0  ,0   ,0  ,0.000 ,0
15 CH13=,           ,        ,   ,2 ,0.000000,1.000000,INT ,0 ,0.000,0.000,0.000,0.000,0 ,  ,0  ,0   ,0  ,0.000 ,0
16 CH14=,           ,        ,   ,2 ,0.000000,1.000000,INT ,0 ,0.000,0.000,0.000,0.000,0 ,  ,0  ,0   ,0  ,0.000 ,0
17 CH15=,           ,        ,   ,2 ,0.000000,1.000000,INT ,0 ,0.000,0.000,0.000,0.000,0 ,  ,0  ,0   ,0  ,0.000 ,0
18 CH16=,           ,        ,   ,2 ,0.000000,1.000000,INT ,0 ,0.000,0.000,0.000,0.000,0 ,  ,0  ,0   ,0  ,0.000 ,0
19 CH17=,           ,        ,   ,2 ,0.000000,1.000000,INT ,0 ,0.000,0.000,0.000,0.000,0 ,  ,0  ,0   ,0  ,0.000 ,0
20 CH18=,           ,        ,   ,2 ,0.000000,1.000000,INT ,0 ,0.000,0.000,0.000,0.000,0 ,  ,0  ,0   ,0  ,0.000 ,0
21 CH19=,           ,        ,   ,2 ,0.000000,1.000000,INT ,0 ,0.000,0.000,0.000,0.000,0 ,  ,0  ,0   ,0  ,0.000 ,0
22 CH20=,           ,        ,   ,2 ,0.000000,1.000000,INT ,0 ,0.000,0.000,0.000,0.000,0 ,  ,0  ,0   ,0  ,0.000 ,0
23 CH21=,           ,        ,   ,2 ,0.000000,1.000000,INT ,0 ,0.000,0.000,0.000,0.000,0 ,  ,0  ,0   ,0  ,0.000 ,0
24 CH22=,           ,        ,   ,2 ,0.000000,1.000000,INT ,0 ,0.000,0.000,0.000,0.000,0 ,  ,0  ,0   ,0  ,0.000 ,0
25 CH23=,           ,        ,   ,2 ,0.000000,1.000000,INT ,0 ,0.000,0.000,0.000,0.000,0 ,  ,0  ,0   ,0  ,0.000 ,0
26 CH24=,           ,        ,   ,2 ,0.000000,1.000000,INT ,0 ,0.000,0.000,0.000,0.000,0 ,  ,0  ,0   ,0  ,0.000 ,0
27 CH25=,           ,        ,   ,2 ,0.000000,1.000000,INT ,0 ,0.000,0.000,0.000,0.000,0 ,  ,0  ,0   ,0  ,0.000 ,0
28 CH26=,           ,        ,   ,2 ,0.000000,1.000000,INT ,0 ,0.000,0.000,0.000,0.000,0 ,  ,0  ,0   ,0  ,0.000 ,0
29 CH27=,           ,        ,   ,2 ,0.000000,1.000000,INT ,0 ,0.000,0.000,0.000,0.000,0 ,  ,0  ,0   ,0  ,0.000 ,0
30 CH28=,           ,        ,   ,2 ,0.000000,1.000000,INT ,0 ,0.000,0.000,0.000,0.000,0 ,  ,0  ,0   ,0  ,0.000 ,0
31 CH29=,           ,        ,   ,2 ,0.000000,1.000000,INT ,0 ,0.000,0.000,0.000,0.000,0 ,  ,0  ,0   ,0  ,0.000 ,0
32 CH30=,           ,        ,   ,2 ,0.000000,1.000000,INT ,0 ,0.000,0.000,0.000,0.000,0 ,  ,0  ,0   ,0  ,0.000 ,0
33 CH31=,           ,        ,   ,2 ,0.000000,1.000000,INT ,0 ,0.000,0.000,0.000,0.000,0 ,  ,0  ,0   ,0  ,0.000 ,0
34 CH32=,           ,        ,   ,2 ,0.000000,1.000000,INT ,0 ,0.000,0.000,0.000,0.000,0 ,  ,0  ,0   ,0  ,0.000 ,0
35 CH33=,           ,        ,   ,2 ,0.000000,1.000000,INT ,0 ,0.000,0.000,0.000,0.000,0 ,  ,0  ,0   ,0  ,0.000 ,0
36 CH34=,           ,        ,   ,2 ,0.000000,1.000000,INT ,0 ,0.000,0.000,0.000,0.000,0 ,  ,0  ,0   ,0  ,0.000 ,0
37 CH35=,           ,        ,   ,2 ,0.000000,1.000000,INT ,0 ,0.000,0.000,0.000,0.000,0 ,  ,0  ,0   ,0  ,0.000 ,0
```

图 4.20 PDA 高速数据采集分析系统中的信号组态

3. 以 PROFINET 网关作为 PROFINET 从站

PROFINET 网关为 PROFINET-RT Ethernet 耦合器，实际为一台高速 PLC，它把从 PROFINET 接收的数据通过实时以太网转发到 PDA 服务器（见图 4.21），有效采样周期可达到毫秒级，数据源类型为 36。

组态方式类同 4.7 节，不推荐本方案。

RT ETHERNET

PROFINET slave

图 4.21 以 PROFINET 网关作为 PROFINET 从站

一个网关可作为多个从站，1 个从站最多可采集 1408 字节。

把 PROFINET 属性"Update Time"设为 2ms。在固定中断块如 OB35（设为 2ms 中断周期）中将要采集的数据赋值到 PROFINET 组态的 PQB 地址中，例如：

```
L MW 20
T PQW 0
```

4. 以 PROFINET 网关作为 PROFINET 主站

PROFINET 网关把采集的从站数据通过 RT Ethernet 发送到 PDA 服务器（见图 4.22），有效采样周期可达到毫秒级，数据源类型为 36。

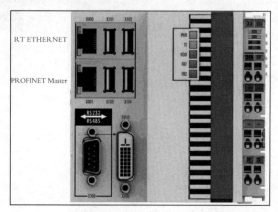

图 4.22　以 PROFINET 网关作为 PROFINET 主站

5. 支持 PROFINET 通信协议的 PLC

支持 PROFINET 主站的 PLC，如西门子 S7-300/S7-400 PLC 和 S7-1500 PLC、Beckhoff PLC、ABB PLC 或其他智能设备。

读者需要 CP1616 的驱动程序 GSDML-V2.25-Siemens-CP1616_onboard-20130916.xml 时，请向作者索取。

CP1616 在 Beckhoff PLC 中作为从站的配置如图 4.23 所示。

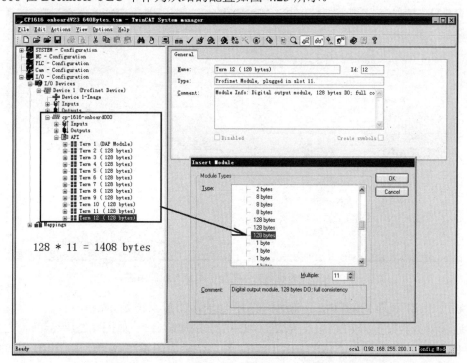

图 4.23　CP1616 在 Beckhoff PLC 中作为从站的配置

CP1616 在 ABB PLC 中作为从站的配置如图 4.24 所示。

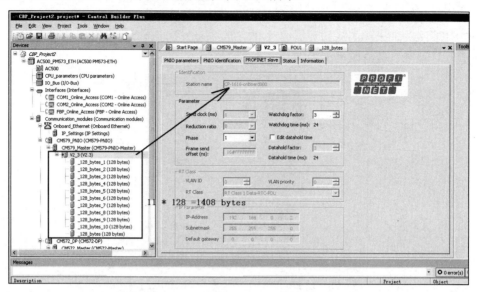

图 4.24 CP1616 在 ABB PLC 中作为从站的配置

6. 采集任意 PROFINET 交换机和设备的数据

具有管理功能的 PROFINET 交换机（如 XC206-2）可以把 PROFINET 网络的所有报文转发到 PDA 服务器（PDAServer）的某个网口，PDA 服务器依据这些报文的目标 MAC 地址和源 MAC 地址确定连接号，连接数据点的偏移量由人工抓包确定，人工抓包工作较烦琐。本数据采集方式下的数据源类型为 40，此时，PDA 高速数据采集分析系统对应的组态如图 4.25 所示。

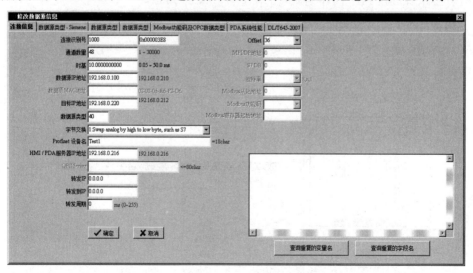

图 4.25 高速数据采集分析系统对应的组态

可以通过 Step7 查询 PROFINET 交换机的 IP 地址，如图 4.26 所示。
可以通过浏览器设置将 PLC 报文转发到 PDA 服务器的网口，如图 4.27 所示。
多台 PLC 和 PDA 服务器组成的 PROFINET 网络示意如图 4.28 所示。

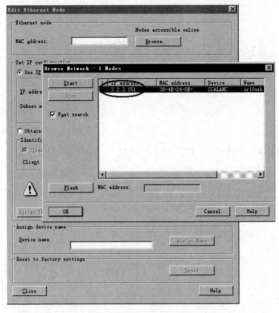

图 4.26　通过 Step7 查询 PROFINET 交换机 IP 地址

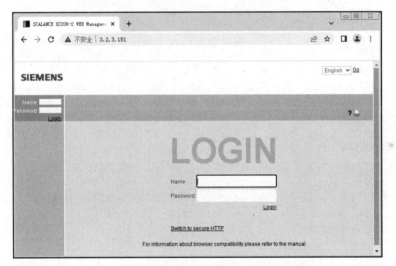

图 4.27　设置将 PLC 报文转发到 PDA 服务器的网口

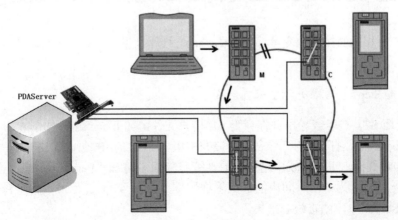

图 4.28　多台 PLC 和 PDA 服务器组成的 PROFINET 网络示意

4.8   通过以太网采集 S7-400/S7-300/TDC/FM458 控制器数据

这种情况下，数据源类型为 21，注意字节交换，不需要在 PLC 中编写任何程序。

可采集的数据区为 IB[0~65535]、QB[0~65535]、MB[0~65535]、DB[1~65535]. DBB[0~32767]、PIB[0~65535]，随着变量地址的不连续增加，采样周期将变慢，约为 10~100ms。

将变量地址信息输入变量地址栏（ADDRESS），将工程项目中已经定义好的符号表通过 Excel 复制到组态文件 Config.csv 中并作适当调整。

这种方案占用更多的 PDA 服务器和 PLC 资源。

```
[1000,18CH,2.000ms,192.168.0.210,21S,txtNote,192.168.0.216,2]
No,    Name,Adr/note ,Unit,Len,Offset ,Gain    ,Type ,ALM,HH  ,HI
CH1=,     ,MW0       ,    ,2  ,0.000000,1.000000,INT ,0  ,0.000,0.000
CH2=,     ,MW4       ,    ,2  ,0.000000,1.000000,INT ,0  ,0.000,0.000
CH3=,     ,MW12      ,    ,2  ,0.000000,1.000000,INT ,0  ,0.000,0.000
CH4=,     ,DB2.DBD4  ,    ,4  ,0.000000,1.000000,REAL,0  ,0.000,0.000
CH5=,     ,DB2.DBW8  ,    ,2  ,0.000000,1.000000,INT ,0  ,0.000,0.000
CH6=,     ,IB0       ,    ,1  ,0.000000,1.000000,BYTE,0  ,0.000,0.000
CH7=,     ,ID4       ,    ,4  ,0.000000,1.000000,DINT,0  ,0.000,0.000
CH8=,     ,QW6       ,    ,2  ,0.000000,1.000000,INT ,0  ,0.000,0.000
CH9=,     ,QW10      ,    ,2  ,0.000000,1.000000,WORD,0  ,0.000,0.000
CH10=,    ,QD12      ,    ,4  ,0.000000,1.000000,REAL,0  ,0.000,0.000
CH11=,    ,M18.1     ,    ,1  ,0.000000,1.000000,BIT ,0  ,0.000,0.000
CH12=,    ,M19.2     ,    ,1  ,0.000000,1.000000,BIT ,0  ,0.000,0.000
CH13=,    ,I10.3     ,    ,1  ,0.000000,1.000000,BIT ,0  ,0.000,0.000
CH14=,    ,I12.6     ,    ,1  ,0.000000,1.000000,BIT ,0  ,0.000,0.000
CH15=,    ,Q20.7     ,    ,1  ,0.000000,1.000000,BIT ,0  ,0.000,0.000
CH16=,    ,Q21.0     ,    ,1  ,0.000000,1.000000,BIT ,0  ,0.000,0.000
CH17=,    ,DB2.DBX0.0,    ,1  ,0.000000,1.000000,BIT ,0  ,0.000,0.000
CH18=,    ,DB2.DBX2.2,    ,1  ,0.000000,1.000000,BIT ,0  ,0.000,0.000
```

4.9   通过 pdaTools 工具调试 S7 系列 PLC 数据采集方式

采用与 4.8 节相同的技术，变量地址可由 Step7 程序批量导出，由 pdaTools 批量导入，实现快捷加点。

1. 在线采集 Step7 符号表并测量采样周期

将 Step7（简 S7）符号表导出并保存为 sdf 格式文件，如 I:\aaa.sdf，如图 4.29 所示。

运行 pdaTools.exe，打开 S7 符号表，在该表中填上 PLC 的 IP 地址和 CPU 槽号，即可采集相应 PLC 中的实时数据，可在该表中增删或修改变量信息，可在"Period(ms)栏"实时观察数据的采样周期，该栏第一行为一段时间内的最大采样周期（见图 4.30）；也可以将多台 PLC 的配置信息组态到 PDAServer 中，由它统一采集。

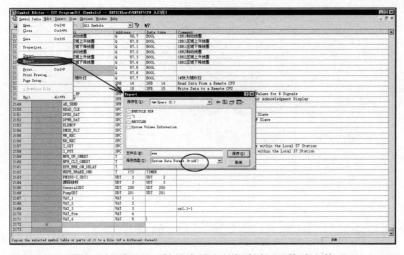

图 4.29　将 Step7 符号表导出并保存为 sdf 格式文件

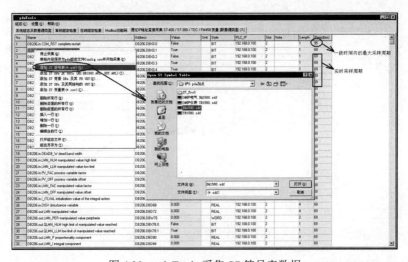

图 4.30　pdaTools 采集 S7 符号表数据

2. 在线采集 Step7/Portal 多个 DB 块数据并测量采样周期

将 Step7 程序中的 DB 块（数据块）生成源代码并导出为 AWL 文件，如图 4.31 所示。以 DB 块号码作为 AWL 文件名（不分大小写），如图 4.32 所示。将每个 DB 块导出为 AWL 格式文件，如图 4.33 所示，将所有要用到的 UDT 从块导出为 UDT.AWL。

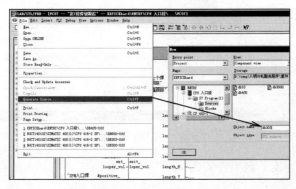

图 4.31　将 DB 块生成源代码并导出为 AWL 格式文件

图 4.32　以 DB 块号码作为 AWL 格式文件名

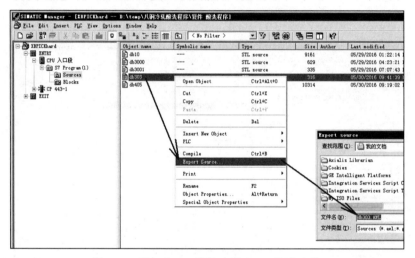

图 4.33　将每个 DB 块导出为 AWL 格式文件

在 Portal 中将 DB 块生成 scl 格式文件，如图 4.34 所示。

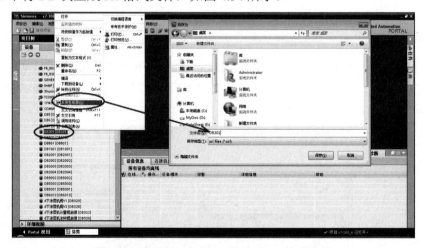

图 4.34　在 Portal 中将 DB 块生成 scl 格式文件

在 pdaTools 中添加导出的源文件如图 4.35 所示，从源文件中导入的信号点如图 4.36 所示。

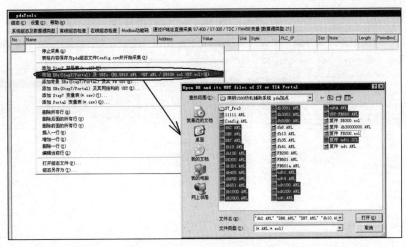

图 4.35　在 pdaTools 中添加导出的源文件

No	Name	Address	Value	Unit	Style	PLC_IP	Slot	Note	Length	Period(ms)
1	POR_speed_mid 开卷机速度给定中间值	DB10.DBD0			REAL					
2	POR_TORQUE_MID 开卷机转矩给定中间值(%)	DB10.DBD4			REAL					
3	por_speed_mid1 开卷机速度给定加偏置后中间值	DB10.DBD8			REAL					
4	por_torque_mid1 开卷机转矩给定加偏置后中间值(%)	DB10.DBD12			REAL					
5	ENTRY_AUTOSD_DISTANCE 自动减速最小减速距离	DB10.DBD16			REAL					
6	BR11_stop_delay 1br停延时	DB10.DBD20			REAL					
7	BR11_stop_delay_int 1br停延时整数毫秒	DB10.DBW24			INT					
8	BR1_SPEED_MID 1BR张力速度给定中间值(斜坡输出)	DB10.DBD26			REAL					
9	BR1_TORQUE_MID 1BR1张力转矩给定中间值(%)	DB10.DBD30			REAL					
10	BR11_SPEED_MID1 1BR1张力速度给定加偏置后中间值	DB10.DBD34			REAL					
11	BR11_TORQUE_MID1 1BR1张力转矩给定加偏置后中间值(%)	DB10.DBD38			REAL					
12	ENTRY_TENSION_SET_CAL 1BR入口张力反算值	DB10.DBD42			REAL					
13	BR1_exit_tension_set_cal 1BR出口张力计算值	DB10.DBD46			REAL					
14	BR12_SPEED_MID1 1BR2张力速度给定加偏置后中间值	DB10.DBD50			REAL					
15	BR12_TORQUE_MID1 1BR2张力转矩给定加偏置后中间值(%)	DB10.DBD54			REAL					
16	BR12_TORQUE_MID 1BR2张力转矩给定中间值(%)	DB10.DBD58			REAL					
17	BR2_ent_TENSION_SET_CAL 2BR入口张力计算值	DB10.DBD62			REAL					
18	BR2_exit_TENSION_SET_CAL 2BR出口张力计算值	DB10.DBD66			REAL					
19	BR2_SPEED_MID 2BR张力速度给定中间值(斜坡的输出值)	DB10.DBD70			REAL					
20	BR2_TORQUE_MID 2BR张力转矩给定中间值(%)	DB10.DBD74			REAL					
21	BR21_SPEED_MID1 2BR1张力速度给定加偏置后中间值	DB10.DBD78			REAL					
22	BR21_TORQUE_MID1 2BR1张力转矩给定加偏置后中间值(%)	DB10.DBD82			REAL					

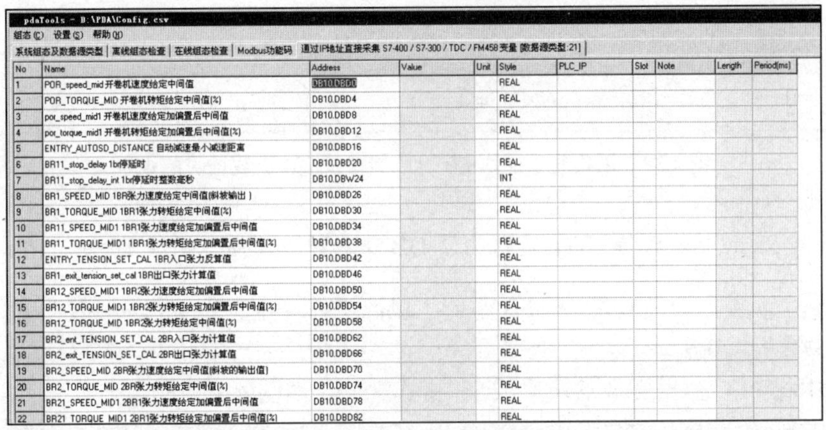

图 4.36　从源文件中导入的信号点

3. 在线采集 Step7/Portal 背景 DB 块数据并测量采样周期

在 Step7 程序中将用户定义的功能块 FB 及其用到的 UDT 从块生成源文件并导出为 AWL 格式文件，在 Portal 中将块能块 FB 及其用到的 UDT 从块生成 scl 格式文件，如图 4.37 所示。

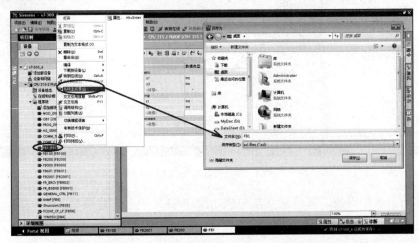

图 4.37　将功能块 FB 及其用到的 UDT 从块生成 scl 格式文件

按图 4.38 所示进行设置，即可采集与功能块 FB 对应的背景 DB 块数据。

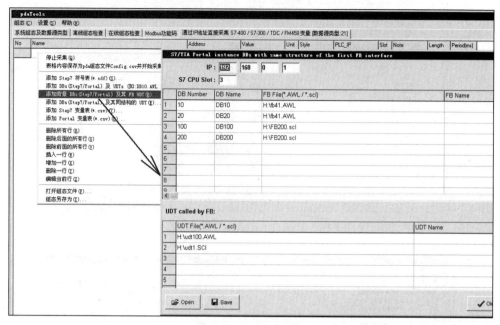

图 4.38　采集与功能块 FB 对应的背景 DB 块数据时的设置

4. 在线采集 Step7/Portal 与 UDT 同结构的 DB 块数据并测量采样周期

西门子 Step7 所带的系统功能块 SFB 不能生成源文件，可定义一个与其接口变量相同的 UDT 从块，将该 UDT 从块导出。

在 Portal 中将 PLC 数据类型从块生成 scl 格式文件，如图 4.39 所示。

图 4.39　将 PLC 数据类型从块生成 scl 格式文件

按图 4.40 所示进行设置，即可采集与系统功能块 SFB 对应的背景 DB 块数据。

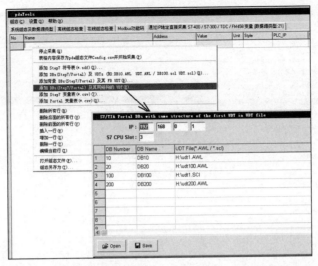

图 4.40　采集与系统功能块 SFB 对应的背景 DB 块数据时的设置

5. 在线采集 Step7 变量表并测量采样周期

复制 Step7 变量表，如图 4.41 所示。以文本方式把复制的 Step7 变量表粘贴到 Excel 中，如图 4.42 所示，然后把该 Excel 保存为 csv 格式文件，如 Book1.csv。

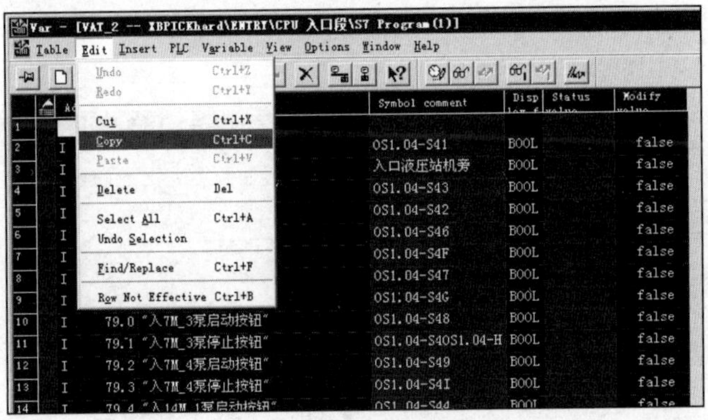

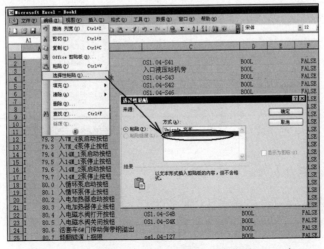

图 4.41　复制 Step7 变量表

图 4.42　以文本方式把 Step7 变量表粘贴到 Excel 中

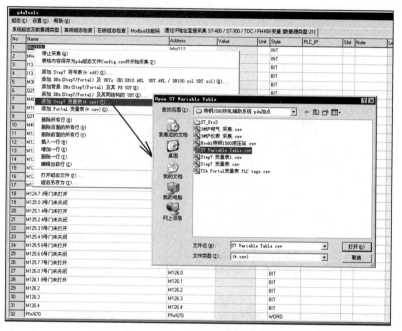

图 4.43　在 pdaTools 中导入变量表

运行 pdaTools.exe，按以下路径打开 I:\Book1.csv 文件，导入变量表，如图 4.43 所示。在该变量表中填上 PLC 的 IP 地址和 CPU 槽号，即可采集 PLC 中的实时数据，pdaTools 按导入的变量表采集的实时数据如图 4.44 所示。

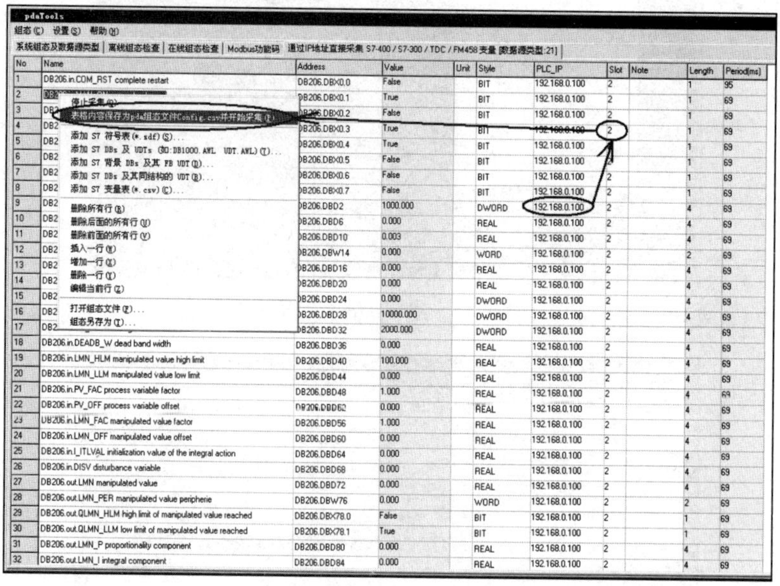

图 4.44　pdaTools 按导入的变量表采集的实时数据

6. 在线采集 Portal 变量表并测量采样周期

将 Portal 变量表导出为 xlsx 格式文件，把它另存为 csv 格式文件，如 I:\PLC tags.csv，具体步骤如图 4.45 所示。添加 Portal 变量表并采集数据，如图 4.46 所示。

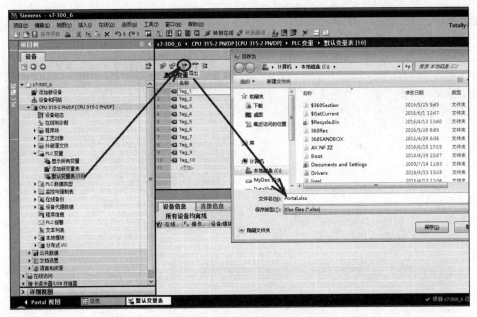

图 4.45　导出变量表的具体步骤

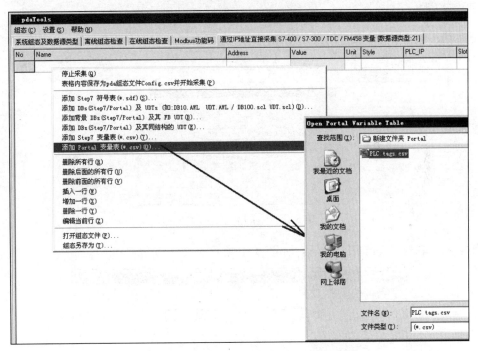

图 4.46　添加 Portal 变量表并采集数据

7. 采集 PLCSIM 数据

将计算机的 IP 地址设为以太网 IP，并把计算机与交换机相连，安装 S7-PLCSIM V5.4+SP3 或以上版本。在 "Set PG/PC Interface" 界面中选择 "PLCSIM(TCP/IP)" 选项，如图 4.47 所示。

在 "S7-PLCSIM" 界面中选择 "PLCSIM(TCP/IP)" 选项，如图 4.48 所示。

Nettoplcsim 设置步骤如图 4.49 所示。在启动过程中，选择 "停止服务 SIMATIC S7DOS Help Service"。

图 4.47　在 Set PG/PC Interface 界面中
PLCSIM(TCP/IP)

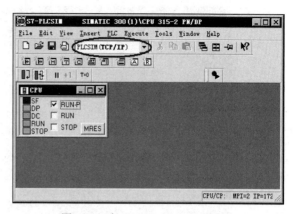

图 4.48　在"S7-PLCSIM"界面中
选择"PLCSIM(TCP/IP)"选项

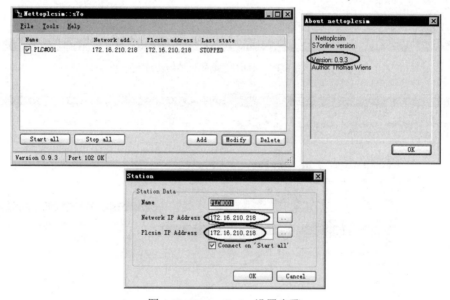

图 4.49　Nettoplcsim 设置步骤

设置完毕，单击"Start all"按钮，如图 4.50 所示。

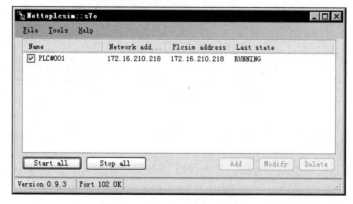

图 4.50　单击"Start all"按钮

4.10　通过以太网采集 S7-300/S7-400/TDC/FM458 符号表、变量表、DB 块中的数据

将要采集的符号表、变量表和 DB 块类导出，通过 pdaTools 将其转换为 PDA 标准组态文件格式。把所有 PLC 的组态集中到组态文件 Config.csv 中，通过 PDAServer.exe 采集所有信号。

4.11　通过 ISO 协议采集 S7-400 PLC 数据

1. 按变量地址采集

可采集的数据区为 IB[0～65535]、QB[0～65535]、MB[0～65535]、DB[1～65535]、DBB[0～32767]。S7-400 PLC 中的 ISO 模式下的硬件组态如图 4.51 所示。

数据源类型为 1，注意字节交换（见图 4.52），采样周期为 10ms。对于 S7-300 PLC，一个连接通道最多能采集连续地址 220 字节；对于 S7-400 PLC，则无字节数限制。

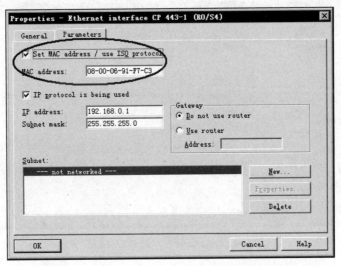

图 4.51　S7-400 PLC 中的 ISO 模式下的硬件组态

同一台 PLC 可建立多个连接通道。PLC 的 CPU 在 3 槽，PDA 服务器 IP 地址为 172.16.210.210 的组态示例如下：

```
[1000,2CH,10.000ms,,1S,Note,172.16.210.210,3,,,,,08-00-06-91-F7-C3]
No,   Name,Adr/note,Unit,Len,Offset ,Gain       ,Type,ALM,HH
CH1=, IW0 ,IW0    ,    ,2  ,0.000000,1.000000,INT ,0  ,0.000
CH2=, IW2 ,IW2    ,    ,2  ,0.000000,1.000000,INT ,0  ,0.000

[2000,18CH,10.000ms,,1S,Note,172.16.210.210,3,,,,,08-00-06-91-F7-C3]
No,   Name,Adr/note,Unit,Len,Offset ,Gain       ,Type,ALM,HH
CH1=, QW0 ,QW0    ,    ,2  ,0.000000,1.000000,INT ,0  ,0.000
CH2=, QW2 ,QW2    ,    ,2  ,0.000000,1.000000,INT ,0  ,0.000
```

```
CH3=, QW4 ,QW4      ,      ,2  ,0.000000,1.000000,INT ,0  ,0.000
CH4=, QW6 ,QW6      ,      ,2  ,0.000000,1.000000,INT ,0  ,0.000
CH5=, QW8 ,QW8      ,      ,2  ,0.000000,1.000000,INT ,0  ,0.000
CH6=, QW10,QW10     ,      ,2  ,0.000000,1.000000,INT ,0  ,0.000
CH7=, QW12,QW12     ,      ,2  ,0.000000,1.000000,INT ,0  ,0.000
CH8=, QW14,QW14     ,      ,2  ,0.000000,1.000000,INT ,0  ,0.000
CH9=, QW16,QW16     ,      ,2  ,0.000000,1.000000,INT ,0  ,0.000
CH10=,QW18,QW18     ,      ,2  ,0.000000,1.000000,INT ,0  ,0.000
CH11=,QW20,QW20     ,      ,2  ,0.000000,1.000000,INT ,0  ,0.000
CH12=,QW22,QW22     ,      ,2  ,0.000000,1.000000,INT ,0  ,0.000
CH13=,QW24,QW24     ,      ,2  ,0.000000,1.000000,INT ,0  ,0.000
CH14=,QW26,QW26     ,      ,2  ,0.000000,1.000000,INT ,0  ,0.000
CH15=,QW28,QW28     ,      ,2  ,0.000000,1.000000,INT ,0  ,0.000
CH16=,QW30,QW30     ,      ,2  ,0.000000,1.000000,INT ,0  ,0.000
CH17=,QW32,QW32     ,      ,2  ,0.000000,1.000000,INT ,0  ,0.000
CH18=,QW34,QW34     ,      ,2  ,0.000000,1.000000,INT ,0  ,0.000
```

将 PLC 中需要采集的信号集中放于某个 DB 块中，PDA 高速数据采集分析系统可通过 ISO 模式直接读取这些信号，效率更高，组态更简洁。ISO 模式下的 PDA 组态如图 4.52 所示。

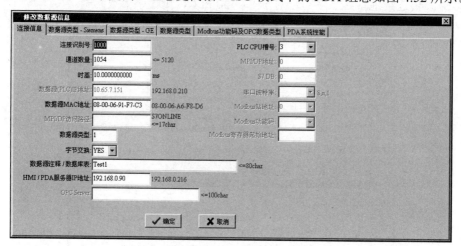

图 4.52　ISO 模式下的 PDA 组态

如果不能采集数据，那么将计算机网络适配器停用再启用（见图 4.53），重新进行数据采集。

图 4.53　将计算机网络适配器停用再启用

2. S7-400 PLC 主动发送数据

这种情况下，数据源类型为 54，需要注意字节交换。采样周期可以为 10ms，采用 ISO transport connection 通信协议，S7-400 PLC 通过功能块 FC50 的一个连接通道，最多可发送 8192 字节，ISO 模式下 S7-400 PLC 主动发送数据时的组态如图 4.54 所示。

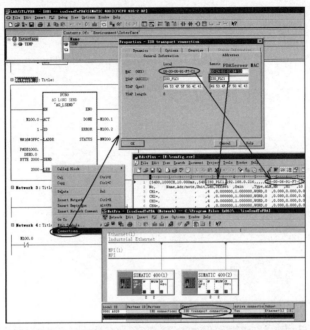

图 4.54 ISO 模式下 S7-400 PLC 主动发送数据时的组态

4.12 通过标准以太网协议采集 S7-300/S7-400 PLC 数据

1. 在 PLC 中定义 DB 块及赋值

将 PLC 中需要采集的数据集中放于某个 DB 块中，整体发送到 PDA 服务器。在 PLC 中定义 DB 块如图 4.55 所示。

Address	Name	Type	Initial value	Comment
0.0		STRUCT		
+0.0	StringA	ARRAY[1..20]		
*1.0		CHAR		
+20.0	IntA	ARRAY[1..10]		
*2.0		INT		
+40.0	RealA	ARRAY[1..10]		
*4.0		REAL		
+80.0	BoolA	ARRAY[1..16]		
*0.1		BOOL		
+82.0	StringB	ARRAY[1..20]		
*1.0		CHAR		
+102.0	IntB	ARRAY[1..10]		
*2.0		INT		
+122.0	RealB	ARRAY[1..10]		
*4.0		REAL		
+162.0	BoolB	ARRAY[1..16]		
*0.1		BOOL		
=164.0		END_STRUCT		

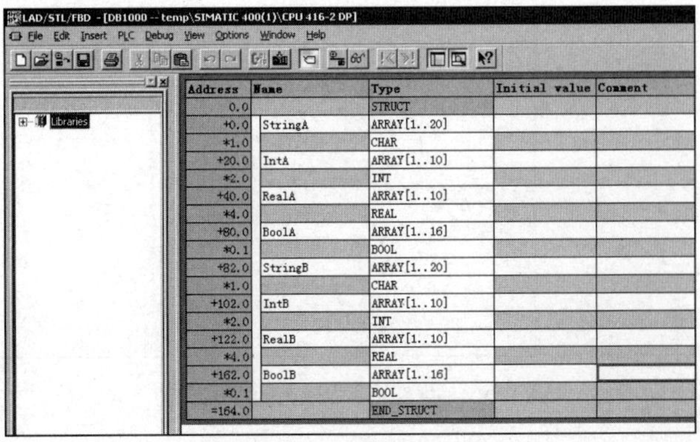

图 4.55 在 PLC 中定义 DB 块

用 Excel 创建 Book1.csv，建立与图 4.55 中的表格一一对应的赋值语句。采用 STL 语言，将其内容复制到 PLC 某个功能块中执行。

```
L ,65,,
T,DB1000.StringA[1],// DB1000.StringA[1],// CH1

L,1,,
T,DB1000.IntA[1],// DB1000.IntA[1],// CH2

L,2,,
T,DB1000.IntA[2],// DB1000.IntA[2],// CH3

......

AN,M1.6,,
=,DB1000.BoolB[15],// DB1000.BoolB[15],// CH73

AN,M1.7,,
=,DB1000.BoolB[16],// DB1000.BoolB[16],// CH74
```

2. S7-400 冗余 PLC 系统数据采集方式的硬件组态

新建 S7-400 冗余 PLC 站，如图 4.56 所示。

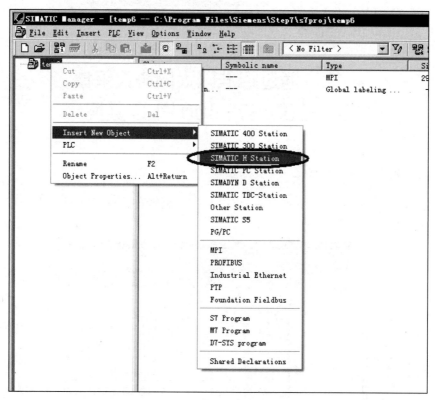

图 4.56 新建 S7-400 冗余 PLC 站

调用 UR2-H 冗余机架，如图 4.57 所示，组态冗余模块如图 4.58 所示。

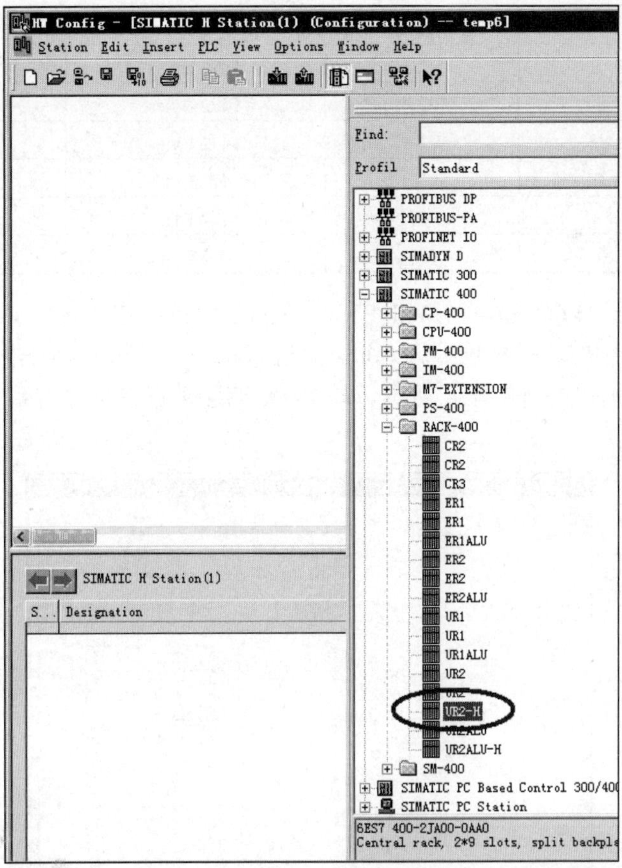

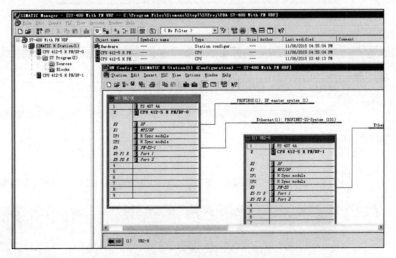

图 4.57　调用 UR2-H 冗余机架

通电后，若以太网口不可用，则等待 20min，以太网口就会正常使用。

图 4.58　组态冗余模块

3. 集成 PN 口的 CPU(S7-300/S7-400 PLC)

采用 UDP 通信协议，数据源类型为 25，支持表 4-3 所列的 CPU 版本或更高版本。

表 4-3   支持 UDP 通信协议的 CPU 版本

CPU	Version	UDP	Local_Device_ID
315/317(F)-2PN/DP	V2.5	1472 Bytes	16#2
319-3PN/DP	V2.4	1472 Bytes	16#3
319-3PN/DP	V2.5	1472 Bytes	16#3
412-5H PN/DP	V6	1472 Bytes	16#5
414-3PN/DP	V5	1472 Bytes	16#5
416-3PN/DP	V5	1472 Bytes	16#5

需要采集程序例子"PDA S7-400 With PN UDP.rar"时请向作者索取。

下面为采集 1472 字节、采样周期为 10ms 的组态和程序说明。上升沿触发，OB35 程序循环周期为 5ms。循环周期设置如图 4.59 所示，与 PDA 高速数据采集分析系统通信相关的程序块如图 4.60 所示。

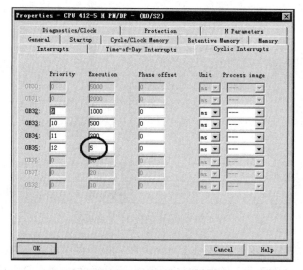

图 4.59   循环周期设置

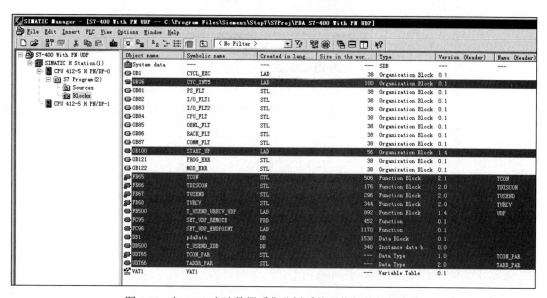

图 4.60   与 PDA 高速数据采集分析系统通信相关的程序块

将 OB35、OB100、FB65、FB66、FB67、FB68、FB500、FC95、FC96、DB1、DB500、UDT65、UDT66 程序复制到用户程序中。其中，FB65、FB66、FB67、FB68 为系统功能块，若上述其他功能块与用户程序冲突，则可改名。

PDA 程序要用到 3 个全局布尔量（Bool），本例中用 M0.1、M0.2、M0.3，DB1 中的数据是需要采集的数据。

OB100 程序如图 4.61 所示。

OB35 程序如图 4.62 所示。

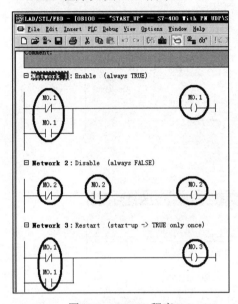

图 4.61　OB100 程序

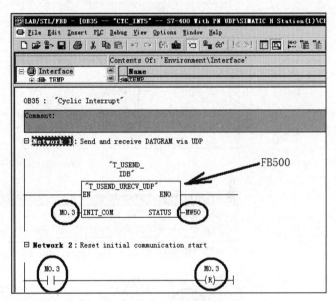

图 4.62　OB35 程序

FB500 程序如图 4.63、图 4.64 和图 4.65 所示。

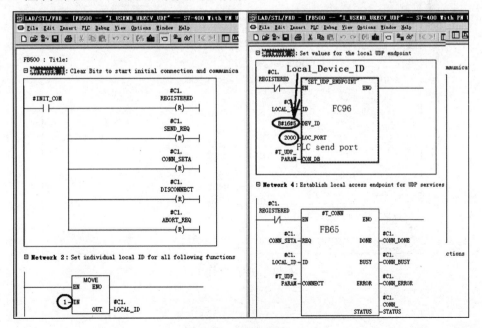

图 4.63　FB500 程序一

注意：LOC_PORT 与 REM_PORT 要一致。

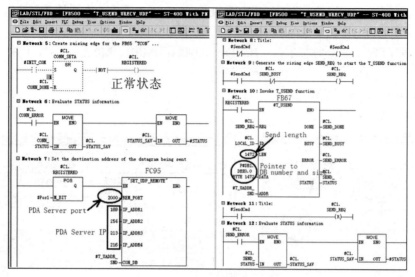

图 4.64　FB500 程序二

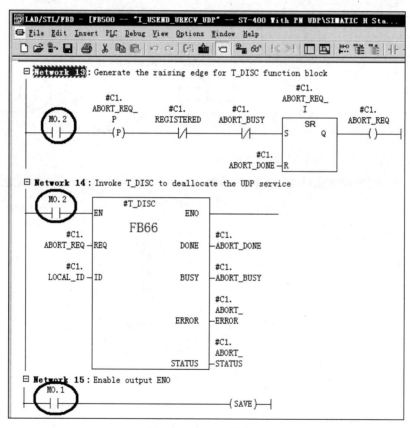

图 4.65　FB500 程序三

FC95 程序如图 4.66 所示。

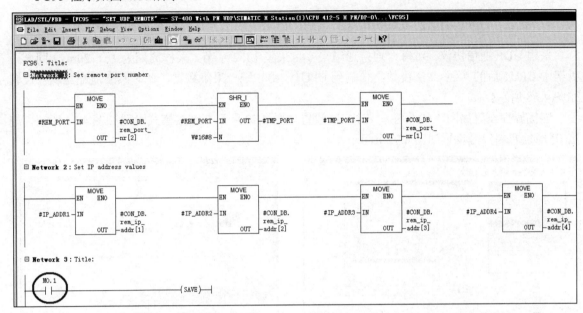

图 4.66　FC95 程序

FC96 程序如图 4.67 所示。

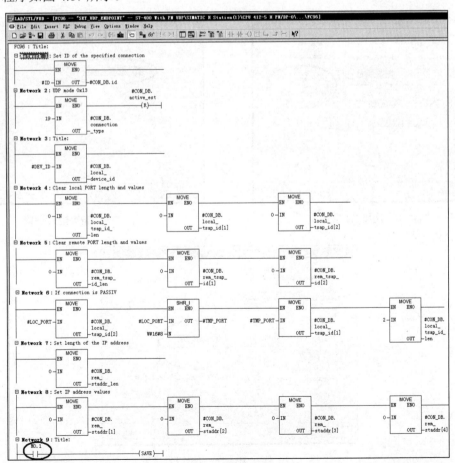

图 4.67　FC96 程序

将图 4.64 中的#SendCmd 取反的梯形图放在某个 OB 块中，用于触发发送功能块。

4. 6GK7 343/443-1EX20-0XE0 及以上的 PROFINET 以太网网络适配器的数据采集方式

采用 UDP 通信协议，对每个连接通道最多可采集 1452 字节，采样周期为 10～20ms。同一个机架中 CPU1 后的其他 CPU 将数据传输到 CPU1，由它统一采集数据，此时网络适配器属性设置如图 4.68 所示。

连接属性设置如图 4.69 所示，连接 ID 设置如图 4.70 所示，连接模式设置如图 4.71 所示，连接 IP 地址和端口号设置如图 4.72 所示。

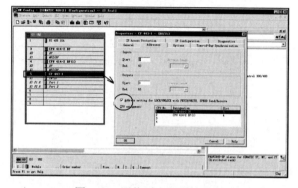

图 4.68　网络适配器属性设置

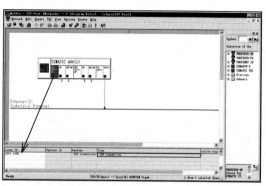

图 4.69　连接属性设置

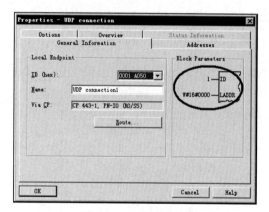

图 4.70　连接 ID 设置

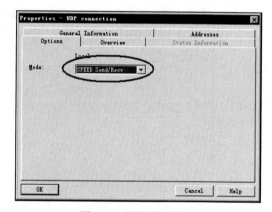

图 4.71　连接模式设置

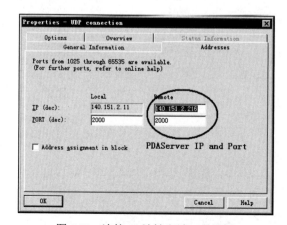

图 4.72　连接 IP 地址和端口号设置

采用 FC53 发送数据，FC53 程序如图 4.73 所示。

在 DB99 中定义 300 个实数（REAL），用发送数据的 DB 块如图 4.74 所示。

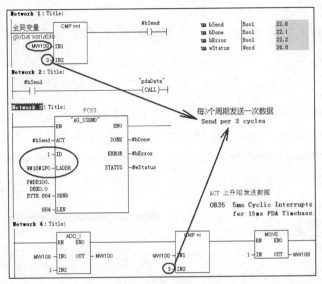

图 4.73　FC53 程序

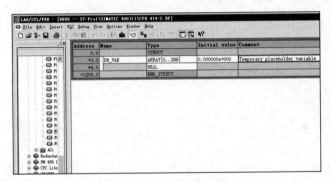

图 4.74　用于发送数据的 DB 块

采集速度为 300REAL/15ms，PDA 服务器组态如下，注意字节交换。

```
[2000,300CH,10.000ms,192.168.0.100,25S,Note,192.168.0.216]
No,   Name,Adr/note,Unit,Len,Offset ,Gain    ,Type,ALM,HH  ,HI   ,LO   ,LL
CH1=,    ,       ,     ,4 ,0.000000,1.000000,REAL,0  ,0.000,0.000,0.000,0.000
CH2=,    ,       ,     ,4 ,0.000000,1.000000,REAL,0  ,0.000,0.000,0.000,0.000
CH3=,    ,       ,     ,4 ,0.000000,1.000000,REAL,0  ,0.000,0.000,0.000,0.000
CH4=,    ,       ,     ,4 ,0.000000,1.000000,REAL,0  ,0.000,0.000,0.000,0.000
CH5=,    ,       ,     ,4 ,0.000000,1.000000,REAL,0  ,0.000,0.000,0.000,0.000
CH6=,    ,       ,     ,4 ,0.000000,1.000000,REAL,0  ,0.000,0.000,0.000,0.000
......
```

pdaData 功能块位于发送功能块之前，可确保数据时效一致性，不要把 PIxxx、PQxxx 来自 DP 等网络的硬件地址放到 pdaData 中，可由 OB1 中转，防止 DP 等网络断线引起 CPU 故障。

随着 PLC 与以太网的连接通道或通信量的增加，用于 PDA 高速数据采集分析系统通信的发送速度会减慢，发送字节数会减少，当需要采集更多的数据或更短的采样周期时，请选用 PROFINET 方式，详见 4.7 节。

应用例子：河北某 1580 热轧厂板坯库和加热炉区有 5 台 PLC(416-2XN05-0AB0+443-1EX30-0XE0)，PLC 中的数据每 15ms 更新一次，PDA 服务器每 8ms 采集一次数据，每台 PLC 采集 100REAL+100INT+512BOOL=712 点/664 字节。液压站有 3 台 PLC，每台 PLC 采集 156REAL+112INT+1312BOOL=1580 点/1012 字节。润滑站有 4 台 S7-300 PLC，PLC 中的数据约 6ms 更新一次，每台 PLC 采集 192 点。

5. 6GK7 343/443-1EX11-0XE0 及以下 PROFINET 以太网网络适配器的数据采集方式

当采用 UDP 通信协议时，S7 系列 PLC 通过 FC5 或 FC50(>240 字节)将某数据块直接发送到 PDA 服务器，UDP 通信协议下的 1EX11 网络适配器属性配置如图 4.75 所示。

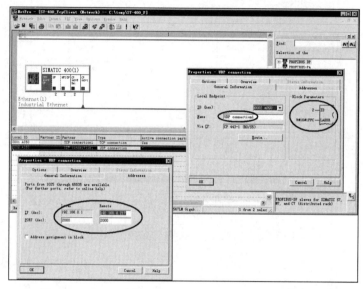

图 4.75　UDP 通信协议下的 1EX11 网络适配器属性配置

当采用 TCP 通信协议时，S7 系列 PLC 作为 TCP 客户端，通过 FC5 或 FC50(>240 字节)将某数据块直接发送到 PDA 服务器，TCP 通信协议下的 1EX11 网络适配器属性配置如图 4.76 所示。

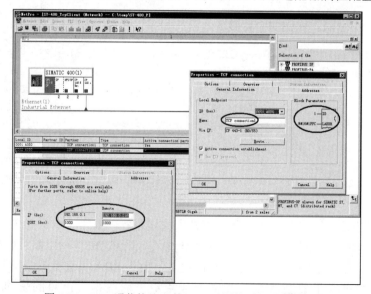

图 4.76　TCP 通信协议下的 1EX11 网络适配器属性配置

6. 导出 DB 块注释到表格中

操作步骤如下：

（1）打开 DB 块，如图 4.77 所示。

（2）生成 STL 源程序，如图 4.78 所示。

（3）保存 STL 源程序，如图 4.79 所示。

（4）打开 STL 源程序，如图 4.80 所示。

（5）将 STL 源程序复制并粘贴到 Word 中，如图 4.81 所示。

（6）将文本转换成表格，如图 4.82 所示。

（7）形成单独的一列注释，如图 4.83 所示。

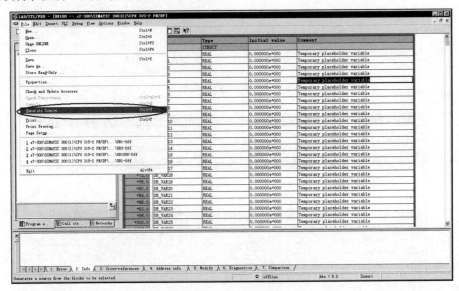

图 4.77　打开 DB 块

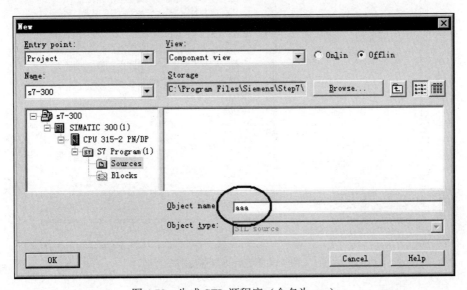

图 4.78　生成 STL 源程序（命名为 aaa）

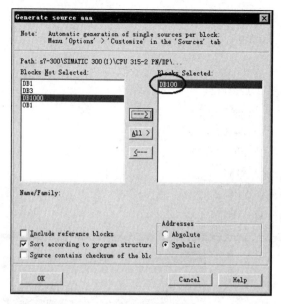

图 4.79　保存 STL 源程序

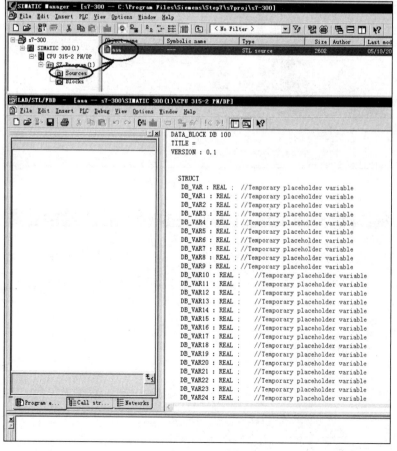

图 4.80　打开 STL 源程序

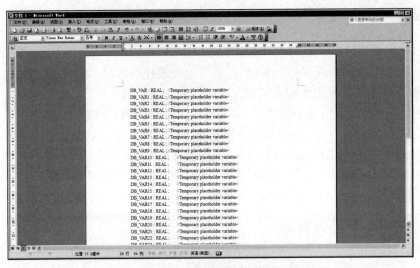

图 4.81　将 STL 源程序复制并粘贴到 Word 中

图 4.82　将文本转换成表格

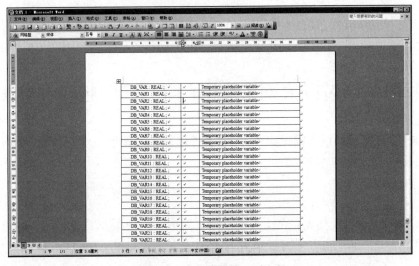

图 4.83　形成单独的一列注释

7. CFC 编程语言注意事项

PDA 高速数据采集分析系统的 FC 功能块采用 LAD 编程语言，如果用户主程序采用 CFC 编程语言，就会出现 CFC 编程语言与 LAD 编程语言混合编程的情况。S7 系列 PLC 支持这种方式，但需要注意 PDA 高速数据采集分析系统相关功能块的有效范围（见图 4.84），否则，使用 CFC 编程语言编程时会将其覆盖或引起系统冲突。由于使用 CFC 编程语言编程后会产生大量的 DB 块和 FC 功能块，占用较多内存空间，需要确保 FC 功能块在不压缩状态能正常下载，否则，下载时会出现"The interface of block has changed, Please reimport"的错误提示。此时，可将 PDA 高速数据采集分析系统的 FC 功能块（软件）号码减小，这样，下载时该块会优先下载到 CF 存储卡（硬件）中，可能就不会上述错误提示。如果要解决根本问题，可以更换大容量的 CF 存储卡。

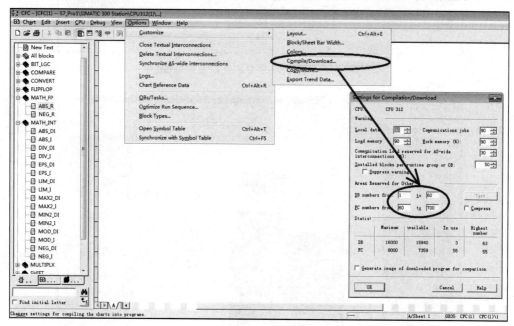

图 4.84　S7-400 PLC 的 CFC 编程语言注意事项

8. 关于"上载"的注意事项

PLC 的以太网网络组态上载时，与 ID 相关的地址可能会变化，因此要保持项目组态与 PLC 实际硬件一致。除非不得已，不要使用上载的以太网网络组态。

4.13　通过以太网采集西门子 TDC 控制器数据

在 CPU555 主板集成的以太网接口 TCP/UDP 性能较差，建议采用 CP51M1，以普通 UDP 模式进行数据采集。

1. CTV_P 发送方式

采用以太网 UDP 模式（见 4.3 节），数据源类型为 25。UDP 发送程序如图 4.85 所示。CP51M1 有效采样周期可达到 2ms，也可采用以太网 TCP 模式。图 4.86 所示为 TDC 硬件初始化程序。

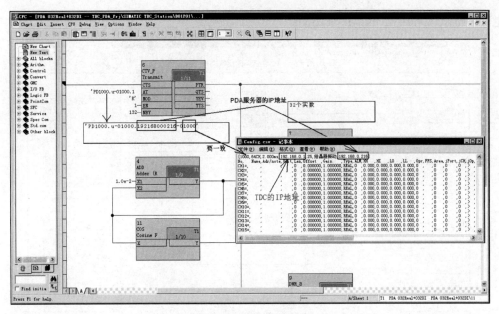

图 4.85　UDP 发送程序

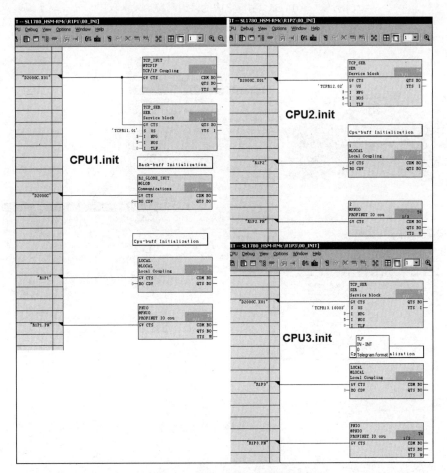

图 4.86　TDC 硬件初始化程序

CPU555 主板集成的以太网接口传输速度可达到 1472 字节/8ms，该 CPU 负荷率约增加 2%。图 4.87 所示为 CPU555 主板集成的以太网接口发送程序。

注意： 初始化周期 $32\text{ms} \leqslant T_A \leqslant 256\text{ms}$。

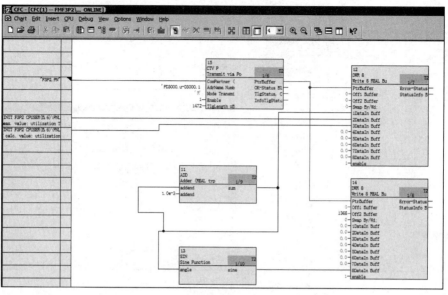

图 4.87　CPU555 主板集成的以太网接口发送程序

选择写卡器的步骤如图 4.88 所示。

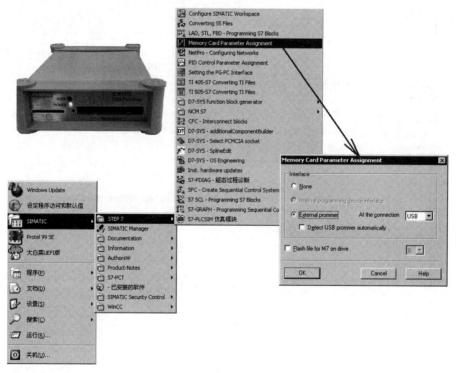

图 4.88　选择写卡器的步骤

2. 直接读取指定 DB 块的数据采集方式

将需要采集的数据集中到 S7DB_P 指定的 DB 块中（见图 4.89），由 PDA 服务器直接读取该 DB 块。采样周期可达到 10～100ms。

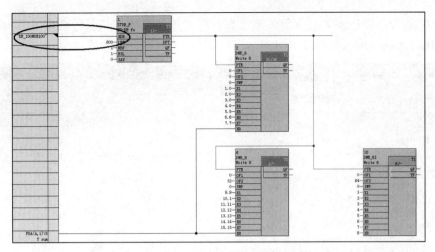

图 4.89　在 TDC 以太网中定义 DB 块

3. 地址簿数据采集方式

设置 CFC 功能块中需要采集数据的引脚的 WinCC 属性，程序编译过程中生成包含这些引脚地址簿，或用 S7DB_P 指定 DB 块号码，将需要采集数据的引脚地址信息输入组态文件 Config.csv 中（见图 4.90），数据源类型为 21，注意字节交换，采样周期可达到 10～100ms。

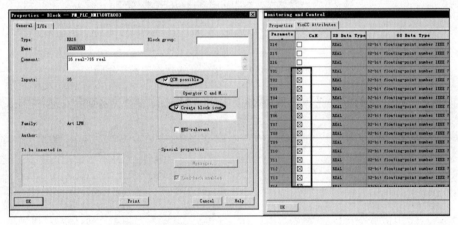

图 4.90　按 CFC 功能块引脚 DB 块地址采集

```
[1000,16CH              ,10.000ms          ,192.168.0.23,21  ,txtNote ,192.168.0.216,3]
No    ,   Name          ,Adr/note          ,Unit,Len,Offset ,Gain      ,Type
CH1=  , DB1031.DBD24576 ,DB1031.DBD24576,   ,4  ,0.000000,1.000000,REAL
CH2=  , DB1031.DBD24580 ,DB1031.DBD24580,   ,4  ,0.000000,1.000000,REAL
……
```

4.14　西门子 S7-1500 PLC 数据采集方式

1. 存储卡格式化

S7-1500 PLC 必须有存储卡才能运行（S7-1200 PLC 不需要），将 S7-1500 PLC 连接到在线状态（Online）的操作步骤如图 4.91 所示。对于新存储卡或从其他不同型号 CPU 上拆卸的存储卡可能需要格式化后才能使用（见图 4.92）。

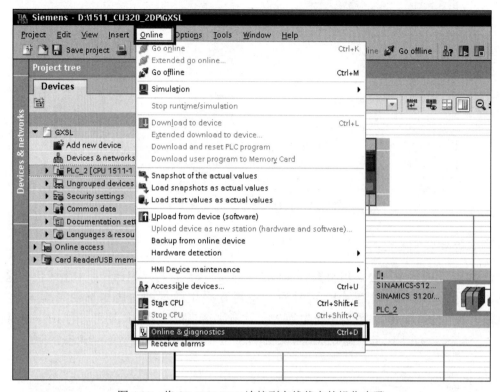

图 4.91　将 S7-1500 PLC 连接到在线状态的操作步骤

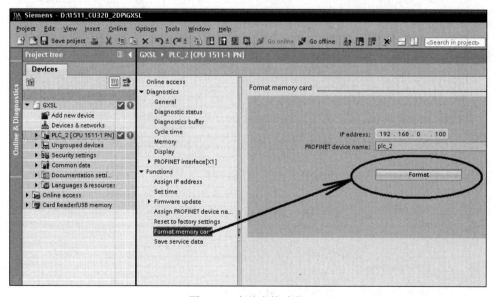

图 4.92　存储卡格式化

2. UDP 以太网数据采集方式

新建 S7-1500 PLC 项目，如图 4.93 所示。注意：修改通信组态后要重启该 PLC。

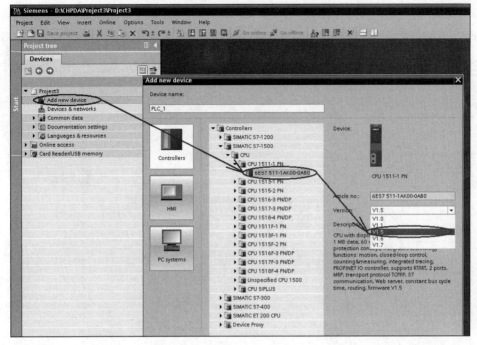

图 4.93　新建 S7-1500 PLC 项目

设置 UDP 以太网 IP 地址，如图 4.94 所示。

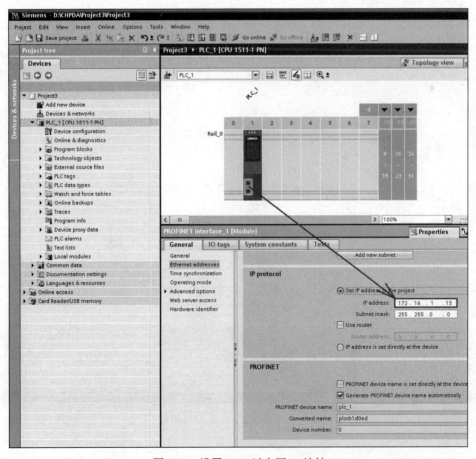

图 4.94　设置 UDP 以太网 IP 地址

在 OB1 块中插入发送功能块 TSEND_C，如图 4.95 所示。

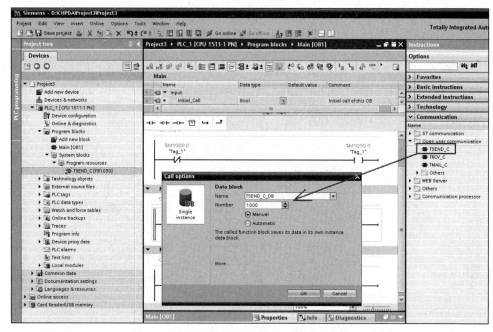

图 4.95　在 OB1 块中插入发送功能块 TSEND_C

按图 4.96 和图 4.97 所示设置 TSEND_C 属性。

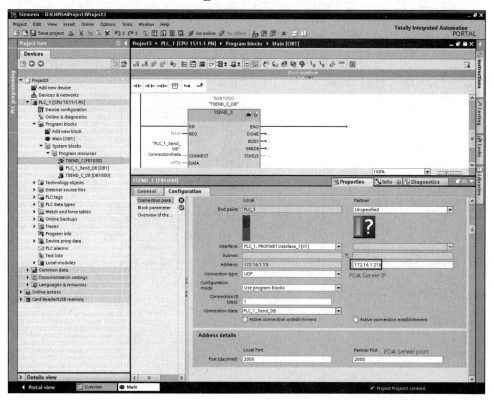

图 4.96　设置 TSEND_C 属性步骤一

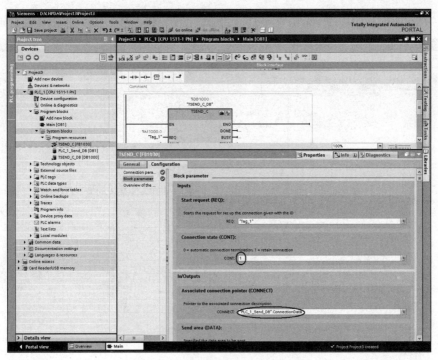

图 4.97　设置 TSEND_C 属性步骤二

手动添加一个数据块（见图 4.98），用于存放要发送到 PDA 高速数据采集分析系统的数据。

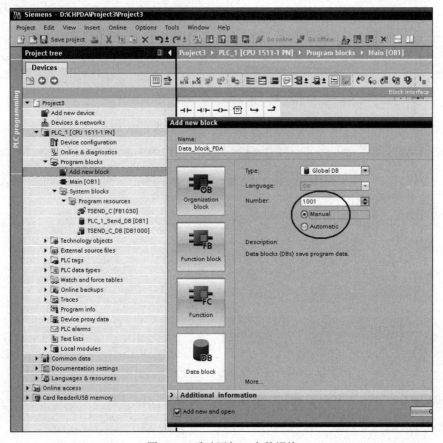

图 4.98　手动添加一个数据块

取消该数据块属性的优化（见图 4.99），因为优化过的数据块不能用指针寻址。

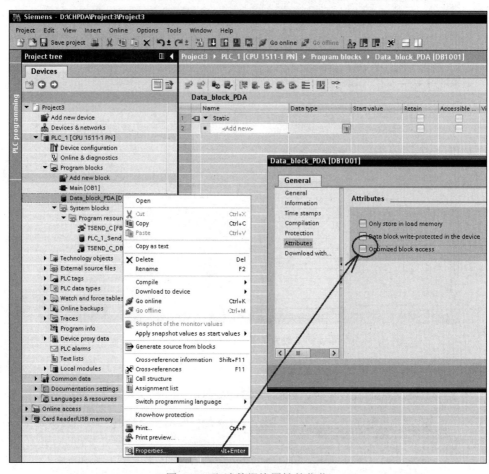

图 4.99　取消数据块属性的优化

一次最多采集 1460 字节，图 4.100 所示为用于缓存数据的数据块 DB1001。

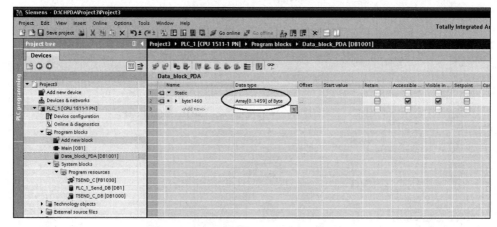

图 4.100　用于缓存数据的数据块 DB1001

发送功能块在上升沿启动发送功能，如图 4.101 所示。OB1 块每两个扫描周期发送一次数据，发送前，将数据存放到数据块 DB1001 中。

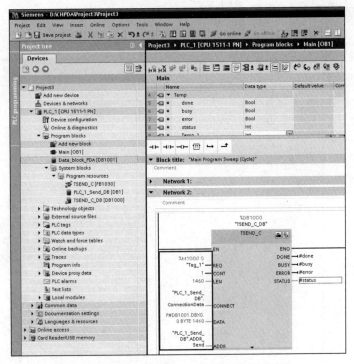

图 4.101　发送功能块在上升沿启动发送功能

本数据采集方式下，PDA 高速数据采集分析系统对应的组态文件 Config.csv 示例如下：

```
[2000,1460CH,10.000ms,172.16.1.13,25S,S7-1500,172.16.1.216]
No,      Name,Adr/note,Unit,Len,Offset  ,Gain    ,Type,ALM,HH
CH1=,       ,        ,    ,4  ,0.000000,1.000000,BYTE,0  ,0.000
CH2=,       ,        ,    ,4  ,0.000000,1.000000,BYTE,0  ,0.000
CH3=,       ,        ,    ,4  ,0.000000,1.000000,BYTE,0  ,0.000
CH4=,       ,        ,    ,4  ,0.000000,1.000000,BYTE,0  ,0.000
CH5=,       ,        ,    ,4  ,0.000000,1.000000,BYTE,0  ,0.000
CH6=,       ,        ,    ,4  ,0.000000,1.000000,BYTE,0  ,0.000
CH7=,       ,        ,    ,4  ,0.000000,1.000000,BYTE,0  ,0.000
CH8=,       ,        ,    ,4  ,0.000000,1.000000,BYTE,0  ,0.000
……
CH1459=,    ,        ,    ,4  ,0.000000,1.000000,BYTE,0  ,0.000
CH1460=,    ,        ,    ,4  ,0.000000,1.000000,BYTE,0  ,0.000
```

　　CPU1518 运行速度比 CPU 1516 及以下的 CPU 快得多，可以保证正常的数据传送，否则，程序量太大时数据发送周期会漂移。

3. PROFINET 实时以太网数据采集方式

　　将要采集的数据存放在 DB 块中，用 MOVE 指令将数据复制到 Q 寄存器中。

　　使用西门子推出的全集成自动化编程软件 TIA Portal（也称博图）15.0 时，需要单独安装一些设备驱动程序，如以太网网络适配器 CP-1616。PLC 中的组态步骤如下。

　　（1）插入一个 PROFINET 从站 CP-1616，如图 4.102 所示。

　　（2）设置需要采集的数据，必须是 128bytes 的整数倍，最多 1408bytes，如图 4.103 所示。

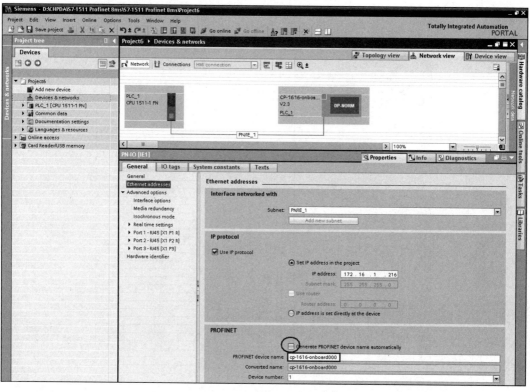

图 4.102　插入一个 PROFINET 从站 CP-1616

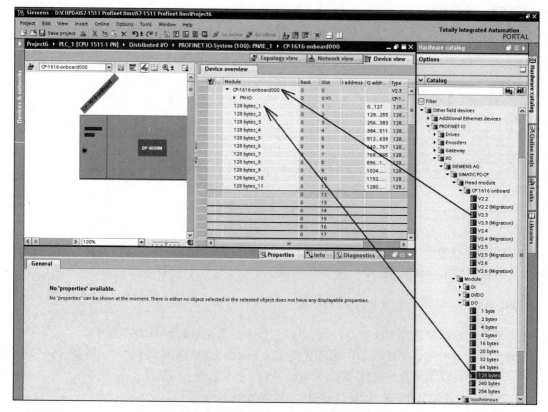

图 4.103　设置需要采集的数据单位

（3）设置等时模式，如图 4.104 所示。

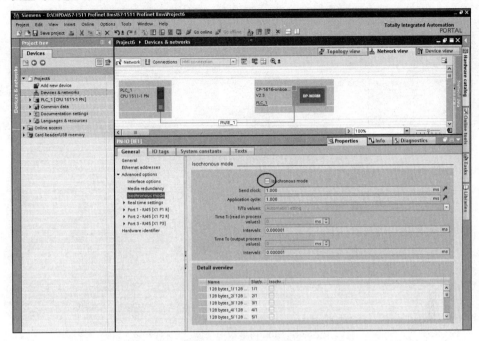

图 4.104　设置等时模式

（4）设置采集时间和看门狗时间，如图 4.105 所示。

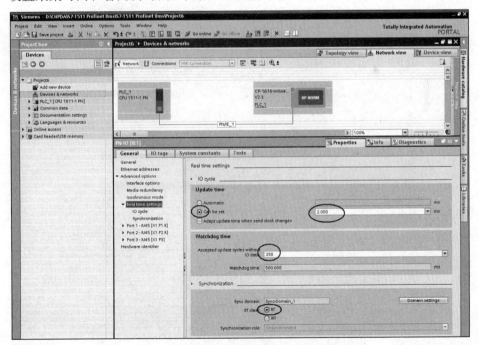

图 4.105　设置采集时间和看门狗时间

4. 直接读取 S7-1500 PLC 内存地址的数据采集方式

取消需要采集的数据块的属性优化。

组态时，要选择"Full access(no protection)"选项和"Permit access with PUT/GET communication from remote partner(PLC,HMI,OPC,...)"选项。S7-1500 PLC 关于数据存取的组态如图 4.106 所示。

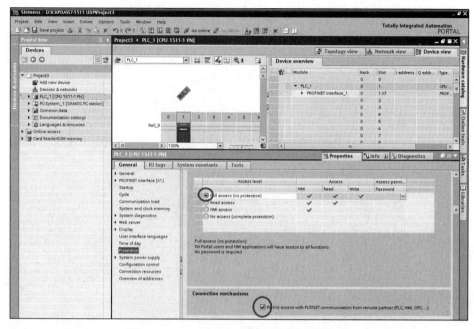

图 4.106   S7-1500 PLC 关于数据存取的组态

5. S7-1500 PLC 仿真器

S7-1500 PLC 仿真器的设置如图 4.107 所示。

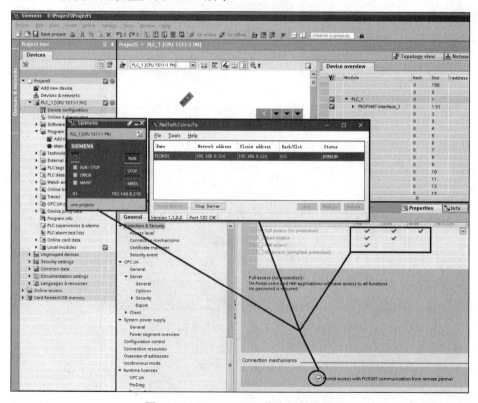

图 4.107   S7-1500 PLC 仿真器的设置

S7-PLCSIM Advanced 是西门子公司推出的一款高功能仿真器软件,它除了可以仿真一般的可编程逻辑控制程序,还可以仿真通信(包括 OPC UA)。在安装该软件前,需要先安装 WinPcap。安装该软件后,计算机中会额外多出一个虚拟网络适配器,名称为 Siemens PLCSIM Virtual Ethernet Adapter 虚拟网络适配器(见图 4.108)。

图 4.108　安装 S7-PLCSIM Advanced 后出现的虚拟网络适配器

S7-PLCSIM Advanced 的使用步骤如下,务必注意相关事项的操作,否则,一个很小的问题可能会浪费半天时间。

(1)设置以管理员权限运行该软件。右键单击该软件图标,在弹出的快捷菜单中,单击"属性"选项,在弹出的"属性"面板中,单击"兼容性"菜单,在其面板中勾选"以管理员身份运行此程序"复选框,如图 4.109 所示。

(2)将本地方式及虚拟网络适配器的 IP 地址获取方式设置为自动获取。如果已对本地网络适配器设置了固定 IP 地址,那么下载时会出现"检测到不兼容的设备"提示信息。在这种情况下,把 S7-PLCSIM Advanced 和 Portal 分别安装在一个网段的两台计算机上,就可以正常仿真了。

(3)设置 PG/PC 接口。通过控制面板,打开设置 PG/PC 接口的界面,按照图 4.110 所示设置 PG/PC 接口,即设置应用程序访问点。

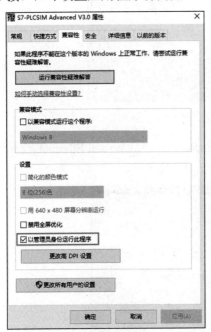

图 4.109　以管理员权限运行 S7-PLCSIM Advanced 软件

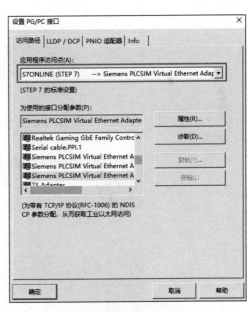

图 4.110　设置 PG/PC 接口

(4)打开 S7-PLCSIM-Advanced,依次按照图 4.111 中标注的 1~5 步骤进行设置。

(5)使用 TIA Portal 15.0 创建一个简单项目,一定要选择 S7-1500 PLC,因为 S7-PLCSIM-Advanced 只支持 S7-1500 PLC。

(6)勾选"允许来自远程对象的 Put/Get 通信访问"复选框(见图 4.112)。

(7)右键单击新建的项目,在弹出的快捷菜单中单击"属性"选项,在弹出的"属性"面板中,单击"保护"菜单,在弹出的"保护"面板中,勾选"块编译时支持仿真"复选框(见图 4.113)。

图 4.111　设置 S7-PLCSIM-Advanced

图 4.112　设置 Put/Get 通信访问

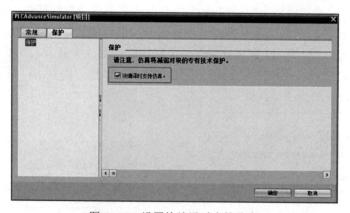

图 4.113　设置块编译时支持仿真

（8）在下载 PLC 程序时，将 PG/PC 接口设置为 Siemens PLCSIM Virtual Ethernet Adapter，如图 4.114 所示。

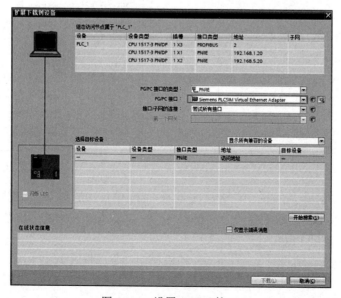

图 4.114　设置 PG/PC 接口

（9）选择"显示所有兼容的设备"选项，单击"开始搜索"按钮，搜索到设备之后，即可下载。搜索到的设备如图 4.115 所示。

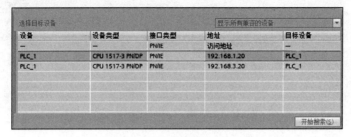

图 4.115　搜索到的设备

6. 修改 S7-1500 PLC 的 IP 地址

让 S7-1500 PLC 处于停止状态，按图 4.116 所示修改该 PLC 的 IP 地址。

图 4.116　修改 S7-1500 PLC 的 IP 地址

4.15　西门子 S7-1200 PLC 数据采集方式

可参考 4.14 节第 4 点内容，以便直接读取 S7-1200 PLC 内存地址的方式采集数据。

4.16　通过 MPI 网络采集数据

这种情况下，数据源类型为 3，注意字节交换。采样周期为 10ms 及以上。

安装 Prodave 6 及其授权（需要它的支持），如图 4.117 所示。

可采集的数据区为 IB[0～65535]、QB[0～65535]、MB[0～65535]、DB[1～65535]、DBB[0～32767]，最高传输速率可达 12Mb/s，支持多台 PLC 和多个 MPI/DP 卡（如 CP 5611）。

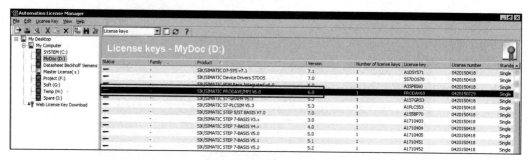

图 4.117　安装 Prodave6 及其授权

设置 PG/PC 接口访问路径，添加应用程序访问点 S7ONLINE1（见图 4.118）。为使用的接口分配参数，如 PC Adapter(MPI)、PC Adapter(PROFIBUS)、CP 5611(MPI)或 CP 5611(PROFIBUS)等，设置好传输速率。

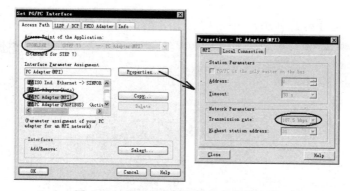

图 4.118　设置接口访问路径和传输速率

本数据采集方式下，PDA 高速数据采集分析系统对应的组态文件 Config.csv 示例如下：

```
[1000,2CH,10.000ms,,3S,PLC1,,3,,,,,,S7ONLINE,2]
No  , Name,Adr/note,Unit,Len,Offset  ,Gain    ,Type,ALM,HH
CH1=,    ,MD0    ,    ,4 ,0.000000,1.000000,REAL,0 ,0.000
CH2=,    ,MD4    ,    ,4 ,0.000000,1.000000,REAL,0 ,0.000

[2000,2CH,10.000ms,,3S,PLC2,,3,,,,,,S7ONLINE,3]
No  , Name,Adr/note,Unit,Len,Offset  ,Gain    ,Type,ALM,HH
CH1=,    ,MD0    ,    ,4 ,0.000000,1.000000,REAL,0 ,0.000
CH2=,    ,MD4    ,    ,4 ,0.000000,1.000000,REAL,0 ,0.000
```

MPI/DP 变量存取所使用的典型网络图如图 4.119 所示。

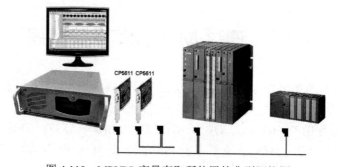

图 4.119　MPI/DP 变量存取所使用的典型网络图

可将 S7-1200 PLC 中需要采集的数据集中到某一个 DB 块中，PDA 高速数据采集分析系统可通过 MPI/DP 直接读取这些数据，效率更高。

4.17　通过 PROFIBUS-DP 网络采集数据

PDA 高速数据采集分析系统的某个 DP 网桥有 2 个独立的 DP 接口，可连接 2 个 DP 网段。某双口 DP 网桥的配置如图 4.120 所示，从每个网段采集 244 字节并通过以太网发送到 PDA 服务器，pda244.gsd 是它的配置文件。当采集点数较多时，可用多个 DP 网桥串联，采样周期可达 0.5ms。对于 S7-400/S7-300 PLC，采集程序应在 OB1 块中，有效采样周期与 OB1 块的扫描周期相同。

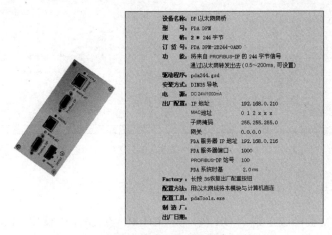

图 4.120　某双口 DP 网桥的配置

1. PDA_DPM 网络图

可通过 DP 采集数据，数据源类型为 25S，注意字节交换。通过 pdaTools.exe 设置每个 DP 网桥的 IP 地址、DP 站号。

典型的 PDA_DPM 网络图如图 4.121 所示。

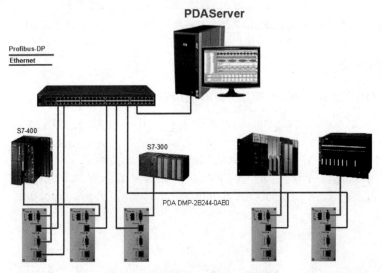

图 4.121　典型 PDA_DPM 网络图

2. PDA_DPM 硬件组态

PDA 高速数据采集分析系统的某个 DP 网桥在 S7-300 PLC 中的硬件组态如图 4.122 所示。

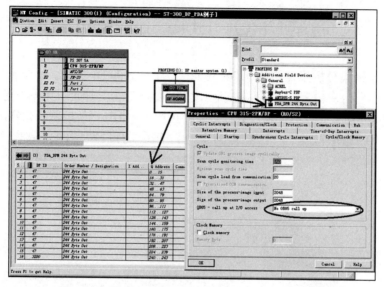

图 4.122 某个 DP 网桥在 S7-300 PLC 中的硬件组态

3. PDA_DPM 程序

将需要采集的数据集中放于某个 DB 块，如 DB100，在 OB1 中调用 BLKMOV 指令，将相关数据复制到对应的 Q 寄存器中，如图 4.123 所示。

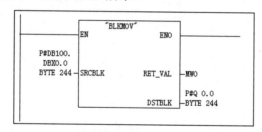

图 4.123 调用 BLKMOV 指令，将相关数据复制到对应的 Q 寄存器

4. PDA_DPM 组态

下面是采集 116 个模拟量和 96 个数字量时的组态。

```
[1000,212CH,2.000ms,192.168.0.210,25S,Profibus-DP,192.168.0.216]
No  , Name,Adr/note,Unit,Len,Offset  ,Gain       ,Type,ALM,HH
CH1=,       ,       ,    ,2 ,0.000000,1.000000,INT ,0  ,0.000
CH2=,       ,       ,    ,2 ,0.000000,1.000000,INT ,0  ,0.000
CH3=,       ,       ,    ,2 ,0.000000,1.000000,INT ,0  ,0.000

......

CH211=,     ,       ,    ,1 ,0.000000,1.000000,BIT ,0  ,0.000
CH212=,     ,       ,    ,1 ,0.000000,1.000000,BIT ,0  ,0.000
```

5. 驱动程序 pda244.gsd

PDA 高速数据采集分析系统的某个 DP 网桥的配置如下。

```
;==================================================
; GSD-File for PDA DPM-2B244-0AB0      KingLM AG
; Model : PDA_DPM
; MLFB  : PDA DPM-2B244-0AB0
;
; Date  : 15.07.2007  V01.01.01
;
; File  : "pda244.gsd"
;==================================================
#Profibus_DP
GSD_Revision=1
Vendor_Name="KingLM AG"
Model_Name="PDA_DPM 244 Byte Out"
Revision="V1.0"
Ident_Number=0x6666

Protocol_Ident=0
Station_Type=0
Hardware_Release="V1.0"
Software_Release="V1.0"


;------------------- baudrate -------------------
9.6_supp              = 1
19.2_supp             = 1
45.45_supp            = 1
93.75_supp            = 1
187.5_supp            = 1
500_supp              = 1
1.5M_supp             = 1
3M_supp               = 1
6M_supp               = 1
12M_supp              = 1
;
MaxTsdr_9.6           = 60
MaxTsdr_19.2          = 60
MaxTsdr_45.45         = 60
MaxTsdr_93.75         = 60
MaxTsdr_187.5         = 60
MaxTsdr_500           = 100
MaxTsdr_1.5M          = 150
MaxTsdr_3M            = 250
MaxTsdr_6M            = 450
MaxTsdr_12M           = 800
```

```
Implementation_Type="dp_slave"

; Slave-Specification:
OrderNumber="PDA DPM-2B244-0AB0"

Freeze_Mode_supp        = 0
Sync_Mode_supp          = 0
Auto_Baud_supp          = 1
Set_Slave_Add_supp      = 0
Fail_safe               = 0
Min_Slave_Intervall     = 6

Slave_Family            = 0
Max_Diag_Data_Len       = 6
Modul_Offset            = 0
Modular_Station         = 0
......
```

6. TDC PROFIBUS-DP 数据采集方式

在 TDC 中通过 PROFIBUS-DP 可进行数据采集，具体内容如下：

在 TDC 中对 DP 模块选择 CP50M1，可配置为 2 个 DP 接口，进行高速数据采集。TDC PROFIBUS-DP 硬件组态如图 4.124 所示，选用的传输速率为 1.5Mb/s。

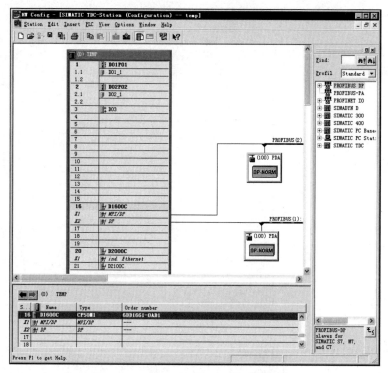

图 4.124　TDC PROFIBUS-DP 硬件组态

注意： 初始化功能块在 32～255ms 任务周期运行中。TDC 中的硬件初始化程序如图 4.125 所示。

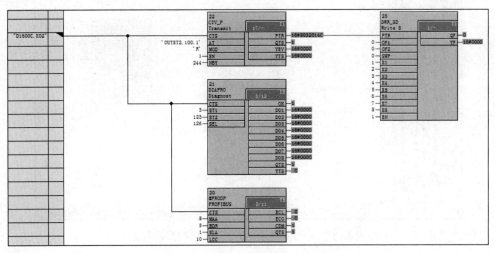

图 4.125　TDC 中的硬件初始化程序

写数据功能块和 CTV_P 功能块必须在周一个任务周期中运行，可以是 T1 任务周期，否则，虽然状态正常，但是没有正确的数据。通过第 1 个 DP 接口发送数据的程序如图 4.126 所示。

注意： 即使 DP 断网也不影响 PLC 正常工作。

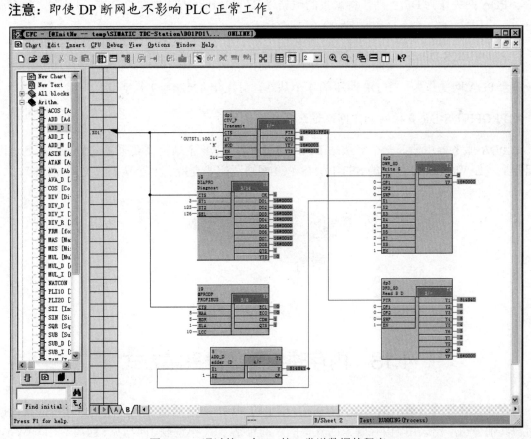

图 4.126　通过第 1 个 DP 接口发送数据的程序

通过第 2 个 DP 接口发送数据的程序如图 4.127 所示。

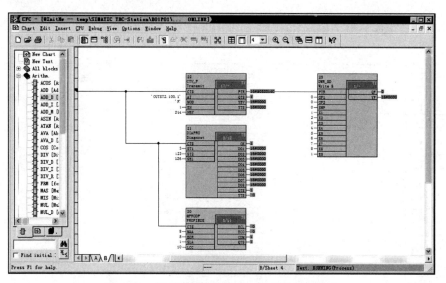

图 4.127　通过第 2 个 DP 接口发送数据的程序

选用更高的传输速率时，需要注意电缆的选型和布线。

7. PROFIBUS-DP 主站网关数据采集方式

以 PDA 网关作为 DP 主站，将采集的数据以 RT Ethernet 方式转发给 PDA 服务器，数据源类型为 36。

8. PROFIBUS-DP 多从站网关数据采集方式

每台 PDA 网关作为一个 DP 网段的 4 个从站，可采集 4×244=976 字节。

9. PROFIBUS-DP 多从站 PCI 网络适配器数据采集方式

在 PDA 服务器中插入一个多从站 DP 网络适配器，DP 主站将需要采集的数据发送到该网络适配器上。如 Woodhead 公司的 SST-PBMS-PCI 网络适配器支持 125 个从站（见图 4.128）。

图 4.128　一种多从站 DP 网络适配器

4.18　内存映象网数据采集方式

内存映象网是美国通用电气公司（GE）推出的 PLC 高速通信方案，因通信速度快且数据量大而被其他公司广泛采用。内存映象网支持的厂商包括 GE、奥钢联、西马克、西屋等，以 VxWorks 为内核实时操作系统的 PLC 均能快速访问该网络，LogiCAD、CoDeSys、ISaGRAF 等编程软件均提供存取内存映象网数据的通信功能块。

PDA 高速数据采集分析系统中的内存映象网数据源类型为 11，支持同时采集多台 PLC 的数据，总采集点数不少于 10000 点，采样周期不大于 2ms。

1. PLC 中的数据准备

PLC 通过 VMEWRITE 将数据块写入内存映象网，支持实数、布尔量、字符串，数字量点数为 32 的倍数。如需要，字节交换放在 PLC 中。

建议定义一个数据结构，预留一定数量的备用点，一次性将整个数据块写入内存映象网中已经为 PDA 高速数据采集分析系统分配好的地址。

2. PDA 服务器硬件的安装

内存映象网的网络适配器型号有 RFM5565 和 RFM5576 等，计算机中 PCI 总线的网络适配器型号有 PCI5565，可在 Windows 环境下的"设备管理器"中查看此类内存映象网的网络适配器，如图 4.129 所示。

图 4.129　在 Windows 环境下的"设备管理器"中查看 PCI5565 内存映象网的网络适配器

3. PDA 服务器中内存映象网连接组态

PDA 高速数据采集分析系统中内存映象网数据源类型为 11，可通过 PDAClient 组态。内存映象网 PDAClient 组态如图 4.130 所示。

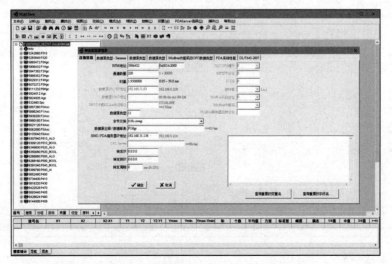

图 4.130　内存映象网 PDAClient 组态

4.19 CODESYS 编程软件中的 PDA 通信程序开发

CODESYS 编程软件支持内存映象网数据的读写。若自动化系统配置了内存映象网，则建议优先采用内存映象网采集数据。此外，CODESYS 编程软件还支持以太网高速通信，可用标准 UDP 方式将数据发送到 PDA 服务器，数据发送周期可达到 2ms。若采用以太网方式，则需要添加通信库 CAA Net Base Services，图 4.131 所示为添加该通信库的操作步骤。

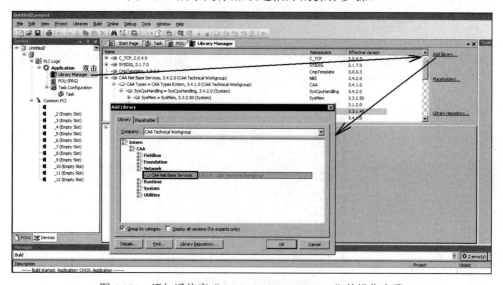

图 4.131　添加通信库"CAA Net Base Services"的操作步骤

采用 UDP 通信协议，PLC 发送数据的程序如图 4.132 所示。

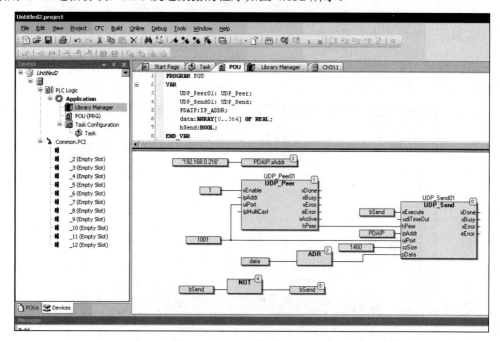

图 4.132　PLC 发送数据的程序

　　其中，UDP_Peer01.xActive 值应为"TRUE"，UDP_Peer01.hPeer 值应大于 0，否则，把 PLC "冷复位"。

　　UDP_Send 上升沿触发数据发送，因此每 2 个周期发送 1 帧数据。

　　PDA 服务器的组态文件 Config.csv 示例如下，其中数据源类型为 25。

```
[1001,365CH,2.000ms  ,192.168.0.105,25,CoDeSys,192.168.0.216]
No  ,  Name,Adr/note,Unit,Len,Offset ,Gain    ,Type,ALM,HH
CH1=,     ,    ,      ,4  ,0.000000,1.000000,REAL,0 ,0.000
CH2=,     ,    ,      ,4  ,0.000000,1.000000,REAL,0 ,0.000
CH3=,     ,    ,      ,4  ,0.000000,1.000000,REAL,0 ,0.000
......
CH364=,    ,    ,      ,4  ,0.000000,1.000000,REAL,0 ,0.000
CH365=,    ,    ,      ,4  ,0.000000,1.000000,REAL,0 ,0.000
```

4.20　采集硬件接口模块数据

与采集数据有关的硬件接口模块举例如下。

（1）8 通道 AI+8 通道 DI 模块（全隔离型）。其实物图片、产品铭牌和接线端子如图 4.133 所示，采样周期可达到 0.5ms。

图 4.133　8 通道 AI+8 通道 DI 模块（全隔离型）实物图片、产品铭牌和接线端子

该模块的标准组态文件 Config.csv 示例如下：

```
[1000,16CH,2.000ms,192.168.0.210,25S,PDA ISO-8AIDI,192.168.0.216]
No,  Name,Adr/note  ,Unit,Len,Offset ,Gain    ,Type,ALM,HH
CH1=,   ,-5V~0~+5V,V   ,4  ,0.000000,1.000000,REAL,0 ,0.000
CH2=,   ,-5V~0~+5V,V   ,4  ,0.000000,1.000000,REAL,0 ,0.000
CH3=,   ,-5V~0~+5V,V   ,4  ,0.000000,1.000000,REAL,0 ,0.000
CH4=,   ,-5V~0~+5V,V   ,4  ,0.000000,1.000000,REAL,0 ,0.000
CH5=,   ,-5V~0~+5V,V   ,4  ,0.000000,1.000000,REAL,0 ,0.000
CH6=,   ,-5V~0~+5V,V   ,4  ,0.000000,1.000000,REAL,0 ,0.000
CH7=,   ,-5V~0~+5V,V   ,4  ,0.000000,1.000000,REAL,0 ,0.000
CH8=,   ,-5V~0~+5V,V   ,4  ,0.000000,1.000000,REAL,0 ,0.000
```

```
CH9=,        ,          ,V  ,1  ,0.000000,1.000000,BIT ,0 ,0.000
CH10=,       ,          ,V  ,1  ,0.000000,1.000000,BIT ,0 ,0.000
CH11=,       ,          ,V  ,1  ,0.000000,1.000000,BIT ,0 ,0.000
CH12=,       ,          ,V  ,1  ,0.000000,1.000000,BIT ,0 ,0.000
CH13=,       ,          ,V  ,1  ,0.000000,1.000000,BIT ,0 ,0.000
CH14=,       ,          ,V  ,1  ,0.000000,1.000000,BIT ,0 ,0.000
CH15=,       ,          ,V  ,1  ,0.000000,1.000000,BIT ,0 ,0.000
CH16=,       ,          ,V  ,1  ,0.000000,1.000000,BIT ,0 ,0.000
```

图 4.134 为 8 通道 AI+8 通道 DI 模块（全隔离型）的高速数据采集方案。

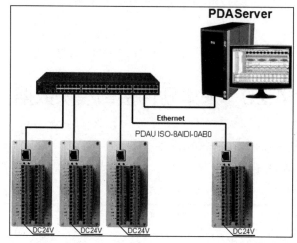

图 4.134　8 通道 AI+8 通道 DI 模块（全隔离型）的高速数据采集方案

（2）16 通道 AI 模块（全隔离型）。其实物图片、产品铭牌和接线端子如图 4.135 所示，采样周期可达到 0.5ms。

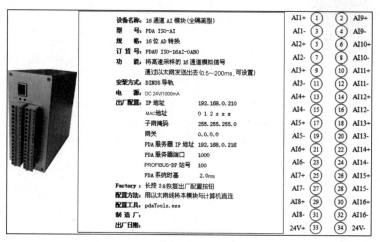

图 4.135　16 通道 AI 模块（全隔离型）实物图片、产品铭牌和接线端子

该模块的标准组态文件 Config.csv 示例如下：

```
[1000,16CH,2.000ms,192.168.0.210,25S,PDAU-16AI,192.168.0.216]
No,   Name,Adr/note    ,Unit,Len,Offset   ,Gain     ,Type,ALM,HH
CH1=,      ,-10V～0～+10V,V   ,4  ,0.000000,1.000000,REAL,0 ,0.000
CH2=,      ,-10V～0～+10V,V   ,4  ,0.000000,1.000000,REAL,0 ,0.000
```

```
CH3=,      ,-10V~0~+10V,V    ,4 ,0.000000,1.000000,REAL,0 ,0.000
CH4=,      ,-10V~0~+10V,V    ,4 ,0.000000,1.000000,REAL,0 ,0.000
CH5=,      ,-10V~0~+10V,V    ,4 ,0.000000,1.000000,REAL,0 ,0.000
CH6=,      ,-10V~0~+10V,V    ,4 ,0.000000,1.000000,REAL,0 ,0.000
CH7=,      ,-10V~0~+10V,V    ,4 ,0.000000,1.000000,REAL,0 ,0.000
CH8=,      ,-10V~0~+10V,V    ,4 ,0.000000,1.000000,REAL,0 ,0.000
CH9=,      ,-10V~0~+10V,V    ,4 ,0.000000,1.000000,REAL,0 ,0.000
CH10=,     ,-10V~0~+10V,V    ,4 ,0.000000,1.000000,REAL,0 ,0.000
CH11=,     ,-10V~0~+10V,V    ,4 ,0.000000,1.000000,REAL,0 ,0.000
CH12=,     ,-10V~0~+10V,V    ,4 ,0.000000,1.000000,REAL,0 ,0.000
CH13=,     ,-10V~0~+10V,V    ,4 ,0.000000,1.000000,REAL,0 ,0.000
CH14=,     ,-10V~0~+10V,V    ,4 ,0.000000,1.000000,REAL,0 ,0.000
CH15=,     ,-10V~0~+10V,V    ,4 ,0.000000,1.000000,REAL,0 ,0.000
CH16=,     ,-10V~0~+10V,V    ,4 ,0.000000,1.000000,REAL,0 ,0.000
```

（3）16 通道 DI 模块（全隔离型）。其实物图片、产品铭牌和接线端子如图 4.136 所示，采样周期可达到 0.5ms。

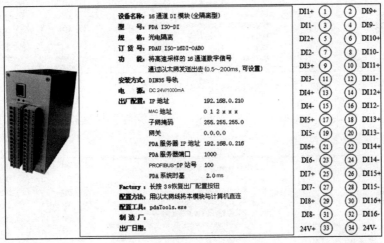

图 4.136　16 通道 DI 模块（全隔离型）实物图片、产品铭牌和接线端子

该模块的标准组态文件 Config.csv 示例如下：

```
[1000,16CH,2.000ms,192.168.0.210,25S,PDAU-16DI,192.168.0.216]
No,   Name,Adr/note,Unit,Len,Offset  ,Gain     ,Type,ALM,HH
CH1=,     ,        ,    ,1 ,0.000000,1.000000,BIT ,0 ,0.000
CH2=,     ,        ,    ,1 ,0.000000,1.000000,BIT ,0 ,0.000
CH3=,     ,        ,    ,1 ,0.000000,1.000000,BIT ,0 ,0.000
CH4=,     ,        ,    ,1 ,0.000000,1.000000,BIT ,0 ,0.000
CH5=,     ,        ,    ,1 ,0.000000,1.000000,BIT ,0 ,0.000
CH6=,     ,        ,    ,1 ,0.000000,1.000000,BIT ,0 ,0.000
CH7=,     ,        ,    ,1 ,0.000000,1.000000,BIT ,0 ,0.000
CH8=,     ,        ,    ,1 ,0.000000,1.000000,BIT ,0 ,0.000
CH9=,     ,        ,    ,1 ,0.000000,1.000000,BIT ,0 ,0.000
CH10=,    ,        ,    ,1 ,0.000000,1.000000,BIT ,0 ,0.000
CH11=,    ,        ,    ,1 ,0.000000,1.000000,BIT ,0 ,0.000
CH12=,    ,        ,    ,1 ,0.000000,1.000000,BIT ,0 ,0.000
```

```
CH13=,        ,         ,1 ,0.000000,1.000000,BIT ,0  ,0.000
CH14=,        ,         ,1 ,0.000000,1.000000,BIT ,0  ,0.000
CH15=,        ,         ,1 ,0.000000,1.000000,BIT ,0  ,0.000
CH16=,        ,         ,1 ,0.000000,1.000000,BIT ,0  ,0.000
```

（4）16 通道 AI+16 通道 DI 模块（隔离型）。其实物图片、产品铭牌和接线端子如图 4.137 所示，采样周期可达到 0.5ms，通道间不隔离。

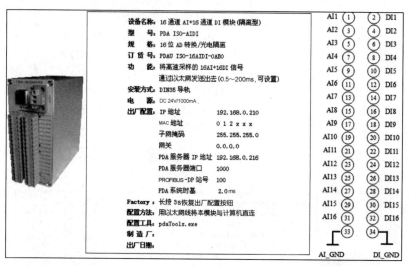

图 4.137　16 通道 AI+16 通道 DI 模块（隔离型）实物图片、产品铭牌和接线端子

（5）32 通道 DI 模块（隔离型）。其实物图片、产品铭牌和接线端子如图 4.138 所示，采样周期可达到 0.5ms。

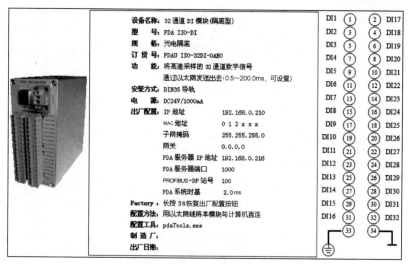

图 4.138　32 通道 DI 模块（隔离型）实物图片、产品铭牌和接线端子

该模块的标准组态文件 Config.csv 示例如下：

```
[1000,32CH,2.000ms,192.168.0.210,25,PDAU-32DI,192.168.0.216]
No,  Name,Adr/note,Unit,Len,Offset ,Gain    ,Type,ALM,HH
CH1=,        ,         ,1 ,0.000000,1.000000,BIT ,0  ,0.000
CH2=,        ,         ,1 ,0.000000,1.000000,BIT ,0  ,0.000
```

```
CH3=,        ,          ,  ,1  ,0.000000,1.000000,BIT,0  ,0.000
CH4=,        ,          ,  ,1  ,0.000000,1.000000,BIT ,0  ,0.000
CH5=,        ,          ,  ,1  ,0.000000,1.000000,BIT ,0  ,0.000
CH6=,        ,          ,  ,1  ,0.000000,1.000000,BIT ,0  ,0.000
CH7=,        ,          ,  ,1  ,0.000000,1.000000,BIT ,0  ,0.000
CH8=,        ,          ,  ,1  ,0.000000,1.000000,BIT ,0  ,0.000
CH9=,        ,          ,  ,1  ,0.000000,1.000000,BIT ,0  ,0.000
CH10=,       ,          ,  ,1  ,0.000000,1.000000,BIT ,0  ,0.000
CH11=,       ,          ,  ,1  ,0.000000,1.000000,BIT ,0  ,0.000
CH12=,       ,          ,  ,1  ,0.000000,1.000000,BIT ,0  ,0.000
CH13=,       ,          ,  ,1  ,0.000000,1.000000,BIT ,0  ,0.000
CH14=,       ,          ,  ,1  ,0.000000,1.000000,BIT ,0  ,0.000
CH15=,       ,          ,  ,1  ,0.000000,1.000000,BIT ,0  ,0.000
CH16=,       ,          ,  ,1  ,0.000000,1.000000,BIT ,0  ,0.000
CH17=,       ,          ,  ,1  ,0.000000,1.000000,BIT ,0  ,0.000
CH18=,       ,          ,  ,1  ,0.000000,1.000000,BIT ,0  ,0.000
CH19=,       ,          ,  ,1  ,0.000000,1.000000,BIT ,0  ,0.000
CH20=,       ,          ,  ,1  ,0.000000,1.000000,BIT ,0  ,0.000
CH21=,       ,          ,  ,1  ,0.000000,1.000000,BIT ,0  ,0.000
CH22=,       ,          ,  ,1  ,0.000000,1.000000,BIT ,0  ,0.000
CH23=,       ,          ,  ,1  ,0.000000,1.000000,BIT ,0  ,0.000
CH24=,       ,          ,  ,1  ,0.000000,1.000000,BIT ,0  ,0.000
CH25=,       ,          ,  ,1  ,0.000000,1.000000,BIT ,0  ,0.000
CH26=,       ,          ,  ,1  ,0.000000,1.000000,BIT ,0  ,0.000
CH27=,       ,          ,  ,1  ,0.000000,1.000000,BIT ,0  ,0.000
CH28=,       ,          ,  ,1  ,0.000000,1.000000,BIT ,0  ,0.000
CH29=,       ,          ,  ,1  ,0.000000,1.000000,BIT ,0  ,0.000
CH30=,       ,          ,  ,1  ,0.000000,1.000000,BIT ,0  ,0.000
CH31=,       ,          ,  ,1  ,0.000000,1.000000,BIT ,0  ,0.000
CH32=,       ,          ,  ,1  ,0.000000,1.000000,BIT ,0  ,0.000
```

（6）8 通道 SSI 输入模块。其实物图片、产品铭牌和接线端子如图 4.139 所示，通信速率为 250kHz/500kHz/1MHz/2MHz，数据长度为 16～32 位，采样周期可达到 0.5ms。

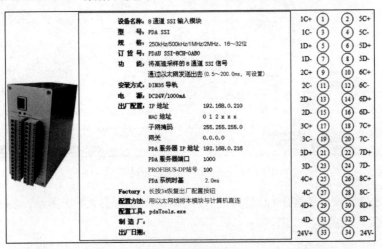

图 4.139　8 通道 SSI 输入模块实物图片、产品铭牌和接线端子

4.21　西门子 SIMOTION D 控制器的数据采集方式

编程工具为 SCOUT（组态软件），在 Accessible nodes 中在线浏览设备（见图 4.140），可确定设备的型号和版本，否则，不能联机。此时，需要刷新设备选择驱动单元，如图 4.141 所示。

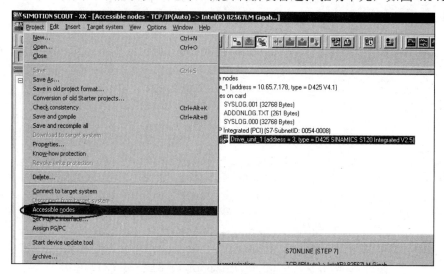

图 4.140　在 Accessible nodes 中在线浏览设备

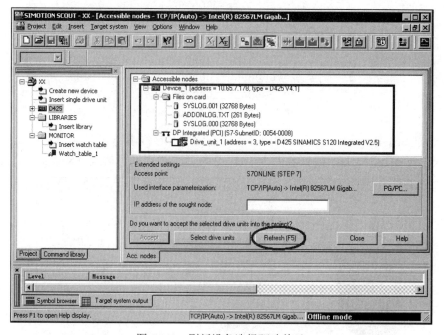

图 4.141　刷新设备选择驱动单元

采用 UDP 通信协议，新建工程项目，创建通信程序，如图 4.142 所示。将 CFC 功能块的管脚关联到全局变量，如图 4.143 所示。

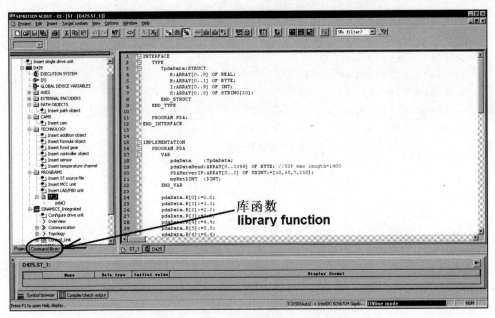

图 4.142　新建工程项目和创建通信程序

图 4.142 中的通信程序如下。

```
INTERFACE
  TYPE
    TpdaData:STRUCT
       R:ARRAY[0..9] OF REAL;
       B:ARRAY[0..1] OF BYTE;
       I:ARRAY[0..9] OF INT;
       S:ARRAY[0..9] OF STRING[20]; // 对应 PDA 的 LSTRING
    END_STRUCT
  END_TYPE

  PROGRAM PDA;
END_INTERFACE



IMPLEMENTATION
  PROGRAM PDA
    VAR
      pdaData    :TpdaData;
      pdaDataSend:ARRAY[0..1399] OF BYTE; //UDP max length=1400
      PDAServerIP:ARRAY[0..3] OF USINT:=[10,65,7,210];
      myRetDINT  :DINT;
    END_VAR

    pdaData.R[0]:=0.0;
    pdaData.R[1]:=1.1;
    pdaData.R[2]:=2.2;
    pdaData.R[3]:=3.3;
```

```
pdaData.R[4]:=4.4;
pdaData.R[5]:=5.5;
pdaData.R[6]:=6.6;
pdaData.R[7]:=7.7;
pdaData.R[8]:=8.8;
pdaData.R[9]:=9.9;
pdaData.B[0] :=_byte_from_8bool(bit0 := FALSE
                               ,bit1 := FALSE
                               ,bit2 := FALSE
                               ,bit3 := FALSE
                               ,bit4 := FALSE
                               ,bit5 := FALSE
                               ,bit6 := FALSE
                               ,bit7 := FALSE);
pdaData.B[1] :=_byte_from_8bool(bit0 := FALSE
                               ,bit1 := FALSE
                               ,bit2 := FALSE
                               ,bit3 := FALSE
                               ,bit4 := FALSE
                               ,bit5 := FALSE
                               ,bit6 := FALSE
                               ,bit7 := FALSE);
pdaData.I[0]:=10;
pdaData.I[1]:=11;
pdaData.I[2]:=12;
pdaData.I[3]:=13;
pdaData.I[4]:=14;
pdaData.I[5]:=15;
pdaData.I[6]:=16;
pdaData.I[7]:=17;
pdaData.I[8]:=18;
pdaData.I[9]:=19;
pdaData.S[0]:='01234567890123456789';
pdaData.S[1]:='11111111111111111111';
pdaData.S[2]:='22222222222222222222';
pdaData.S[3]:='33333333333333333333';
pdaData.S[4]:='44444444444444444444';
pdaData.S[5]:='55555555555555555555';
pdaData.S[6]:='66666666666666666666';
pdaData.S[7]:='77777777777777777777';
pdaData.S[8]:='88888888888888888888';
pdaData.S[9]:='aaaaaaaaaaaaaaaaaaaa';

pdaDataSend :=
ANYTYPE_TO_BIGBYTEARRAY(
  anydata :=pdaData
  // ,offset := 0
```

```
    );

    myRetDINT :=
    _udpsend(
      sourceport :=3000
      ,destinationaddress :=PDAServerIP
      ,destinationport :=3000
      ,communicationmode := CLOSE_ON_EXIT
      ,datalength :=282 // 282 = 4*10 + 1*2 + 2*10 + (2+20)*10
      ,data :=pdaDataSend
    );


END_PROGRAM
END_IMPLEMENTATION
```

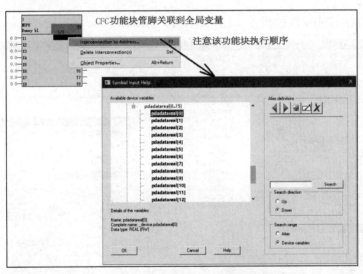

图 4.143　将 CFC 功能块管脚关联到全局变量

将通信程序 ST_1.pda 添加到优先级别低的任务中，如 BackgroundTask，如图 4.144 所示。可把最短发送周期设为 1 个 servo cycle，将该程序添加到其他任务中，如 ServoSynchronousTask 中，如图 4.145 所示。但是，当发送周期太短时，易造成运动控制器 SIMOTION D 停机，可调用出错程序避免这种情况发生。

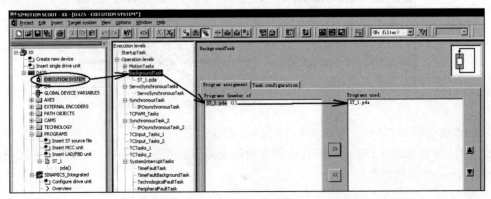

图 4.144　将通信程序 ST_1.pda 添加到优先级别低的 BackgroundTask 中

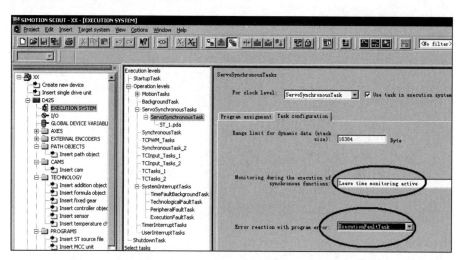

图 4.145 将通信程序 ST_1.pda 添加到 ServoSynchronousTask 中

运行或停止 SIMOTION D 的操作步骤如图 4.146 所示。

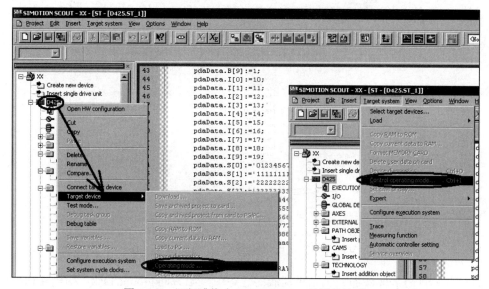

图 4.146 运行或停止 SIMOTION D 的操作步骤

连接、下载、断开 SIMOTION D 的命令按钮，如图 4.147 所示。

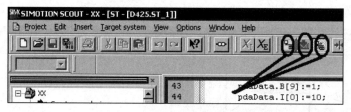

图 4.147 连接、下载、断开 SIMOTION D 的命令按钮

所发送数据对应的 PDA 组态如图 4.148 所示，注意字节交换。不下载硬件组态的操作步骤如图 4.149 所示。可以按图 4.150 所示操作步骤将全局变量添加到监视表中，以检查这些变量值是否与 PLC 程序原始变量值一致。

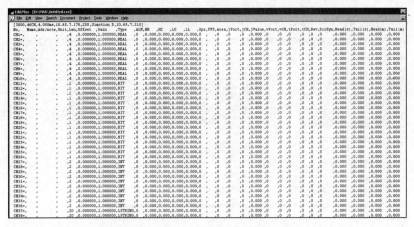

图 4.148　所发送数据对应的 PDA 组态

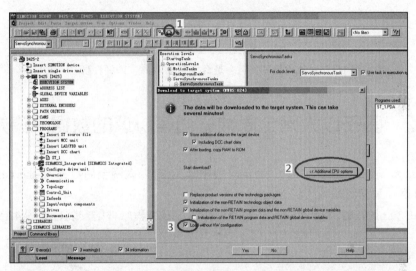

图 4.149　不下载硬件组态的操作步骤

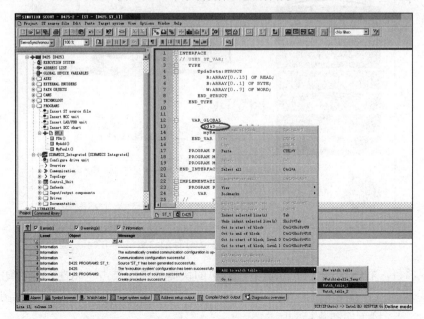

图 4.150　将全局变量添加到监视表中的操作步骤

在线检查硬件组态是否与 PLC 程序中的硬件组态一致，如图 4.151 所示。

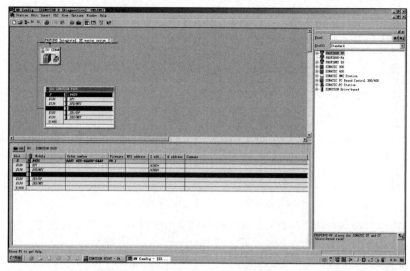

图 4.151　在线检查硬件组态是否与 PLC 程序中的硬件组态一致

4.22　基于以太网全局数据通信协议的数据采集方式

以 GE Fanuc、阿尔斯通 HPCi 为代表的多种 PLC 支持以太网全局数据（Ethernet Global Data，EGD）通信协议，采样周期可达到 2ms。

下面以 GE 公司的 PACSystems PLC 为例，介绍 ME 编程软件的安装，如图 4.152 所示。

图 4.152　ME 编程软件的安装

新建工程项目，右键单击"Target1"，在弹出的快捷菜单中单击"属性"，在弹出的面板中选择与 PLC 的联机方式，如图 4.153 所示。在主程序中调用与 PDA 相关的子程序，如图 4.154 所示。PLC 中的 PDA 程序例子如图 4.155 所示。

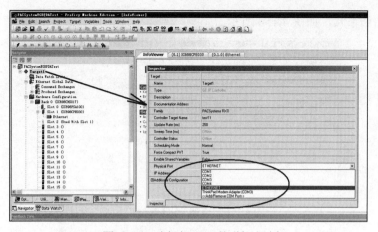

图 4.153　选择与 PLC 的联机方式

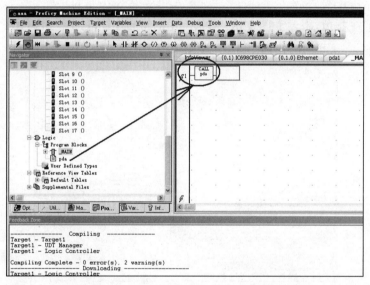

图 4.154　在主程序中调用与 PDA 相关的子程序

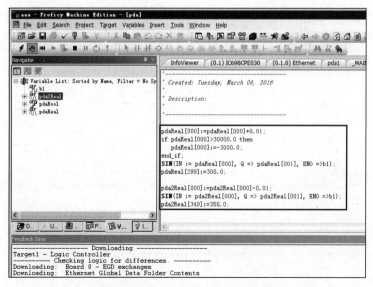

图 4.155　PLC 中的 PDA 程序例子

增加 EGD 通信单元，如图 4.156 所示。

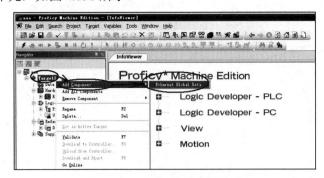

图 4.156　增加 EGD 通信单元

PDA 服务器可接收多台 PLC 中的多个生产者的数据，一台 PLC 中也可以有多个生产者的数据。根据"Exchange ID"，可在一台 PDA 服务器中设置多个 IP 地址。

建立第 1 个生产者 PDA1，如图 4.157 所示，扫描时间为 4ms。

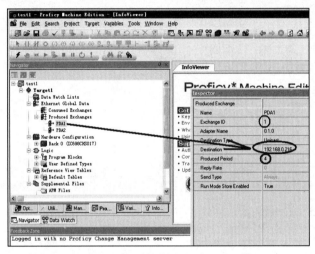

图 4.157　建立第 1 个生产者 PDA1

生产者 PDA1 发送的数据如图 4.158 所示。

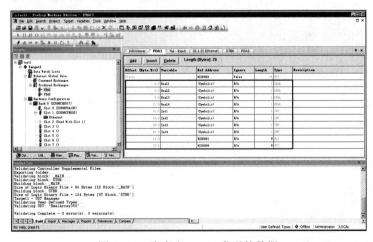

图 4.158　生产者 PDA1 发送的数据

建立第 2 个生产者 PDA2（见图 4.159），扫描时间为 10ms。

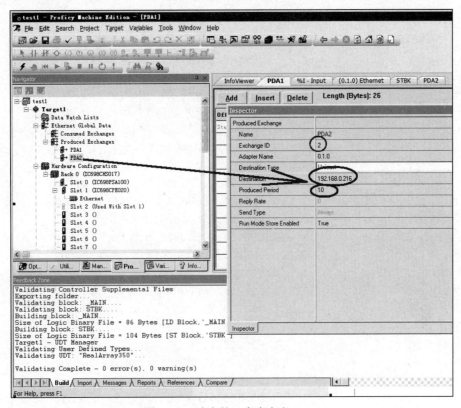

图 4.159　建立第 2 个生产者 PDA2

生产者 PDA2 发送的数据如图 4.160 所示。其中，350 个实数（REAL）可以是数组，数组便于预留备用点。每个 EGD 连接通道最多能发送 1400 个字节。

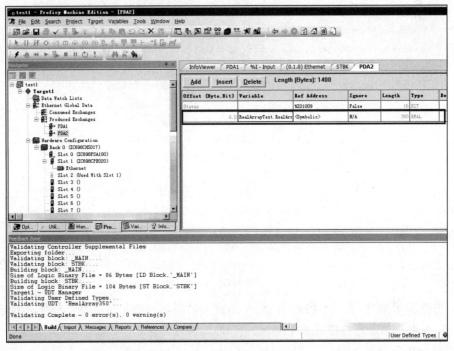

图 4.160　传送 350 个 REAL

本数据采集方式下，PDA 高速数据采集分析系统对应的组态文件 Config.csv 示例如下：

```
[1000,24CH,4.000ms,192.168.0.210,26,PDA1,192.168.0.216]
No,    Name,Adr/note,Unit,Len,Offset ,Gain    ,Type,ALM,HH
CH1=,    ,        ,   ,4  ,0.000000,1.000000,REAL,0 ,0.000
CH2=,    ,        ,   ,4  ,0.000000,1.000000,REAL,0 ,0.000
CH3=,    ,        ,   ,4  ,0.000000,1.000000,REAL,0 ,0.000
CH4=,    ,        ,   ,4  ,0.000000,1.000000,REAL,0 ,0.000
CH5=,    ,        ,   ,4  ,0.000000,1.000000,REAL,0 ,0.000
CH6=,    ,        ,   ,4  ,0.000000,1.000000,REAL,0 ,0.000
CH7=,    ,        ,   ,4  ,0.000000,1.000000,REAL,0 ,0.000
CH8=,    ,        ,   ,4  ,0.000000,1.000000,REAL,0 ,0.000
CH9=,    ,        ,   ,1  ,0.000000,1.000000,BIT ,0 ,0.000
CH10=,   ,        ,   ,1  ,0.000000,1.000000,BIT ,0 ,0.000
CH11=,   ,        ,   ,1  ,0.000000,1.000000,BIT ,0 ,0.000
CH12=,   ,        ,   ,1  ,0.000000,1.000000,BIT ,0 ,0.000
CH13=,   ,        ,   ,1  ,0.000000,1.000000,BIT ,0 ,0.000
CH14=,   ,        ,   ,1  ,0.000000,1.000000,BIT ,0 ,0.000
CH15=,   ,        ,   ,1  ,0.000000,1.000000,BIT ,0 ,0.000
CH16=,   ,        ,   ,1  ,0.000000,1.000000,BIT ,0 ,0.000
CH17=,   ,        ,   ,1  ,0.000000,1.000000,BIT ,0 ,0.000
CH18=,   ,        ,   ,1  ,0.000000,1.000000,BIT ,0 ,0.000
CH19=,   ,        ,   ,1  ,0.000000,1.000000,BIT ,0 ,0.000
CH20=,   ,        ,   ,1  ,0.000000,1.000000,BIT ,0 ,0.000
CH21=,   ,        ,   ,1  ,0.000000,1.000000,BIT ,0 ,0.000
CH22=,   ,        ,   ,1  ,0.000000,1.000000,BIT ,0 ,0.000
CH23=,   ,        ,   ,1  ,0.000000,1.000000,BIT ,0 ,0.000
CH24=,   ,        ,   ,1  ,0.000000,1.000000,BIT ,0 ,0.000

[2000,350CH,4.000ms,192.168.0.210,26,PDA2,192.168.0.216]
No,    Name,Adr/note,Unit,Len,Offset ,Gain    ,Type,ALM,HH
CH1=,    ,        ,   ,4  ,0.000000,1.000000,REAL,0 ,0.000
CH2=,    ,        ,   ,4  ,0.000000,1.000000,REAL,0 ,0.000
CH3=,    ,        ,   ,4  ,0.000000,1.000000,REAL,0 ,0.000
CH4=,    ,        ,   ,4  ,0.000000,1.000000,REAL,0 ,0.000
CH5=,    ,        ,   ,4  ,0.000000,1.000000,REAL,0 ,0.000
CH6=,    ,        ,   ,4  ,0.000000,1.000000,REAL,0 ,0.000
……
CH345=,  ,        ,   ,4  ,0.000000,1.000000,REAL,0 ,0.000
CH346=,  ,        ,   ,4  ,0.000000,1.000000,REAL,0 ,0.000
CH347=,  ,        ,   ,4  ,0.000000,1.000000,REAL,0 ,0.000
CH348=,  ,        ,   ,4  ,0.000000,1.000000,REAL,0 ,0.000
CH349=,  ,        ,   ,4  ,0.000000,1.000000,REAL,0 ,0.000
CH350=,  ,        ,   ,4  ,0.000000,1.000000,REAL,0 ,0.000
```

其中，数据源类型为 26，在 PLC 和 PDA 高速数据采集分析系统中都不需要进行字节交换，在 PLC 中将 16 个布尔量可打包成 1 个字（2 字节），进行发送。

可编程自动化控制器（PAC）停电后，若程序意外丢失，造成下载程序困难，则可将除电源和 CPU 外的模块全部拔除，将计算机与 PAC 用以太网网线直连，让 CPU 处于停止状态，可下载硬件组态。修改 Exchange ID 时，在其默认值附近修改，否则，可能会造成 PROFIBUS-DP 通信异常。

　　将布尔量定义于寄存器的某一位，如图 4.161 所示。

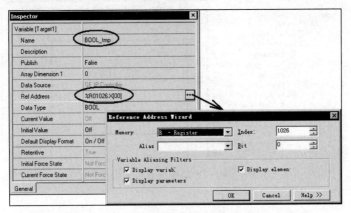

图 4.161　将布尔量定义于寄存器的某一位

　　建议给需要采集的每个数据类型定义一个数组（如 REAL300、BOOL1600 等），如图 4.162 所示。EGD 组态时使用该数组，以便在改变采集的变量时保持 EGD 组态不变。这样，不必重启 PLC。在结构文本（ST）程序中把符号变量直接赋值给数组单元，如图 4.163 所示。在梯形图中用 MOVE 功能块通过地址变量给数组单元赋值，如图 4.164 所示。

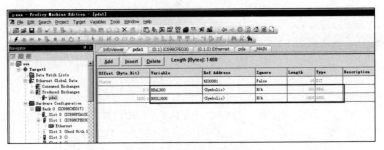

图 4.162　给需要采集的每个数据类型定义一个数组

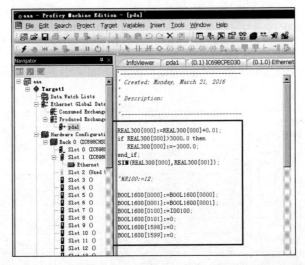

图 4.163　在结构文本程序中把符号变量直接赋值给数组单元

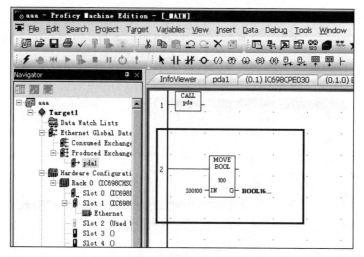

图 4.164 在梯形图用 MOVE 功能块通过地址变量给数组单元赋值

4.23 基于 Modbus 寄存器地址的数据采集方式

这种情况下，数据源类型为 23S，其中的 S 表示要进行字节交换，通过寄存器地址采集数据。

串口号   数据源类型   波特率   Modbus 站地址

```
[4,10CH,10.000ms,,23S,Note,,,,19200,,,,,1]
No,    Name,Adr/note,Unit,Len,Offset  ,Gain     ,Type,ALM,HH
CH1=,    ,%MW1    ,    ,4 ,0.000000,1.000000,REAL,0 ,0.000
CH2=,    ,%MW3    ,    ,4 ,0.000000,1.000000,REAL,0 ,0.000
CH3=,    ,%MW5    ,    ,2 ,0.000000,1.000000,INT ,0 ,0.000
CH4=,    ,%MW6    ,    ,2 ,0.000000,1.000000,INT ,0 ,0.000
CH5=,    ,%IW500  ,    ,2 ,0.000000,1.000000,INT ,0 ,0.000
CH6=,    ,%IW600  ,    ,2 ,0.000000,1.000000,INT ,0 ,0.000
CH7=,    ,%MW500  ,    ,2 ,0.000000,1.000000,INT ,0 ,0.000
CH8=,    ,%MW600  ,    ,2 ,0.000000,1.000000,INT ,0 ,0.000
CH9=,    ,%MW1600 ,    ,4 ,0.000000,1.000000,REAL,0 ,0.000
CH10=,   ,        ,    ,4 ,0.000000,1.000000,REAL,0 ,0.000
```

施耐德-莫迪康（Modicon）昆腾（Quantum）PLC 系列的 CPU 串口接线端子定义如图 4.165 所示。

Pin	RS232 Signal	RS485 Signal
1	DTR	D-
2	DSR	D+
3	TxD	
4	RxD	Not used
5	GND	GND
6	RTS	
7	CTS	Not used
8	GND (optional)	GND (optional)

图 4.165 施耐德-莫迪康昆腾系列 PLC 的 CPU 串口接线端子定义

修改 Modbus 通信接口参数，如图 4.166 所示。

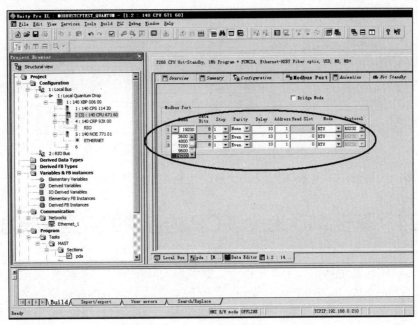

图 4.166　修改 Modbus 通信接口参数

GE PACSystems 中的串口（Modbus 通信接口）设置如图 4.167 所示。

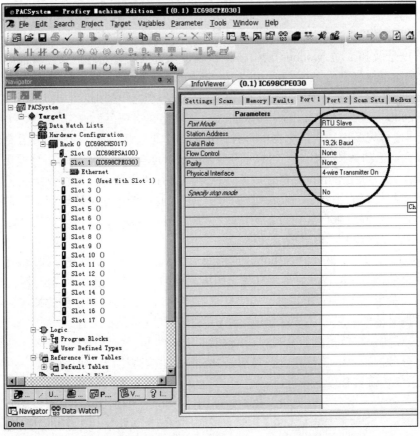

图 4.167　GE PACSystems 中的串口（Modbus 通信接口）设置

GE Fanuc 串口接线端子定义如图 4.168 所示。

9-Pin RS-232 Port			15-Pin RS-485 Port		
Pin #	Signal	Direction	Pin #	Signal	Direction
1	[DCD] Always High	Output	5	[PWR] 5VDC Power	N/A
2	[TXD]	Output	6	[RTS-]	Output
3	[RXD]	Input	7	[GND]	N/A
4	No Connection	N/A	8	[CTS+]	Input
5	[GND]	N/A	9	[TERM]	Input
6	[DSR]	Output	10	[RXD-]	Input
7	[CTS]	Input	11	[RXD+]	Input
8	[RTS]	Output	12	[TXD-]	Output
9	[RI]	Output	13	[TXD+]	Output
			14	[RTS+]	Output
			15	[CTS-]	Input

图 4.168　GE Fanuc 串口接线端子定义

由于 Modbus 通信接口容易损坏，因此，需要在断电情况下插拔。

4.24　基于 Modbus TCP 内存块的数据采集方式

Modbus 通信协议是全球第一个真正用于工业现场的总线协议。施耐德-莫迪康 984/Quantum 系列 PLC 和 GE Funce 9070/9030/PACSystems 系列 PLC 都支持 Modbus 通信协议。

基于 Modbus 通信协议的网络是一个工业通信系统，由带智能终端的可编程序控制器和计算机通过公用线路或局部专用线路连接而成，其系统结构包括硬件和软件，可应用于各种数据采集和过程监控。

基于 Modbus 通信协议的网络只有一个主机，所有通信都经过该主机，该网络可支持 247 个远程从属控制器，但实际支持的从属控制器数量由所用通信设备决定。采用这个系统时，各台计算机可以和主机交换信息而不影响各台计算机执行本身的控制任务。

为了更好地普及和推动 Modbus 通信协议在基于以太网的分布式应用，目前施耐德公司已将 Modbus 协议的所有权移交给 IDA（Interface for Distributed Automation，分布式自动化接口）组织，并成立了 Modbus-IDA 组织，为 Modbus 通信协议的发展奠定了基础，中国也推出了相关国家标准 GB/T 19582—2008《基于 Modbus 通信协议的工业自动化网络规范》。

Modbus 通信协议是应用于控制器的一种通用语言，通过此协议，控制器相互之间、控制器经由网络（如以太网）和其他设备之间可以通信。Modbus 通信协议已经成为一种通用工业标准，通过它，可以把不同厂商生产的控制器连成工业网络，进行集中监控。此协议定义了一个控制器能认识使用的消息结构，而不管它们是经过何种网络进行通信的，它描述了一个控制器请求访问其他设备的过程，如何回应来自其他设备的请求，以及怎样检测并记录错误，它制定了消息域格局（数据传输的格式和结构）和内容的公共格式。

在同一 Modbus 网络中通信时，Modbus 通信协议决定了每个控制器需要知道它们的设备地址，识别按地址发来的消息，决定产生何种动作，如果需要回应，控制器将生成反馈信息并用 Modbus 通信协议发出。基于 Modbus 通信协议的信息可被转换为其他网络中使用的帧或包结构，这种转换也扩展了根据具体的网络解决节点地址、路由路径及错误检测的方法。

Modbus 通信协议支持传统的 RS232、RS422、RS485 和以太网设备，许多工业设备包括可编程序控制器、分散控制系统和智能仪表等都以 Modbus 通信协议作为通信标准。

Modbus 通信协议具有以下特点：

（1）标准、开放。用户可以免费、放心地使用 Modbus 通信协议，不需要交纳许可证费，也不会侵犯知识产权。目前，支持 Modbus 通信协议的厂商超过 400 家，支持 Modbus 通信协议的产品超过 600 种。

（2）Modbus 通信协议可以支持多种电气接口，如 RS232、RS485 等，还可以在各种介质上传输信号，如双绞线、光纤、无线等。

（3）Modbus 通信协议规定的帧格式简单、紧凑，通俗易懂，方便用户使用和开发。

Modbus 通信协议在 TCP/IP 网络上的实现即 Modbus-TCP，这是一个开放性协议，国际互联网编号分配机构（Internet Assigned Numbers Authority，IANA）已为 Modbus 通信协议分配 TCP / UDP 端口 502。

Modbus 通信协议是一个标准协议，国际互联网工程任务组织提议将 Modbus 通信协议作为因特网标准通信协议，使该通信协议成为自动化领域中广泛使用的"事实"标准。

1. 新建工程项目

以 Quantum PLC 为例，选择 Unity Pro XL 作为编程工具。

（1）单击工具栏中的"New Project"按钮，新建工程项目，如图 4.169 所示。

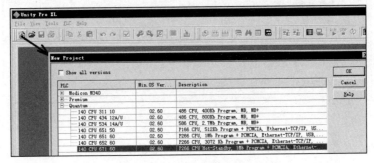

图 4.169　新建工程项目

（2）更换背板并组态各槽模块，分别如图 4.170 和图 4.171 所示。

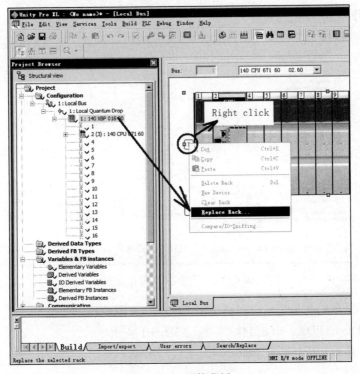

图 4.170　更换背板

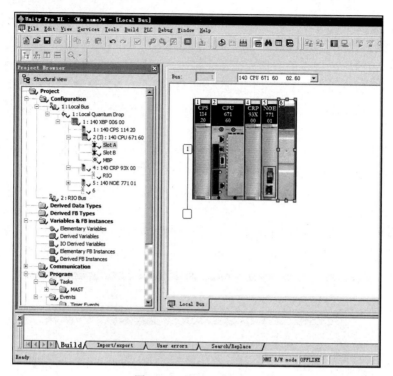

图 4.171　组态各槽模块

（3）设置 CPU 内存范围，PDA 高速数据采集分析系统采集的数据不能超过该内存范围，如图 4.172 所示。

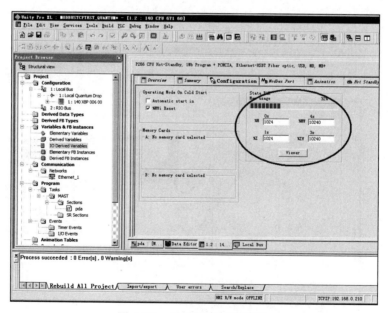

图 4.172　设置 CPU 内存范围

（4）根据需要采集的变量，定义数据类型 TPDA，如图 4.173 所示。

定义变量 pdaData:TPDA，分配起始地址，如图 4.174 所示。

（5）新建一个任务和应用程序 pda，如图 4.175 所示。

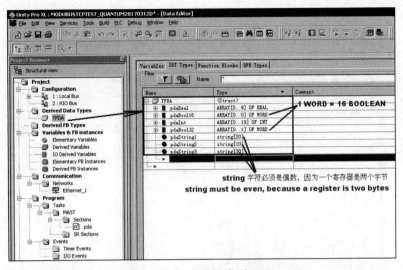

图 4.173　定义数据类型 TPDA

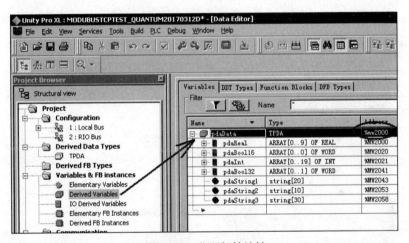

图 4.174　分配起始地址

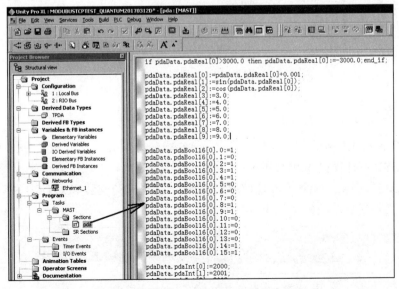

图 4.175　新建一个任务和应用程序 pda

（6）新建一个以太网并设置 IP 地址，如图 4.176 所示。

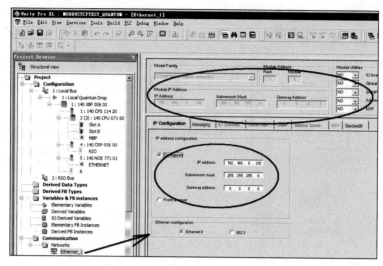

图 4.176　新建一个以太网并设置 IP

（7）配置以太网，如图 4.177 所示。

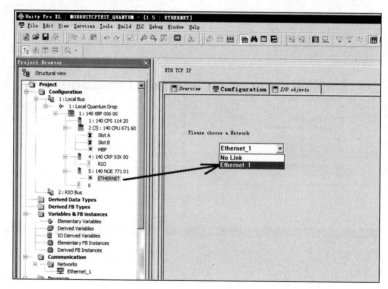

图 4.177　配置以太网

2. 与 PLC 联机

（1）加载 DriverPack.iso，运行\USB\Windows\disk1\setup.exe，安装 PLC USB 驱动程序。

（2）使用 USB 将计算机和 PLC 的 CPU 连接。

（3）PLC 通电并自动检测到 "PLC USB Device"，选择自动安装 PLC USB 驱动程序，安装完成 PLC USB 驱动程序后的图标如图 4.178 所示。

图 4.178　安装完成 PLC USB 驱动程序后的图标

（4）单击"PLC"→"Set Address…"命令，使用 USB 与 PLC 联机，如图 4.179 所示。

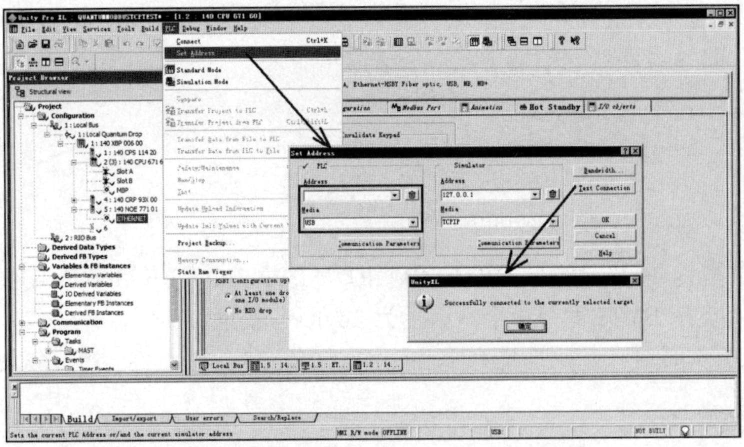

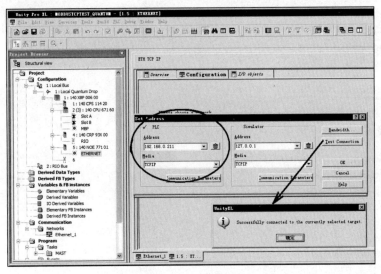

图 4.179　使用 USB 与 PLC 联机

（5）项目下载后将 PLC 的 IP 地址设为 192.168.0.211 或 192.168.0.210，每次 PLC 重启后 IP 地址在这两者间变化。

（6）将在线工具设为以太网，即可用以太网在线监控，如图 4.180 所示。

图 4.180　用以太网在线监控

3. PDA 服务器端配置

本数据采集方式下 PDA 数据源类型为 28S，注意字节交换。数字量从 PLC 传输到起始地址为%MW 的寄存器后便可与模拟量一起采集，否则，需要专门建一个连接通道采集数字量。

Modbus-TCP 通信协议对应的最长数据帧为 250 字节，本数据采集方式下一个连接通道可采集超过 250 字节的数据。若有多个内存区，则要建立多个连接通道。建议将需要采集的各种类型数据集中到一个连续的起始地址为%MW 的寄存器中，一次性采集完成，采样周期可达到 10ms。

Modbus 功能码如下：

```
FC1:%M (0x... memory area) read coil status
FC2:%I (1x... memory area) read discrete input status
```

```
FC3:%MW(4x... memory area) read output/holding register
FC4:%IW(3x... memory area) read input register
```

%MW1 为 Modbus 寄存器起始地址，对应关系如下：

```
0 -> %M1 -> 00001 -> %Q00001
0 -> %I1 -> 10001 -> %I00001
0 -> %MW1 -> 40001 -> %R00001
0 -> %IW1 -> 30001 -> %AI00001
```

支持的变量类型为 BIT、INT、DINT、WORD、DWORD、REAL，DOUBLE、CHAR(对应 PLC 的 STRING)不支持 BYTE 型（1 个寄存器为 2bytes）变量。

FC1、FC2 读开关量时，起始地址为 1、9、17、25、33、41、49、57、65…

4. 采集数据的例子

创建 ST 语言的 pda 应用程序，将需要采集的数据赋值给相应的数组。

```
if pdaData.pdaReal[0]>3000.0 then pdaData.pdaReal[0]:=-3000.0;end_if;

pdaData.pdaReal[0]:=pdaData.pdaReal[0]+0.001;
pdaData.pdaReal[1]:=sin(pdaData.pdaReal[0]);
pdaData.pdaReal[2]:=cos(pdaData.pdaReal[0]);
pdaData.pdaReal[3]:=3.0;
pdaData.pdaReal[4]:=4.0;
pdaData.pdaReal[5]:=5.0;
pdaData.pdaReal[6]:=6.0;
pdaData.pdaReal[7]:=7.0;
pdaData.pdaReal[8]:=8.0;
pdaData.pdaReal[9]:=9.0;

pdaData.pdaBool16[0].0:=1;
pdaData.pdaBool16[0].1:=0;
pdaData.pdaBool16[0].2:=1;
pdaData.pdaBool16[0].3:=1;
pdaData.pdaBool16[0].4:=1;
pdaData.pdaBool16[0].5:=0;
pdaData.pdaBool16[0].6:=0;
pdaData.pdaBool16[0].7:=0;
pdaData.pdaBool16[0].8:=1;
pdaData.pdaBool16[0].9:=1;
pdaData.pdaBool16[0].10:=0;
pdaData.pdaBool16[0].11:=0;
pdaData.pdaBool16[0].12:=0;
pdaData.pdaBool16[0].13:=0;
pdaData.pdaBool16[0].14:=1;
pdaData.pdaBool16[0].15:=1;

pdaData.pdaInt[0]:=2000;
pdaData.pdaInt[1]:=2001;
pdaData.pdaInt[2]:=2002;
pdaData.pdaInt[3]:=2003;
pdaData.pdaInt[4]:=2004;
pdaData.pdaInt[5]:=2005;
```

```
pdaData.pdaInt[6]:=2006;
pdaData.pdaInt[7]:=2007;
pdaData.pdaInt[8]:=2008;
pdaData.pdaInt[9]:=2009;
pdaData.pdaInt[10]:=2010;
pdaData.pdaInt[11]:=2011;
pdaData.pdaInt[12]:=2012;
pdaData.pdaInt[13]:=2013;
pdaData.pdaInt[14]:=2014;
pdaData.pdaInt[15]:=2015;
pdaData.pdaInt[16]:=2016;
pdaData.pdaInt[17]:=2017;
pdaData.pdaInt[18]:=2018;
pdaData.pdaInt[19]:=2019;

pdaData.pdaBool32[0].0:=1;
pdaData.pdaBool32[0].1:=1;
pdaData.pdaBool32[0].2:=1;
pdaData.pdaBool32[0].3:=0;
pdaData.pdaBool32[0].4:=0;
pdaData.pdaBool32[0].5:=0;
pdaData.pdaBool32[0].6:=1;
pdaData.pdaBool32[0].7:=1;
pdaData.pdaBool32[0].8:=1;
pdaData.pdaBool32[0].9:=1;
pdaData.pdaBool32[0].10:=0;
pdaData.pdaBool32[0].11:=0;
pdaData.pdaBool32[0].12:=0;
pdaData.pdaBool32[0].13:=0;
pdaData.pdaBool32[0].14:=1;
pdaData.pdaBool32[0].15:=1;
pdaData.pdaBool32[1].0:=1;
pdaData.pdaBool32[1].1:=1;
pdaData.pdaBool32[1].2:=1;
pdaData.pdaBool32[1].3:=0;
pdaData.pdaBool32[1].4:=0;
pdaData.pdaBool32[1].5:=0;
pdaData.pdaBool32[1].6:=0;
pdaData.pdaBool32[1].7:=0;
pdaData.pdaBool32[1].8:=1;
pdaData.pdaBool32[1].9:=1;
pdaData.pdaBool32[1].10:=1;
pdaData.pdaBool32[1].11:=1;
pdaData.pdaBool32[1].12:=1;
pdaData.pdaBool32[1].13:=1;
pdaData.pdaBool32[1].14:=0;
pdaData.pdaBool32[1].15:=0;

pdaData.pdaString1:='a1234567890xxxxxxxxb';
pdaData.pdaString2:='cyyyyyyyyd';
pdaData.pdaString3:='ezzzzzzzzzzzzzzzzzzzzzzzzzzzzf';
```

本数据采集方式下，PDA 服务器组态文件 Config.csv 示例如下：

```
[1000,81CH,10.000ms,192.168.0.211,28S,Note,192.168.0.216,,,,FC3,%MW2000]
No,   Name,Adr/note,Unit,Len,Offset  ,Gain    ,Type,ALM,HH   ,HI
CH1=,    ,        ,    ,4  ,0.000000,1.000000,REAL,0  ,0.000,0.000
CH2=,    ,        ,    ,4  ,0.000000,1.000000,REAL,0  ,0.000,0.000
CH3=,    ,        ,    ,4  ,0.000000,1.000000,REAL,0  ,0.000,0.000
......
CH80=,   ,        ,    ,10 ,0.000000,1.000000,CHAR,0  ,0.000,0.000
CH81=,   ,        ,    ,30 ,0.000000,1.000000,CHAR,0  ,0.000,0.000
```

5. GE Funce Modbus 地址映射

在 GE PACSystems 中开启 Modbus 地址映射功能，如图 4.181 所示。

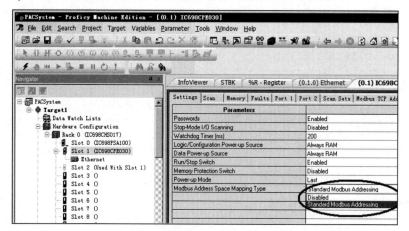

图 4.181　在 GE PACSystems 中开启 Modbus 地址映射功能

开启的 Modbus 地址映射如图 4.182 所示。

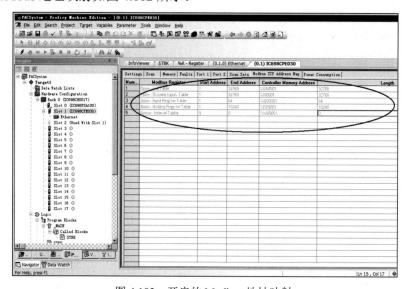

图 4.182　开启的 Modbus 地址映射

4.25　基于 Modbus TCP 寄存器地址的数据采集方式

PDA 服务器组态文件 Config.csv 示例如下：

```
[1000,25CH,8.000ms,192.168.0.210,31S,ModbusTCP,192.168.0.216]
No,   Name,Adr/note,Unit,Len,Offset  ,Gain     ,Type,ALM,HH
CH1=,    ,%MW1    ,    ,4  ,0.000000,1.000000,REAL,0 ,0.000
CH2=,    ,%MW3    ,    ,4  ,0.000000,1.000000,REAL,0 ,0.000
CH3=,    ,%MW5    ,    ,2  ,0.000000,1.000000,INT ,0 ,0.000
CH4=,    ,%MW6    ,    ,2  ,0.000000,1.000000,INT ,0 ,0.000
CH5=,    ,%IW500  ,    ,2  ,0.000000,1.000000,INT ,0 ,0.000
CH6=,    ,%IW600  ,    ,2  ,0.000000,1.000000,INT ,0 ,0.000
CH7=,    ,%MW500  ,    ,2  ,0.000000,1.000000,INT ,0 ,0.000
CH8=,    ,%MW600  ,    ,2  ,0.000000,1.000000,INT ,0 ,0.000
CH9=,    ,%MW1600 ,    ,4  ,0.000000,1.000000,REAL,0 ,0.000
CH10=,   ,        ,    ,1  ,0.000000,1.000000,BIT ,0 ,0.000
CH11=,   ,        ,    ,1  ,0.000000,1.000000,BIT ,0 ,0.000
CH12=,   ,%M56    ,    ,1  ,0.000000,1.000000,BIT ,0 ,0.000
CH13=,   ,        ,    ,1  ,0.000000,1.000000,BIT ,0 ,0.000
CH14=,   ,        ,    ,1  ,0.000000,1.000000,BIT ,0 ,0.000
CH15=,   ,        ,    ,1  ,0.000000,1.000000,BIT ,0 ,0.000
CH16=,   ,        ,    ,1  ,0.000000,1.000000,BIT ,0 ,0.000
CH17=,   ,        ,    ,1  ,0.000000,1.000000,BIT ,0 ,0.000
CH18=,   ,        ,    ,1  ,0.000000,1.000000,BIT ,0 ,0.000
CH19=,   ,        ,    ,1  ,0.000000,1.000000,BIT ,0 ,0.000
CH20=,   ,%M1021  ,    ,1  ,0.000000,1.000000,BIT ,0 ,0.000
CH21=,   ,        ,    ,1  ,0.000000,1.000000,BIT ,0 ,0.000
CH22=,   ,        ,    ,1  ,0.000000,1.000000,BIT ,0 ,0.000
CH23=,   ,        ,    ,1  ,0.000000,1.000000,BIT ,0 ,0.000
CH24=,   ,        ,    ,1  ,0.000000,1.000000,BIT ,0 ,0.000
CH25=,   ,%I1001  ,    ,1  ,0.000000,1.000000,BIT ,0 ,0.000
```

数据源类型为 31S，注意字节交换，待读取的变量地址在配置文件变量注释栏中，地址不能超过 PLC 允许的范围。支持的变量类型为 BIT、INT、WORD、DINT、DWORD、REAL、DOUBLE、CHAR，可采集的内存区为%I、%M、%IW、%MW。

这种数据采集方式占用更多的系统和网络资源，采样周期可达到 10ms。

4.26　通过 PROFIBUS-DP 网关方式采集 FM458 数据

当 FM458 高速采集的点数较少时，可以把数据通过背板传输到 S7-400 PLC 的 CPU，由它打包数据并通过以太网将打包后的数据发送到其他设备或网络。

当采集的点数较多时，可通过 PROFIBUS-DP 网关方式采集 FM458 的数据（见图 4.183），每块 FM458 的 CPU 可以通过 PROFIBUS-DP 转到实时以太网方式进行高速采集数据。

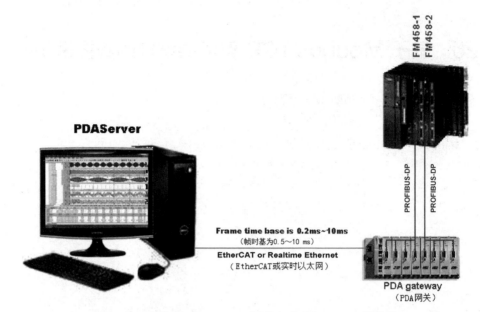

图 4.183 通过 PROFIBUS-DP 网关方式采集 FM458 的数据

4.27 通过 CAN 总线采集数据

PDA 网关可作为 CANopen 主站、CANopen 从站、DeviceNet 主站、DeviceNet 从站，它将采集的数据以 RT Ethernet 方式转发给 PDA 服务器，数据源类型为 36。

4.28 基于 Ethernet/IP 通信协议的数据采集方式

Ethernet/IP（Ethernet/Industry Protocol）是适合工业环境应用的通信协议，它是由开放式设备网络供货商协会两大工业组织（OpenDeviceNet Vendors Association，ODVA）和控制网国际组织（ControlNet International）推出的最新通信协议，和 DeviceNet 及 ControlNet 一样，它也是基于控制与信号（Control and Informal/on Protocol，CIP）协议的网络通信协议。它是一种面向对象的通信协议，能够保证网络上隐式实时 I/O 信息和显式信息（包括用于组态参数的设置、诊断等）的有效传输。

Ethernet/IP 采用和 DevieNet 及 ControlNet 相同的应用层通信协议 CIP，因此它们使用相同的对象库和一致的行业规范，具有较好的一致性。Ethernet/IP 采用标准的 Ethernet 和 TCP/IP 技术传输 CIP 通信包，这样，通用且开放的应用层通信协议 CIP 加上已经被广泛使用的 Ethernet 和 TCP/IP 通信协议，就构成 Ethernet/IP 通信协议的体系结构。

罗克韦尔公司生产的 ControlLogix、CompactLogix 和 MicroLogix 系列 PLC 都适用基于 Ethernet/IP 通信协议的数据采集方式。

以 RSLogix 系列 PLC 为例，一个连接通道最多采集 496 个字节，可采集 124 个实数或 248 个整数或其他数据类型。下面举例数据采集，采样周期可达到 2ms。

（1）按图 4.184 所示定义数据类型：

定义数据类型 TPDA1 为 REAL[124]，定义数据类型 TPDA2 为 REAL[120]+SINT[16]。

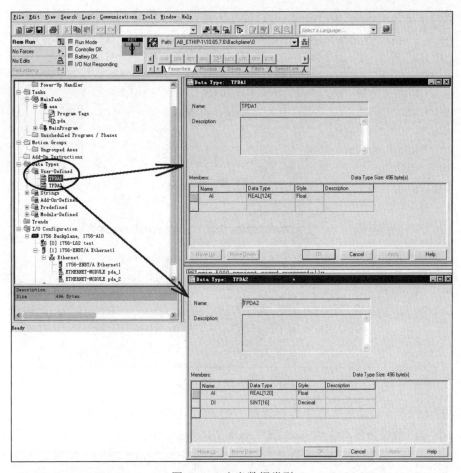

图 4.184　定义数据类型

（2）定义 2 个 Tag：pda1 和 pda2。定义的变量如图 4.185 所示，这两个变量的数据类型分别为 TPDA1 和 TPDA2。

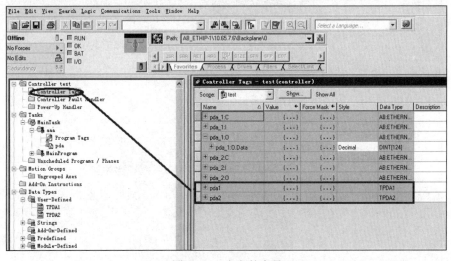

图 4.185　定义的变量

（3）按图 4.186 所示建立第 1 个连接通道。PDA 服务器 IP 地址设为 10.65.7.216，定义相应的 Tag：pda_1，系统会自动生成 pda_1:C、pda_1:I、pda_1:O。

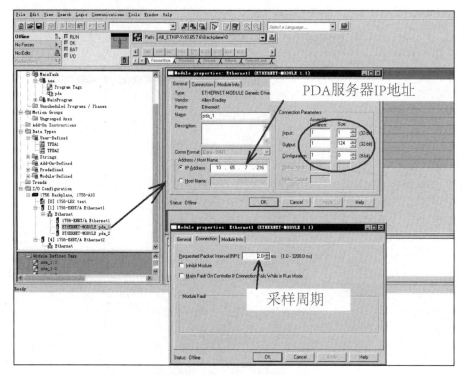

图 4.186　建立第 1 个连接通道

（4）按图 4.187 所示建立第 2 个连接通道。把 PDA 服务器 IP 地址设为 10.65.7.217，定义相应的 Tag：pda_2，系统会自动生成 pda_2:C、pda_2:I、pda_2:O。

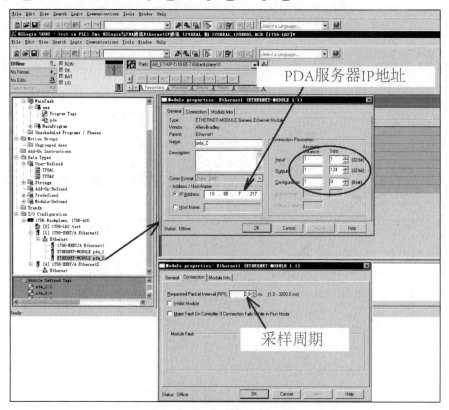

图 4.187　建立第 2 个连接通道

（5）创建并调用应用程序 pda，定义循环周期，将需要采集的信号按顺序填到相应位置，即给变量赋值，如图 4.188 所示。

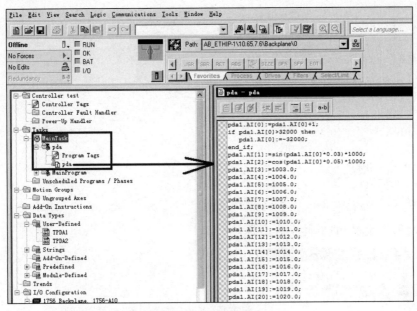

图 4.188　给变量赋值

PLC 中的赋值程序如下：

```
pda1.AI[0]:=pda1.AI[0]+1;
if pda1.AI[0]>32000 then
   pda1.AI[0]:=-32000;
end_if;
pda1.AI[1]:=sin(pda1.AI[0]*0.03)*1000;
pda1.AI[2]:=cos(pda1.AI[0]*0.05)*1000;
pda1.AI[3]:=1003.0;
......
pda1.AI[120]:=1122.0;
pda1.AI[121]:=1123.0;
COP(pda1.AI[0],pda_1:O.Data[0],496);

pda2.AI[0]:=pda2.AI[0]+1.0;
if pda2.AI[0]>32768.0 then
   pda2.AI[0]:=-32000.0;
end_if;
pda2.AI[1]:=sin(pda2.AI[0]*0.02)*1000.0;
pda2.AI[2]:=cos(pda2.AI[0]*0.02)*1000.0;
pda2.AI[3]:=2003.0;
......
pda2.AI[118]:=2118.0;
pda2.AI[119]:=2119.0;
pda2.DI[0]:=0;
pda2.DI[1]:=1;
pda2.DI[2]:=2;
```

```
pda2.DI[3]:=3;
pda2.DI[4]:=4;
pda2.DI[5]:=5;
pda2.DI[6]:=6;
pda2.DI[7]:=7;
pda2.DI[8]:=8;
pda2.DI[9]:=9;
pda2.DI[10]:=10;
pda2.DI[11]:=11;
pda2.DI[12]:=12;
pda2.DI[13]:=13;
pda2.DI[14]:=14;
pda2.DI[15]:=15;
COP(pda2.AI[0],pda_2:O.Data[0],496);
```

按图 4.189 所示设置 PDA 服务器 IP 地址。

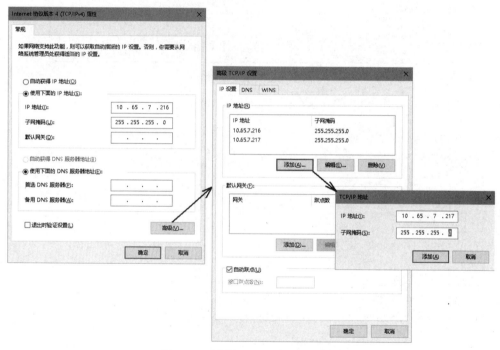

图 4.189　设置 PDA 服务器 IP 地址

本数据采集方式下数据源类型为 22，PDA 高速数据采集分析系统对应的组态文件 Config.csv 示例如下：

```
[1000,124CH,2.000ms,10.65.7.6,22,EthernetIP,10.65.7.216]
No,    Name,Adr/note,Unit,Len,Offset  ,Gain      ,Type,ALM,HH
CH1=,       ,        ,    ,4  ,0.000000,1.000000,REAL,0  ,0.000
CH2=,       ,        ,    ,4  ,0.000000,1.000000,REAL,0  ,0.000
CH3=,       ,        ,    ,4  ,0.000000,1.000000,REAL,0  ,0.000
......
CH123=,     ,        ,    ,4  ,0.000000,1.000000,REAL,0  ,0.000
CH124=,     ,        ,    ,4  ,0.000000,1.000000,REAL,0  ,0.000
```

```
[2000,248CH,2.000ms,10.65.7.6,22,EthernetIP,10.65.7.217]
No,    Name,Adr/note,Unit,Len,Offset  ,Gain      ,Type,ALM,HH
CH1=,     ,        ,    ,4 ,0.000000,1.000000,REAL,0  ,0.000
CH2=,     ,        ,    ,4 ,0.000000,1.000000,REAL,0  ,0.000
CH3=,     ,        ,    ,4 ,0.000000,1.000000,REAL,0  ,0.000
……
CH247=,   ,        ,    ,1 ,0.000000,1.000000,BIT ,0  ,0.000
CH248=,   ,        ,    ,1 ,0.000000,1.000000,BIT ,0  ,0.000
```

如果数据源类型为 66，也可以按本方式采集数据，可通过 PDA 服务器的一个 IP 地址采集多个连接通道的数据。

采样周期可设为 2ms，建议不小于 10ms。如果采集的点数较少，那么应对上述数据长度进行相应修改。

如果选用内置 Web 服务的以太网网络适配器，就可用标准以太网方式采集数据，但编程复杂，不推荐这种方式。

4.29　基于 Ethernet/IP-backplate 通信协议的数据采集方式

采用本数据采集方式时，通过变量名读取 PLC 中的数据，PLC 中不需要编程，数据源类型为 29 或 62，采样周期不小于 10ms。

62 类型的数据源采集程序为 d:\PDA\pdaCIPClient\ pdaCIPClient.exe，PDA 服务器端要安装 VC++2022 运行库，即 VC_redist.x64.exe 和 VC_redist.x32.exe。

罗克韦尔公司生产的 ControlLogix 系列 PLC 适用本数据采集方式。可采集 Controller Tags 中定义的全局变量，支持的数据类型为 BOOL、SINT、INT、DINT、REAL、STRING，对应的 PDA 数据类型为 BIT、BYTE、INT、DINT、REAL、STRING。STRING 类型的数据最大长度为 82 字符。

上述数据类型除 STRING 外均支持一维数组。下面为本数据采集方式下的组态文件 Config.csv 示例，其中[ADDRESS]（简称 Adr）栏中的变量名要与 PLC 中的变量名一致。

```
[1000,46CH,10.000ms,10.65.7.21,29,Note,10.65.7.216,3]
No,    Name                  ,Adr/note              ,Unit,Len,Offset  ,Gain      ,Type
CH1=, DiagMinTokHldTime_LSW,DiagMinTokHldTime_LSW ,    ,2 ,0.000000,1.000000,INT
CH2=, DiagTokHldTime_LSW    ,DiagTokHldTime_LSW    ,    ,2 ,0.000000,1.000000,INT
CH3=, ErrReConfig_ErrMasErr,ErrReConfig_ErrMasErr ,    ,2 ,0.000000,1.000000,INT
CH4=, ErrNotOk              ,ErrNotOk              ,    ,2 ,0.000000,1.000000,INT
CH5=, abc[0]                ,abc[0]                ,    ,4 ,0.000000,1.000000,DINT
CH6=, abc[1]                ,abc[1]                ,    ,4 ,0.000000,1.000000,DINT
CH7=, abc[2]                ,abc[2]                ,    ,4 ,0.000000,1.000000,DINT
CH8=,                       ,                      ,    ,4 ,0.000000,1.000000,DINT
CH9=, abc[3]                ,abc[3]                ,    ,4 ,0.000000,1.000000,DINT
CH10=,abc[4]                ,abc[4]                ,    ,4 ,0.000000,1.000000,DINT
CH11=,realarray[33]         ,realarray[99]         ,    ,4 ,0.000000,1.000000,REAL
```

```
CH12=,realarray[66]              ,realarray[189]          ,    ,4 ,0.000000,1.000000,REAL
CH13=,strtest                    ,strtest                 ,    ,20,0.000000,1.000000,STRING
CH14=,abc[5]                     ,abc[5]                   ,    ,4 ,0.000000,1.000000,DINT
CH15=,abc[6]                     ,abc[6]                   ,    ,4 ,0.000000,1.000000,DINT
CH16=,                           ,                         ,    ,4 ,0.000000,1.000000,DINT
CH17=,abc[7]                     ,abc[7]                   ,    ,4 ,0.000000,1.000000,DINT
CH18=,abc[8]                     ,abc[8]                   ,    ,4 ,0.000000,1.000000,DINT
CH19=,abc[800]                   ,abc[800]                 ,    ,4 ,0.000000,1.000000,DINT
CH20=,myBool[0]                  ,myBool[0]                ,    ,1 ,0.000000,1.000000,BIT
CH21=,myBool[1]                  ,myBool[1]                ,    ,1 ,0.000000,1.000000,BIT
CH22=,myBool[2]                  ,myBool[2]                ,    ,1 ,0.000000,1.000000,BIT
CH23=,myBool[30]                 ,myBool[30]               ,    ,1 ,0.000000,1.000000,BIT
CH24=,myBool[4]                  ,myBool[4]                ,    ,1 ,0.000000,1.000000,BIT
CH25=,myBool[5]                  ,myBool[5]                ,    ,1 ,0.000000,1.000000,BIT
CH26=,myBool[6]                  ,myBool[6]                ,    ,1 ,0.000000,1.000000,BIT
CH27=,myBool[7]                  ,myBool[7]                ,    ,1 ,0.000000,1.000000,BIT
CH28=,myBool[799]                ,myBool[799]              ,    ,1 ,0.000000,1.000000,BIT
CH29=,myBool[128]                ,myBool[128]              ,    ,1 ,0.000000,1.000000,BIT
CH30=,myBool[233]                ,myBool[233]              ,    ,1 ,0.000000,1.000000,BIT
CH31=,myBool[309]                ,myBool[309]              ,    ,1 ,0.000000,1.000000,BIT
CH32=,myBool[468]                ,myBool[468]              ,    ,1 ,0.000000,1.000000,BIT
CH33=,myBool[825]                ,myBool[825]              ,    ,1 ,0.000000,1.000000,BIT
CH34=,myBool[666]                ,myBool[666]              ,    ,1 ,0.000000,1.000000,BIT
CH35=,myBool[1000]               ,myBool[1000]             ,    ,1 ,0.000000,1.000000,BIT
CH36=,sintTest                   ,sintTest                 ,    ,1 ,0.000000,1.000000,BYTE
CH37=,sintarray[10]              ,sintarray[10]            ,    ,1 ,0.000000,1.000000,BYTE
CH38=,sintarray [100]            ,sintarray[100]           ,    ,1 ,0.000000,1.000000,BYTE
CH39=,                           ,                         ,    ,4 ,0.000000,1.000000,REAL
CH40=,sintarray[199]             ,sintarray[199]           ,    ,1 ,0.000000,1.000000,BYTE
CH41=,realtest                   ,realtest                 ,    ,4 ,0.000000,1.000000,REAL
CH42=,realarray[50]              ,realarray[50]            ,    ,4 ,0.000000,1.000000,REAL
CH43=,realarray[99]              ,realarray[99]            ,    ,4 ,0.000000,1.000000,REAL
CH44=,                           ,                         ,    ,4 ,0.000000,1.000000,REAL
CH45=,realarray[189]             ,realarray[189]           ,    ,4 ,0.000000,1.000000,REAL
CH46=,s1                         ,s1                       ,    ,30 ,0.000000,1.000000,STRING
```

4.30 基于 Ethernet/IP-backplate block 通信协议的数据采集方式

采用本数据采集方式时，数据源类型为 59 或 63。本数据采集方式能以较快的速度大量采集 PLC 中的数据，PLC 中不需要编程，PDA 高速数据采集分析系统能主动读取数据块，罗克韦尔公司生产的 RS Logix 系列、PLC5 系列、SLC 系列 PLC 适用本数据采集方式。

63 类型数据源采集程序为 d:\PDA\pdaCIPClient\ pdaCIPClient.exe，PDA 服务器端要安装 VC++2022 运行库，即 VC_redist.x64.exe 和 VC_redist.x32.exe。

　　在 PLC 中定义一个结构体 TpdaBlockData，把需要采集的信号集中到该结构体的变量 pdaBlockData 中，该结构体每种数据类型块的长度为 4 字节的整数倍，在每个扫描周期，使用 COP 指令将 pdaBlockData 整体复制到字节型数组 pdaBlock 中，PDA 高速数据采集分析系统能高效地采集 pdaBlock 中的数据，按图 4.190 所示选择数据存取路径。

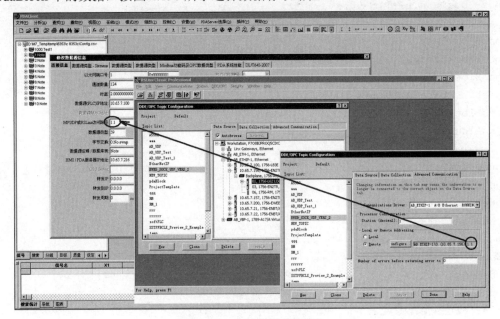

图 4.190　选择数据存取路径

表 4-4 为结构体 TpdaBlockData 例子。

表 4-4　TpdaBlockData 结构体例子

Name	Data Type	Style	Description	External Access
int16	INT[4]	Decimal		Read/Write
int8	SINT[4]	Decimal		Read/Write
s1	SINT[20]	Decimal		Read/Write
s2	SINT[20]	Decimal		Read/Write
s3	SINT[20]	Decimal		Read/Write
b1	SINT	Decimal		Read/Write
b2	SINT	Decimal		Read/Write
b3	SINT	Decimal		Read/Write
b4	SINT	Decimal		Read/Write
float	REAL[10000]	Float		Read/Write

PLC 中的赋值程序如下：

```
pdaBlockData.int16[0]:=pdaBlockData.int16[0]+1;
pdaBlockData.int16[1]:=pdaBlockData.int16[0]+10;
pdaBlockData.int16[2]:=pdaBlockData.int16[0]+100;
pdaBlockData.int16[3]:=pdaBlockData.int16[0]+1000;

pdaBlockData.int8[0]:=pdaBlockData.int8[0]+1;
pdaBlockData.int8[1]:=pdaBlockData.int8[0]+1;
```

```
pdaBlockData.int8[2]:=pdaBlockData.int8[0]+2;
pdaBlockData.int8[3]:=pdaBlockData.int8[0]+3;

pdaBlockData.s1[0]:=65;
pdaBlockData.s1[1]:=66;
pdaBlockData.s1[2]:=67;
pdaBlockData.s2[0]:=70;
pdaBlockData.s2[1]:=71;
pdaBlockData.s2[2]:=72;
pdaBlockData.s3[0]:=81;
pdaBlockData.s3[1]:=82;
pdaBlockData.s3[2]:=83;

pdaBlockData.b1.0:=1;
pdaBlockData.b1.1:=1;
pdaBlockData.b1.2:=0;
pdaBlockData.b1.3:=1;
pdaBlockData.b1.4:=0;
pdaBlockData.b1.5:=1;
pdaBlockData.b1.6:=1;
pdaBlockData.b1.7:=1;
pdaBlockData.b2:=170;
pdaBlockData.b3:=85;
pdaBlockData.b4:=0;

pdaBlockData.float[0]:=pdaBlockData.float[0]+0.01;
pdaBlockData.float[1]:=sin(pdaBlockData.float[0]);
pdaBlockData.float[2]:=cos(pdaBlockData.float[0]);
if pdaBlockData.float[0]>1000.0 then
   pdaBlockData.float[0]:=-1000.0;
end_if;
pdaBlockData.float[1000]:=pdaBlockData.float[1];
cop(pdaBlockData,pdaBlock[0],4088);
```

本数据采集方式下，PDA 高速数据采集分析系统对应的组态文件 Config.csv 示例如下：

```
[1000,46CH,10.000ms,10.65.7.156,59,Test1,10.65.7.216,,,,,,,1.1]
```

No,	Name		,Adr/note,Unit,Len,Offset	,Gain	,Type,
CH1=,	int16		,no ,mm ,2	,0.000000,1.000000,INT	,
CH2=,	int16		, , ,2	,0.000000,1.000000,INT	,
CH3=,	int16		, , ,2	,0.000000,1.000000,INT	,
CH4=,	int16		, , ,2	,0.000000,1.000000,INT	,
CH5=,	int8		, , ,1	,0.000000,1.000000,BYTE,	
CH6=,	int8		, , ,1	,0.000000,1.000000,BYTE,	
CH7=,	int8		, , ,1	,0.000000,1.000000,BYTE,	
CH8=,	int8		, , ,1	,0.000000,1.000000,BYTE,	
CH9=,	s1		, , ,20	,0.000000,1.000000,CHAR,	
CH10=,	s2		, , ,20	,0.000000,1.000000,CHAR,	

```
CH11=, s3                                    ,          ,         ,20 ,0.000000,1.000000,CHAR,
CH12=, b1.0                                  ,          ,         ,1  ,0.000000,1.000000,BIT ,
CH13=, b1.1                                  ,          ,         ,1  ,0.000000,1.000000,BIT ,
CH14=, b1.2                                  ,          ,         ,1  ,0.000000,1.000000,BIT ,
CH15=, b1.3                                  ,          ,         ,1  ,0.000000,1.000000,BIT ,
CH16=, b1.4                                  ,          ,         ,1  ,0.000000,1.000000,BIT ,
CH17=, b1.5                                  ,          ,         ,1  ,0.000000,1.000000,BIT ,
CH18=, b1.6                                  ,          ,         ,1  ,0.000000,1.000000,BIT ,
CH19=, b1.7                                  ,          ,         ,1  ,0.000000,1.000000,BIT ,
CH20=, b2.0                                  ,          ,         ,1  ,0.000000,1.000000,BIT ,
CH21=, b2.1                                  ,          ,         ,1  ,0.000000,1.000000,BIT ,
CH22=, b2.2                                  ,          ,         ,1  ,0.000000,1.000000,BIT ,
CH23=, b2.3                                  ,          ,         ,1  ,0.000000,1.000000,BIT ,
CH24=, b2.4                                  ,          ,         ,1  ,0.000000,1.000000,BIT ,
CH25=, b2.5                                  ,          ,         ,1  ,0.000000,1.000000,BIT ,
CH26=, b2.6                                  ,          ,         ,1  ,0.000000,1.000000,BIT ,
CH27=, b2.7                                  ,          ,         ,1  ,0.000000,1.000000,BIT ,
CH28=, b3.0                                  ,          ,         ,1  ,0.000000,1.000000,BIT ,
CH29=, b3.1                                  ,          ,         ,1  ,0.000000,1.000000,BIT ,
CH30=, b3.2                                  ,          ,         ,1  ,0.000000,1.000000,BIT ,
CH31=, b3.3                                  ,          ,         ,1  ,0.000000,1.000000,BIT ,
CH32=, b3.4                                  ,          ,         ,1  ,0.000000,1.000000,BIT ,
CH33=, b3.5                                  ,not       ,kg       ,1  ,0.000000,1.000000,BIT ,
CH34=, b3.6                                  ,          ,         ,1  ,0.000000,1.000000,BIT ,
CH35=, b3.7                                  ,note33    ,mol      ,1  ,0.000000,1.000000,BIT ,
CH36=, b4.0                                  ,          ,         ,1  ,0.000000,1.000000,BIT ,
CH37=, b4.1                                  ,          ,         ,1  ,0.000000,1.000000,BIT ,
CH38=, b4.2                                  ,          ,         ,1  ,0.000000,1.000000,BIT ,
CH39=, b4.3                                  ,          ,         ,1  ,0.000000,1.000000,BIT ,
CH40=, b4.4                                  ,          ,         ,1  ,0.000000,1.000000,BIT ,
CH41=, b4.5                                  ,not       ,kg       ,1  ,0.000000,1.000000,BIT ,
CH42=, b4.6                                  ,          ,         ,1  ,0.000000,1.000000,BIT ,
CH43=, b4.7                                  ,note33    ,mol      ,1  ,0.000000,1.000000,BIT ,
CH44=, float1                                ,          ,         ,4  ,0.000000,1.000000,REAL,
CH45=, float2                                ,          ,         ,4  ,0.000000,1.000000,REAL,
CH46=, float3                                ,          ,         ,4  ,0.000000,1.000000,REAL,
```

4.31　基于 SRTP 通信协议的 GE Fanuc 系列 PLC 数据采集方式

　　SRTP（Service Request Transfer Protocol）通信协议适用于 GE Fanuc 90 PLC、VersaMax 系列 PLC、PACSystems 系列 PLC 数据的采集。下面以 PACSystems RX7i PLC 为例，介绍其数据采集方式。

按变量地址读取该 PLC 中的数据，该 PLC 中不需要编程，数据源类型为 18，采样周期不小于 10ms。

可采集的内存地址范围如下：模拟量或字符串内存地址范围为%R1～%R32640、%AI1～%AI32640、%AQ1～%AQ32640、%W1～%W65536，数字量内存地址范围为%I1～%I32768、%Q1～%Q32768、%M1～%M32768、%S1～%S128、%SA1～%SA128、%SB1～%SB128、%SC1～%SC128、%T1～%T1024、%G1～%G7680。不同型号的 CPU 或组态可能有些不一样，支持的 PLC 数据类型为 BOOL、BYTE、INT、DINT、WORD、UINT、DWORD、REAL、LREAL、STRING，PDA 高速数据采集分析系统中对应的数据类型分别为 BIT、BYTE、INT、DINT、WORD、WORD、DWORD、REAL、DOUBLE、CHAR。

下面为本数据采集方式下的组态文件 Config.csv 示例，其中[ADDRESS]栏中的地址要与 PLC 中的地址一致。

```
[2000,50CH,10.000ms,192.168.0.210,18,Note,192.168.0.220]
No,   Name     ,Adr/note ,Unit,Len,Offset  ,Gain     ,Type,ALM,HH
CH1=, %I1      ,%I1      ,    ,1  ,0.000000,1.000000,BIT ,0  ,0.000
CH2=, %I2      ,%I2      ,    ,1  ,0.000000,1.000000,BIT ,0  ,0.000
CH3=, %I3      ,%I3      ,    ,1  ,0.000000,1.000000,BIT ,0  ,0.000
CH4=, %I4      ,%I4      ,    ,1  ,0.000000,1.000000,BIT ,0  ,0.000
CH5=, %I5      ,%I5      ,    ,1  ,0.000000,1.000000,BIT ,0  ,0.000
CH6=, %I6      ,%I6      ,    ,1  ,0.000000,1.000000,BIT ,0  ,0.000
CH7=, %I7      ,%I7      ,    ,1  ,0.000000,1.000000,BIT ,0  ,0.000
CH8=, %I8      ,%I8      ,    ,1  ,0.000000,1.000000,BIT ,0  ,0.000
CH9=, %I9      ,%I9      ,    ,1  ,0.000000,1.000000,BIT ,0  ,0.000
CH10=,%I10     ,%I10     ,    ,1  ,0.000000,1.000000,BIT ,0  ,0.000
CH11=,%I11     ,%I11     ,    ,1  ,0.000000,1.000000,BIT ,0  ,0.000
CH12=,%I12     ,%I12     ,    ,1  ,0.000000,1.000000,BIT ,0  ,0.000
CH13=,%I13     ,         ,    ,1  ,0.000000,1.000000,BIT ,0  ,0.000
CH14=,%I14     ,         ,    ,1  ,0.000000,1.000000,BIT ,0  ,0.000
CH15=,%I15     ,%I15     ,    ,1  ,0.000000,1.000000,BIT ,0  ,0.000
CH16=,%I16     ,%I16     ,    ,1  ,0.000000,1.000000,BIT ,0  ,0.000
CH17=,%W937    ,%W937    ,    ,2  ,0.000000,1.000000,INT ,0  ,0.000
CH18=,%W939    ,%W939    ,    ,2  ,0.000000,1.000000,INT ,0  ,0.000
CH19=,%W800    ,%W800    ,    ,13 ,0.000000,1.000000,CHAR,0  ,0.000
CH20=,%W943    ,%W943    ,    ,2  ,0.000000,1.000000,INT ,0  ,0.000
CH21=,%W1851   ,%W1851   ,    ,2  ,0.000000,1.000000,INT ,0  ,0.000
CH22=,%W1853   ,%W1853   ,    ,2  ,0.000000,1.000000,INT ,0  ,0.000
CH23=,%W1855   ,%W1855   ,    ,2  ,0.000000,1.000000,INT ,0  ,0.000
CH24=,%s1      ,%s1      ,    ,1  ,0.000000,1.000000,BIT ,0  ,0.000
CH25=,%s123    ,%s123    ,    ,1  ,0.000000,1.000000,BIT ,0  ,0.000
CH26=,%sa1     ,%sa1     ,    ,1  ,0.000000,1.000000,BIT ,0  ,0.000
CH27=,%sa113   ,%sa113   ,    ,1  ,0.000000,1.000000,BIT ,0  ,0.000
CH28=,%sb1     ,%sb1     ,    ,1  ,0.000000,1.000000,BIT ,0  ,0.000
CH29=,%sb99    ,%sb99    ,    ,1  ,0.000000,1.000000,BIT ,0  ,0.000
CH30=,%sc1     ,%sc1     ,    ,1  ,0.000000,1.000000,BIT ,0  ,0.000
CH31=,%sc87    ,%sc87    ,    ,1  ,0.000000,1.000000,BIT ,0  ,0.000
CH32=,%t1      ,%t1      ,    ,1  ,0.000000,1.000000,BIT ,0  ,0.000
```

```
CH33=,%t1023  ,%t1023  ,     ,1 ,0.000000,1.000000,BIT ,0 ,0.000
CH34=,%g1     ,%g1     ,     ,1 ,0.000000,1.000000,BIT ,0 ,0.000
CH35=,%g7673  ,%g7673  ,     ,1 ,0.000000,1.000000,BIT ,0 ,0.000
CH36=,%i1     ,%i1     ,     ,1 ,0.000000,1.000000,BIT ,0 ,0.000
CH37=,%i101   ,%i101   ,     ,1 ,0.000000,1.000000,BIT ,0 ,0.000
CH38=,%q1     ,%q1     ,     ,1 ,0.000000,1.000000,BIT ,0 ,0.000
CH39=,%q33    ,%q33    ,     ,1 ,0.000000,1.000000,BIT ,0 ,0.000
CH40=,%m1     ,%m1     ,     ,1 ,0.000000,1.000000,BIT ,0 ,0.000
CH41=,%m35    ,%m35    ,     ,1 ,0.000000,1.000000,BIT ,0 ,0.000
CH42=,%i1893  ,%i1893  ,     ,1 ,0.000000,1.000000,BIT ,0 ,0.000
CH43=,%i1895  ,%i1895  ,     ,1 ,0.000000,1.000000,BIT ,0 ,0.000
CH44=,%q1897  ,%q1897  ,     ,1 ,0.000000,1.000000,BIT ,0 ,0.000
CH45=,%q1899  ,%q1899  ,     ,1 ,0.000000,1.000000,BIT ,0 ,0.000
CH46=,%q1901  ,%q1901  ,     ,1 ,0.000000,1.000000,BIT ,0 ,0.000
CH47=,%i2000  ,%i2000  ,     ,1 ,0.000000,1.000000,BIT ,0 ,0.000
CH48=,%AI2000 ,%AI2000 ,     ,4 ,0.000000,1.000000,REAL,0 ,0.000
CH49=,%AQ2000 ,%AQ2000 ,     ,4 ,0.000000,1.000000,REAL,0 ,0.000
CH50=,%W2000  ,%W2000  ,     ,4 ,0.000000,1.000000,REAL,0 ,0.000
```

在 PLC 中将需要采集的信号集中到某个内存地址为%W 的内存区域,PDA 高速数据采集分析系统可通过 SRTP 通信协议采集该内存地址的数据,采集效率较高。

4.32　基于 SNPX 通信协议的 GE Fanuc 系列 PLC 数据采集方式

采用本数据采集方式时,数据源类型为 30,利用串口与 GE Fanuc 系列 PLC 通信,如 GE Fanuc 90-30 系列 PLC、VersaMax 系列 PLC。

4.33　WAGO PLC 的数据采集方式

WAGO PLC 数据的采集基于 UDP 通信协议,数据源类型为 25,相关内容详见 4.3 节,单台 WAGO PLC 每隔 2ms 发送 1473 字节。

安装 WAGO 系统软件前确保.NET framework 对应版本已正确安装,若出错,则如下处理。

(1)右击“开始”菜单,在弹出的快捷菜单中单击“运行”命令,在弹出的“运行”窗口中输入“cmd”,按 Enter 键,在打开的窗口中输入“net stop WuAuServ”。

(2)右击“开始”菜单,在弹出的快捷菜单中单击“运行”命令,在弹出的“运行”窗口中输入“%windir%”。

(3)找到 SoftwareDistribution 文件夹,把它重命名为 SDold。

(4)右击“开始”菜单,在弹出的快捷菜单中单击“运行”命令,在弹出的“运行”窗口中输入“cmd”,按 Enter 键,在打开的窗口中输入“net start WuAuServ”。

(5)右击“开始”菜单,在弹出的快捷菜单中单击“运行”命令,在弹出的“运行”窗口中输入“regedit”,按 Enter 键。

(6)打开注册表编辑工具,按以下路径依次打开 HKEY_LOCAL_MACHINE\SOFWARE\Microsoft\Internet Explorer\Main 分支,右击 Main,在菜单中单击“编辑”→“权限”菜单命令,

出现"完全控制"等选项，勾选该选项即可放心安装。

按以下路径依次打开 Wago\codesys2.3\CoDeSys_2.3.9.44_RELEASE_BUILD20140519134823\Setup.exe，安装编程工具。

运行 WAGO 系统软件提供的 CoDeSys V2.3，进入 WAGO 编程环境，如图 4.191 所示。然后，按以下步骤操作。

图 4.191　进入 WAGO 编程环境

（1）新建工程项目，选择 WAGO PLC 的 CPU 型号，创建主程序 Main，如图 4.192 所示。

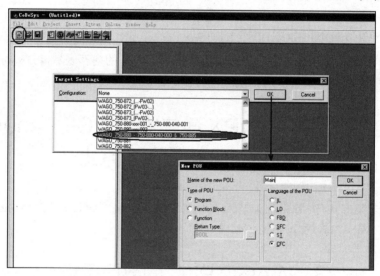

图 4.192　创建主程序 Main

（2）新建一个功能块 pdaSend，如图 4.193 所示。

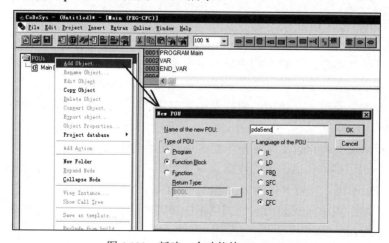

图 4.193　新建一个功能块 pdaSend

（3）添加以太网通信库 WagoLibEthernet_01.lib，如图 4.194 所示。

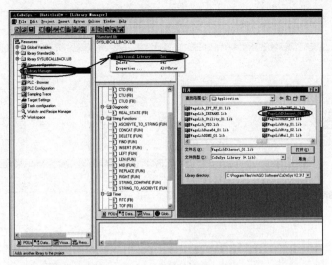

图 4.194　添加以太网通信库 WagoLibEthernet_01.lib

（4）编写 pdaSend[FB]程序，如图 4.195 所示。

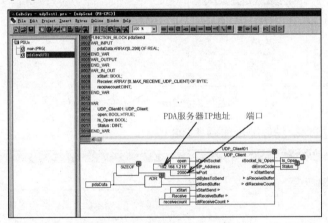

图 4.195　编写 pdaSend[FB]程序

（5）编写 Main[PRG]主程序，如图 4.196 所示。

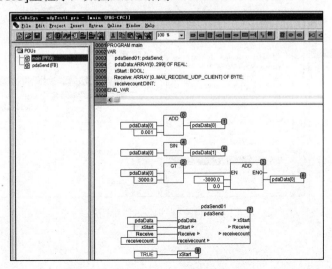

图 4.196　编写 Main[PRG]主程序

（6）创建周期为 2ms 的 NewTask（新任务），如图 4.197 所示。

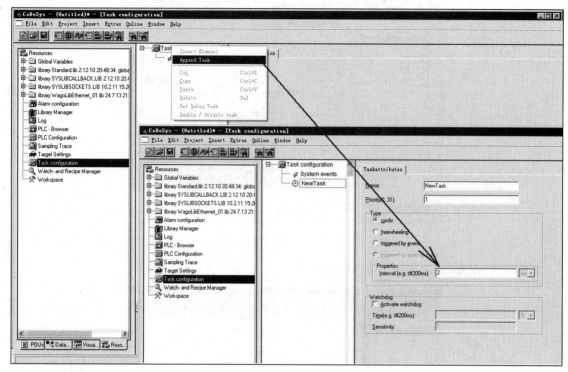

图 4.197　创建周期为 2ms 的 NewTask（新任务）

（7）将主程序添加到新任务中，如图 4.198 所示。

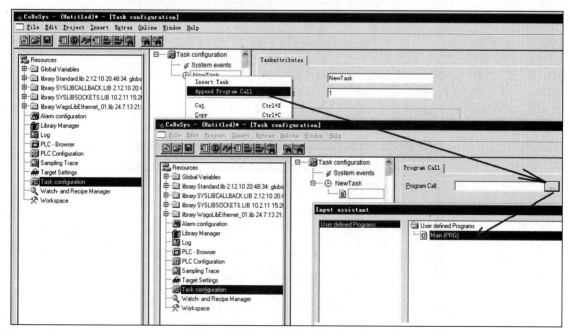

图 4.198　将主程序添加到新任务中

（8）选择与 PLC 联机的参数，如图 4.199 所示。

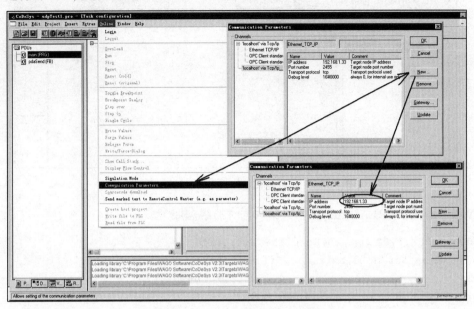

图 4.199　选择与 PLC 联机的参数

（9）将新建的工程项目保存为 UdpTest1，编译所有程序。编译项目如图 4.200 所示。

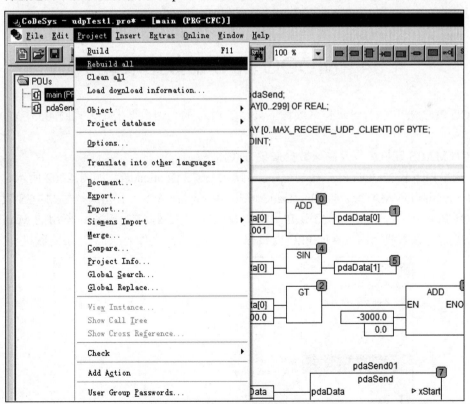

图 4.200　编译项目

（10）将编程计算机 IP 地址改为与 PLC 同一个网段，联机后运行（见图 4.201）。

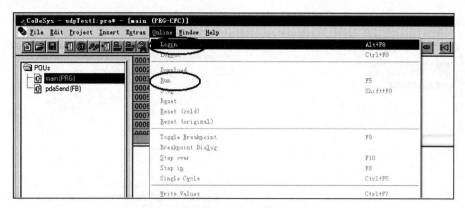

图 4.201　修改编程计算机 IP 地址并联机运行

PDA 服务器按 **300REAL/2ms** 速率采集数据时的组态如下。

```
[2000,300CH,2.000ms,,25,Note,192.168.1.21]
No,    Name,Adr/note,Unit,Len,Offset  ,Gain      ,Type,ALM,HH
CH1=,      ,        ,    ,4  ,0.000000,1.000000,REAL,0  ,0.000
CH2=,      ,        ,    ,4  ,0.000000,1.000000,REAL,0  ,0.000
CH3=,      ,        ,    ,4  ,0.000000,1.000000,REAL,0  ,0.000
......
CH299=,    ,        ,    ,4  ,0.000000,1.000000,REAL,0  ,0.000
CH300=,    ,        ,    ,4  ,0.000000,1.000000,REAL,0  ,0.000
```

4.34　MOOG PLC 的数据采集方式

MOOG PLC 采用 CoDeSys 作为编程工具，该 PLC 的高速数据采集方式同 4.33 节，数据源类型为 25。

MOOG MACS 联机编程及高速数据采集方式如下：

（1）用串口下载 MOOG PLC 底层程序。启动 MACS Bootloader，如图 4.202 所示，按照以下路径 C:\Program Files\MACS 2.4.1\Bootloader\macs_firmware_V2_4_1.mfp，把与 MACS 版本相同的 mfp 下载到 PLC 中。下载成功后修改 IP 地址，即可用以太网监控。注意：所用的 MACS 组态软件是哪个版本，就下载相同版本的 PLC 内核程序（mfp 格式文件），否则，不能联机。

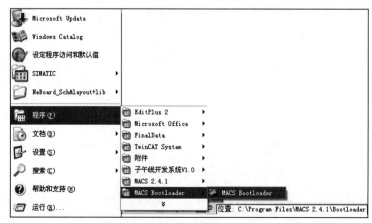

图 4.202　启动 MACS Bootloader

（2）定义数据类型。

```
TYPE sdkiuy :
STRUCT
    rai:ARRAY[1..32] OF REAL;
    bdi1:BYTE;
    bdi2:BYTE;
    bdi3:BYTE;
    bdi4:BYTE;
END_STRUCT
END_TYPE
```

（3）创建 PDA 程序。

① 定义变量。

```
PROGRAM PDA
VAR
    i                : DINT;
    pc_address       : STRING:= '10.65.7.8';
    socket           : DINT;
    address          : SOCKADDRESS;
    receiver         : SOCKADDRESS;
    b_bind_result    : BOOL;
    first            : BOOL := TRUE;
    send_retval      : DINT;
    sdkiuy1          : sdkiuy;
END_VAR
```

② 编写发送数据的程序。

```
IF first THEN
   first := FALSE;
   socket := SysSockCreate( SOCKET_AF_INET, SOCKET_DGRAM, 0 );
   address.sin_family := SOCKET_AF_INET;
   address.sin_port   := SysSockNtohs( 1000 );
   address.sin_addr   := SOCKET_INADDR_ANY;
   b_bind_result := SysSockBind( socket, ADR( address ), SIZEOF( address ) );

   receiver.sin_family := SOCKET_AF_INET;
   receiver.sin_port   := SysSockNtohs( 1000 );
   receiver.sin_addr   := SysSockInetAddr( pc_address );
   SysSockIoctl( socket, SOCKET_FIONBIO, 1 );
END_IF;

(*------------------------------------------------------------------------*)
sdkiuy1.rai[1]:=sdkiuy1.rai[1]+1.0;
IF sdkiuy1.rai[1]>32768 THEN
   sdkiuy1.rai[1]:=0.0;
END_IF;
sdkiuy1.rai[2]:=SIN(sdkiuy1.rai[1]*0.01);
```

```
sdkiuy1.rai[3]:=0.0;
sdkiuy1.rai[4]:=0.0;
sdkiuy1.rai[5]:=0.0;
sdkiuy1.rai[6]:=0.0;
sdkiuy1.rai[7]:=0.0;
sdkiuy1.rai[8]:=0.0;
sdkiuy1.rai[9]:=0.0;
sdkiuy1.rai[10]:=0.0;
sdkiuy1.rai[11]:=0.0;
sdkiuy1.rai[12]:=0.0;
sdkiuy1.rai[13]:=0.0;
sdkiuy1.rai[14]:=0.0;
sdkiuy1.rai[15]:=0.0;
sdkiuy1.rai[16]:=0.0;
sdkiuy1.rai[17]:=0.0;
sdkiuy1.rai[18]:=0.0;
sdkiuy1.rai[19]:=0.0;
sdkiuy1.rai[20]:=0.0;
sdkiuy1.rai[21]:=0.0;
sdkiuy1.rai[22]:=0.0;
sdkiuy1.rai[23]:=0.0;
sdkiuy1.rai[24]:=0.0;
sdkiuy1.rai[25]:=0.0;
sdkiuy1.rai[26]:=0.0;
sdkiuy1.rai[27]:=0.0;
sdkiuy1.rai[28]:=0.0;
sdkiuy1.rai[29]:=0.0;
sdkiuy1.rai[30]:=0.0;
sdkiuy1.rai[31]:=0.0;
sdkiuy1.rai[32]:=0.0;


(*---------------------------------------------------------------------------*)

sdkiuy1.bdi1:=PACK(TRUE,
                   TRUE,
                   TRUE,
                   FALSE,
                   FALSE,
                   FALSE,
                   FALSE,
                   FALSE); (*  DI1~DI8  *)
sdkiuy1.bdi2:=PACK(FALSE,
                   FALSE,
                   FALSE,
                   FALSE,
                   FALSE,
                   FALSE,
```

```
                    FALSE,
                    FALSE); (* DI9～DI16 *)
       sdkiuy1.bdi3:=PACK(FALSE,
                    FALSE,
                    FALSE,
                    FALSE,
                    FALSE,
                    FALSE,
                    FALSE,
                    FALSE); (* DI17～DI24 *)
       sdkiuy1.bdi4:=PACK(FALSE,
                    FALSE,
                    FALSE,
                    FALSE,
                    FALSE,
                    FALSE,
                    FALSE,
                    FALSE); (* DI25～DI32 *)
```

```
       send_retval:=SysSockSendTo(socket,ADR(sdkiuy1),SIZEOF(sdkiuy1),0,ADR(receive
r),SIZEOF(receiver));
```

（4）创建高速数据采集任务。

将 Priority 设为 0（最高），将扫描周期设为 2ms。

PDA 服务器组态如下。

```
[1000,64CH,2.000ms,192.168.0.100,25,Note,192.168.0.216]
No,  Name,Adr/note,Unit,Len,Offset ,Gain     ,Type,ALM,HH
CH1=,    ,        ,    ,4 ,0.000000,1.000000,REAL,0 ,0.000
CH2=,    ,        ,    ,4 ,0.000000,1.000000,REAL,0 ,0.000
CH3=,    ,        ,    ,4 ,0.000000,1.000000,REAL,0 ,0.000
......
CH63=,    ,        ,    ,4 ,0.000000,1.000000,REAL,0 ,0.000
CH64=,    ,        ,    ,4 ,0.000000,1.000000,REAL,0 ,0.000
```

4.35　ABB PLC 的数据采集方式

ABB PLC 采用 CoDeSys 内核，可基于 UDP、PROFINET、EtherCAT 等通信协议采集其数据。具体操作步骤如下。

（1）按以下路径安装 ABB PLC 编程软件：（ABB PLC)PS501 编程软件\ControlBuilderPlus\setup.exe，安装该软件时的提示框如图 4.203 所示。

安装好的 ABB PLC 编程软件显示位置如图 4.204 所示。

（2）新建工程项目，如图 4.205 所示。

图 4.203　安装 ABB PLC 编程软件时的提示框

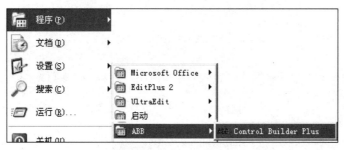

图 4.204　安装好的 ABB PLC 编程软件显示位置

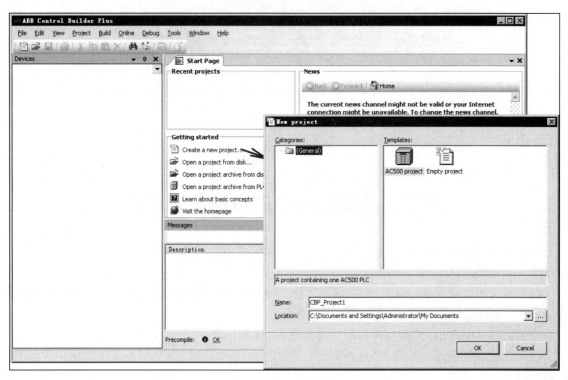

图 4.205　新建工程项目

（3）安装第三方设备驱动程序，如图 4.206 所示。选择驱动程序，如图 4.207 所示。

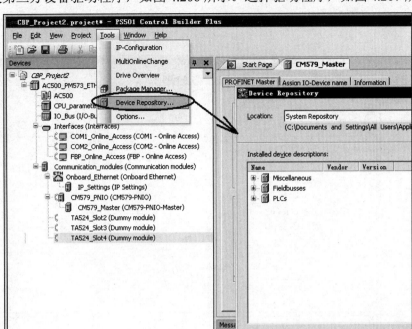

图 4.206　安装第三方设备驱动程序

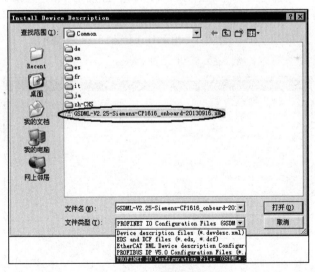

图 4.207　选择驱动程序

4.36　基于 Beckhoff Ethernet 通信协议的数据采集方式

建议选用具有 Windows CE 内核的 CPU，采用本数据采集方式时，有效采样周期可达到 0.25ms，比 Windows XP 或 Windows 7 内核具有更高的采集效率。

采用 UDP 通信，数据源类型为 25，单台 PLC 每隔 2ms 发送 1423 字节，PLC 中的采集程序示例如图 4.208 所示。上升沿触发，程序循环周期为 1ms。

PDAServer 可按变量名或内存地址直接读取 PLC 中的变量，PLC 中不需要任何采集程序，采样周期为 10ms 或以上。

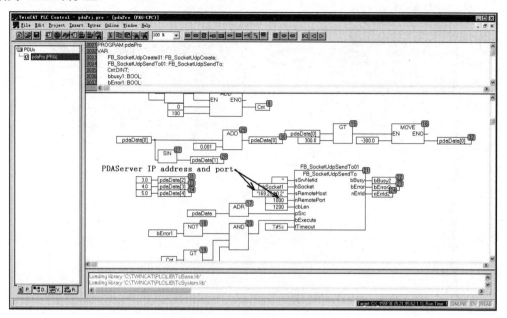

图 4.208　PLC 中的采集程序示例

PLC 默认的 IP 网段：169.254.xxx.xxx，子网掩码为 255.255.0.0，对与 PLC 联机运行的计算机也要设相同的子网掩码，否则，搜索不到 PLC。

（1）运行 tcat_2110_2232.exe，安装 Beckhoff（倍福）编程软件（其内核为 CoDeSys），如图 4.209 所示。若有安装系列号，则需要重新安装一次。

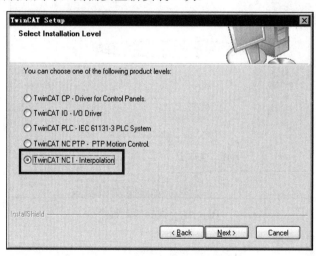

图 4.209　安装倍福编程软件

（2）运行 InfoSys.exe 安装手册帮助文档，如图 4.210 所示。

（3）将联机运行的计算机与 PLC 的 IP 设为同一个网段，打开 System Manager，如图 4.211 所示。

（4）选择目标 PLC，如图 4.212 所示。

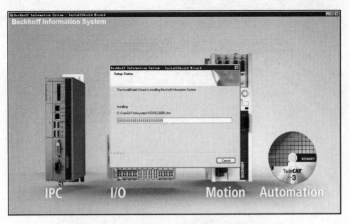

图 4.210　运行 InfoSys.exe 安装手册帮助文档

图 4.211　打开 System Manager

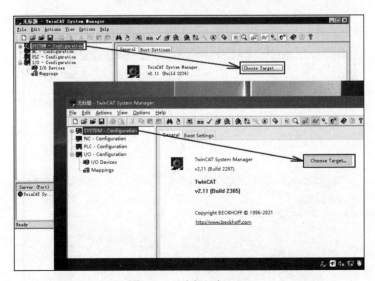

图 4.212　选择目标 PLC

（5）搜索以太网上的设备，如图 4.213 所示。

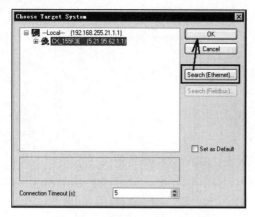

图 4.213　搜索以太网上的设备

（6）采用广播方式搜索在线设备，如图 4.214 所示。

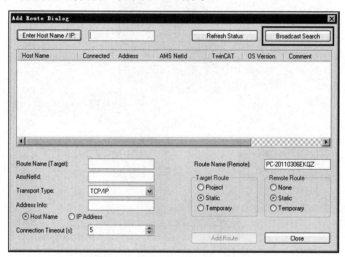

图 4.214　采用广播方式搜索在线设备

（7）在搜索结果中选择目标 PLC，如图 4.215 所示。

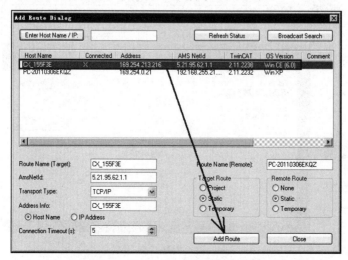

图 4.215　在搜索结果中选择目标 PLC

（8）输入计算机或 PLC 密码，如图 4.216 所示。

（9）进入硬件组态，如图 4.217 所示。

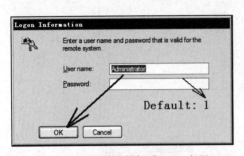

图 4.216　输入计算机或 PLC 密码

图 4.217　进入硬件组态

（10）扫描硬件配置，如图 4.218 所示。选择所有的 I/O 设备，如图 4.219 所示。图 4.220 为扫描到的系统设备。

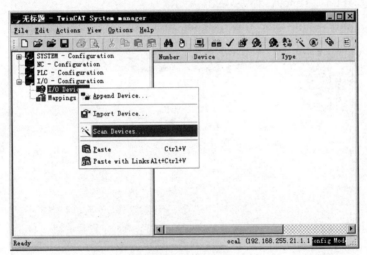

图 4.218　扫描硬件配置

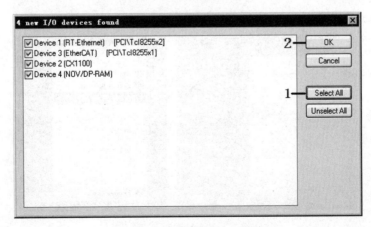

图 4.219　选择所有的 I/O 设备

图 4.220　扫描到的系统设备

（11）保存结果为 Test.tsm，下次启动 System manager 会自动载入它。

（12）设置时基（Base Time），如图 4.221 所示。

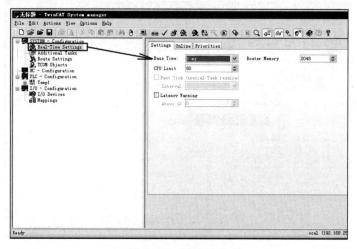

图 4.221　设置时基

（13）进入 PLC 编程环境，如图 4.222 所示。

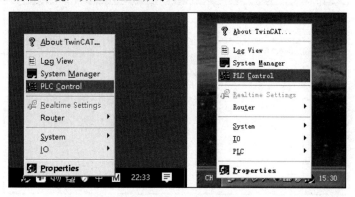

图 4.222　进入 PLC 编程环境

（14）双击"PLC Configuration"目录，选择目标系统类型，如图 4.223 所示。

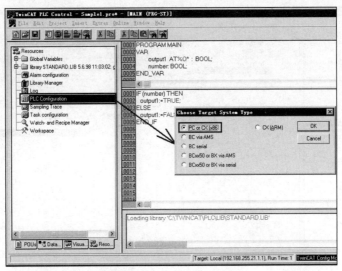

图 4.223　选择目标系统类型

（15）双击"Task configuration"目录，建立一个周期为 2ms 的任务，如图 4.224 所示。

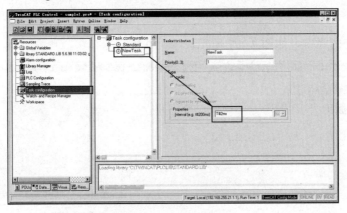

图 4.224　建立任务

（16）创建一个新程序 my_pda，如图 4.225 所示。

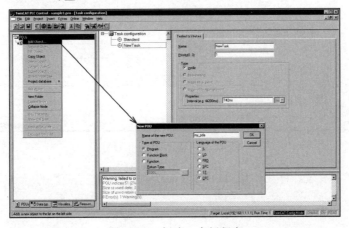

图 4.225　创建一个新程序

（17）将新建的程序添加到新任务（NewTask）中，如图 4.226 所示。

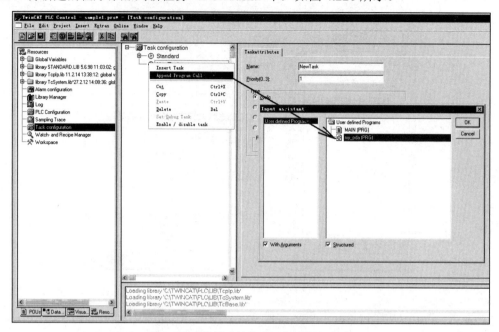

图 4.226　将新建的程序添加到新任务中

（18）选择运行时系统，如图 4.227 所示。

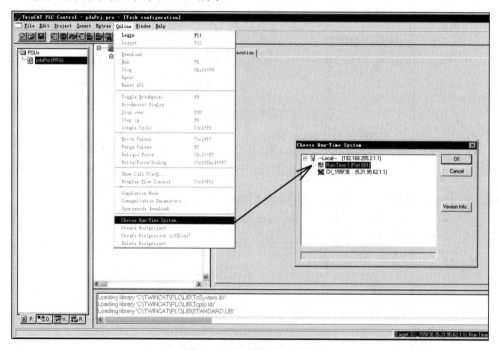

图 4.227　选择运行时系统

（19）联机下载、复位、停止、运行，如图 4.228 所示。

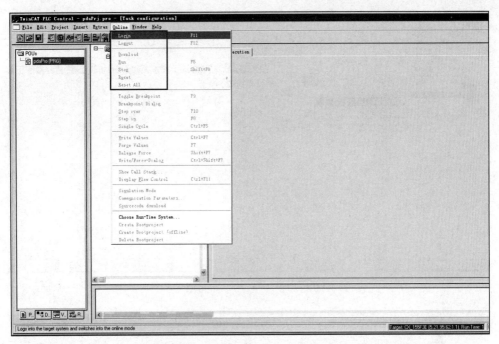

图 4.228　联机下载、复位、停止、运行

（20）声明全局变量数组（见图 4.229）pda 为 200 个实数。

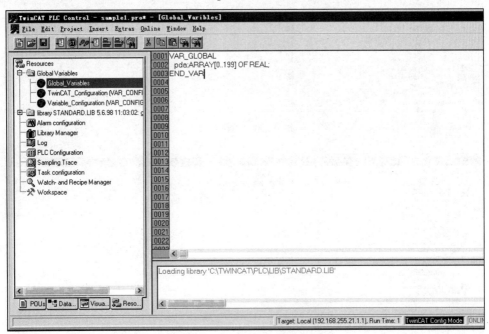

图 4.229　声明全局变量数组

（21）打开程序 my_pda，编程并保存项目为 Temp1.pro，编译后生成 Temp1.tpy 程序。在 TwinCAT System Manager 中加载编译好的 Temp1.tpy 程序，如图 4.230 所示。

（22）激活组态，如图 4.231 所示。

（23）切换到运行模式，如图 4.232 所示。

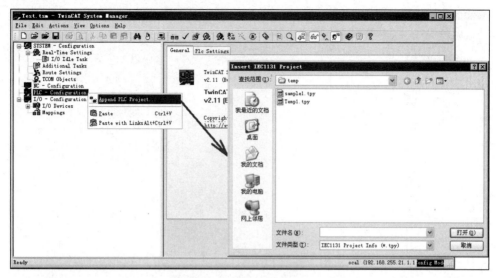

图 4.230　加载编译好的 Temp1.tpy 程序

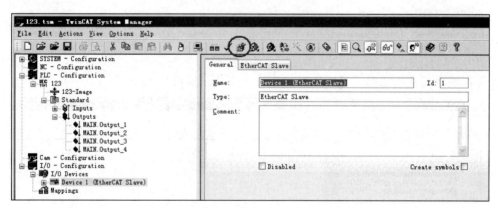

图 4.231　激活组态

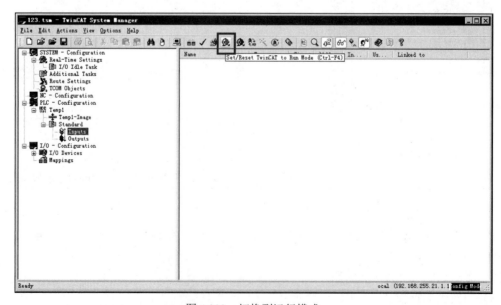

图 4.232　切换到运行模式

（24）将计算机设置成 PLC，如图 4.233 所示。

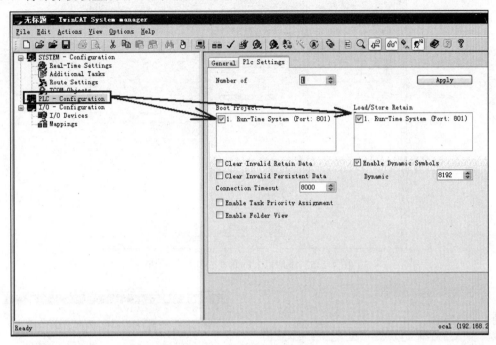

图 4.233　将计算机设置成 PLC

安装 Windows XP 的计算机作为 PLC 时，需要添加以太网通信协议（对于测试版，即使将相关的文件复制到相应的位置，以太网功能也不能正常运行）。添加以太网通信协议时需要软件系列号（见图 4.234）。

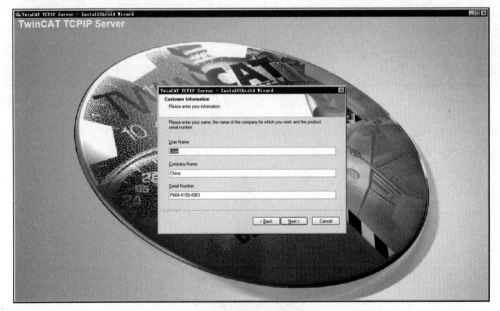

图 4.234　添加以太网通信协议

按以下路径，将以太网库文件 TcpIp.lib 复制到相应位置\TwinCAT\Plc\Lib。添加以太网库文件的操作示意，如图 4.235 所示。选择以太网库文件，如图 4.236 所示。

（25）下载项目并运行。从任务管理器中查看运行的以太网库文件如图 4.237 所示。

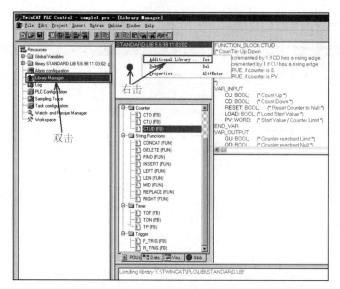

图 4.235　添加以太网库文件的操作示意

图 4.236　选择以太网库文件

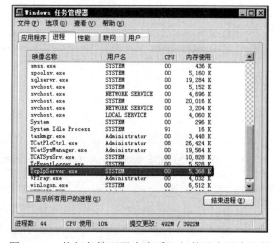

图 4.237　从任务管理器中查看运行的以太网库文件

（26）对于 Windows CE 系统，可用写卡器将 TcTCPIPSvrCe.I586.CAB 复制到 Flash 卡\Hard Disk\System\，写卡器如图 4.238 所示。

图 4.238　写卡器

复制完成后将该写卡器插入 PLC，通电启动。

（27）启动 Windows CE 远程桌面并使用 CERHOST.exe 进行连接，连接操作示意如图 4.239 所示。

（28）运行 TcTCPIPSrvCe.I586.CAB，解压到\Hard Disk\System\。打开库文件压缩包，如图 4.240 所示，解压后的库文件如图 4.241 所示，查看正在运行的程序，如图 4.242 所示。

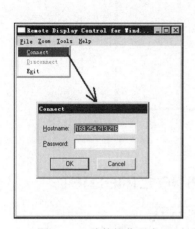

图 4.239　连接操作示意

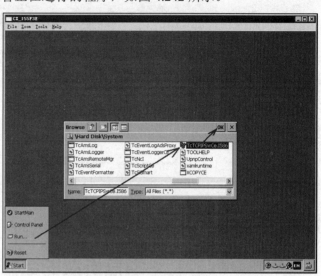

图 4.240　打开库文件压缩包

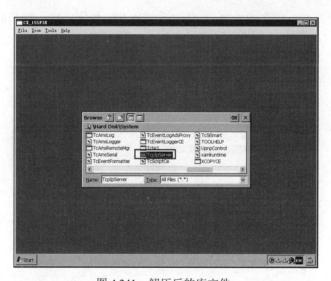

图 4.241　解压后的库文件

本数据采集方式下 PDA 服务器组态如下。

```
[1000,300CH,2.000ms,,25,Note,169.254.213.216]
No,    Name,Adr/note,Unit,Len,Offset ,Gain       ,Type,ALM,HH
CH1=,       ,        ,    ,4  ,0.000000,1.000000,REAL,0  ,0.000
CH2=,       ,        ,    ,4  ,0.000000,1.000000,REAL,0  ,0.000
CH3=,       ,        ,    ,4  ,0.000000,1.000000,REAL,0  ,0.000
......
CH299=,     ,        ,    ,4  ,0.000000,1.000000,REAL,0  ,0.000
CH300=,     ,        ,    ,4  ,0.000000,1.000000,REAL,0  ,0.000
```

图 4.242 查看正在运行的程序

4.37 基于 Beckhoff Realtime Ethernet 通信协议的数据采集方式

采用本数据采集方式，可实现 0.25ms 有效采样周期的数据采集，数据源类型为 36。

1. TwinCAT2 编程环境

（1）将需要采取的数据定义为一个结构体，如图 4.243 所示。

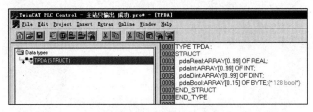

图 4.243 将需要采取的数据定义为一个结构体

（2）为需要采集的数据定义变量，如图 4.244 所示。

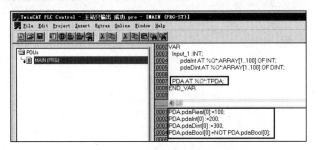

图 4.244 为需要采集的数据定义变量

（3）添加以太网，如图 4.245 所示，添加好的以太网如图 4.246 所示。给生产者添加网络变量，如图 4.247 所示。设置生产者的 UDP 连接通道，如图 4.248 所示。添加的网络变量如图 4.249 所示，生产者的 Id 如图 4.250 所示。

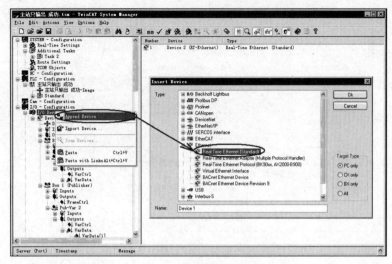

图 4.245　添加以太网

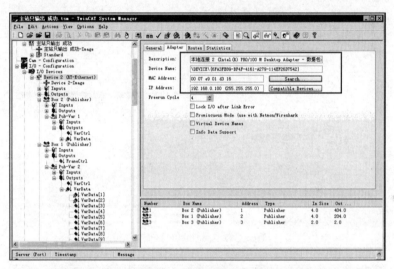

图 4.246　添加好的以太网

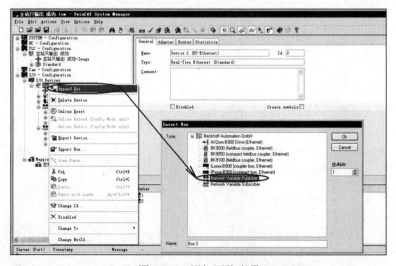

图 4.247　添加网络变量

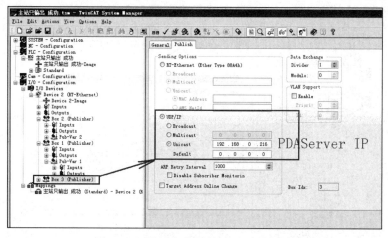

图 4.248 设置生产者的 UDP 连接通道

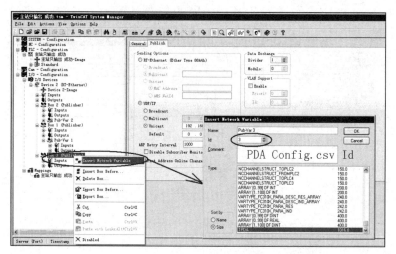

图 4.249 添加的网络变量

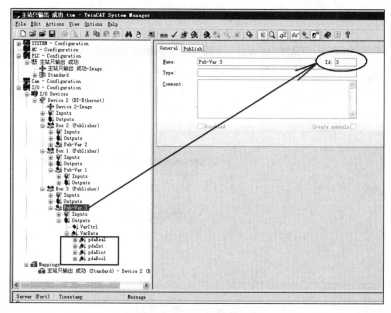

图 4.250 生产者的 Id

2. TwinCAT3 编程环境

若要在计算机中模拟运行在 TwinCAT3 编程环境中开发的程序，则在计算机基本输入输出系统（BIOS）中关闭虚拟化技术（Virtualization Technology，VT）功能，否则，系统会报错。

在 TwinCAT3 编程环境中，将定义好的结构体 TPDA 添加到 External Types 中，如图 4.251 所示。这样，在指定发送数据类型时，才能选择 TPDA 类型。

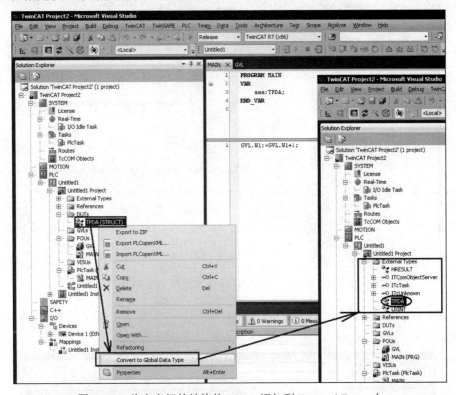

图 4.251　将定义好的结构体 TPDA 添加到 External Types 中

建立连接时，按图 4.252 所示，选择 EtherCAT 通信协议下的 EtherCAT Automation Protocol [Network Variables]。

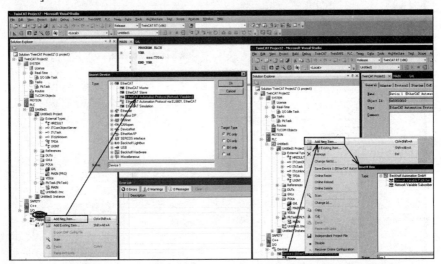

图 4.252　建立连接时的选项操作示意

在 Box 下添加条目 Pub-Var 1 和 TPDA 类型的网络变量，如图 4.253 所示。

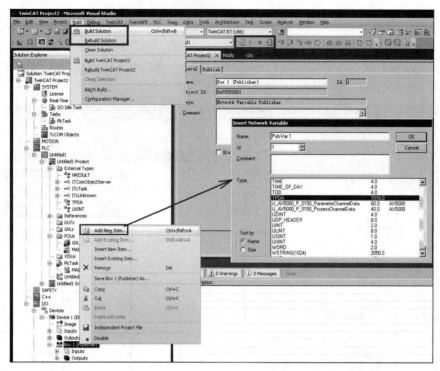

图 4.253　在 Box 下添加条目 Pub-Var 1 和添加 TPDA 类型的网络变量

按图 4.254 所示链接变量，即将变量链接（VarData Link）到定义好的全局变量 GVL.PDA（PDA AT %Q*:TPDA）。

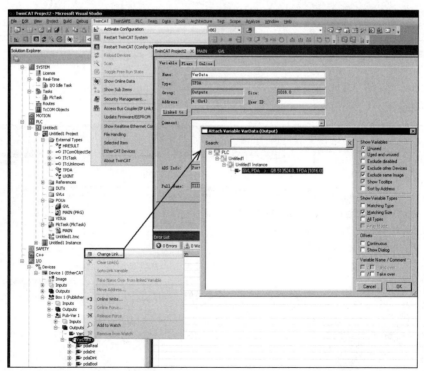

图 4.254　链接变量

4.38　基于 Beckhoff ADS 通信协议的数据采集方式

本数据采集方式下的数据源类型为 15，有效采样周期不小于 10ms。

本数据采集方式不支持多字节 char 数据类型，可用字符串替代。

在 PLC 中修改 AMS Net（CX 控制器可连接显示器、鼠标和键盘），如图 4.255 所示。

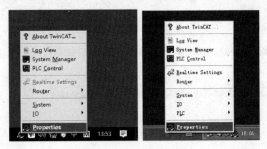

图 4.255　修改 AMS Net

PLC 程序中定义的变量如图 4.256 所示，给变量赋值，如图 4.257 所示。

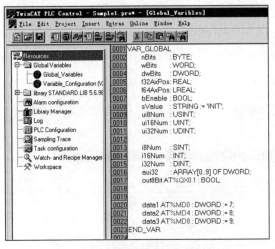

图 4.256　PLC 程序中定义的变量

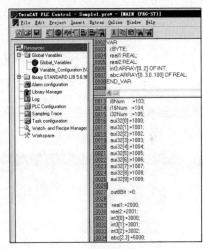

图 4.257　给变量赋值

在 PDA 服务器中，可用手动方式把所有远程 PLC 添加到路由中，如图 4.258 所示。

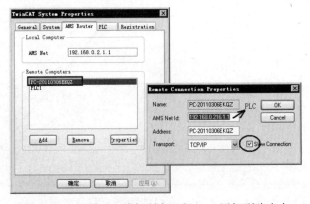

图 4.258　用手动方式把所有远程 PLC 添加到路由中

　　还可通过自动搜索方式把所有远程 PLC 添加到路由中，步骤如图 4.259 所示。未添加到路由中的 PLC 将不能与 PDA 服务器通信。

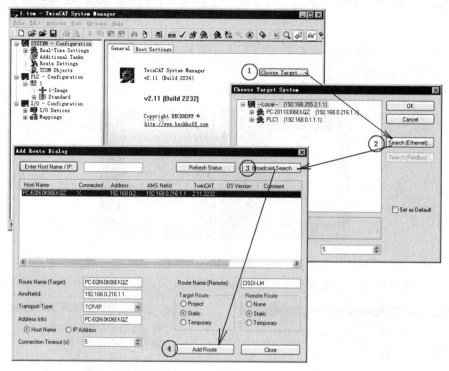

图 4.259　通过自动搜索方式添加 PLC 到路由中的步骤

　　在"Route Settings"目录中可以看见已添加的所有远程 PLC，由此可以查询路由中的 PLC，如图 4.260 所示。

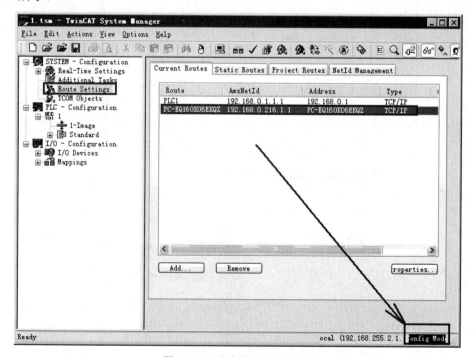

图 4.260　查询路由中的 PLC

　　PDA 高速数据采集分析系统对应的组态文件 Config.csv 示例如下，其中"169.254.198.216.1.1.801"
为 AmsNetId 和以太网的端口号。

```
[3,50CH,10.000ms,192.168.0.210,15,ADS,192.168.0.216,,,,,,,,,,,169.254.198.216.1.1.801]
No,   Name         ,Adr/note       ,Unit,Len,Offset  ,Gain      ,Type   ,ALM,HH
CH1=, nBits        ,nBits          ,    ,1  ,0.000000,1.000000,BYTE   ,0  ,0.000
CH2=, wBits        ,wBits          ,    ,2  ,0.000000,1.000000,WORD   ,0  ,0.000
CH3=, dwBits       ,dwBits         ,    ,4  ,0.000000,1.000000,DWORD  ,0  ,0.000
CH4=, f32AxPos     ,f32AxPos       ,    ,4  ,0.000000,1.000000,REAL   ,0  ,0.000
CH5=, f64AxPos     ,f64AxPos       ,    ,8  ,0.000000,1.000000,DOUBLE,0  ,0.000
CH6=, bEnable      ,bEnable        ,    ,1  ,0.000000,1.000000,BIT    ,0  ,0.000
CH7=, sValue       ,sValue         ,    ,20 ,0.000000,1.000000,STRING,0  ,0.000
CH8=, ui8Num       ,ui8Num         ,    ,1  ,0.000000,1.000000,BYTE   ,0  ,0.000
CH9=, ui16Num      ,ui16Num        ,    ,2  ,0.000000,1.000000,WORD   ,0  ,0.000
CH10=,ui32Num      ,ui32Num        ,    ,4  ,0.000000,1.000000,DWORD  ,0  ,0.000
CH11=,             ,               ,    ,2  ,0.000000,1.000000,INT    ,0  ,0.000
CH12=,i8Num        ,i8Num          ,    ,1  ,0.000000,1.000000,SINT   ,0  ,0.000
CH13=,i16Num       ,i16Num         ,    ,2  ,0.000000,1.000000,INT    ,0  ,0.000
CH14=,i32Num       ,i32Num         ,    ,4  ,0.000000,1.000000,DINT   ,0  ,0.000
CH15=,aui32[0]     ,aui32[0]       ,    ,4  ,0.000000,1.000000,DWORD  ,0  ,0.000
CH16=,aui32[1]     ,aui32[1]       ,    ,4  ,0.000000,1.000000,DWORD  ,0  ,0.000
CH17=,aui32[2]     ,aui32[2]       ,    ,4  ,0.000000,1.000000,DWORD  ,0  ,0.000
CH18=,aui32[3]     ,aui32[3]       ,    ,4  ,0.000000,1.000000,DWORD  ,0  ,0.000
CH19=,aui32[4]     ,aui32[4]       ,    ,4  ,0.000000,1.000000,DWORD  ,0  ,0.000
CH20=,aui32[5]     ,aui32[5]       ,    ,4  ,0.000000,1.000000,DWORD  ,0  ,0.000
CH21=,aui32[6]     ,aui32[6]       ,    ,4  ,0.000000,1.000000,DWORD  ,0  ,0.000
CH22=,aui32[7]     ,aui32[7]       ,    ,4  ,0.000000,1.000000,DWORD  ,0  ,0.000
CH23=,aui32[8]     ,aui32[8]       ,    ,4  ,0.000000,1.000000,DWORD  ,0  ,0.000
CH24=,aui32[9]     ,aui32[9]       ,    ,4  ,0.000000,1.000000,DWORD  ,0  ,0.000
CH25=,out8Bit      ,out8Bit        ,    ,1  ,0.000000,1.000000,BIT    ,0  ,0.000
CH26=,             ,               ,    ,4  ,0.000000,1.000000,REAL   ,0  ,0.000
CH27=,             ,               ,    ,4  ,0.000000,1.000000,REAL   ,0  ,0.000
CH28=,             ,               ,    ,4  ,0.000000,1.000000,REAL   ,0  ,0.000
CH29=,data1        ,data1          ,    ,4  ,0.000000,1.000000,DWORD  ,0  ,0.000
CH30=,data2        ,data2          ,    ,4  ,0.000000,1.000000,DWORD  ,0  ,0.000
CH31=,data3        ,data3          ,    ,4  ,0.000000,1.000000,DWORD  ,0  ,0.000
CH32=,             ,               ,    ,4  ,0.000000,1.000000,DWORD  ,0  ,0.000
CH33=,             ,               ,    ,4  ,0.000000,1.000000,REAL   ,0  ,0.000
CH34=,             ,               ,    ,4  ,0.000000,1.000000,REAL   ,0  ,0.000
CH35=,             ,               ,    ,4  ,0.000000,1.000000,REAL   ,0  ,0.000
CH36=,MAIN.real1   ,MAIN.real1     ,    ,4  ,0.000000,1.000000,REAL   ,0  ,0.000
CH37=,MAIN.real2   ,MAIN.real2     ,    ,4  ,0.000000,1.000000,REAL   ,0  ,0.000
CH38=,MAIN.int3[0] ,MAIN.int3[0]   ,    ,2  ,0.000000,1.000000,INT    ,0  ,0.000
CH39=,MAIN.int3[1] ,MAIN.int3[1]   ,    ,2  ,0.000000,1.000000,INT    ,0  ,0.000
CH40=,MAIN.int3[2] ,MAIN.int3[2]   ,    ,2  ,0.000000,1.000000,INT    ,0  ,0.000
CH41=,             ,               ,    ,4  ,0.000000,1.000000,REAL   ,0  ,0.000
CH42=,             ,               ,    ,4  ,0.000000,1.000000,REAL   ,0  ,0.000
CH43=,             ,               ,    ,4  ,0.000000,1.000000,REAL   ,0  ,0.000
```

```
CH44=,                    ,                ,     ,4  ,0.000000,1.000000,REAL   ,0  ,0.000
CH45=,                    ,                ,     ,4  ,0.000000,1.000000,REAL   ,0  ,0.000
CH46=,                    ,                ,     ,4  ,0.000000,1.000000,REAL   ,0  ,0.000
CH47=,                    ,                ,     ,4  ,0.000000,1.000000,REAL   ,0  ,0.000
CH48=,                    ,                ,     ,4  ,0.000000,1.000000,REAL   ,0  ,0.000
CH49=,                    ,                ,     ,4  ,0.000000,1.000000,REAL   ,0  ,0.000
CH50=,MAIN.abc[2,3],MAIN.abc[2,3]          ,     ,4  ,0.000000,1.000000,REAL   ,0  ,0.000
```

4.39　基于 EtherCAT 通信协议的数据采集方式

　　EtherCAT（以太网控制自动化技术）是一个以以太网为基础的开放架构的现场总线系统，最初由德国倍福自动化有限公司（Beckhoff Automation GmbH）研发。EtherCAT 为系统的实时性能和拓扑的灵活性树立了新的标准，同时，它降低了现场总线的使用成本。EtherCAT 的特点包括高精度设备同步、有可选的线缆冗余量和功能性安全。

　　EtherCAT 是一个开源、高性能的现场总线系统，支持该通信协议的厂商较多。

　　目前，有多种用于提供实时功能的以太网方案。例如，通过较高级的协议层禁止 CSMA/CD 存取（带有冲突检测的载波侦听多路存取）过程，并使用时间片或轮询过程取代它。其他方案使用专用交换机，并采用精确的时间控制方式分配以太网数据包。尽管这些方案能够比较快和比较准确地将数据包传输到所连接的以太网节点，但带宽的利用率很低。对于典型的自动化设备，即使数据量非常小，也必须发送一个完整的以太网帧，而且，重新定向到输出或驱动控制器，以及读取输入数据所需的时间主要取决于执行方式。此时，通常需要使用一条子总线，特别是模块化 I/O 系统通过同步子总线加快传输速度，但是这样的同步无法避免通信总线传输的延迟。

　　通过 EtherCAT 通信协议，德国倍福自动化有限公司突破了其他以太网方案对这些系统的限制。不必像以前那样在每个连接点接收以太网数据包，然后进行解码并复制为过程数据，当帧通过每个设备（包括底层端子设备）时，EtherCAT 从站控制器读取对于该设备十分重要的数据，同样，输入数据可以在报文通过时插入报文中。在以太网帧被传输时，从站控制器会识别出相关命令并进行处理，此过程是在从站控制器中通过硬件实现的，因此与协议堆栈软件的实时运行系统或处理器的性能无关。网段中的最后一个 EtherCAT 从站控制器将经过充分处理的报文返回，这样该报文就作为一个响应报文由第一个从站控制器返回到主站控制器。

　　从以太网的角度看，EtherCAT 总线网段只是一个可接收和发送以太网帧的大型以太网"设备"，但是，该"设备"不包含带下游微处理器的单个以太网控制器，只包含大量的 EtherCAT 从站控制器。与其他任何以太网一样，EtherCAT 不需要通过交换机就可以进行通信，因而产生一个纯粹的 EtherCAT 系统。

　　EtherCAT 系统中的每个设备都使用完整的以太网协议，甚至每个 I/O 端子也如此，不需要使用子总线，只需将耦合器的传输介质由双绞线（100Base-TX 标准）转换为 PCI-E 总线，即可满足电子端子排的要求，电子端子排内的 PCI-E 总线信号类型（低电压差分信号，简称 LVDS）并不是专用的，它还可用于 10 千兆位以太网，在电子端子排末端，物理总线特性被转换回 100Base-TX 标准。

　　标准以太网媒体接入控制器（MAC）或便宜的标准网络适配器（如 NIC）足以作为控制器中的硬件使用，DMA（直接存储器存取）用于将数据传输到计算机，这意味着网络访问对 CPU 性能没有影响，在 Beckhoff 多端口网络适配器中运用了相同的原理，它在一个 PCI 插槽中捆绑 4 个以太网通道。

EtherCAT 通信协议针对过程数据进行了优化，它被直接传输到以太网帧，或被压缩到 UDP/IP 数据报文中，UDP 通信协议在其他子网中的 EtherCAT 网段由路由器进行寻址的情况下使用。以太网帧可能包含若干 EtherCAT 报文，每个报文专门用于特定存储区域，该存储区域可编制大小达 4GB 的逻辑过程镜像。由于数据链独立于 EtherCAT 系统中的端子物理顺序，因此可以对 EtherCAT 系统中的端子进行任意编址，从站控制器之间可进行广播、多点传送和通信。

EtherCAT 通信协议还可处理通常为非循环的参数通信，参数的结构和含义通过 CANopen 设备行规进行设定，这些设备行规用于多种设备类别和应用。EtherCAT 通信协议还支持符合 IEC61491 标准的从属行规。该从属行规以 SERCOS 命名，被全球运动控制应用领域普遍认可。

除了符合控制器主站-从站原理的数据交换，EtherCAT 通信协议还非常适用于控制器之间（主站-主站）的通信，可自由编址的过程数据网络变量，以及提供各种参数化、诊断、编程和远程控制服务，满足众多要求，用于控制器主站-从站和控制器主站-主站通信的数据接口是相同的。

借助现场总线存储管理单元（FMMU），报文处理完全在硬件中进行。EtherCAT 通信协议在网络性能上达到了一个新的高度，例如，1000 个分布式 I/O 数据的刷新周期仅为 30μs，其中包括端子循环时间，通过一个以太网帧，可以交换高达 1486 字节的过程数据，几乎相当于 12000 个数字量，而这一数据量的传输仅用 300μs。与 100 个伺服轴的通信只需 100μs，在此期间，可以向所有伺服轴提供设置值和控制数据，并报告它们的实际位置和状态，分布式时钟技术保证了这些伺服轴之间的同步时间偏差小于 1μs。

利用 EtherCAT 通信协议的优异网络性能，可以实现使用传统现场总线系统无法实现的控制方法。这样，通过现场总线系统也可以形成超高速控制回路，以前需要本地专用硬件支持的功能现在可在软件中加以映射，巨大的带宽资源使状态数据与任何数据可并行传输，EtherCAT 通信协议使得通信技术与现代高性能的工业计算机相匹配，现场总线系统不再是控制领域的瓶颈，打破了分布式 I/O 的数据只能通过本地 I/O 接口传输的限制。

这种网络性能优势在有相对中等的计算能力的小型控制器中较为明显，EtherCAT 中的高速循环可以在两个控制循环之间完成，因此，控制器总有可用的最新输入数据，输出编址的时延最小。在无须增强本身计算能力的基础上，控制器的响应行为得到显著改善。

EtherCAT 通信协议可替代 PCI 通信协议。随着工业控制计算机（简称工控机）组件小型化的加速发展，其体积主要取决于所需要的插槽数目。高速以太网带宽以及 EtherCAT 通信硬件（EtherCAT 从站控制器）数据带宽的利用，开辟了新的应用可能性：通常位于 IPC 中的接口端子被转移到 EtherCAT 系统中的智能化接口端子上。除了分布式 I/O、伺服轴和控制单元，现场总线主站、高速串行接口、网关和其他通信接口等复杂系统可以通过工控机中的一个以太网端口进行寻址，甚至无通信协议变体限制的其他以太网设备也可通过分布式交换机端子进行连接。工控机的体积越来越小，成本也越来越低，一个以太网接口足以应对所有的通信任务。

用以太网代替 PCI 现场总线设备（PROFIBUS、CANopen、DeviceNet、AS-i 等）通过分布式现场总线主站端子进行集成，不使用现场总线主站，从而节省了工控机中的 PCI 插槽。

采用基于 EtherCAT 通信协议的数据采集方式时，有效采样周期可达到 0.1ms，数据源类型为 5，不支持 STRING 类型数据，可用 CHAR 类型数据代替。

通信方式一：需要型号为 FC1100 或 FC1121 EtherCAT 网络适配器支持，组态方式类同 4.38 节。

建议组建独立的 EtherCAT 网络进行高速数据采集，基于 EtherCAT 通信协议的数据采集所用典型网络结构如图 4.261 所示。

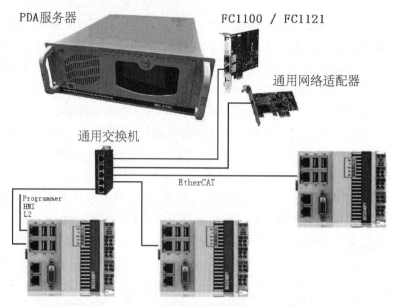

图 4.261   基于 EtherCAT 通信协议的数据采集所用典型网络结构

在 PLC 程序中，根据需要采集的信号定义一个结构体 TPDA。PDA 数据结构定义如图 4.262 所示，注意：第一个字节为 PLC 主站站号，需要与组态文件 Config.csv 中的连接识别号对应。

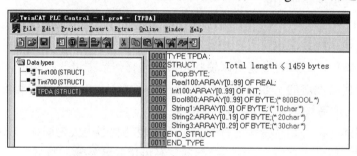

图 4.262   PDA 数据结构定义

在 PLC 程序中，将值赋给 TPDA 实例。定义 PDA 数据实体变量，如图 4.263 所示。

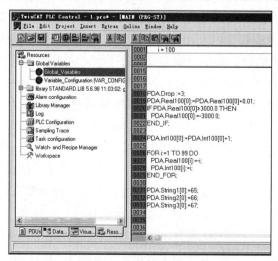

图 4.263   定义 PDA 数据实体变量

在组态软件中插入 PDA 变量，连接到 PDA 变量，分别如图 4.264 和图 4.265 所示。

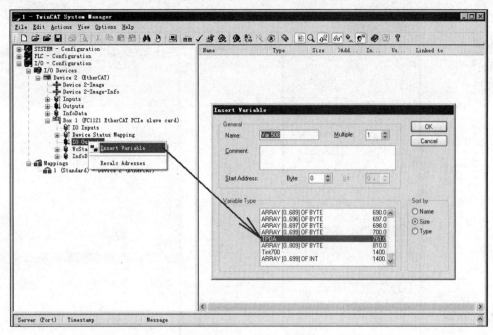

图 4.264　插入 PDA 变量

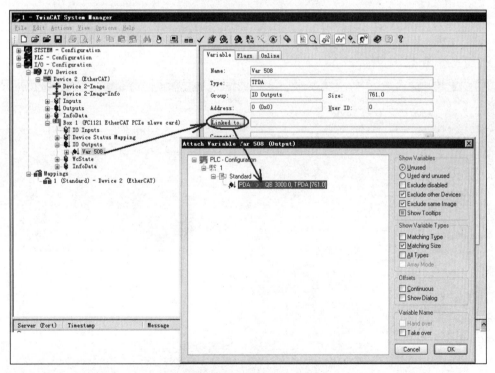

图 4.265　连接到 PDA 变量

通信方式二：不需要专用的 EtherCAT 从站网卡。

建立连接时，按图 4.266 所示，选择 EtherCAT 通信协议下的 EtherCAT Automation Protocol [Network Variables]。EtherCAT 通信协议按 MAC 地址传输数据，PDA 数据源类型为 5，其他内容请参考 4.37 节。

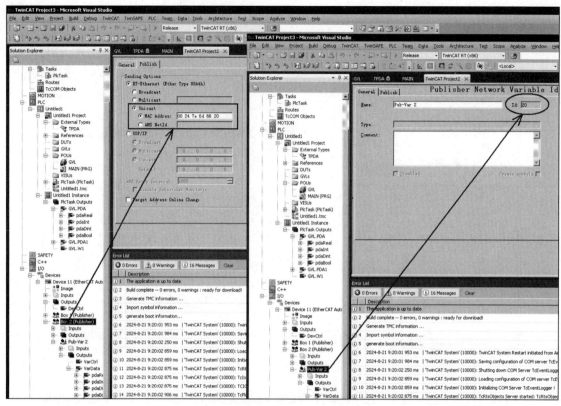

图 4.266　选择 EtherCAT 通信协议并输入 MAC 地址

PDA 组态如图 4.267 所示。

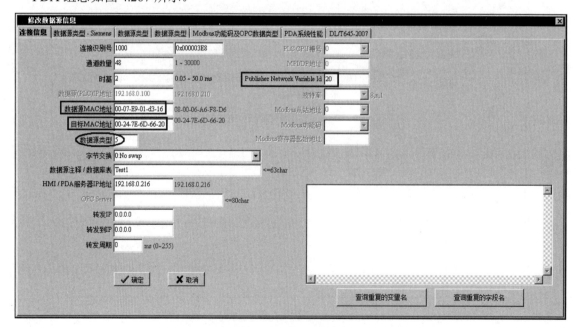

图 4.267　PDA 组态

4.40　通过 RS232/RS485 采集数据

通过串口通信标准（RS232/EIA485，其中的 EIA485 旧称 RS485）采集的数据帧结构如图 4.268 所示。

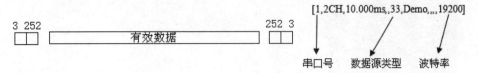

图 4.268　通过串口通信标准采集的数据帧结构

本数据采集方式适用于所有波特率，常见的波特率有 50、75、100、110、134、150、300、600、1200、1800、2400、3600、4000、4800、7200、9600、14400、16000、19200、28800、38400、51200、56000、57600、64000、76800、115200、128000、153600、230400、250000、256000、460800、500000、576000、614400、921600、1000000、1200000、1228800、1500000、1562500、2000000、3000000、3125000 等，以上数据单位为 b/s。数据帧头为 3 和 252，帧尾为 252 和 3。可以按两种方式采集数据：多连接通道同步采集方式（数据源类型为 33）和多帧数据打包采集方式（数据源类型为 52）图 4.269 为一种串口数据采集设备，它可高速采集两路模拟量数据，采用串口通信标准，尺寸为 5cm×5cm；可嵌入用户系统中，以管理员身份运行 pdaTools.exe，可以自动注册串口控件。

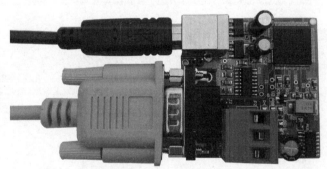

图 4.269　一种串口数据采集设备

4.41　基于 OPC 通信协议的数据采集方式

本数据采集方式下的数据源类型为 12（OPCAutomation，只读 PLC）或 13（OPC Com，读写 PLC），确保 OPC server 及授权软件安装正确。当 1 台 PLC 采集点数太多时，可把采集点数分给多个连接通道，每个连接通道的 OPC 组名可以不一致。

罗克韦尔公司推出的 PLC 适用基于 OPC 通信协议的数据采集方式，综合采样周期可达到 10ms。下面以该型号 PLC 作为例进行说明。

1. 安装编程工具 RSLogix 许可证

安装好编程工具 RSLogix 许可证，图 4.270 所示为 RSLogix 许可证界面。

图 4.270　RSLogix 许可证界面

2. 编写 PLC 程序

编写 PLC 程序，在主程序块中用 JSR 指令调用其他程序块，如图 4.271 所示。

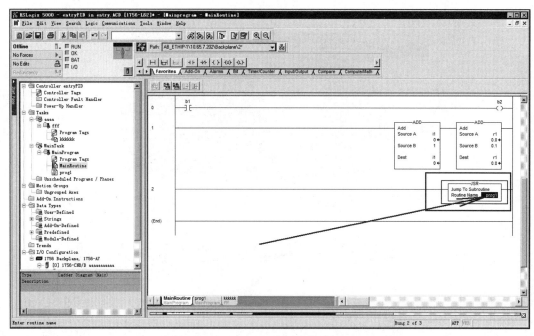

图 4.271　在主程序块中用 JSR 指令调用其他程序块

在定周期扫描任务中添加主程序块，若需要在该任务中添加其他程序块，则可用 JSR 指令在主程序块中调用添加的其他程序块，如图 4.272 所示。

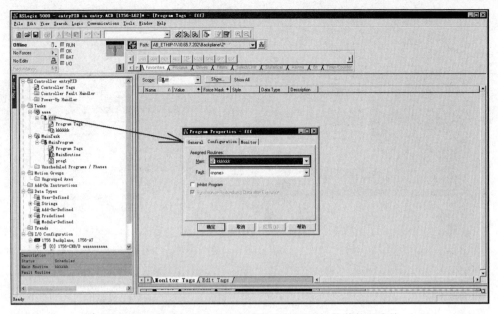

图 4.272　用 JSR 指令在主程序块中调用添加的其他程序块

3. 安装 RSLinx Classic Gateway 许可证

运行虚拟软驱仿真程序 WinVF.exe，加载授权印象文件 gzhstar.img，运行 Move Activation-32 Bit，将相关软件使用许可证从软盘移动到硬盘分区中。

4. RSLinx 通信驱动组态

RSLinx 通信驱动组态如图 4.273 所示。

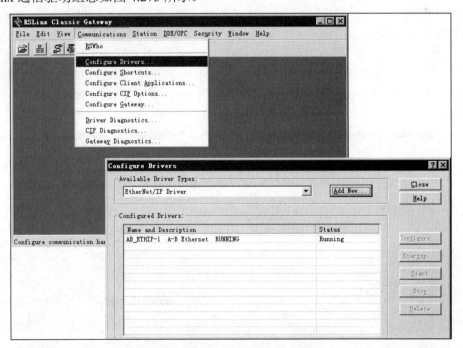

图 4.273　RSLinx 通信驱动组态

5. RSLinx OPC 组态

RSLinx OPC 组态如图 4.274 所示。

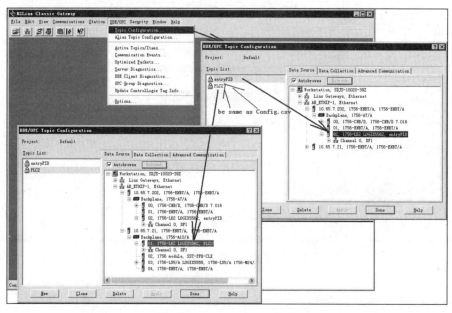

图 4.274　RSLinx OPC 组态

6. OPC 扫描及 PDA 组态

采用通用的 OPC Client 工具扫描计算机，可以搜索到所有的 OPC Server（服务器）和 Item ID。Item ID 作为 PDA 高速数据采集分析系统变量名，变量名必须与 PLC 程序中的一致，PLC 程序中的模拟量对应 PDA 高速数据采集分析系统中的 REAL 数据类型；BOOL 对应 BIT，连续的 BOOL 数量应为 8 的倍数；字符串对应 CHAR，其长度要填入"STRING LEN"栏。

PDA 高速数据采集分析系统自带有 OPC 扫描工具 pdaTools.exe，单击"组态"→"OPC 扫描及 PDA 组态"命令，可直接打开 PDA 高速数据采集分析系统组态文件并测试 OPC 网络连接情况，也可将选择的变量直接保存为 PDA 高速数据采集分析系统组态文件 Config.csv。OPC 变量扫描如图 4.275 所示。

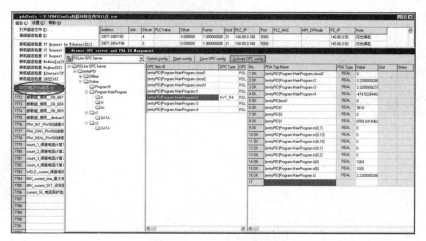

图 4.275　OPC 变量扫描

对采样时间等系统参数进行组态，系统参数设置如图 4.276 所示。单击"Activate OPC config"按钮，可测试 OPC 网络与 PLC 的连接情况，可以显示实时值。单击"Open config"按钮，可以打开 PDA 组态文件。

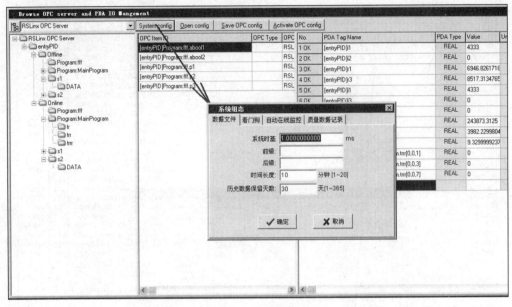

图 4.276　系统参数设置

根据变量实际情况，对 PDA Type、Unit、StrLen（字符串长度）、Offset、Factor 变量参数进行适当调整，变量参数设置如图 4.277 所示。单击"Save OPC config"按钮，即可生成 PDA 高速数据采集分析系统组态文件 Config.csv，PDA 高速数据采集分析系统中的 OPC 组态如图 4.278 所示。

No.	PDA Tag Name	PDA Type	Value	Unit	Strlen	OPC Type	Offset	Factor	OPC server
1 OK	[entryPID]Program:MainProgram.cbool3	REAL	0	KW		VT_I2	0.000000	1.000000000	RSLinx OPC Server
2 OK	[entryPID]Program:MainProgram.t2	REAL	2.2200000288	m/s		VT_R4	0.000000	1.000000000	RSLinx OPC Server
3 OK	[entryPID]Program:MainProgram.t3	REAL	3.3299999237	m/s		VT_R4	0.000000	1.000000000	RSLinx OPC Server
4 OK	[entryPID]Program:MainProgram.t4	REAL	681.07788085	MPa		VT_R4	0.000000	1.000000000	RSLinx OPC Server
5 OK	[entryPID]bool1	REAL	0	m2		VT_I2	0.000000	1.000000000	RSLinx OPC Server
6 OK	[entryPID]i1	REAL	591			VT_I4	0.000000	1.000000000	RSLinx OPC Server
7 OK	[entryPID]i3	REAL	0			VT_I4	0.000000	1.000000000	RSLinx OPC Server
8 OK	[entryPID]r1	REAL	1398.4056398			VT_R4	0.000000	1.000000000	RSLinx OPC Server
9 OK	[entryPID]Program:MainProgram.trr[0,7]	REAL	0	km/h		VT_R4	0.000000	1.000000000	RSLinx OPC Server
10 OK	[entryPID]Program:MainProgram.trr[0,10]	REAL	0			VT_R4	0.000000	1.000000000	RSLinx OPC Server
11 OK	[entryPID]Program:MainProgram.trr[0,15]	REAL	0			VT_R4	0.000000	1.000000000	RSLinx OPC Server
12 OK	[entryPID]Program:MainProgram.trr[0,1]	REAL	0			VT_R4	0.000000	1.000000000	RSLinx OPC Server
13 OK	[entryPID]Program:MainProgram.trr[0,2]	REAL	0			VT_R4	0.000000	1.000000000	RSLinx OPC Server
14 OK	[entryPID]Program:MainProgram.tr[4]	REAL	1004	m2		VT_R4	0.000000	1.000000000	RSLinx OPC Server
15 OK	[entryPID]Program:MainProgram.tr[6]	REAL	1006			VT_R4	0.000000	1.000000000	RSLinx OPC Server
16 OK	[entryPID]Program:MainProgram.t2	REAL	2.2200000288			VT_R4	0.000000	1.000000000	RSLinx OPC Server
17									

图 4.277　变量参数设置

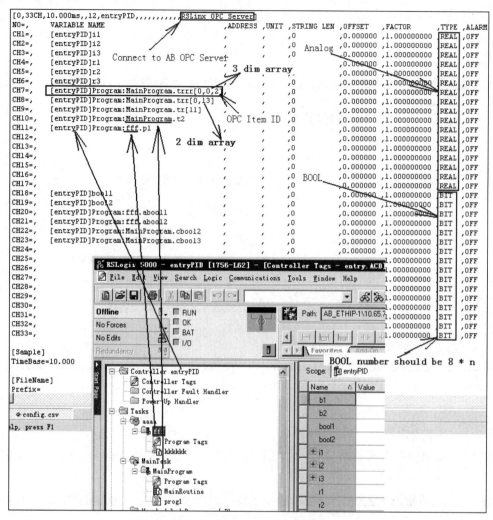

图 4.278　PDA 高速数据采集分析系统中的 OPC 组态

对应的组态文件 Config.csv 示例如下。

```
[0,33CH,10.000ms,,12,entryPID,,,,,,,,,,,RSLinx OPC Server]

No,    Item Id                                  ,Adr/note,Unit,Len,Offset  ,Gain     ,Type

CH1=,  [entryPID]i1                             ,        ,    ,4  ,0.000000,1.000000,REAL

CH2=,  [entryPID]i2                             ,        ,    , 4 ,0.000000,1.000000,REAL

CH3=,  [entryPID]i3                             ,        ,    , 4 ,0.000000,1.000000,REAL

CH4=,  [entryPID]r1                             ,        ,    , 4 ,0.000000,1.000000,REAL

CH5=,  [entryPID]r2                             ,        ,    , 4 ,0.000000,1.000000,REAL

CH6=,  [entryPID]r3                             ,        ,   ,  4 ,0.000000,1.000000,REAL

CH7=,  [entryPID]Program MainProgram.trrr[0 0 2] ,       ,    , 4 ,0.000000,1.000000,REAL

CH8=,  [entryPID]Program MainProgram.trr[0 13]   ,       ,    , 4 ,0.000000,1.000000,REAL

CH9=,  [entryPID]Program MainProgram.tr[11]      ,        ,    , 4 ,0.000000,1.000000,REAL

CH10=, [entryPID]Program MainProgram.t2          ,        ,    , 4 ,0.000000,1.000000,REAL

CH11=, [entryPID]Program fff.p1                  ,        ,    , 4 ,0.000000,1.000000,REAL

CH12=, [entryPID]s1                              ,        ,    , 10 ,0.000000,1.000000,CHAR

CH13=, [entryPID]s2                              ,        ,    , 20 ,0.000000,1.000000,CHAR
```

```
CH14=,                                      ,         ,       ,4  ,0.000000,1.000000,REAL
CH15=,                                      ,         ,       ,4  ,0.000000,1.000000,REAL
CH16=,                                      ,         ,       ,4  ,0.000000,1.000000,REAL
CH17=,                                      ,         ,       ,4  ,0.000000,1.000000,REAL
CH18=,[entryPID]bool1                       ,         ,       ,1  ,0.000000,1.000000,BIT
CH19=,[entryPID]bool2                       ,         ,       ,1  ,0.000000,1.000000,BIT
CH20=,[entryPID]Program fff.abool1          ,         ,       ,1  ,0.000000,1.000000,BIT
CH21=,[entryPID]Program fff.abool2          ,         ,       ,1  ,0.000000,1.000000,BIT
CH22=,[entryPID]Program MainProgram.cbool2  ,         ,       ,1  ,0.000000,1.000000,BIT
CH23=,[entryPID]Program MainProgram.cbool3  ,         ,       ,1  ,0.000000,1.000000,BIT
CH24=,                                      ,         ,       ,1  ,0.000000,1.000000,BIT
CH25=,                                      ,         ,       ,1  ,0.000000,1.000000,BIT
CH26=,                                      ,         ,       ,1  ,0.000000,1.000000,BIT
CH27=,                                      ,         ,       ,1  ,0.000000,1.000000,BIT
CH28=,                                      ,         ,       ,1  ,0.000000,1.000000,BIT
CH29=,                                      ,         ,       ,1  ,0.000000,1.000000,BIT
CH30=,                                      ,         ,       ,1  ,0.000000,1.000000,BIT
CH31=,                                      ,         ,       ,1  ,0.000000,1.000000,BIT
CH32=,                                      ,         ,       ,1  ,0.000000,1.000000,BIT
CH33=,                                      ,         ,       ,1  ,0.000000,1.000000,BIT
```

7. Beckhoff OPC

在计算机中安装 TwinCAT 和 TwinCAT OPC 程序组，如图 4.279 所示。

对两台 PLC 进行数据采集，OPC 服务器的设置步骤一和步骤二分别如图 4.280 和图 4.281 所示。

图 4.279　在计算机中安装 TwinCAT 和 TwinCAT OPC 程序组

设置完毕，可以用 pdaTools.exe 进行 OPC 扫描和在线监控。

8. 连接 WinCC OPC

（1）新建 S7-300 站，产生反向锯齿信号 MD1000、正弦信号 MD1004 和余弦信号 MD1008。给 S7-300 定义变量并赋值，如图 4.282 所示。

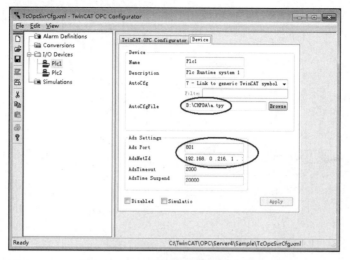

图 4.280　OPC 服务器的设置步骤一

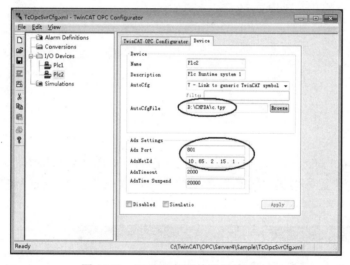

图 4.281　OPC 服务器的设置步骤二

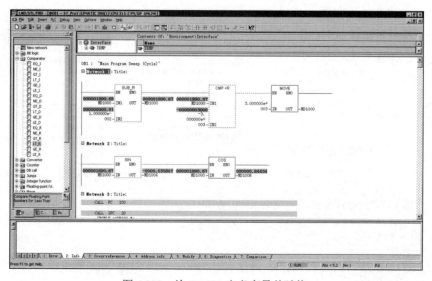

图 4.282　给 S7-300 定义变量并赋值

（2）新建 S7-1500 站，产生锯齿信号 DB1001.DBD0、正弦信号 DB1001.DBD4 和余弦信号 DB1001.DBD8，给 S7-1500 定义变量并赋值，如图 4.283 所示。

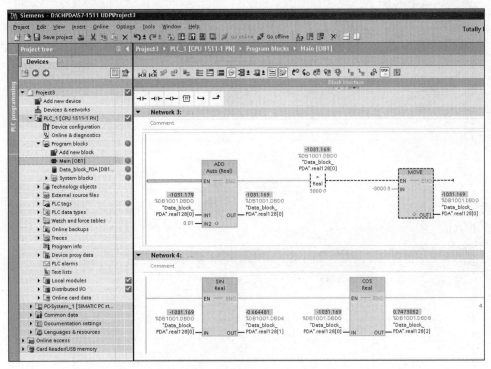

图 4.283　给 S7-1500 定义变量并赋值

（3）在 WinCC 中添加以上 6 个变量并运行，如图 4.284 所示。

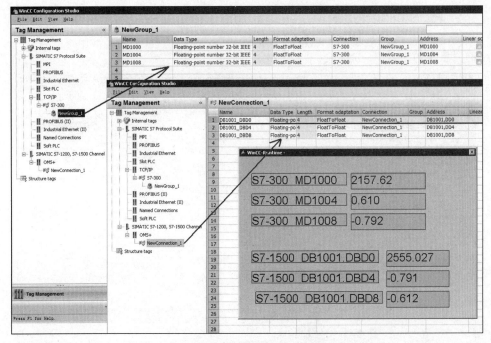

图 4.284　在 WinCC 中添加以上 6 个变量并运行

运行 OPC 扫描工具 pdaTools.exe，选择 OPCServer.WinCC，如图 4.285 所示。

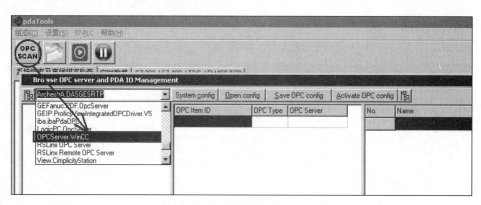

图 4.285 选择 OPCServer.WinCC

单击"Save OPC config"按钮，可将选择好的变量保存为 PDA 高速数据采集分析系统组态文件 Config.csv，供 PDAserver 调用，"Activate OPC config"按钮，可以激活变量并显示实时值，如图 4.286 所示。

图 4.286 激活变量并显示实时值

采集的变量实时值及其曲线如图 4.287 所示。

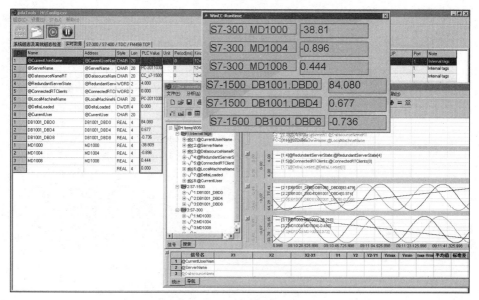

图 4.287 采集的变量实时值及其曲线

9. 连接 KEPServerEx OPC

（1）运行 KEPServerEX 5 Configuration，对 PLC 变量进行组态，如图 4.288 所示。

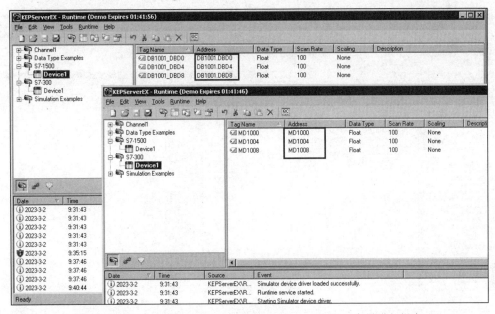

图 4.288　运行 KEPServerEX 5 Configuration，对 PLC 变量进行组态

（2）运行 pdaTools.exe，选择 Kepware.KEPServerEX.V5，如图 4.289 所示。

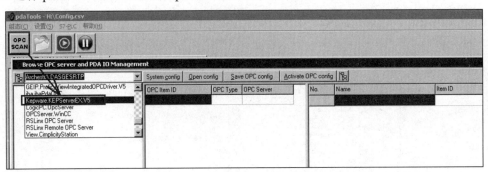

图 4.289　选择 KEPServerEX.V5

（3）选择需要采集的 Item ID，如图 4.290 所示。

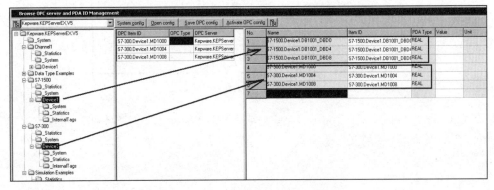

图 4.290　选择需要采集的 Item ID

采集的变量实时值及其曲线如图 4.291 所示。

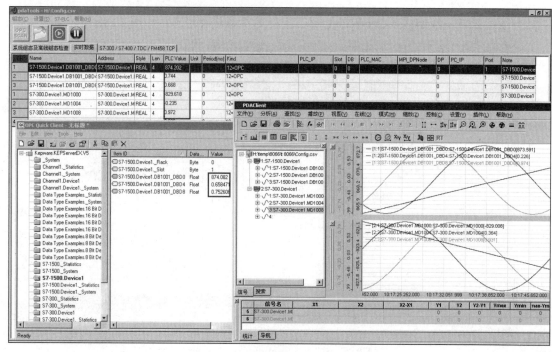

图 4.291　采集的变量实时值及其曲线

10. 连接远程 OPCServer

（1）对于 PDAServer（服务器）中没有注册的 OPC 类，可从其他计算机的注册表中导出再导入本计算机。注册的 OPC 类如图 4.292 所示。

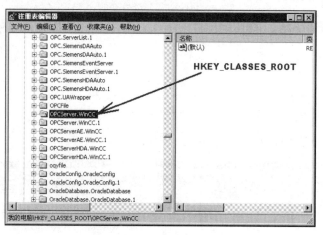

图 4.292　注册的 OPC 类

（2）在 PDAServer 组态文件 Config.csv 中，设置 PDAServer IP，如图 4.293 所示，将 OPCServer IP 地址填写在 OPCserver 名称前。

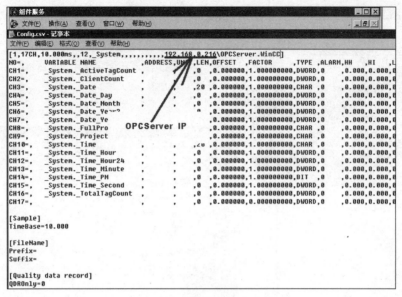

图 4.293　设置 OPCServer IP

（3）在各自运行 OPCServer 和 PDAServer 的计算机中，建立一个相同的拥有管理员权限的用户，设置相同的密码。关闭 Windows 防火墙，如图 4.294 所示。

图 4.294　关闭 Windows 防火墙

（4）单击"开始"→"运行"命令，在弹出的"运行"窗口中输入"dcomcnfg"，按 Enter 键，启动 Windows 组件服务。

在各自运行 OPCServer 和 PDAServer 的计算机中都要进行以下配置：DCOM（分布式组件对象模型）属性配置如图 4.295 所示，DCOM 安全性配置如图 4.296 所示，COM（组件对象模型）安全配置如图 4.297 所示，COM 常规配置如图 4.298 所示，COM 位置和标识配置如图 4.299 所示，COM 网络配置如图 4.300 所示。

图 4.295　DCOM 属性配置

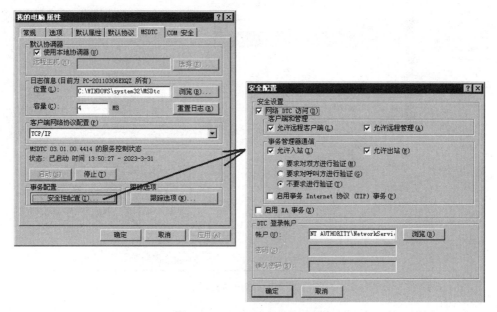

图 4.296　DCOM 安全性配置

在图 4.297 中，对每个用户进行相同的配置，对 Administrators 的权限全部勾选"允许"复选框。

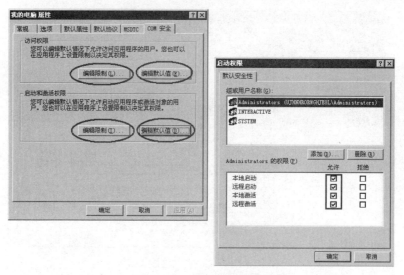

图 4.297 COM 安全配置

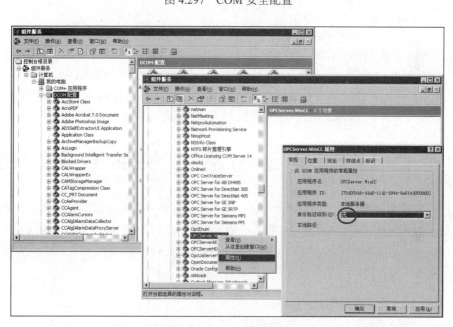

图 4.298 COM 常规配置

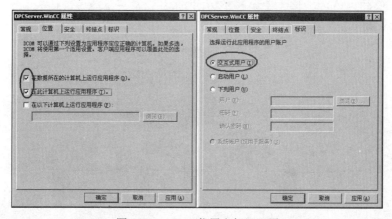

图 4.299 COM 位置和标识配置

图 4.300　COM 网络配置

11. 采集人机接口系统所有标签数据

常用的人机接口（HMI）系统有 WinCC、Intouch、iFix、Cimplicity 等，它们的归档及分析功能较弱，但一般都配有 OPCServer。PDA 高速数据采集分析系统可以通过 OPC 通信协议快速采集本地或远程 HMI 系统内外部所有标签（Tags）数据，远程采集时建议采用专用以太网连接 PDA 高速数据采集分析系统和 HMI 系统。本数据采集方式不影响 HMI 系统性能。

4.42　西门子辅传动 S120 系列变频器的数据采集方式

S120 系列变频器是西门子公司推出的新一代变频器，配有 PROFIBUS-DP 和 PROFINET-PN 接口，其常用的控制单元有 CU320-2 PN、CU320 等。控制单元 CU320-2 PN 的型号为 6SL3 040-1MA01-0AA0，其存储卡的型号为 6SL 3054-0EJ01-1BA0；控制单元 CU320 的型号为 6SL3 040-0MA00-0AA1，其存储卡的型号为 6SL 3054-0CG00-1AA0。

1. PDAServer 作为 PROFINET 主站

PDAServer 作为 PROFINET 主站可高速采集多台 PROFINET 从站（CU320）从站数据，高速采集多个控制单元 CU320 的数据方案如图 4.301 所示。这是采集速度最快的方案且没有因信号进行模数转换而带来的干扰，数据源类型为 40。

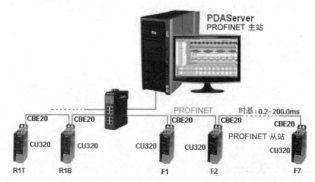

图 4.301　高速采集多个控制单元 CU320 数据的方案

利用控制单元 CU320 自带的 PN 接口 X150 或添加 PROFINET 通信模块 CBE20（型号为 6SL3055-0AA00-2EB0），进行数据采集。

CPU 315-2 PN/DP 的硬件配置如图 4.302 所示。

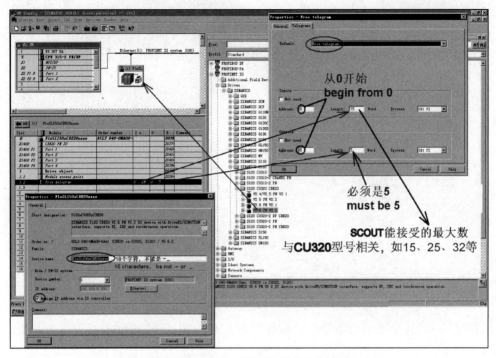

图 4.302 CPU 315-2 PN/DP 的硬件配置

CPU 1211C 中的硬件及网络配置如图 4.303 所示，控制单元 CU320 的报文配置如图 4.304 所示。

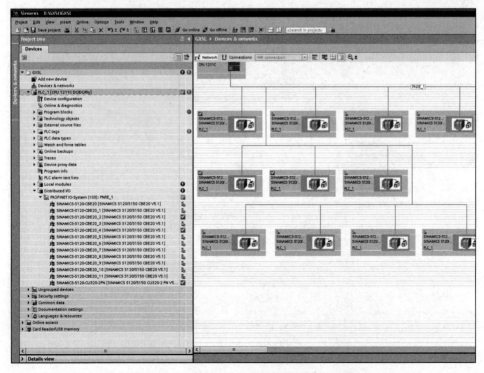

图 4.303 CPU 1211C 中的硬件及网络配置

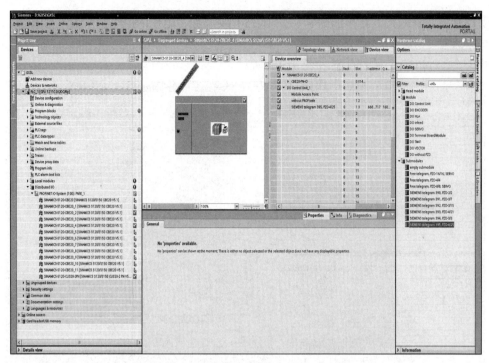

图 4.304　控制单元 CU320 的报文配置

在组态软件 SCOUT 中查看版本号，给控制单元 CU320 分配 IP 地址如图 4.305 所示；配置 PROFINET 设备名，如图 4.306 所示。

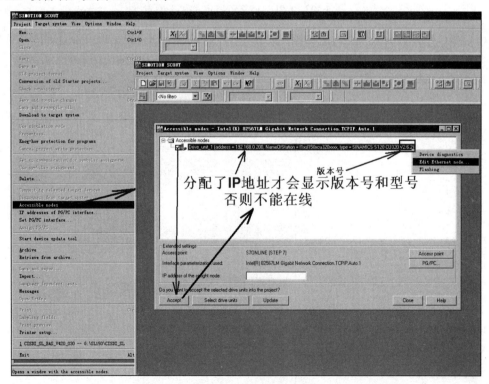

图 4.305　给控制单元 CU320 分配 IP 地址和 PROFINET 设备名

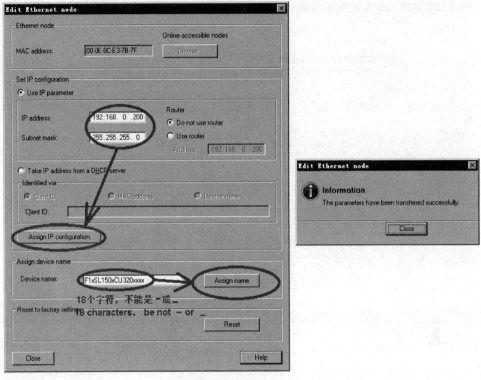

图 4.306　配置 PROFINET 设备名

　　在 SCOUT 组态软件中添加 **PROFINET** 通信模块 CBE20，如图 4.307 所示；配置自由报文，步骤一和步骤二分别如图 4.308 与图 4.309 所示。

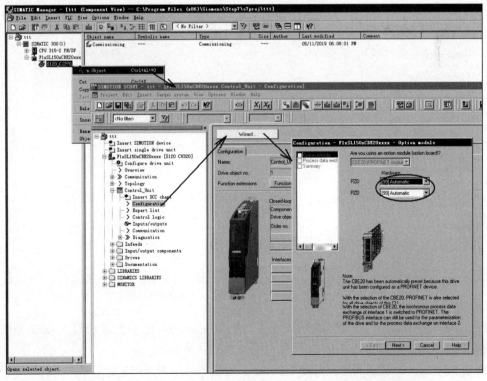

图 4.307　在 SCOUT 组态软件中添加 PROFINET 通信模块 CBE20

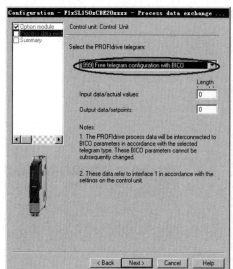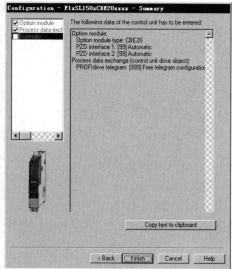

图 4.308　配置自由报文步骤一

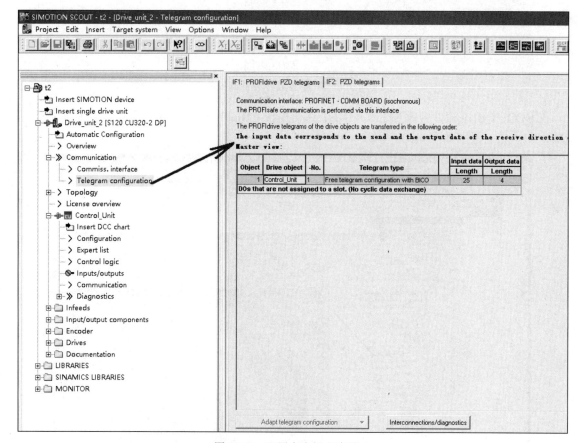

图 4.309　配置自由报文步骤二

系统自动给通信模块 CBE20 分配接口 IF1，给 PROFIBUS-DP 分配接口 IF2。如果系统没有配置通信模块 CBE20，那么接口 IF1 被分配给 PROFIBUS-DP。

配置从 PDAServer 发送到控制单元 CU320 中的数据，如图 4.310 所示。

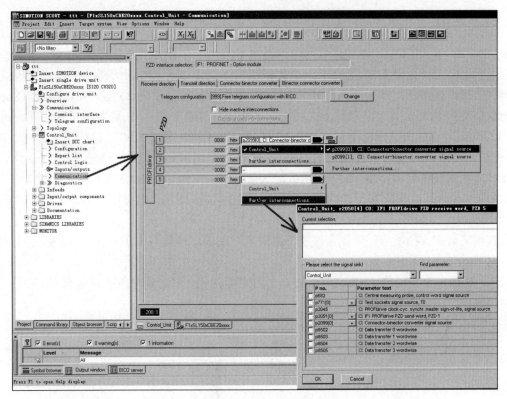

图 4.310　配置从 PDAServer 发送到控制单元 CU320 中的数据

配置从控制单元 CU320 发送到 PDAServer 中的数据，如图 4.311 所示。

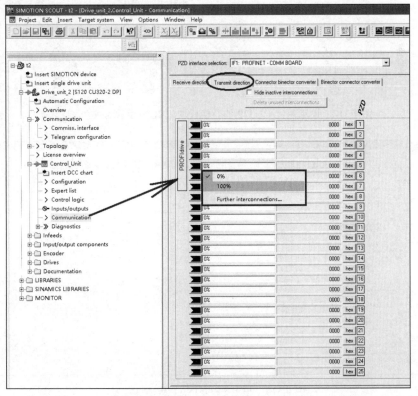

图 4.311　配置从控制单元 CU320 发送到 PDAServer 中的数据

2. 以 PDAServer 作为主站，通过 PROFINET 总线的时分复用采集数据

给每个控制单元 CU320 添加以太网通信模块 CBE20，以组建专用的 PROFINET 网络采集数据。控制单元 CU320 的通信模块 CBE20 数据采集网络组成如图 4.312 所示。各单元在常规方式下能采集到的数据量如下：每个控制单元（CU 系列）采集的数据量为 25 字，电源单元（Supply）采集的数据量为 10 字，每个驱动单元（Drive）采集的数据量为 20 字；数据刷新周期可达到 1ms。通过 PROFINET 总线的时分复用，可采集更多的数据。例如，PROFINET 总线时分复用 3 次，以上 3 种单元可采集的数据量是原来的 3 倍，此时数据刷新周期为 3ms。配置方法如下：指定 PROFINET 从站设备名，如图 4.313 所示；定义接口 IF1 报文，如图 4.314 所示；定义接口 IF2 报文，如图 4.315 所示；选择接口 IF1 和接口 IF2，如图 4.316 所示；定义接口 IF2 变量，如图 4.317 所示。

本数据采集方式的优点：采集速度快，不需要对基础自动化系统（如 PLC 系统）进行任何修改，并与基础自动化系统隔离。

缺点：要给每个控制单元 CU320 添加一个通信模块 CBE20，要修改控制单元 CU320 的参数，要单独组网，系统成本有所增加。

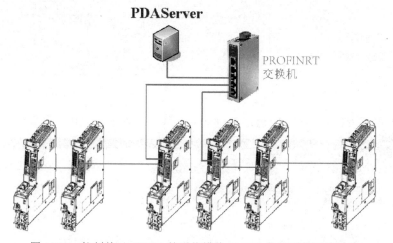

图 4.312　控制单元 CU320 的通信模块 CBE20 数据采集网络组成

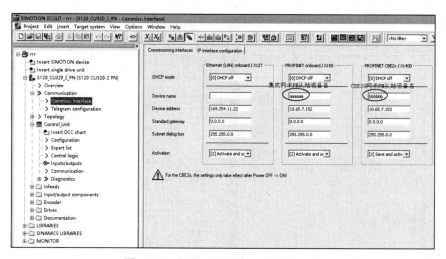

图 4.313　指定 PROFINET 从站设备名

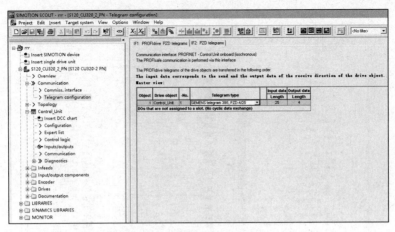

图 4.314 定义接口 IF1 报文

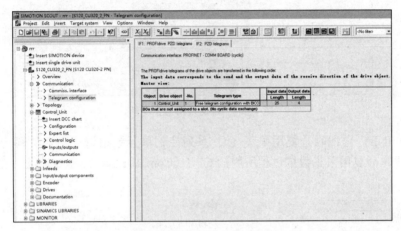

图 4.315 定义接口 IF2 报文

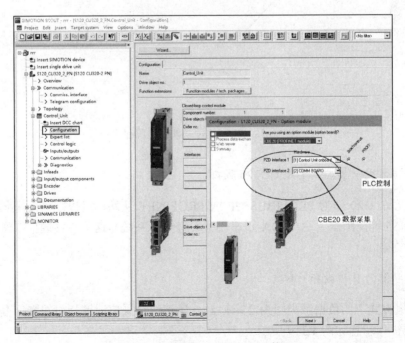

图 4.316 选择 IF1 接口和 IF2 接口

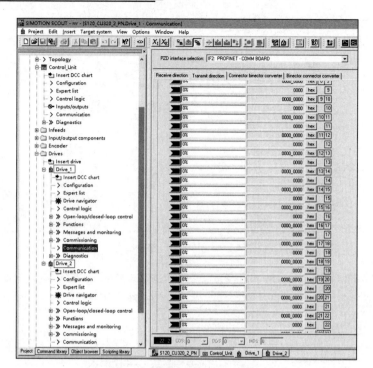

图 4.317 定义接口 IF2 变量

通过 PROFINET 总线时分复用采集 CU 系列控制单元数据量 75 字，刷新周期为 3ms。PROFINET 总线时分复用采集数据过程所用的 CFC（Control Flow Chart）连续功能图控制程序如图 4.318 所示。

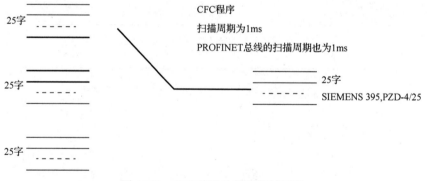

图 4.318 CFC 连续功能图控制程序

3. 通过中转方式采集控制单元 CU320 数据

以控制单元 CU320 作为 PROFIBUS-DP 或 PROFINET 从站，可以把需要采集的数据传输到 PLC 主站或 D455 等控制器主站，PDA 高速数据采集分析系统与这些主站通信，采集由控制单元 CU320 输入的数据。

4. 采集变频器的 P 参数和 r 参数

本数据采集方式下的数据源类型为 27 或 21，虽然综合采集速度相对较慢但是使用方便。确定 CPU 槽号的操作示意如图 4.319 所示。

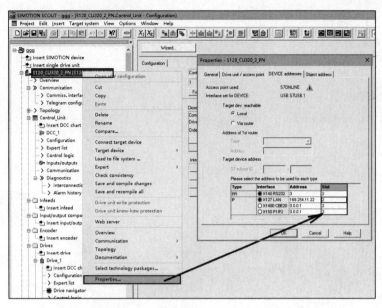

图 4.319　确定 CPU 槽号的操作示意

变量地址的设定规则：

DB[参数号].DBB[1024*装置号+参数下标] 对应 int8、uint8。

DB[参数号].DBW[1024*装置号+参数下标] 对应 int16、uint16。

DB[参数号].DBD[1024*装置号+参数下标] 对应 int32、uint32、float。

确定装置号的操作示意如图 4.320 所示，参数下标是指数组元素的下标，如 0、1、2、3 等。在 PDA 高速数据采集分析系统的一个连接通道中，同一个数组只能含其中的一个元素。如果要读取同一个数组的多个元素，就要建立多个连接通道。

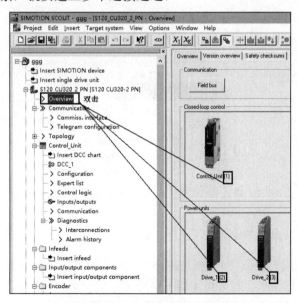

图 4.320　确定装置号的操作示意

方式 1：

利用现有 X150 以太网口组成的 PROFINET 网络采集变频器的 P 参数（用户可改动的参数）和 r 参数（只读参数），如图 4.321 所示。

指标：采集 50 个参数大约需要 10ms。

优点：不需要对硬件和网络、基础自动化系统（如 PLC 系统）和控制单元 CU320 的参数进行任何修改。

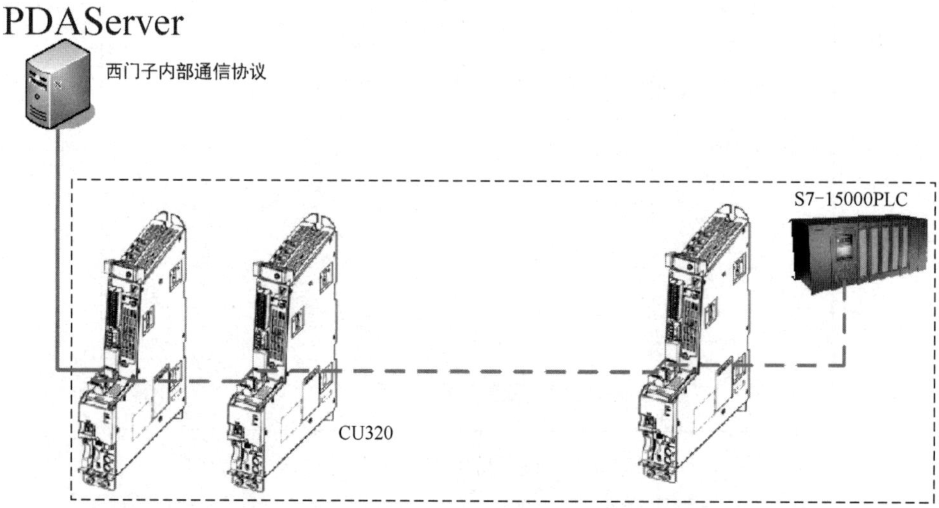

PDAServer
西门子内部通信协议
S7-15000PLC
CU320

图 4.321　利用现有 X150 以太网口组成的 PROFINET 网络采集变频器的 P 参数和 r 参数

方式 2：

以 X127 监控口组网，通过该监控口采集变频器的 P 参数和 r 参数，如图 4.322 所示。

指标：采集 50 个参数大约需要 10ms。

优点：不需要对基础自动化系统进行任何修改。

缺点：要修改控制单元 CU320 监控口的 IP 地址，要单独组网。

PDAServer
普通交换机
······

图 4.322　通过 X127 监控口采集变频器的 P 参数和 r 参数

5. 主辅传动系统数据采集综合方案

为了与基础自动化系统隔离，对采样周期小于 10ms 的信号，需要通过通信模块 CBE20 组建专用 PROFINET 网络进行采集；对采样周期无特殊要求的信号，通过标准以太网用西门子内部通信协议从 S120 系列变频器读取数据。主辅传动系统数据采集综合方案如图 4.323 所示。

PDA 高速数据采集分析系统将采集的信号保存为 dat 格式文件，还可以将采集的信号保存到关系型数据库和时序型数据库 InfluxDB 中，便于利用大数据分析可视化工具 Power BI、Fine BI、Grafana 等自动生成报表和进行大数据分析。

根据各分厂地理位置及主辅传动系统数量，需要设置多台 PDA Server（服务器）。

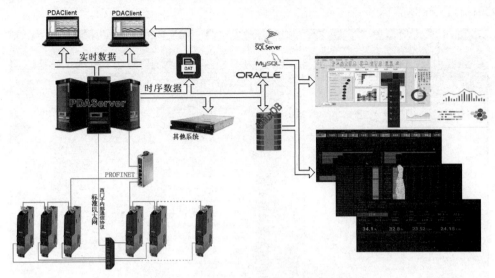

图 4.323　主辅传动系统数据采集综合方案

6. 在编程软件 Portal 中导入自由报文的方法

以集成式以太网口 X150 作为接口 IF1 与基础自动化系统通信，以通信模块 CBE20 作为接口 IF2 与 PDA 高速数据采集分析系统通信。与 PDA 通信时，需要采用自由报文。如果没有自由报文，就需要从组态软件 SCOUT 中把组态好的接口 IF2 报文导出为 gsd 格式文件，由于组态软件 SCOUT 只能导出接口 IF1 数据，因此需要先将接口 IF1 与接口 IF2 交换，然后按图 4.324～图 4.329 所示操作。操作完成后，恢复接口 IF1 和接口 IF2 的设置。具体操作如下：插入 script folder（也称目录），如图 4.324 所示；选择需要导入的目录，如图 4.325 所示；选择源文件，如图 4.326 所示；按图 4.327 所示操作步骤生成 gsd 格式文件；选择 xml 格式文件，如图 4.328 所示；按图 4.329 所示，输入要生成的 xml 格式文件名。

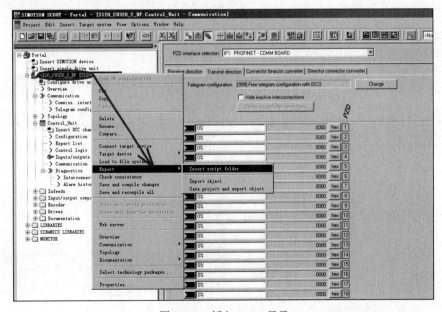

图 4.324　插入 script 目录

准备好两组文件，如 GenerateGsdmlFile_V2_2_0 和 GSDML-V2.34-Siemens-Sinamics_S_CU3x0-20181115.xml。

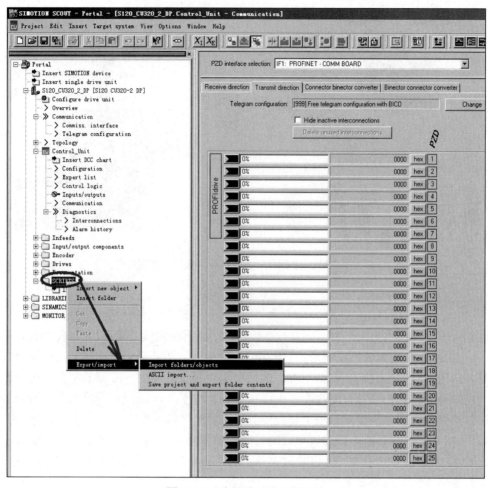

图 4.325　选择需要导入的目录

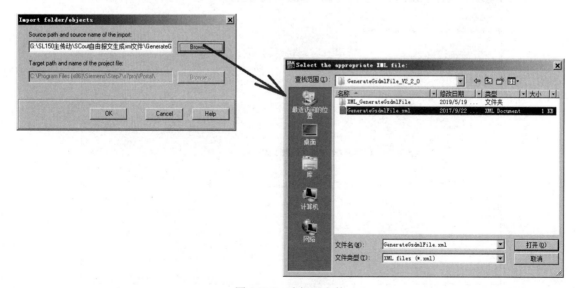

图 4.326　选择源文件

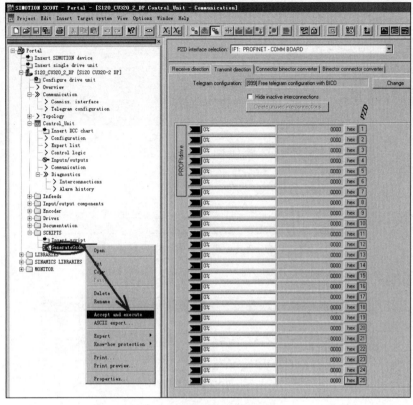

图 4.327　生成 gsd 格式文件

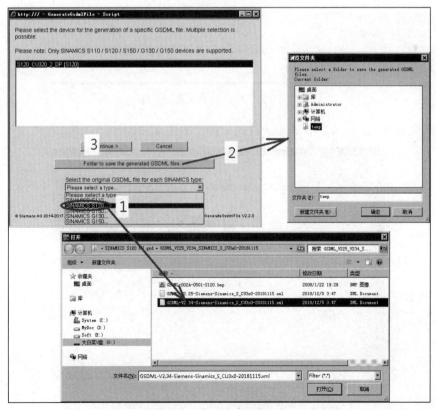

图 4.328　选择 xml 格式文件

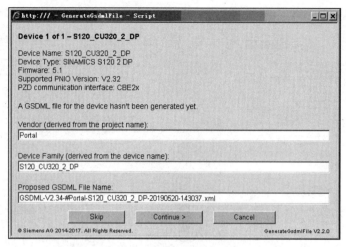

图 4.329　输入要生成的 xml 格式文件名

生成的 xml 格式文件如图 4.330 所示。

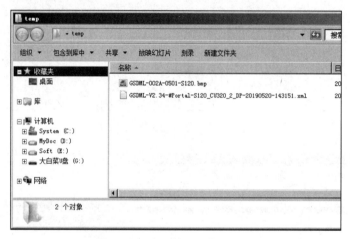

图 4.330　生成的 xml 格式文件

在编程软件 Portal 中加载生成的 xml 格式文件，如图 4.331 所示。

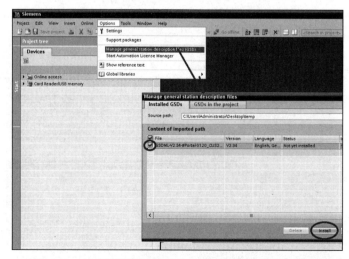

图 4.331　在编程软件 Portal 中加载生成的 xml 格式文件

4.43　西门子主传动 SL150 系列变频器的数据采集方式

主传动 SL150 系列变频器如图 4.332 所示，其核心单元为控制单元 SIMOTION D445（简称 D455）和 Sinamics CU320（简称 CU320）。

图 4.332　主传动 SL150 系列变频器

1. 基于标准以太网 UDP 通信协议的 D445 数据采集方式

CU320 中的数据通过其他方式传输到 D445，D445 利用自带的网口通过 UDP 通信协议把所有数据发送到 PDAServer，不需要增加通信模块 CBE30。基于标准以太网 UDP 通信协议的 D445 数据采集方式如图 4.333 所示。

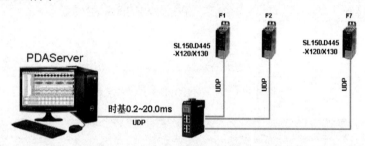

图 4.333　基于标准以太网 UDP 通信协议的 D445 数据采集方式

2. 基于实时以太网 PROFINET 主站的 D445 数据采集方式

CU320 中的数据传输到 D445，通过 PROFINET 高速采集。此时，需要在 D445 中插入通信模块 CBE30 PN IO，把它作为 PROFINET 主站，PDAServer 可作为从站。对于其他慢速数据，PDAServer 通过 OPC 通信协议采集。基于实时以太网 PROFINET 主站的 D445 数据采集方式如图 4.334 所示。

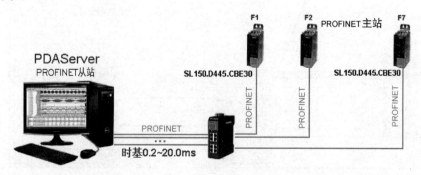

图 4.334　基于实时以太网 PROFINET 主站的 D445 数据采集方式

一个控制单元 D445 只能建立一个 CP1616 从站（因为 PDAServer 要根据 MAC 地址判断数据来自哪一个控制单元 D445），最多只能采集 128×11=1408 字节，一般能满足需要。配置 PROFINET 设备名称，如图 4.335 所示；配置 PROFINET 出错处理方式，如图 4.336 所示；配置 PROFINET 总线周期，如图 4.337；配置 PROFINET 信号，如图 4.338 所示；定义 PDA 数据，如图 4.339 所示。

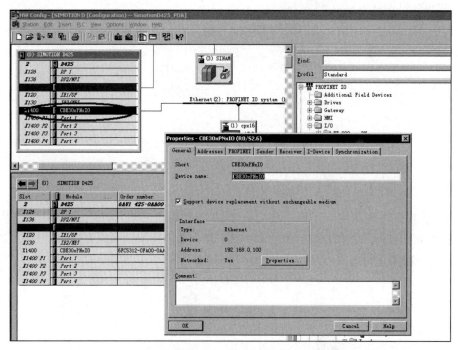

图 4.335　配置 PROFINET 设备名称

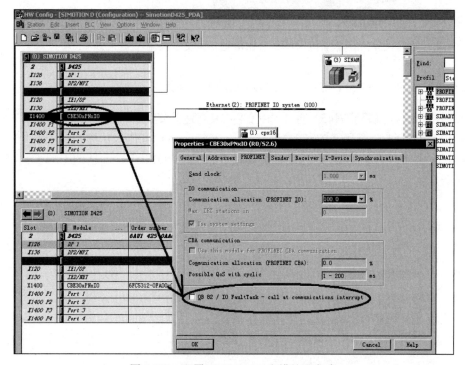

图 4.336　配置 PROFINET 出错处理方式

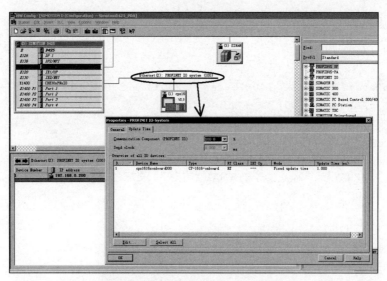

图 4.337　配置 PROFINET 总线周期

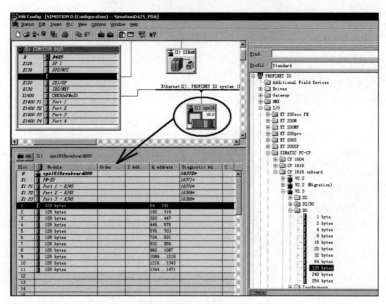

图 4.338　配置 PROFINET 信号

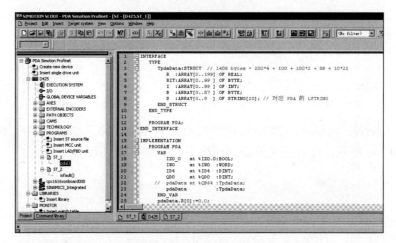

图 4.339　定义 PDA 数据

D445 中的程序如下：

```
INTERFACE
  TYPE
    TpdaData:STRUCT  // 1408 bytes = 200*4 + 100 + 100*2 + 88 + 10*22
      R  :ARRAY[0..199] OF REAL;
      BIT:ARRAY[0..99 ] OF BYTE;
      I  :ARRAY[0..99 ] OF INT;
      B  :ARRAY[0..87 ] OF BYTE;
      S  :ARRAY[0..9 ] OF STRING[20]; // 对应 PDA 的 LSTRING
    END_STRUCT
  END_TYPE


  PROGRAM PDA;
END_INTERFACE


IMPLEMENTATION
  PROGRAM PDA
    VAR
      IX0_0   at %IX0.0:BOOL;
      IW0     at %IW0  :WORD;
      ID4     at %ID4  :DINT;
      QD0     at %QD0  :DINT;
  //  pdaData at %QB64 :TpdaData;
      pdaData          :TpdaData;
    END_VAR
    pdaData.R[0]:=0.0;
    pdaData.bit[0]:=_byte_from_8bool(bit0 := FALSE
                                    ,bit1 := FALSE
                                    ,bit2 := FALSE
                                    ,bit3 := FALSE
                                    ,bit4 := FALSE
                                    ,bit5 := FALSE
                                    ,bit6 := FALSE
                                    ,bit7 := FALSE);
    pdaData.I[0]:=0;
    pdaData.B[0]:=0;
    pdaData.S[0]:='01234567890123456789';
  END_PROGRAM
END_IMPLEMENTATION
```

为避免 PDAServer 离线时因输入/输出错误而导致停机，除了需要添加故障处理程序 ST_2.iofault，如图 4.340 所示，还要定义故障处理程序，如图 4.341 所示。

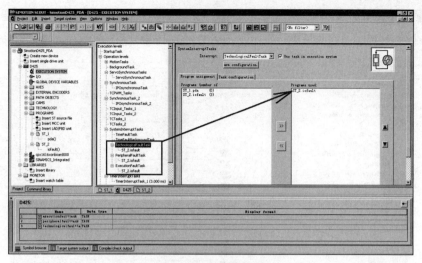

图 4.340　添加故障处理程序 ST_2.iofault

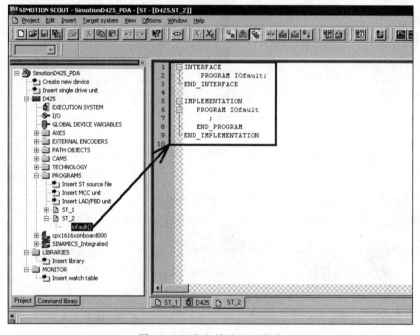

图 4.341　定义故障处理程序

3. 控制单元 CU320 的数据采集

对每个控制单元 CU320，PDA 高速数据采集分析系统可采集 50 字节，在组态软件 SCOUT 中配置需要采集的信号，如图 4.342 所示。16 个布尔量可组成 1 个字，修改参数 p8848，把数据更新周期改为 1ms。

4. 控制单元 D445 和 CU320 综合数据采集方式

控制单元 D445 和 CU320 综合数据采集方式如图 4.343 所示。可通过基础自动化网络采集控制单元 D445 的数据，通过 PROFINET 网络采集控制单元 CU320 的数据。

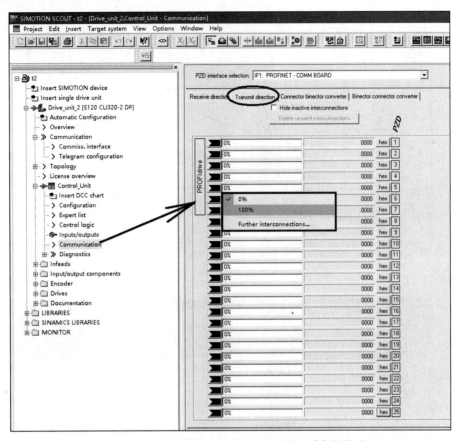

图 4.342　在组态软件 SCOUT 中配置需要采集的信号

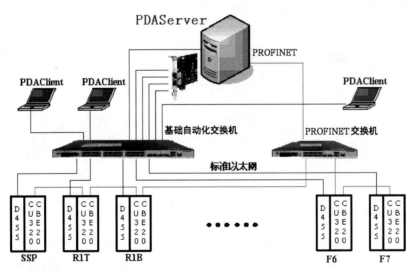

图 4.343　控制单元 D445 和 CU320 综合数据采集方式

5. 通过硬件接口模块采集数据

SL150 系列变频器把关键变量以 AO、DO 的方式高速输出到 PDAU（PDA Unit 的简称）接口模块（类似通信模块 SIMADYN-D）进行 A/D 转换后，通过实时以太网将其高速发送到 PDA Server（服务器），最快采样周期为 0.2ms。如图 4.344 所示。

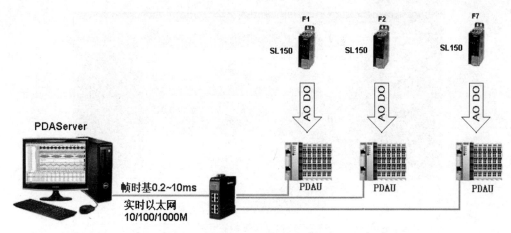

图 4.344　SL150 接口模块方案

4.44　贝加莱（B&R）PLC 的数据采集方式

贝加莱 PLC 以 Automation Studio（简称 AS）作为编程工具。

1. 基于标准以太网 UDP 通信协议的数据采集方式

下面以 Windows 模拟器为例介绍数据采集方式，具体步骤如下：

（1）启动编程工具 AS 4.2，如图 4.345 所示。选择产品类型，如图 4.346 所示。

图 4.345　启动编程工具 AS 4.2

图 4.346　选择产品类型

（2）创建新项目，如图 4.347 所示。

（3）添加 UDP 库，如图 4.348 所示。

（4）添加 ST 语言程序，如图 4.349 所示。

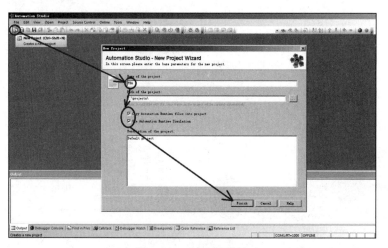

图 4.347　创建新项目

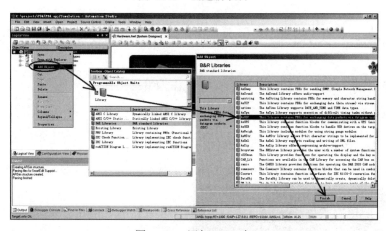

图 4.348　添加 UDP 库

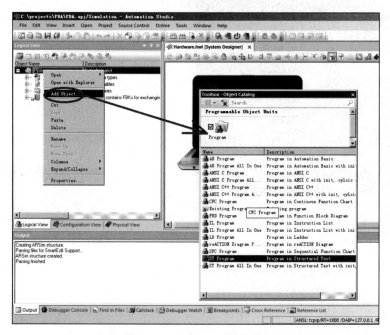

图 4.349　添加 ST 语言程序

（5）新建 PDA 数据类型 TpdaData，如图 4.350 所示。

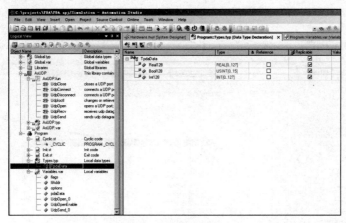

图 4.350　新建 PDA 数据类型 TpdaData

（6）定义变量，如图 4.351 所示。

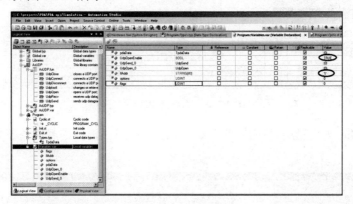

图 4.351　定义变量

（7）打包数据和发送程序，如图 4.352 所示。提示：8 个布尔量可组成 1 字节。

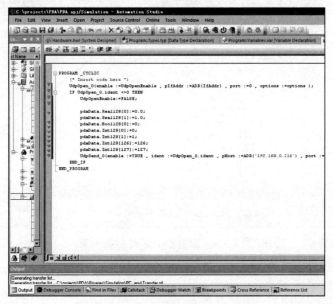

图 4.352　打包数据和发送程序

（8）把 PDA 程序添加到周期 Cyclic #1 任务中，添加的 PDA 程序如图 4.353 所示。

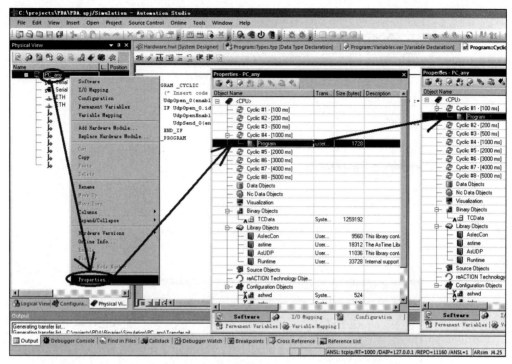

图 4.353　添加的 PDA 程序

（9）调整 Cyclic #1 任务的扫描周期，如图 4.354 所示。把扫描周期调整为 1ms，如图 4.355 所示。

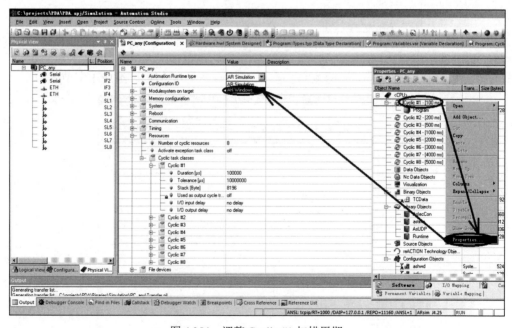

图 4.354　调整 Cyclic #1 扫描周期

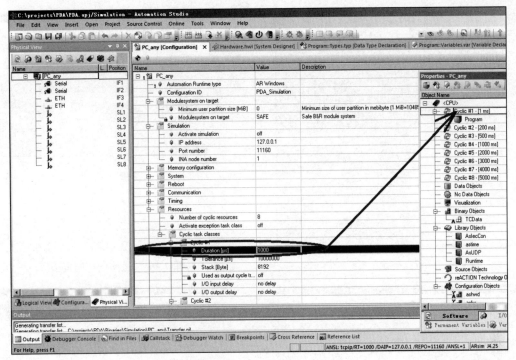

图 4.355　把扫描周期调整为 1ms

程序可以在 Windows 模拟器中运行，操作步骤为"激活模拟器"（Activate Simulation）→"编译"（Build）→"下载"（Transfer）→"在线监控"（Monitor），如图 4.356 所示。

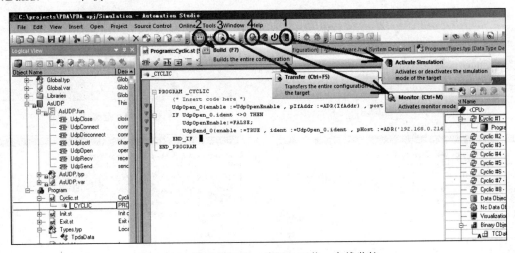

图 4.356　激活模拟器、编译、下载、在线监控

基本编程步骤如下：

① 新建项目，如图 4.357 所示。

② 按照向导配置项目，如图 4.358 所示。

③ 定义硬件类型，如图 4.359 所示。

④ 选择工控机，如图 4.360 所示。

⑤ 选择产品组，如图 4.361 所示。

⑥ 选择 CPU 类型，如图 4.362 所示。

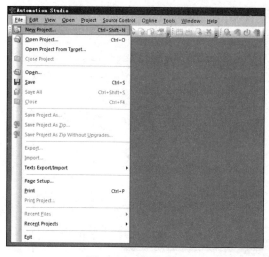

图 4.357　新建项目

图 4.358　按照向导配置项目

图 4.359　定义硬件类型

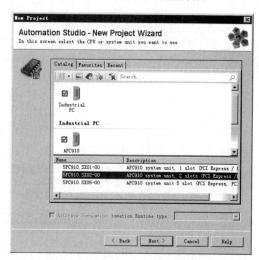

图 4.360　选择工控机

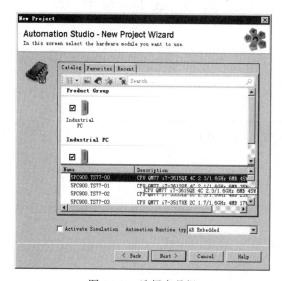

图 4.361　选择产品组

图 4.362　选择 CPU 类型

（10）删除不存在的设备，如图 4.363 所示。

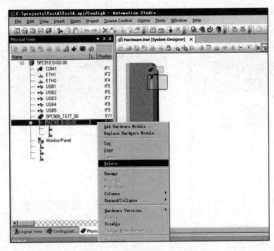

图 4.363　删除不存在的设备

（11）修改 PLC 的 Runtime 类型，如图 4.364 所示。

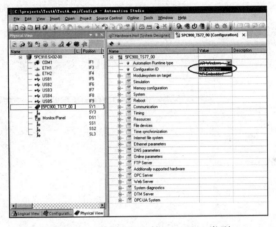

图 4.364　修改 PLC 的 Runtime 类型

（12）根据 CPU 型号选择 Runtime 版本，首先按图 4.365 所示打开 "属性" 对话框，按图 4.366 所示选择合适的 Runtime 版本。

图 4.365　打开 "属性" 对话框

（13）设置和连接在线的 PLC，分别如图 4.367 和图 4.368 所示。

图 4.366　选择合适的 Runtime 版本

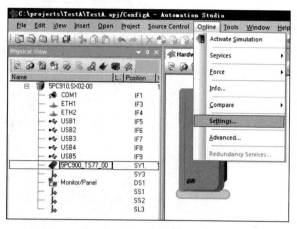

图 4.367　设置在线的 PLC

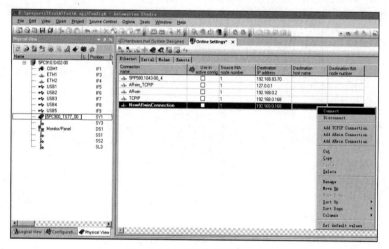

图 4.368　连接在线的 PLC

（14）把硬件 I/O 与程序变量关联，如图 4.369 所示。

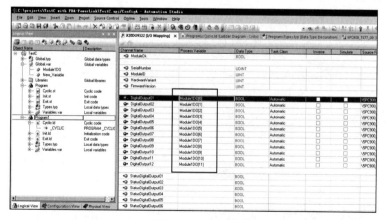

图 4.369　把硬件 I/O 与程序变量关联

（15）设置循环周期，如图 4.370 所示，其中 Cyclic #1 实际上对应的发送周期为 2ms。

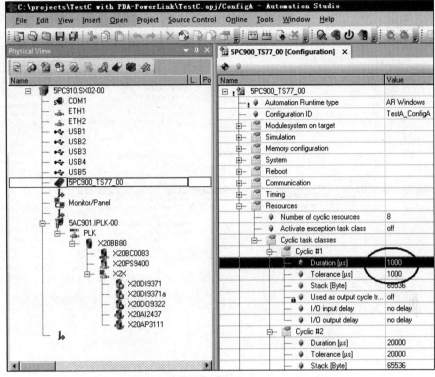

图 4.370　设置循环周期

（16）设置 PowerLink 的更新周期，如图 4.371 所示。

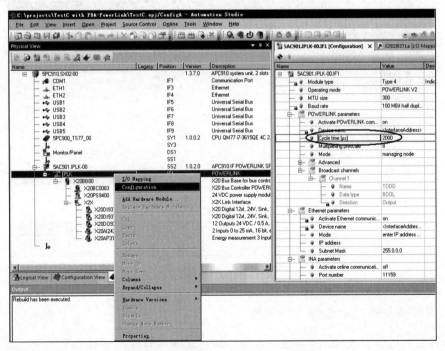

图 4.371　设置 PowerLink 的更新周期

（17）修改 PowerLink 从站地址，如图 4.372 所示。

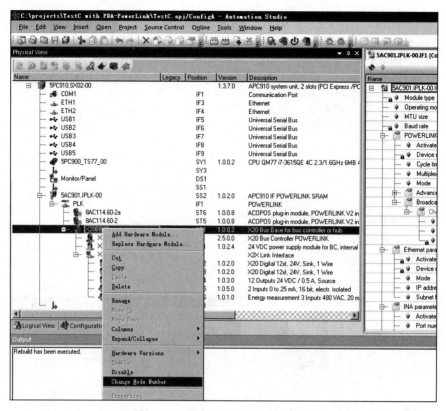

图 4.372　修改 PowerLink 从站地址

下载时，若出现图 4.373 所示的故障提示信息，则可重启 PLC，如图 4.374 所示。

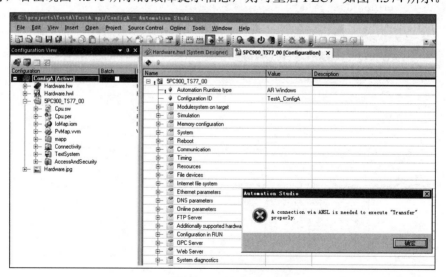

图 4.373　故障提示

2. 通过实时以太网 PowerLink 采集数据

采用这种数据采集方式时，不需要编程序，即可采集所有输入/输出信号。

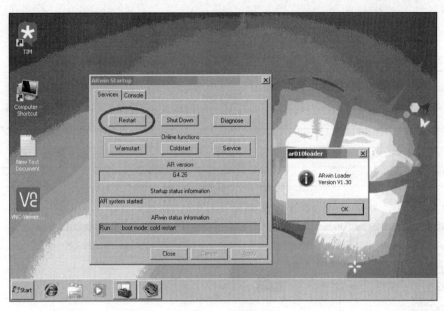

图 4.374　重启 PLC

4.45　基于三菱 MC 通信协议的 PLC 数据采集方式

USB 驱动程序位于 C:\Program Files\MELSOFT\Easysocket\USBDrivers。若 CPU 报错，则可断电重启。按 "F2" 功能键进入编程状态，选择与三菱 PLC 的联机方式。三菱 PLC 的串口联机方式如图 4.375 所示。

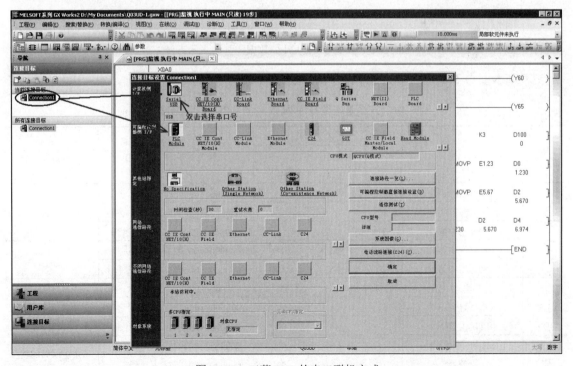

图 4.375　三菱 PLC 的串口联机方式

三菱 Q 系列 PLC 与计算机的串口连接方式见表 4-5。

表 4-5　三菱 Q 系列 PLC 与计算机的串口连接方式

PLC 端	上位机端
1，4，6 短接	1，4，6 短接
2	3
3	2
5	5
7，8 短接	7，8 短接

三菱 Q 系列 PLC 数据类型的表示方法如图 4.376 所示。

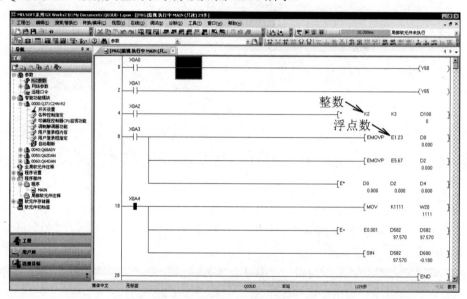

图 4.376　三菱 Q 系列 PLC 数据类型的表示方法

三菱基本型 Q 系列 PLC 的 CPU 寄存器分配见表 4-6。

表 4-6　三菱基本型 Q 系列 PLC 的 CPU 寄存器分配

分类	软元件	类型	软元件代码 ASCII 代码	软元件代码 二进制代码	软元件编号范围（默认值）		备注
内部系统软元件	功能输入	位			000000～00000F	十六进制	访问禁止
	功能输出	位			000000～00000F	十六进制	
	功能寄存器	字			000000～000004	十进制	
	特殊继电器	位	SM	91	000000～001023	十进制	
	特殊寄存器	字	SD	A9	000000～001023	十进制	
内部用户软元件	输入	位	X*	9C	000000～0007FF	十六进制	更改分配时，可以访问更改后的最大软元件编号，禁止访问局部软元件
	输出		Y*	9D	000000～0007FF	十六进制	
	内部继电器×2		M*	90	000000～008191	十进制	
	锁存继电器×2		L*	92	000000～002027	十进制	
	报警器		F*	93	000000～001023	十进制	
	变址继电器		V*	94	000000～001023	十进制	

续表

分类	软元件		类型	软元件代码		软元件编号范围（默认值）		备注
				ASCII 代码	二进制 代码			
内部 用户 软元 件	链接继电器		字	B*	A0	000000～0007FF	十六进制	
	数据寄存器			D*	A8	000000～011135	十进制	
	链接寄存器			W*	B4	000000～0007FF	十六进制	
	定时器×3	触点	位	TS	C1	000000～000511	十进制	
		线圈		TC	CD			
		当前值	字	TN	C2			
	累计 定时器×3	触点	位	SS	C7		十进制	
		线圈		SC	C6			
		当前值	字	SN	C8			
	计数器×3	触点	位	CS	C4	000000～000511	十进制	
		线圈		CC	C3			
		当前值	字	CN	C5			
	链接特殊继电器		位	SB	A1	000000～0003FF	十六进制	
	链接特殊寄存器		字	SW	B5	000000～0003FF	十六进制	
	步进继电器×2		位	S*	98	000000～002027	十进制	
	直接输入		位	DX	A2	D00000～0007FF	十六进制	与输入、输出相同 （用于直接访问）
	直接输出			DY	A3	000000～0007FF	十六进制	
变址寄存器			字	Z*	CC	000000～000009	十进制	
文件寄存器×4、×6			字	R*	AF	000000～032767	十进制	用于通过块切换 进行的普通访问
				ZR	B0	000000～00FFFF	十六进制	用于连号访问

与 PDA 高速数据采集分析系统通信的三菱 PLC 串口设置如图 4.377 所示。

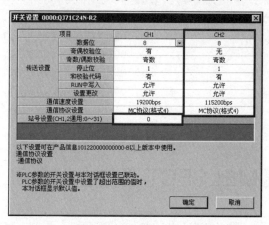

图 4.377　与 PDA 高速数据采集分析系统通信的三菱 PLC 串口设置

　　PDA 高速数据采集分析系统对应的数据源类型为 4，注意字节交换。设置通过串口采集三菱 PLC 数据如图 4.378 所示，可采集的内存区有 SM(BOOL)、SD、X*(BOOL HEX)、Y*(BOOL HEX)、M*(BOOL)、L*(BOOL)、F*(BOOL)、V*(BOOL)、B*(BOOL HEX)、D*、W*(HEX)、TS(BOOL)、TC、TN、SS(BOOL)、SC(BOOL)、SN、CS(BOOL)、CC(BOOL)、CN、SB(BOOL HEX)、SW(HEX)、S*(BOOL)、DX(BOOL HEX)、DY(BOOL HEX)、Z*、R*、ZR(HEX)。

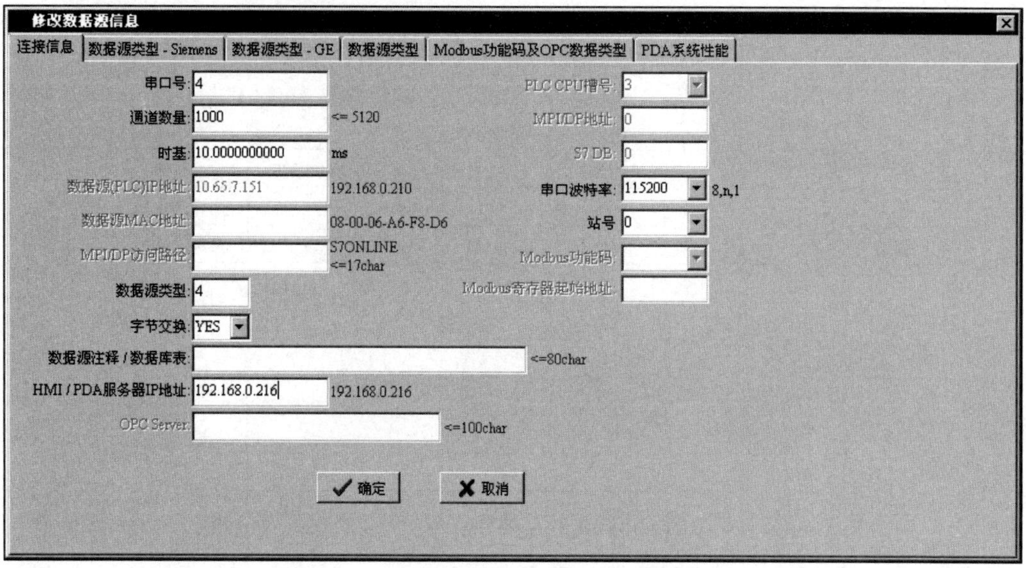

图 4.378　设置通过串口采集三菱 PLC 数据

本数据采集方式下，PDA 高速数据采集分析系统对应的组态文件 Config.csv 示例如下：

```
[4,30CH,10.000ms,192.168.0.2,4S,Test1,192.168.0.216,,,115200]
No,   Name    ,Adr/note ,Unit,Len,Offset  ,Gain     ,Type,ALM,HH
CH1=, D801    ,D801     ,    ,2  ,0.000000,1.000000,INT ,0  ,0.000
CH2=, D802    ,D802     ,    ,2  ,0.000000,1.000000,INT ,0  ,0.000
CH3=, D803    ,D803     ,    ,2  ,0.000000,1.000000,INT ,0  ,0.000
CH4=, D804    ,D804     ,    ,2  ,0.000000,1.000000,INT ,0  ,0.000
CH5=, D805    ,D805     ,    ,2  ,0.000000,1.000000,INT ,0  ,0.000
CH6=, F5      ,F5       ,    ,1  ,0.000000,1.000000,BIT ,0  ,0.000
CH7=, X0A1    ,X0A1     ,    ,1  ,0.000000,1.000000,BIT ,0  ,0.000
CH8=, X0A2    ,X0A2     ,    ,1  ,0.000000,1.000000,BIT ,0  ,0.000
CH9=, X0A3    ,X0A3     ,    ,1  ,0.000000,1.000000,BIT ,0  ,0.000
CH10=,X0A4    ,X0A4     ,    ,1  ,0.000000,1.000000,BIT ,0  ,0.000
CH11=,X0A5    ,X0A5     ,    ,1  ,0.000000,1.000000,BIT ,0  ,0.000
CH12=,M10     ,M10      ,    ,1  ,0.000000,1.000000,BIT ,0  ,0.000
CH13=,D582    ,D582     ,V   ,4  ,0.000000,1.000000,REAL,0  ,0.000
......
```

4.46　基于三菱 MELSECT 通信协议的 PLC 数据采集方式

设置好以太网 IP 地址后，打开 CPU 上的复位（RESET）开关，前面设置的以太网 IP 地址等才能输入三菱 PLC。以太网 IP 地址设置如图 4.379 所示，三菱 PLC 的通信连接通道设置如图 4.380 所示。

本数据采集方式下，PDA 高速数据采集分析系统对应的数据源类型为 17，不交换字节，可采集的内存区同 4.45 节。数据源信息如图 4.381 所示。

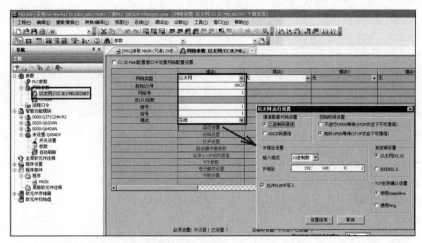

图 4.379　以太网 IP 地址设置

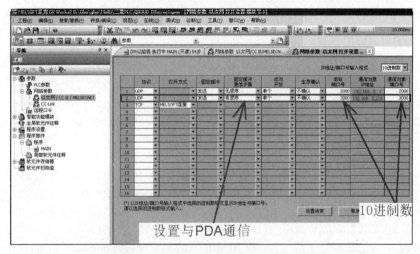

图 4.380　三菱 PLC 的通信连接通道设置

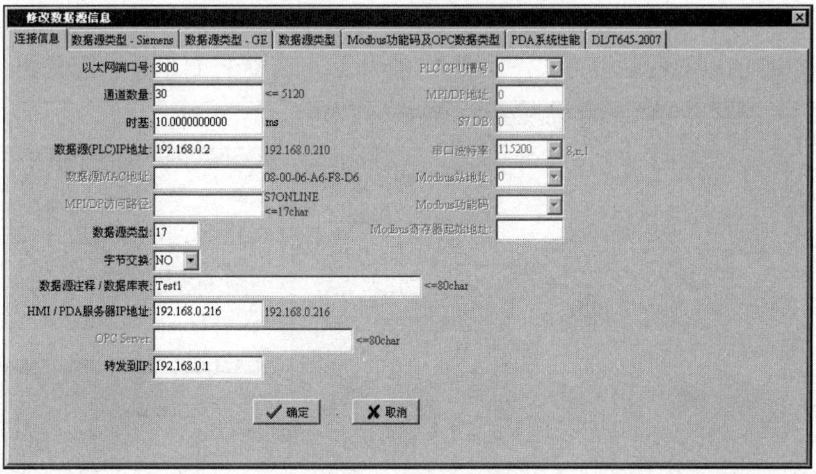

图 4.381　数据源信息

本数据采集方式下，PDA 高速数据采集分析系统对应的组态文件 Config.csv 示例如下：

```
[3000,30CH,10.000ms,192.168.0.2,17,Test1,192.168.0.216,,,,,,,,,,,192.168.0.1]
No,  Name ,Adr/note ,Unit,Len,Offset ,Gain    ,Type,ALM,HH
```

```
CH1=,  D801   ,D801    ,       ,2  ,0.000000,1.000000,INT  ,0  ,0.000
CH2=,  D802   ,D802    ,       ,2  ,0.000000,1.000000,INT  ,0  ,0.000
CH3=,  D803   ,D803    ,       ,2  ,0.000000,1.000000,INT  ,0  ,0.000
CH4=,  D804   ,D804    ,       ,2  ,0.000000,1.000000,INT  ,0  ,0.000
CH5=,  D805   ,D805    ,       ,2  ,0.000000,1.000000,INT  ,0  ,0.000
CH6=,  F5     ,F5      ,       ,1  ,0.000000,1.000000,BIT  ,0  ,0.000
CH7=,  X0A1   ,X0A1    ,       ,1  ,0.000000,1.000000,BIT  ,0  ,0.000
CH8=,  X0A2   ,X0A2    ,       ,1  ,0.000000,1.000000,BIT  ,0  ,0.000
CH9=,  X0A3   ,X0A3    ,       ,1  ,0.000000,1.000000,BIT  ,0  ,0.000
CH10=,X0A4   ,X0A4    ,       ,1  ,0.000000,1.000000,BIT  ,0  ,0.000
CH11=,X0A5   ,X0A5    ,       ,1  ,0.000000,1.000000,BIT  ,0  ,0.000
CH12=,M10    ,M10     ,       ,1  ,0.000000,1.000000,BIT  ,0  ,0.000
CH13=,D582   ,D582    ,V      ,4  ,0.000000,1.000000,REAL,0  ,0.000
CH14=,D600   ,D600    ,V      ,4  ,0.000000,1.000000,REAL,0  ,0.000
CH15=,W20    ,W20     ,V      ,2  ,0.000000,1.000000,INT  ,0  ,0.000
CH16=,D0     ,D0      ,V      ,4  ,0.000000,1.000000,REAL,0  ,0.000
CH17=,D2     ,D2      ,V      ,4  ,0.000000,1.000000,REAL,0  ,0.000
CH18=,D4     ,D4      ,V      ,4  ,0.000000,1.000000,REAL,0  ,0.000
CH19=,X0A0   ,X0A0    ,       ,1  ,0.000000,1.000000,BIT  ,0  ,0.000
CH20=,F50    ,F50     ,       ,1  ,0.000000,1.000000,BIT  ,0  ,0.000
CH21=,Z1     ,Z1      ,       ,2  ,0.000000,1.000000,INT  ,0  ,0.000
CH22=,TS320  ,TS320   ,       ,1  ,0.000000,1.000000,BIT  ,0  ,0.000
CH23=,SW123  ,SW123   ,       ,2  ,0.000000,1.000000,INT  ,0  ,0.000
CH24=,L1000  ,L1000   ,       ,1  ,0.000000,1.000000,BIT  ,0  ,0.000
CH25=,SD800  ,SD800   ,       ,4  ,0.000000,1.000000,REAL,0  ,0.000
CH26=,M7888  ,M7888   ,       ,1  ,0.000000,1.000000,BIT  ,0  ,0.000
CH27=,CC222  ,CC222   ,       ,1  ,0.000000,1.000000,BIT  ,0  ,0.000
CH28=,D22    ,        ,       ,4  ,0.000000,1.000000,REAL,0  ,0.000
CH29=,D23    ,        ,       ,4  ,0.000000,1.000000,REAL,0  ,0.000
CH30=,D24    ,        ,       ,4  ,0.000000,1.000000,REAL,0  ,0.000
```

设置三菱 PLC 的以太网联机方式，如图 4.382 所示，三菱 PLC 的硬件配置如图 4.383 所示。

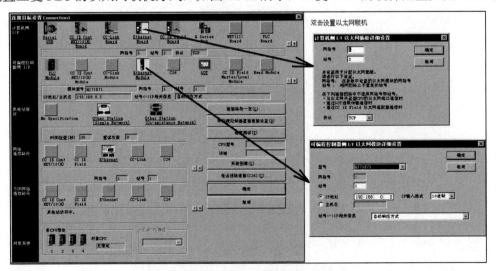

图 4.382　设置三菱 PLC 的以太网联机方式

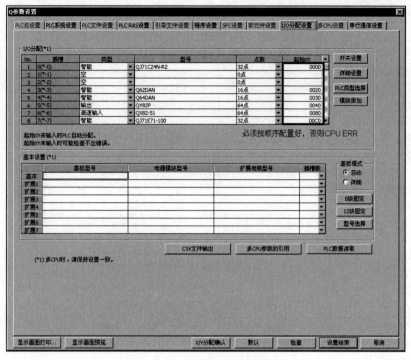

图 4.383　三菱 PLC 的硬件配置

4.47　基于 UDP 通信协议的三菱 Q 系列 PLC 数据采集方式

本节涉及以太网模块的输入/输出（I/O）信号和以太网模块初始化的相关信号。表 4-7 中所示的输入/输出信号的分配是在假定以太网模块安装在基板的 0 号槽中的情况下进行的。以 X 开头的软元件地址表示从以太网模块到 PLC 中央处理器的输入信号，以 Y 开头的软元件地址表示从 PLC 中央处理器到以太网模块的输出信号。

表 4-7　从 PLC 中央处理器发出的输入/输出信号和发给 PLC 中央处理器的输入/输出信号

信号方向：以太网模块→PLC 中央处理器		信号方向：PLC 中央处理器→以太网模块	
软元件地址	信号名称	软元件地址	信号名称
X0	1 号连接通道的固定缓冲存储器通信信号 ON：发送正常完成或接收完成 OFF：	Y0	1 号连接通道 ON：在发送请求或接收确认信号时 OFF：
X1	1 号连接通道的固定缓冲存储器发送信号 ON：发送异常或接收异常的检测信号 OFF：	Y1	2 号连接通道 ON：在发送请求或接收确认信号时 OFF：
X2	2 号连接通道的固定缓冲存储器通信信号 ON：发送正常或接收完成 OFF：	Y2	3 号连接通道 ON：在发送请求或接收确认信号时 OFF：
X3	2 号连接通道的固定缓冲存储器发送信号 ON：发送异常或接收异常的检测信号 OFF：	Y3	4 号连接通道 在发送请求或接收确认信号时 ON： OFF：

续表

信号方向：以太网模块→PLC 中央处理器		信号方向：PLC 中央处理器→以太网模块	
软元件地址	信号名称	软元件地址	信号名称
X4	3 号连接通道的固定缓冲存储器通信 ON：发送正常或接收完成 OFF：	Y4	5 号连接通道 ON：在发送请求或接收确认信号时 OFF：
X5	3 号连接通道的固定缓冲存储器发送信号 ON：发送异常或接收异常的检测信号 OFF：	Y5	6 号连接通道 ON：在发送请求或接收确认信号时 OFF：
X6	4 号连接通道的固定缓冲存储器通信 ON：发送正常或接收完成 OFF：	Y6	7 号连接通道 ON：在发送请求或接收确认信号时 OFF：
X7	4 号连接通道的固定缓冲存储器发送信号 ON：发送异常或接收异常的检测信号 OFF：	Y7	8 号连接通道 ON：在发送请求或接收确认信号时 OFF：
X8	5 号连接通道的固定缓冲存储器通信信号 ON：发送正常或接收完成信号 OFF：	Y8	1 号连接通道 ON：开放请求 OFF：
X9	5 号连接通道的固定缓冲存储器发送信号 ON：发送异常或接收异常的检测信号 OFF：	Y9	2 号连接通道 ON：开放请求 OFF：
XA	6 号连接通道的固定缓冲存储器通信 ON：发送正常或接收完成信号 OFF：	YA	3 号连接通道 ON：开放请求 OFF：
XB	6 号连接通道的固定缓冲存储器发送信号 ON：发送异常或接收异常的检测信号 OFF：	YB	4 号连接通道 ON：开放请求 OFF：
XC	7 号连接通道的固定缓冲存储器通信 ON：发送正常或接收完成信号 OFF：	YC	5 号连接通道 ON：开放请求 OFF：
XD	7 号连接通道的固定缓冲存储器发送信号 ON：发送异常或接收异常的检测信号 OFF：	YD	6 号连接通道 ON：开放请求 OFF：
XE	8 号连接通道的固定缓冲存储器通信信号 ON：发送正常或接收完成信号 OFF：	YE	7 号连接通道 ON：开放请求 OFF：
XF	8 号连接通道的固定缓冲存储器发送信号 ON：发送异常或接收异常的检测信号 OFF：	YF	8 号连接通道 ON：开放请求 OFF：
X10	1 号连接通道建立完成 ON：1 号连接通道建立完成的信号 OFF：	Y10	
X11	2 号连接通道建立完成 ON：2 号连接通道建立完成的信号 OFF：	Y11	禁用
X12	3 号连接通道建立完成 ON：3 号连接通道建立完成的信号 OFF：	Y12	

信号方向：以太网模块→PLC 中央处理器		信号方向：PLC 中央处理器→以太网模块	
软元件地址	信号名称	软元件地址	信号名称
X13	4 号连接通道建立完成 ON：连接通道建立完成的信号 OFF：	Y13	禁用
X14	5 号连接通道建立完成 ON：连接通道建立完成的信号 OFF：	Y14	
X15	6 号连接通道建立完成 ON：连接通道建立完成的信号 OFF：	Y15	
X16	7 号连接通道建立完成 ON：连接通道建立完成的信号 OFF：	Y16	
X17	8 号连接通道建立完成 ON：连接通道建立完成的信号 OFF：	Y17	通信错误 LED 指示灯熄灭请求信号 ON：熄灭请求时 OFF：
X18	开放异常检测信号 ON：异常检测 OFF：	Y18	禁用
X19	初始化正常完成的信号 ON：正常完成 OFF：	Y19	初始化请求信号 ON：请求时 OFF：
X1A	初始化异常完成的信号 ON：异常完成 OFF：	Y1A	禁用
X1B	禁用	Y1B	
X1C	通信错误 LED 指示灯亮确认信号 ON：亮 OFF：灭	Y1C	
X1D	禁用	Y1D	
X1E		Y1E	
X1F	看门狗定时器（WDT）出错检测信号 ON：WDT 出错信号 OFF：	Y1F	

I/O 分配设置如图 4.384 所示，以太网运行设置如图 4.385 所示。

建立两个基于 UDP 通信协议发送数据的连接通道，如图 4.386 所示，每个连接通道发送 1460 字节。"ZP.BUFSND"是发送指令，这两个连接通道可以交叉发送数据，以均衡网络负载。

在硬件组态或网络组态发生变化后，需要使 CPU 复位然后重新运行。

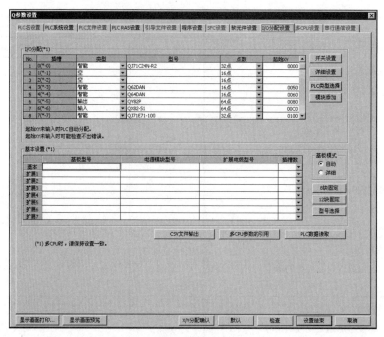

图 4.384　I/O 分配设置

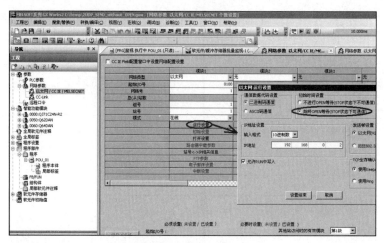

图 4.385　以太网运行设置

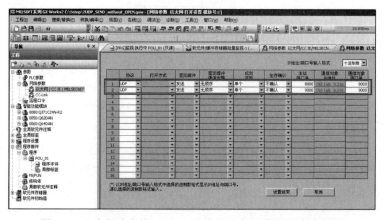

图 4.386　建立两个基于 UDP 通信协议发送数据的连接通道

4.48　基于 DL/T645-2007 通信协议的智能电表数据采集方式

　　智能电表一般有两个 RS485 接口，其中一个接口接入集线器，用于供电局读取智能电表数据，另一个接口可接入 PDA 高速数据采集分析系统，用于各种数据分析和统计。每个 RS485 接口的两端分别连接一个阻值为 120Ω的终端电阻，每个智能电表接入 RS485 星形集线器时也要连接终端电阻，图 4.387 为典型应用。

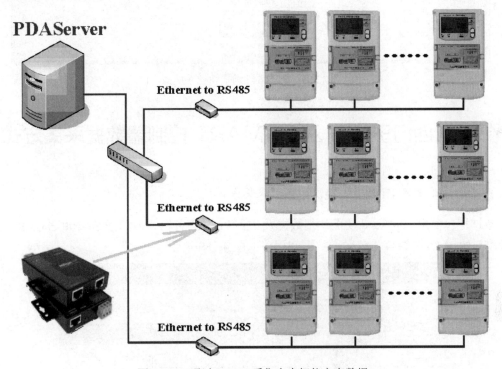

图 4.387　通过 RS485 采集多个智能电表数据

　　本数据采集方式下的 PDA 高速数据采集分析系统的数据源类型为 10，智能电表编号为 12 字符，不足 12 字符的，在其前面补 0，DL/T645 通信协议功能码如图 4.388 所示。本数据采集方式下，PDA 高速数据采集分析系统对应的组态文件 Config.csv 示例如下：

```
[1,112CH,10.000ms,,10,原料,192.168.20.171,,,2400]
No,     Name       ,Adr/note            ,Unit,Len,Offset ,Gain    ,Type,
CH1=,   1912        ,081501020191.00000000,kWh ,4  ,0.000000,1.000000,DOUBLE,
CH2=,   1912 Ia     ,081501020191.02020100,A   ,4  ,0.000000,1.000000,DOUBLE,
CH3=,   1912 Ib     ,081501020191.02020200,A   ,4  ,0.000000,1.000000,DOUBLE,
CH4=,   1912 Ic     ,081501020191.02020300,A   ,4  ,0.000000,1.000000,DOUBLE,
CH5=,   1912 Φ      ,081501020191.02060000,    ,4  ,0.000000,1.000000,DOUBLE,
CH6=,   1912 Ua     ,081501020191.02010100,V   ,4  ,0.000000,1.000000,DOUBLE,
CH7=,   1912 Ub     ,081501020191.02010200,V   ,4  ,0.000000,1.000000,DOUBLE,
CH8=,   1912 Uc     ,081501020191.02010300,V   ,4  ,0.000000,1.000000,DOUBLE,
```

	FunCode	Format	ReturnByteNum	Unit	Name
1	00000000	XXXXXX.XX	4	kWh	(当前)组合有功总电能
2	00010000	XXXXXX.XX	4	kWh	(当前)正向有功总电能
3	00020000	XXXXXX.XX	4	kWh	(当前)反向有功总电能
4	00090000	XXXXXX.XX	4	kVAh	(当前)正向视在总电能
5	000A0000	XXXXXX.XX	4	kVAh	(当前)反向视在总电能
6	02010100	XXX.X	2	V	A相电压
7	02010200	XXX.X	2	V	B相电压
8	02010300	XXX.X	2	V	C相电压
9	02020100	XXX.XXX	3	A	A相电流
10	02020200	XXX.XXX	3	A	B相电流
11	02020300	XXX.XXX	3	A	C相电流
12	02030000	XX.XXXX	3	kW	瞬时总有功功率
13	02030100	XX.XXXX	3	kW	瞬时A相有功功率
14	02030200	XX.XXXX	3	kW	瞬时B相有功功率
15	02030300	XX.XXXX	3	kW	瞬时C相有功功率
16	02040000	XX.XXXX	3	kvar	瞬时总无功功率
17	02040100	XX.XXXX	3	kvar	瞬时A相无功功率
18	02040200	XX.XXXX	3	kvar	瞬时B相无功功率
19	02040300	XX.XXXX	3	kvar	瞬时C相无功功率
20	02050000	XX.XXXX	3	kVA	瞬时总视在功率

图 4.388　DL/T645 通信协议功能码

4.49　西门子 S7-200 SMART 控制器数据采集方式

1. 基于标准以太网 UDP 通信协议的数据采集方式

把数据打包，用 udp_send 功能块把数据发送到 PDA 服务器。西门子 S7-200 SMART 控制器基于标准以太网 UDP 通信协议发送数据的程序如图 4.389 所示。

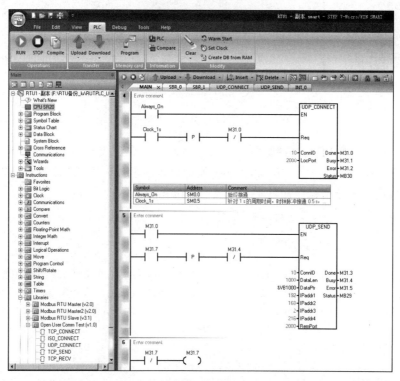

图 4.389　西门子 S7-200 SMART 控制器基于标准以太网 UDP 通信协议发送数据的程序

2. 直接读 PLC 内存地址的数据采集方式

本数据采集方式下的数据源类型为 19，注意字节交换。可采集的内存区如下：

I:	过程映像输入	I0.1	IB4	IW7	ID20
Q:	过程映像输出	Q1.1	QB5	QW14	QD28
V:	变量存储器	V10.2	VB16	VW100	VD2136
M:	标志存储器	M26.7	MB0	MW11	MD20
S:	顺序控制继电器	S3.1	SB4	SW7	SD14
SM:	特殊存储器	SM0.1	SMB86	SMW300	SMD1000
AI:	模拟量输入		AIW4		必须为偶数
AQ:	模拟量输出		AQW4		必须为偶数
C:	计数器存储器				uint24
T:	定时器存储器				uint40
HC:	高速计数器				uint40

4.50　汽车 CAN 总线数据采集方式

带 USB 接口的汽车 CAN 总线通信模块有很多种。图 4.390 所示的汽车 CAN 总线通信模块可接入两路 CAN 总线进行数据采集。此时，PDA 高速数据采集分析系统的数据源类型为 41。汽车 CAN 总线用 ID 标识数据，可采集所有 ID 数据，默认配置：每个 ID 采集 8 个字节的数据。设置汽车 CAN 总线数据采集方式，如图 4.391 所示。

图 4.390　汽车 CAN 总线通信模块

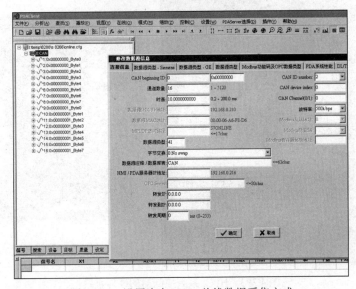

图 4.391　设置汽车 CAN 总线数据采集方式

4.51 基于 UDP 通信协议的阿尔斯通 HPCi 系列 控制器数据采集方式

VMIVME 7750 是阿尔斯通（ALSTOM）HPCi 系列控制器之一，其编程软件为 P80i，可采用 UDP 通信协议发送数据。编程软件 P80i 中的通信程序如图 4.392 所示，每个连接通道最多可发送 1448 字节的数据，当发送周期为 10ms 时，该控制器的 CPU 负荷率增加约 2%。发送寄存器可预先分配 1448 字节及以上的内存空间，删除图 4.392 中的 UDPPTP 功能块的 sbuf 引脚数据后，可重新配置发送数据的内存空间。HPCi 系列控制器的硬件系统如图 4.393 所示。

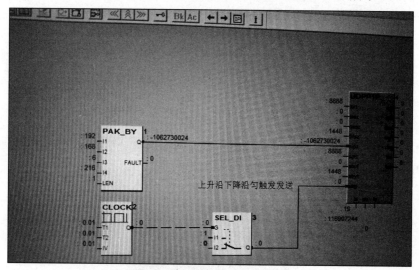

图 4.392　编程软件 P80i 中的通信程序

图 4.393　HPCi 系列控制器的硬件系统

4.52　通过 OPC UA 通信协议采集 KEPServer 数据

在 KEPServer 中，按如图 4.394 所示启动 OPC UA 配置。按图 4.395 所示配置 OPC UA 证书，按图 4.396 所示导出 OPC UA 证书。

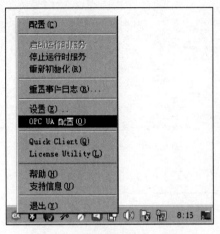

图 4.394　启动 OPC UA 配置

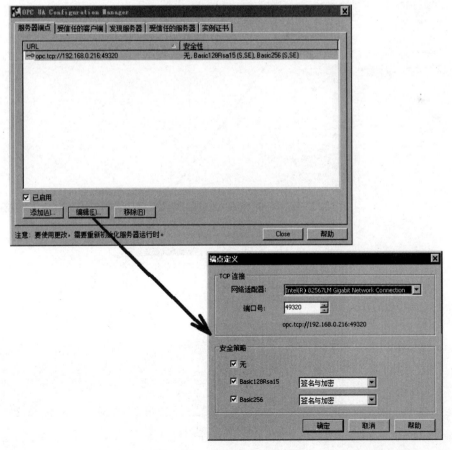

图 4.395　配置 OPC UA 证书

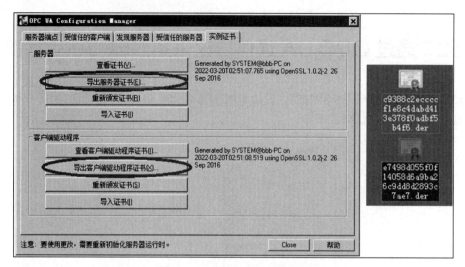

图 4.396　导出 OPC UA 证书

允许匿名登录操作步骤如图 4.397 所示，重新初始化 OPC UA 配置图 4.398 所示。

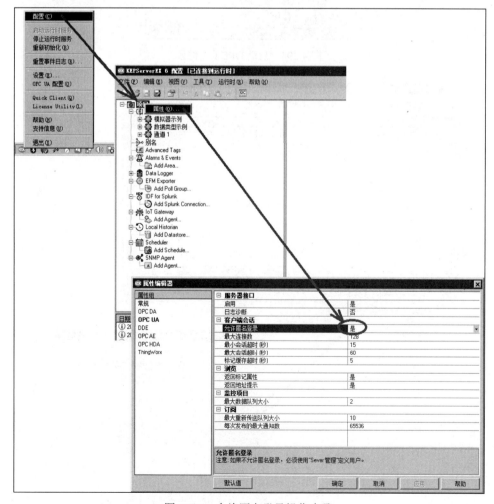

图 4.397　允许匿名登录操作步骤

图 4.398　重新初始化 OPC UA 配置

在 PDAServer 中导入 OPC UA 证书，如图 4.399 所示，完成 OPC UA 证书的导入，如图 4.400 所示。

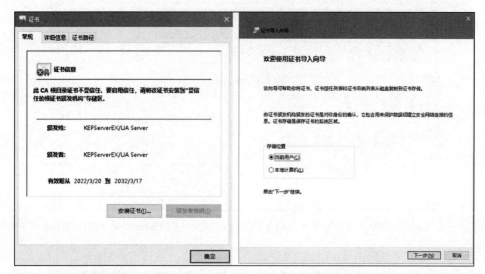

图 4.399　导入 OPC UA 证书

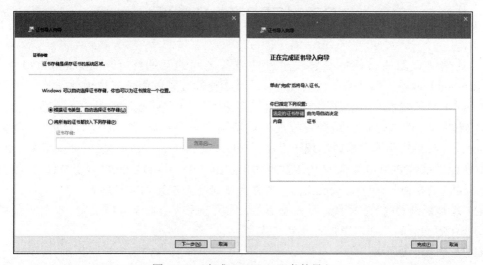

图 4.400　完成 OPC UA 证书的导入

PDA 高速数据采集分析系统的组态文件与 KEPServer 配置的对应关系如图 4.401 所示，其中 OPC UA 的 DateTime 数据类型对应 PDA 高速数据采集分析系统的 STRING 数据类型。

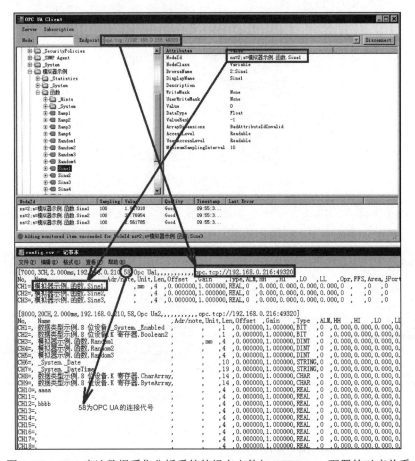

图 4.401　PDA 高速数据采集分析系统的组态文件与 KEPServer 配置的对应关系

4.53　通过 OPC UA 通信协议采集西门子 S7-1500 PLC 数据

OPC 通信协议的核心任务是解决了硬件设备之间的互通性（Interoperability）和标准化（Standardization）问题，但其数据访问规范都是基于微软公司的组件对象模型/分布式组件对象模型（COM/DCOM）技术。这给新增层面的通信带来不可根除的弱点，而且技术不够灵活、平台有局限性等问题日渐凸显，特别是企业层面的通信同样需要标准化。于是，OPC 基金会（OPC Foundation）发布了最新的数据通信统一方法——OPC UA（OPC 统一架构）。OPC UA 包含 OPC 实时数据访问规范（OPC DA）、OPC 历史数据访问规范（OPC HAD）、OPC 报警事件访问规范（OPC A&E）和 OPC 安全协议（OPC Security），并在此基础之上进行功能扩展。

OPC UA 是传统 OPC 技术取得巨大成功之后的又一个突破，让数据采集、信息模型化以及车间底层与企业层面之间的通信更加安全和可靠。

OPC UA 的优点如下：

（1）与平台无关，可在任何操作系统上运行。

（2）为未来的先进系统做好准备，与旧系统继续兼容。

（3）配置和维护更加方便。

（4）它是基于服务的技术。

（5）可见性提高。

（6）通信范围更广。

（7）通信性能提高。

在工业 4.0 时代，企业级信息网络与工业自动化系统的沟通起着重要的作用，OPC UA 的灵活性及开放性使它发挥更大的作用。

基于 OPC UA 的通信是跨平台的、具有更高的安全性和可靠性，可满足企业信息高度连通的需求。

S7-1500 PLC 支持作为 OPC UA 服务器的功能。

激活 OPC UA 服务器功能步骤：单击 CPU 的"OPC UA"选项，勾选"激活 OPC UA 服务器"复选框，如图 4.402 所示。启用 SIMATIC 服务器标准接口（按需设置最大连接数和端口号），配置 OPC UA 端口，如图 4.403 所示。

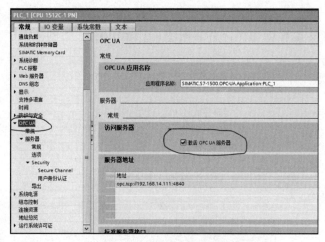

图 4.402　激活 OPC UA 服务器功能步骤

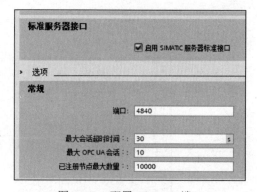

图 4.403　配置 OPC UA 端口

启用服务器证书并激活安全策略，如图 4.404 所示。添加可信客户端，如图 4.405 所示。

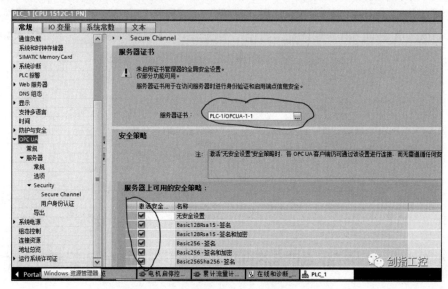

图 4.404　启用服务器证书并激活安全策略

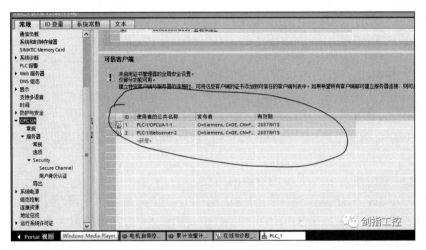

图 4.405　添加可信客户端

启用用户身份认证，并选择访问方式（这里可以选择访客访问或用户名访问），如图 4.406 所示。

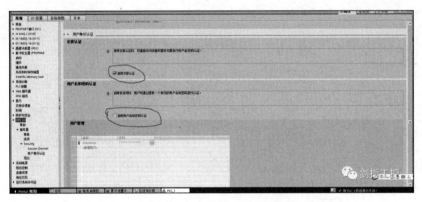

图 4.406　启用用户身份认证并选择访问方式

在"控制参数[DB 302]"面板中，单击"常规"→"属性"命令，在弹出的"属性"窗格中，勾选"可从 OPC UA 访问 DB"复选框，否则，无法访问。控制参数属性设置如图 4.407 所示。

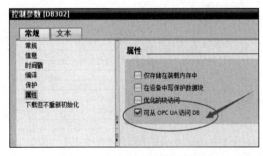

图 4.407　控制参数属性设置

4.54　主传动 ACS6000 变频器的数据采集方式

通过 PROFINET 现场总线高速采集主传动 ACS6000 变频器的数据，如图 4.408 所示。

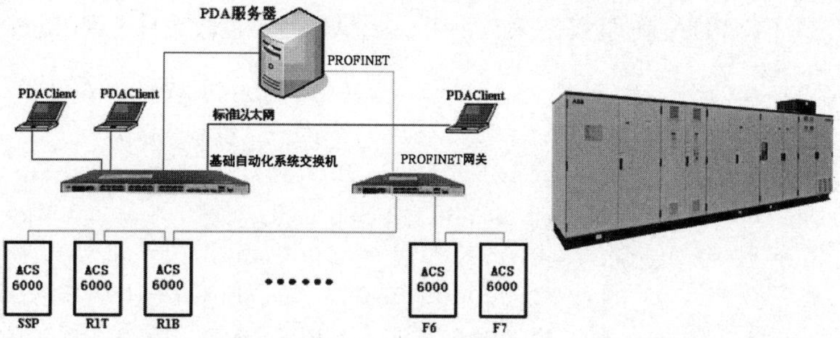

图 4.408 通过 PROFINET 现场总线高速采集主传动 ACS6000 变频器的数据

4.55 采集 PCI/PCIe 卡数据

采集 PCI/PCIe 卡数据时，数据源类型为 60。查看 PCI/PCIe 卡内存地址和范围，如图 4.409 所示。一块 PCI 卡有三个内存区，中间内存区是数据区，前后两个内存区是厂家配置信息区。

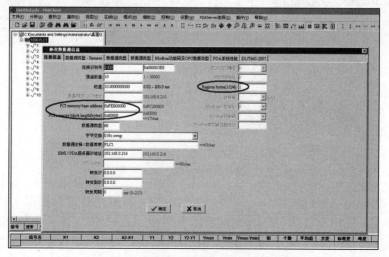

图 4.409 查询 PCI 卡内存范围和地址

采集 PCI 卡数据时的内存配置如图 4.410 所示。

图 4.410 采集 PCI 卡数据时的内存配置

本数据采集方式下，PDA 高速数据采集分析系统对应的组态文件 Config.csv 示例如下：

```
[1000,10CH,10.000ms,,60,PLC1,192.168.0.216,,1,,,,0xFEB00000,0x80000]
No,   Name,Adr/note,Unit,Len,Offset ,Gain    ,Type,ALM,HH  ,HI   ,LO
CH1=,  ,6782   ,  ,4 ,0.000000,1.000000,REAL,0 ,0.000,0.000,0.000
CH2=,  ,12     ,  ,4 ,0.000000,1.000000,REAL,0 ,0.000,0.000,0.000
CH3=,  ,32106  ,  ,4 ,0.000000,1.000000,REAL,0 ,0.000,0.000,0.000
CH4=,  ,       ,  ,4 ,0.000000,1.000000,REAL,0 ,0.000,0.000,0.000
CH5=,  ,       ,  ,4 ,0.000000,1.000000,REAL,0 ,0.000,0.000,0.000
CH6=,  ,       ,  ,4 ,0.000000,1.000000,REAL,0 ,0.000,0.000,0.000
CH7=,  ,       ,  ,4 ,0.000000,1.000000,REAL,0 ,0.000,0.000,0.000
CH8=,  ,       ,  ,4 ,0.000000,1.000000,REAL,0 ,0.000,0.000,0.000
CH9=,  ,66.0   ,  ,4 ,0.000000,1.000000,BIT ,0 ,0.000,0.000,0.000
CH10=, ,68.3   ,  ,4 ,0.000000,1.000000,BIT ,0 ,0.000,0.000,0.000
```

4.56 通过 TC-net 网络采集数据

本数据采集方式下的 PDA 高速数据采集分析系统中的数据源类型为 61，TC-net 网络是日本 TMEIC 公司推出的基础自动化系统（如 PLC 系统）高速通信网络。适用该网络的 PLC 和交换机如图 4.411 所示。

（a）PLC   （b）交换机

图 4.411 适用 TC-net 网络的 PLC 和交换机

在一台计算机中可以插两块 TC-net 网络适配器，TC-net 网络适配器如图 4.412 所示。计算机通电后绿灯应常亮，操作系统 Windows 启动后由程序 SCset.exe 按配置文件 card0.ini 和 card1.ini，对 TC-net 网络适配器进行初始化并使之正常运行，此时黄灯应常亮，网上数据才被输入该网络适配器的内存，否则接收不到数据。

图 4.412　TC-net 网络适配器

两块 TC-net 网络适配器的配置文件内容如图 4.413 所示。

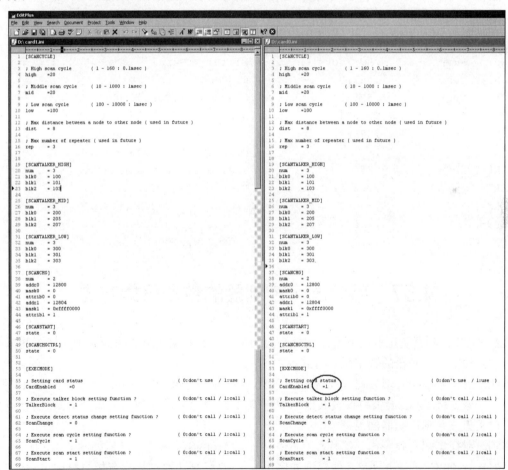

图 4.413　两块 TC-net 网络适配器的配置文件内容

对每块 TC-net 网络适配器，要用旋转开关设置站地址 01～FF，这些站地址不能重复。如果站地址设为 00，那么即使安装好 Windows 驱动程序，也会显示异常，不能正常工作。TC-net 网络适配器的站地址设置如图 4.414 所示。

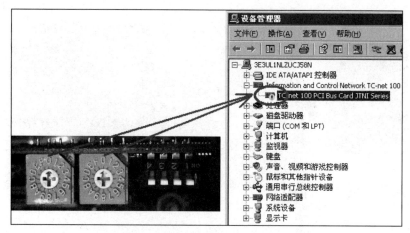

图 4.414　TC-net 网络适配器的站地址设置

　　TC-net 网络适配器上的每个变量都有一个地址，PDA 高速数据采集分析系统按地址读写变量，变量地址表可在 PLC 程序中导出。本数据采集方式下，PDA 高速数据采集分析系统对应的组态文件 Config.csv 示例如下：

```
[1000,10CH,10.000ms,,61,Note]
No,    Name       ,Adr/note,Unit,Len,Offset  ,Gain     ,Type,ALM
CH1=,  Test       ,55710   ,    ,0  ,0.000000,1.000000,REAL,0
CH2=,  Current    ,59520   ,    ,0  ,0.000000,1.000000,REAL,0
CH3=,  Force      ,57604   ,    ,0  ,0.000000,1.000000,REAL,0
CH4=,  Speed      ,58322   ,    ,0  ,0.000000,1.000000,REAL,0
CH5=,             ,        ,    ,0  ,0.000000,1.000000,REAL,0
CH6=,             ,366.3   ,    ,0  ,0.000000,1.000000,BIT ,0
CH7=,             ,368.12  ,    ,0  ,0.000000,1.000000,BIT ,0
CH8=,             ,64640   ,    ,0  ,0.000000,1.000000,REAL,0
CH9=,             ,42287   ,    ,0  ,0.000000,1.000000,INT ,0
CH10=,            ,        ,    ,0  ,0.000000,1.000000,REAL,0
```

4.57　部分国产控制器的数据采集方式

　　PLC、DCS 控制器是工业控制系统的核心，PDA 高速数据采集分析系统完全支持这些控制器。下面介绍几种国产控制器的数据采集方式。

　　浙江中控技术股份有限公司（简称浙江中控）生产的 SUPCON 系列控制器如图 4.415 所示，该系列控制器支持 OPC 通信协议及其他标准通信协议，PDA 高速数据采集分析系统通过对应的通信协议采集该系列控制器的数据。

　　和利时科技集团有限公司（简称和利时）生产的 HollySys 系列控制器如图 4.416 所示，该系统控制器支持 OPC 通信协议及其他标准通信协议，PDA 高速数据采集分析系统通过对应的通信协议采集该系列控制器的数据。

　　南京科远智慧科技集团有限公司（简称南京科远）生产的 NT6000 DCS 系统如图 4.417 所示，该系统支持 OPC 通信协议及其他标准通信协议，PDA 高速数据采集分析系统通过对应通信协议采集该系统的数据。

图 4.415　浙江中控生产的 SUPCON 系列控制器

图 4.416　HollySys 系列控制器

图 4.417　南京科远生产的 NT6000 DCS 系统

　　其他国产智能设备、国产变频器通信接口自主灵活，PDA 高速数据采集分析系统支持这些设备的数据采集。军工行业可根据实际需求，定制开发 PDA 高速数据采集分析系统的专用通信协议。

4.58　其他数据采集方式

　　（1）100kHz 数据采集方式。全程数据存储。

　　（2）无线数据采集方式。无线数据采集方式如图 4.418 所示。

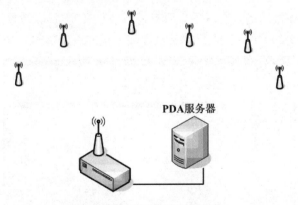

图 4.418　无线数据采集方式

　　（3）实时数据文件。数据源类型为 35，各连接通道的文件名为其识别号，数据刷新率为秒级，可用于广域网。

　　（4）内存数据采集。内存块位置由内存文件映射 CreateFileMapping 确定。

第5章　数据采集及在线监控

PDA高速数据采集分析系统可以分析历史数据，也可以在线分析实时数据。

5.1　开始与停止采集数据

在PDAServer（服务器）中启动PDAServer.exe，即可开始按配置好的数据源和点数采集数据。每个绿色信号灯对应一个PLC数据源的状态，绿色信号灯闪亮，表示通信正常。PDAServer运行界面如图5.1所示。

关闭PDAServer.exe，即可停止采集数据。

图5.1　PDAServer运行界面

5.2　采集逻辑信号

可以专门定义一个连接通道，实时采集所有逻辑信号（变量），数据源类型为37。定义需要采集的逻辑信号，如图5.2所示。检查已定义且需要采集的逻辑信号，如图5.3所示。

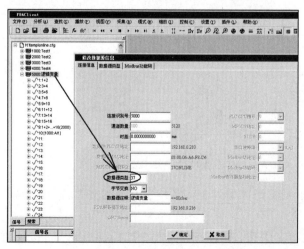

图5.2　定义需要采集的逻辑信号

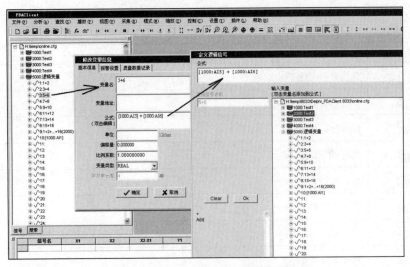

图 5.3　检查已定义且需要采集的逻辑信号

当系统采样周期小于 1.0ms 时，应尽可能多地关掉 Windows 任务管理器中除了 PDAServer 的无关进程和服务。在 Windows 任务管理器中查看进程和服务，如图 5.4 所示。

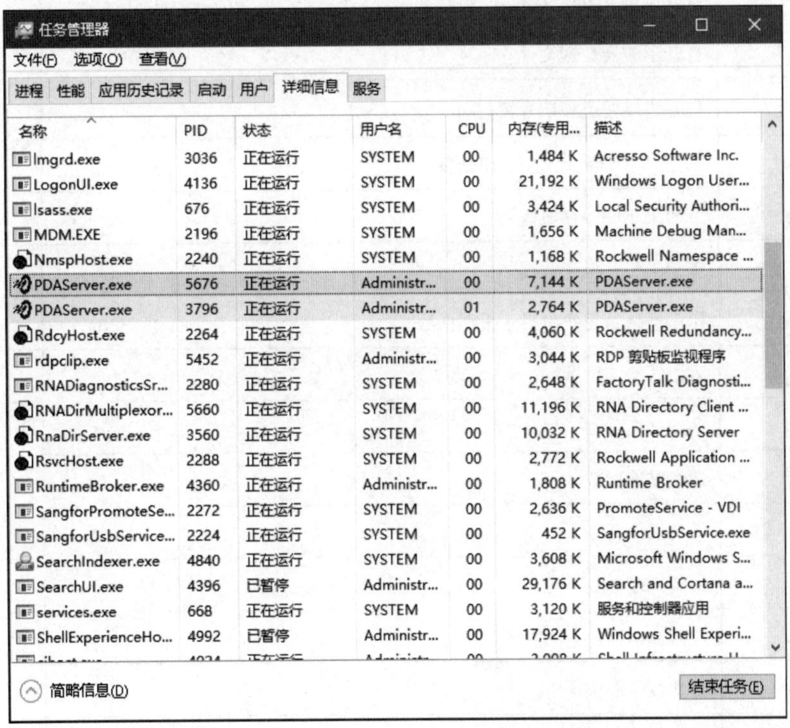

图 5.4　Windows 任务管理器中查看进程和服务

5.3　工具栏按钮和快捷键

PDA 高速数据采集分析系统的分析工具有丰富的系统菜单和工具栏按钮，其中相同的图标按钮具有相同的功能，部分功能支持快捷键操作方式。工具栏按钮图标功能和快捷键说明见表 5-1。

表 5-1　工具栏按钮图标功能和快捷键说明

序号	按钮图标	中文注释	快捷键
1		新建分析文件	—
2		打开分析文件	—
3		保存分析文件	—
4		打开单个数据文件	—
5		打开多个数据文件	—
6		打开实时 Excel 文件(csv 格式文件)	—
7		打开 Excel 文件(csv 格式文件)	—
8		打开组态文件	—
9		打开 WinCC 组态文件	—
10		组态另存为	—
11		打开第三方数据文件	—
12		打开示波器数据文件	—
13		打开连接通道和信号树	—
14		根据已有变量定义新逻辑变量	—
15		开始采集并保存数据	—
16		停止采集并保存数据	—
17		用于选择是否实时显示采样曲线	—
18		到曲线头部位置	Home 键
19		曲线加速回放	F3 键
20		曲线减速回放	F2 键
21		曲线回放暂停	—
22		曲线减速播放	F1 键
23		曲线加速播放	F4 键
24		到曲线尾部位置	End 键
25		数据曲线单步向前播放	—
26		数据曲线单步回放	—
27		切换棒状图样式	F8 键
28		开关棒状图	F9 键
29		开关背景网格	—
30		显示数据表格	—

续表

序号	按钮图标	中文注释	快捷键
31		显示两个时间坐标	F11 键
32		Y 轴标记	—
33		显示各区变量信息	F12 键
34		Y 轴显示开关	—
35		变量名显示开关	—
36		所有信号自动定标/双击鼠标左键	—
37		向后缩放	F5 键
38		全部缩放	—
39		向前缩放	F7 键
40		压缩 Y 轴曲线	—
41		扩展 Y 轴曲线	—
42		曲线在 X 轴方向全部压缩	—
43		曲线在 X 轴方向进行压缩	—
44		曲线在 X 轴方向扩展	—
45		曲线在 X 轴方向全部扩展	—
46		所有视图基于时间	—
47		所有视图基于时间对齐	—
48		所有视图基于长度，以各区第一条曲线作为 X 轴	—
49		所有视图基于长度对齐，以各区第一条曲线作为 X 轴	—
50		循环切换显示区栏数	—
51		3D 分析	—
52		切换显示曲线色和背景色（背景色有白色和黑色）	F10 键
53		专家系统	—
54		实时报警信息	—
55		历史报警信息	—
56		实时操作记录	—
57		历史操作记录	—

5.4　PDAServer 在线监控

通过单击 PDAClient.exe 工具栏按钮图标 👓 实现 PDAServer 在线监控，在线监控状态下单击按钮图标 👓，即可退出监控。查看 PDAClient 在线数据曲线，如图 5.5 所示。

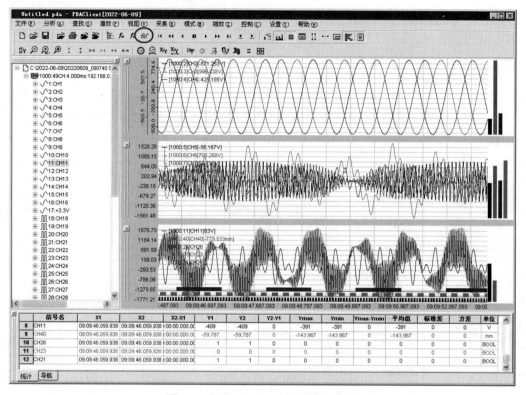

图 5.5　查看 PDAClient 在线数据曲线

5.5　PDAClient（客户端）在线监控

　　在局域网中的其他客户计算机也可通过 PDAClient.exe 工具栏按钮图标 60° 进行在线监控。

　　将 PDAServer 系统文件夹共享，设置权限为"完全控制"即可共享在线文件。在线文件共享设置如图 5.6 所示。

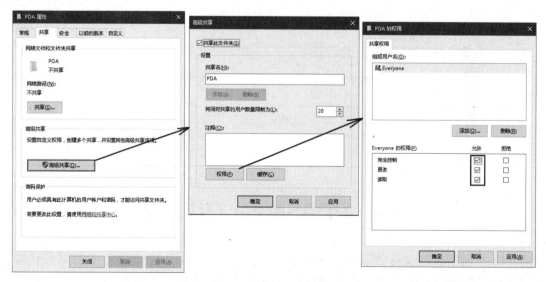

图 5.6　在线文件共享设置

在 PDA 客户端中将 PDAServer 系统文件夹映射为本机 W:盘，具体设置如图 5.7 所示，在线监控操作与 PDAServer 中的在线监控操作相同。

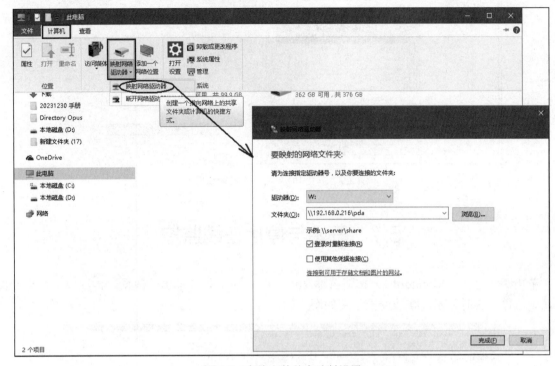

图 5.7　在线文件共享映射设置

PDA 高速数据采集分析系统支持多客户端模式，每个 PDA 客户端支持多个在线窗口，PDA客户端及其在线窗口的数量仅受网络能力限制。如果系统提示"您可能没有权限使用网络资源"，那么在 PDA 客户端控制台下通过指令"net use * /d"清除历史连接信息，重启 PDA 客户端计算机，或者直接打开 PDAServer 上的 PDA 共享目录，运行 PDAClient.exe。

5.6　多台 PDA 服务器在线监控

如果系统中有多台 PDA 服务器，PDA 客户端在线时，先选择连接哪一台 PDA 服务器，然后通过单击按钮图标 6͡6͡ 进行在线监控。"PDAServer 选择"列表如图 5.8 所示。

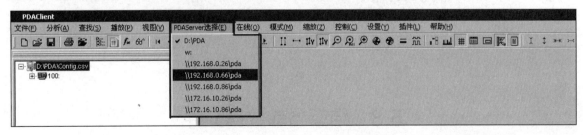

图 5.8　"PDAServer 选择"列表

PDA 服务器路径保存在 PDAServer.ini 文件中，可以在 PDAClient 中配置，也可用记事本直接修改。多台 PDA 服务器路径设置如图 5.9 所示。

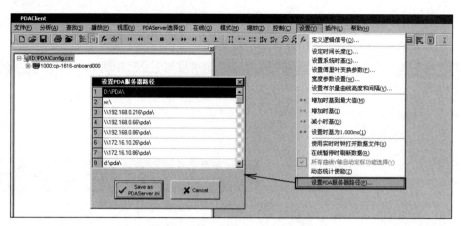

图 5.9　多台 PDA 服务器路径设置

5.7　开始与停止在线监控

单击在线监控（Monitoring）按钮图标 $60^\prime$，即可显示实时采集的数据。再次单击该按钮图标，则可停止实时显示。在线监控示例如图 5.10 所示。

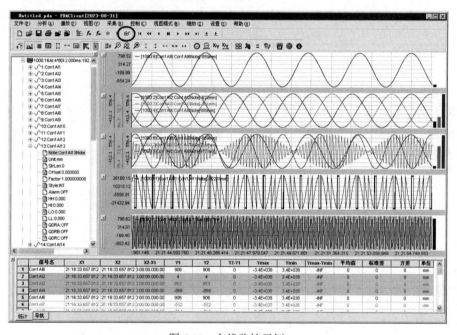

图 5.10　在线监控示例

5.8　结束当前数据文件

数据文件一般要到规定的时间才会结束，其他系统才可正常访问。由于某种原因有时希望中途结束当前数据文件，可按下面两种途径操作，不影响后续数据的保存。

（1）在 PDAServer 中结束当前数据文件。将光标移到图 5.1 中的"End the current data file"标

签上单击，即可结束当前数据文件。

（2）在 PDAClient 中结束当前数据文件。输入 PDAServer 的 IP 地址，单击"请求 PDAServer 结束当前数据文件"按钮，即可结束当前数据文件如图 5.11 所示。

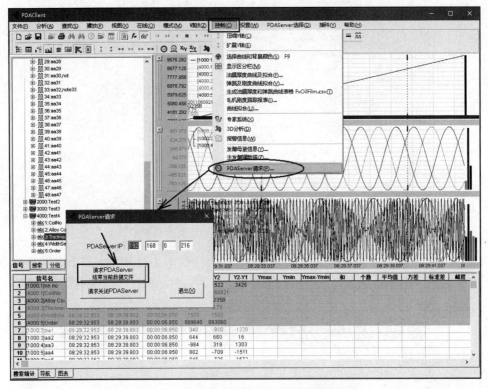

图 5.11　在 PDAClient 中结束当前数据文件

5.9　在线修改组态信息而不重启 PDAServer

不修改组态信息变量（如地址、类型、长度和公式）时，在图 5.1 中将光标移到"Online reload Config.csv"标签上单击，即可在线修改组态信息。

5.10　高速转发一个连接通道的全部数据

由 PDAServer.exe 执行高速转发一个连接通道的全部数据的任务，可在 PDAServer（服务器）中增加多个网络适配器，以扩展数据转发链路，实现毫秒级的数据转发。

对于其他系统如大型数据平台、制造执行系统（MES）等需要的数据，原则上不通过基础自动化系统的 PLC 获取，而通过 PDAServer 的转发获取，这样可以节约大量 PLC 资源。当源 IP 地址（转发 IP 地址）和目标 IP 地址（转发到 IP 地址）处于不同网段时，需要通过不同网口转发数据。可通过以下两种方式高速转发数据：

（1）通过 PDAClient 设置高速转发数据的信息，如图 5.12 所示。在该图中设置转发 IP 地址、转发到 IP 地址和转发周期，设置信息最终保存到组态文件 Config.csv 中。在这种方式下，只能向一个目标 IP 地址（转发到 IP 地址）高速转发数据。

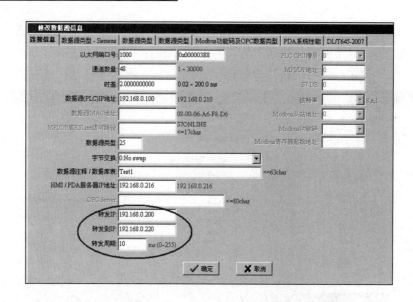

图 5.12　通过 PDAClient 设置高速转发数据的信息

（2）通过 toIP.ini 配置文件设置高速转发数据的信息，如图 5.13 所示。一个连接通道的数据最多可以向 10 个目标 IP 地址高速转发，当转发周期为 0 时，PDAServer 一收到数据就转发该数据。通过这种方式，可以向多个目标 IP 地址高速转发数据。

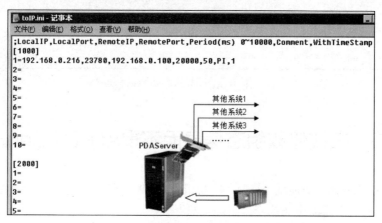

图 5.13　通过 toIP.ini 配置文件设置高速转发数据的信息

5.11　高速转发选择的数据

由 Retransfer.exe 执行高速转发选择的数据（包括不同连接通道被选择的数据），转发周期为 10ms 的整数倍，Retransfer.ini 是配置文件。

类型 0（对应配置文件中 style=0 的情况）：将不同连接通道的数据组合为一个电文，通过 UDP 通信协议转发到目的 IP 地址，配置文件示例如下，其中的 period 为转发周期（单位为 ms）。

```
[ToL2]
style=0,选择变量转发
WithTimeStamp=1,是否带时间戳，如 2023-12-23 12:32:19.200
```

```
targetIP=192.168.0.220
targetPort=3010
period=20
1=1000,1
2=1000,2
3=1000,3
4=1000,36
5=1000,37
6=1000,4
7=2000,3
8=2000,8
9=2000,32
10=3000,12
11=3000,20
12=4000,2
13=4000,3

[ToL3]
style=0,选择变量转发
WithTimeStamp=0
targetIP=192.168.0.221
targetPort=3020
period=25
1=1000,10
2=1000,20
3=1000,30
4=1000,22
5=2000,31
6=2000,2
7=2000,32
8=3000,11
9=3000,20
10=4000,1
11=4000,2

[ToQuality]
style=1,转发一个连接通道的全部数据
WithTimeStamp=0
targetIP=192.168.0.222
targetPort=3050
period=50
1=1000

[ToDevice]
style=1,转一个连接通道的全部数据
WithTimeStamp=0
targetIP=192.168.0.223
```

```
targetPort=3060
period=50
1=3000
```

类型 1（对应配置文件中 style=1 的情况）：转发连接通道的所有数据，这种方式的转发效率比 5.10 节的方式低。

5.12 系统文件目录设置建议

建议对系统文件目录进行如下设置：

（1）PDAServer 安装目录为 D:\PDA。

（2）PDAServer 数据文件保存位置为 P:盘。

（3）PDAServer 长期趋势分析数据文件目录为 L:盘。

（4）HDServer 时序数据库安装目录为 H:盘。

（5）在 PDAClient、WinCC、IE、FTView 等客户端中，把 PDAServer 的 D:\PDA 目录映射为本机 W:盘，P:盘映射为本机 P:盘、L:盘映射为本机 L:盘。

组态文件 Config.csv 中的配置如下：

```
[DataFile]
LastTime=10
Path=P:
BigDataDir=
LTADir=L:
```

第 6 章 历史数据查询及数据导出

在 PDAServer（服务器）中，通过 PDAClient.exe 直接打开 PDA 高速数据采集分析系统相应日期文件夹中的数据文件。在其他计算机中，可通过 PDAClient.exe 打开本机网络映射 P:盘中相应日期文件夹中的数据文件（P:为 PDAServer 数据文件保存文件夹的映射），也可将 PDAServer 中的历史数据文件复制到其他位置，用 PDAClient.exe 打开这些文件。

6.1 打开一个数据文件

按如图 6.1 所示操作，打开一个数据文件。

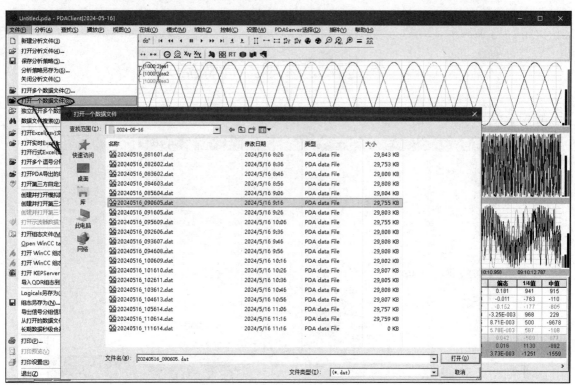

图 6.1 打开一个数据文件

6.2 同时打开多个数据文件

按图 6.2 所示操作，打开多个数据文件。

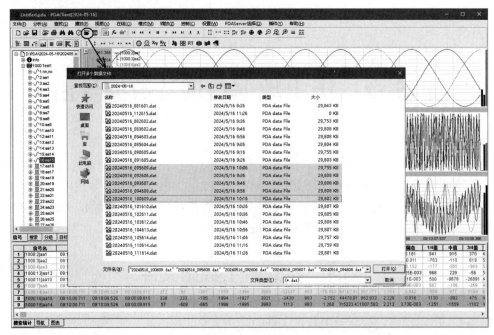

图 6.2　打开多个数据文件

6.3　通过快捷菜单打开数据文件

按图 6.3 所示操作，通过快捷菜单打开数据文件。

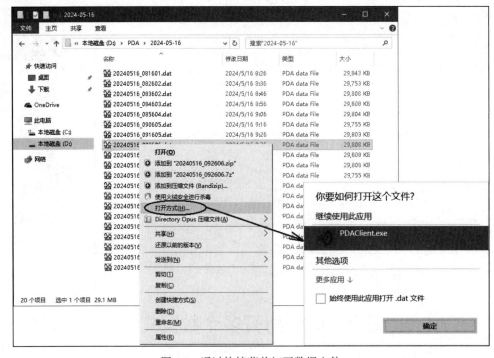

图 6.3　通过快捷菜单打开数据文件

6.4　独立打开多个数据文件

多个数据文件可用于数据对比、全流程质量数据分析等，可按图 6.4 所示操作，独立打开多个数据文件。

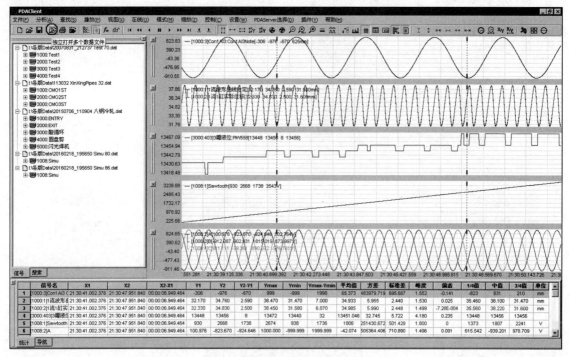

图 6.4　独立打开多个数据文件

6.5　打开以逗号分隔的数据文件

PDAClient 能直接打开逗号分隔的 txt 格式数据文件（见图 6.5），并自动转换成 dat 格式文件。按图 6.6 所示操作，打开以逗号分隔的文本数据文件。

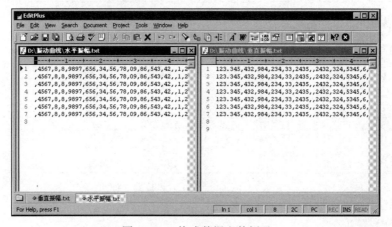

图 6.5　txt 格式数据文件例子

图 6.6　打开逗号分隔的数据文件

6.6　打开 Excel 的 csv 格式数据文件

PDAClient 能直接打开图 6.7 所示的 Excel 的 csv 格式数据文件并自动转换成 dat 格式文件。文件格式转换例子如图 6.8 所示。

	A	B	C	D	E	F	G
1	aaa	bbb	ccc	ddd	eee		
2	4.598	863.717	-868.315	-159.769	-221.531		
3	27.594	851.899	-879.493	-120.509	-448.714		
4	50.576	839.629	-890.205	-69.454	-619.419		
5	73.531	826.915	-900.447	-10.979	-711.381		
6	96.447	813.764	-910.212	49.771	-712.354		
7	119.313	800.183	-919.495	107.331	-621.738		
8	142.115	786.178	-928.293	156.409	-450.722		
9	164.842	771.757	-936.599	192.372	-220.9		
10	187.482	756.928	-944.41	211.684	38.458		
11	210.022	741.699	-951.721	212.246	294.135		
12	232.452	726.077	-958.529	193.622	513.227		

图 6.7　Excel 的 csv 格式数据文件

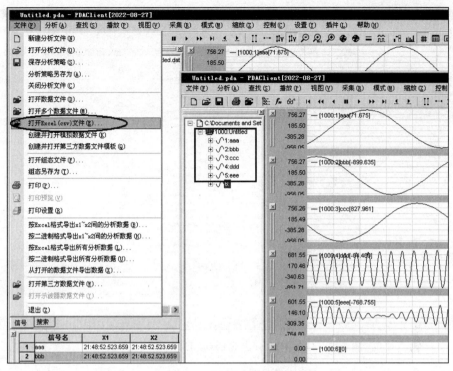

图 6.8　文件格式转换例子

6.7　打开 PDA 导出的 Excel 的 csv 格式数据文件

PDAClient 能直接打开 PDA 导出的 Excel 的 csv 格式数据文件（见图 6.9），并自动转换成 dat 格式文件。按图 6.10 所示操作，打开 PDA 导出的 Excel 的 csv 格式数据文件。

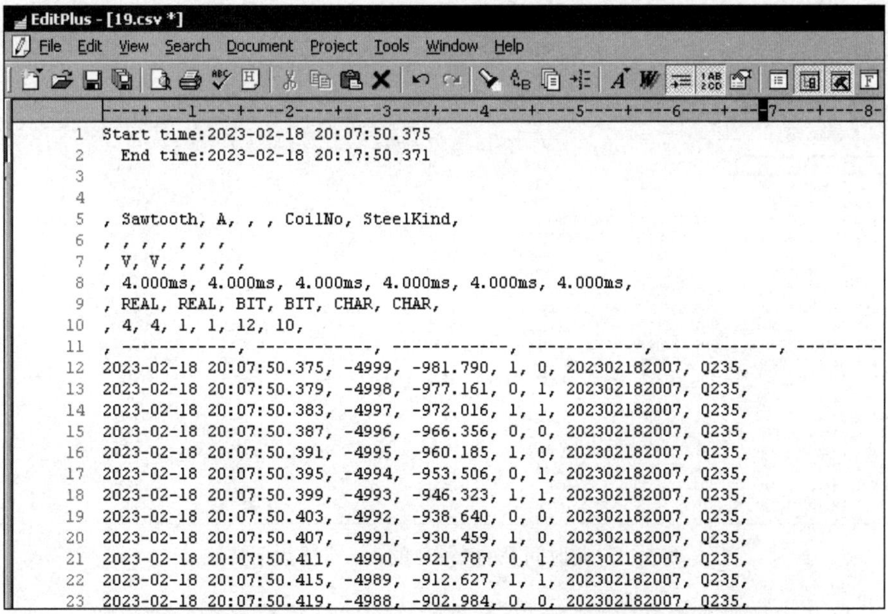

图 6.9　PDA 导出的 Excel 的 csv 格式数据文件

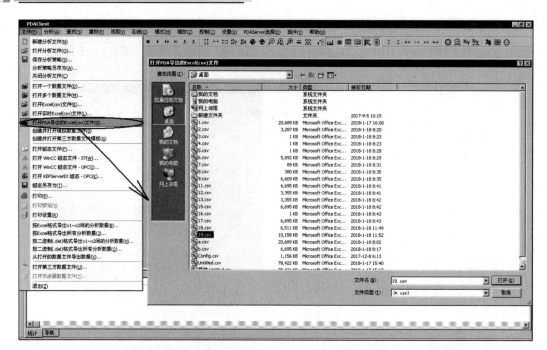

图 6.10　打开 PDA 导出的 Excel 的 csv 格式数据文件

6.8　打开实时 Excel 的 csv 格式数据文件

PDAClient 能直接打开图 6.11 所示的带时间戳的 Excel 的 csv 格式数据文件，其中第一列为时间。按图 6.12 所示操作，打开带时间戳的 Excel 的 csv 格式数据文件。

	A	B	C	D	E	F	G
1	时间	1#槽A侧1温度	1#槽A侧2温度	1#槽A侧3温度	1#槽B侧1温度	1#槽B侧2温度	1#槽B侧3温度
2	2023-11-1.12:15:00.000	902	342	3221	321	789	3567
3	2023-11-1.13:15:01.000	887	324	3267	221	657	6532
4	2023-11-1.14:15:02.000	7890	21200	3313	121	525	9497
5	2023-11-1.15:15:03.000	746.3333333	162.6666667	3359	21	393	12462
6	2023-11-1.17:15:04.000	689.8333333	97.66666667	3405	-79	261	15427
7	2023-11-1.18:15:05.000	633.3333333	32.66666667	3451	-179	129	18392
8	2023-11-1.19:15:06.000	-576.8333333	-32.33333333	3497	-279	-3	21357
9	2023-11-1.21:15:07.000	-520.3333333	-97.33333333	3543	-379	-135	24322
10	2023-11-1.22:15:08.000	463.8333333	-162.3333333	3589	-479	-267	27287
11	2023-11-1.23:15:09.000	407.3333333	-227.3333333	3635	-579	-399	30252
12	2023-11-4.0:15:10.000	-350.8333333	-292.3333333	3681	-679	-531	33217
13	2023-11-4.2:15:11.000	-294.3333333	-357.3333333	3727	-779	-663	36182
14	2023-11-4.3:15:12.000	237.8333333	-422.3333333	3773	-879	-795	39147
15	2023-11-4.12:15:00.000	902	342	3221	321	789	3567
16	2023-11-4.13:15:01.000	887	324	3267	221	657	6532
17	2023-11-4.14:15:02.000	789	212	3313	121	525	9497
18	2023-11-4.15:15:03.000	746.3333333	162.6666667	3359	21	393	12462
19	2023-11-4.17:15:04.000	689.8333333	97.66666667	3405	-79	261	15427
20	2023-11-4.18:15:05.000	633.3333333	32.66666667	3451	-179	129	18392
21	2023-11-5.19:15:06.000	576.8333333	-32.33333333	3497	-279	-3	21357
22	2023-11-5.21:15:07.000	520.3333333	-97.33333333	3543	-379	-135	24322

图 6.11　带时间戳的 Excel 的 csv 格式数据文件

时间显示格式也可以是 2023/6/25 13:00 之类的格式，转换程序能自动识别。

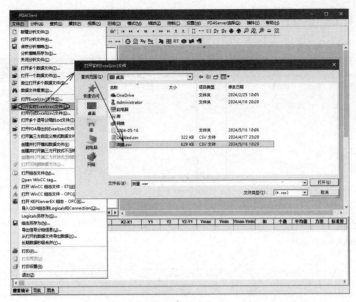

图 6.12　打开带时间戳的 Excel 的 csv 格式数据文件

6.9　打开第三方自定义格式数据文件

毫秒级的高效数据分析工具的开发工作量很大，为便于第三方分析自己的数据，PDA 高速数据采集分析系统可无缝集成第三方自定义格式数据文件，共享所有分析功能。

6.10　创建并打开模拟数据文件

为便于用户深入了解分析软件功能，可通过"创建并打开模拟数据文件"菜单命令创建一个模拟数据文件，如图 6.13 所示。

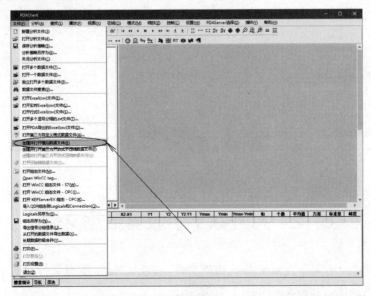

图 6.13　通过"创建并打开模拟数据文件"命令创建一个模拟数据文件

创建的模拟数据文件保存在当前路径\当前日期文件夹下，该文件的保存位置如图 6.14 所示，可用 PDAClient.exe 正常打开该文件并进行分析。

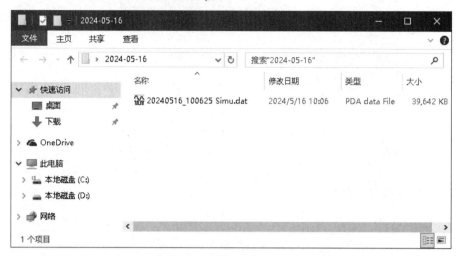

图 6.14　创建的模拟数据文件保存位置

6.11　创建并打开第三方开放式不压缩数据文件

对于按照本标准模板格式存储的数据文件，都可用 PDAClient.exe 打开并进行分析，便于用户创建自主的数据采集分析系统。按图 6.15 所示操作，创建并打开第三方开放式的不压缩数据。

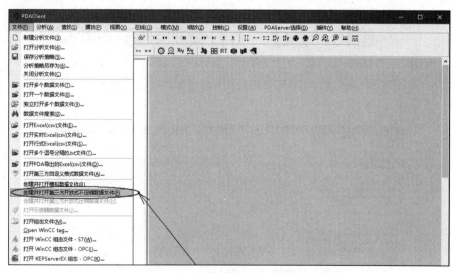

图 6.15　创建并打开第三方开放式的不压缩数据文件

6.12　打开数字示波器数据文件

数字示波器能将波形保存为 csv 格式数据文件，PDAClient 能直接打开并生成相应的数据文件。按图 6.16 所示操作，打开数字示波器数据文件。

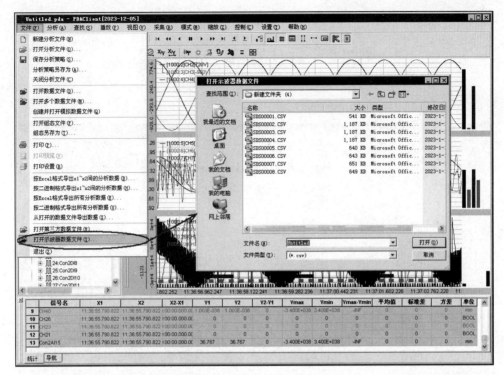

图 6.16　打开数字示波器数据文件

6.13　按时间段导出分析数据

打开数据文件，将需要导出的变量添加到显示区，单击工具栏按钮图标 $\parallel$（双 X 轴标记(x1 x2 ON/OFF)），选择 x1、x2 的时间段，可以按 Excel 的 csv 格式或二进制 dat 格式导出分析数据，也可导出实时数据。按时间段导出分析数据文件，如图 6.17 所示。

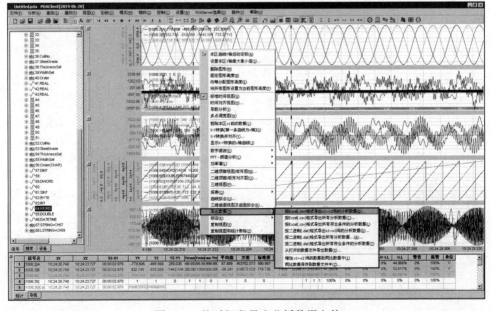

图 6.17　按时间段导出分析数据文件

6.14　导出所有分析数据

按图 6.18 所示操作，导出所有分析数据。

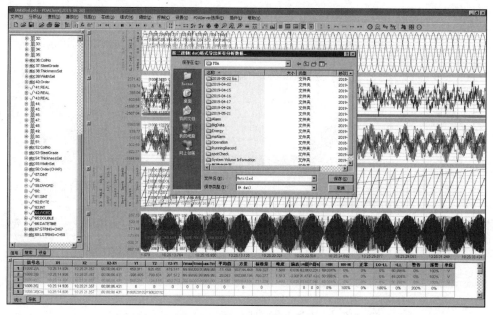

图 6.18　导出所有分析数据

导出的分析数据可以为 Excel 的 csv 格式和二进制 dat 格式，以便将这些数据导入 SQL Server、Oracle 等数据库中。导出的 csv 格式数据如图 6.19 所示。

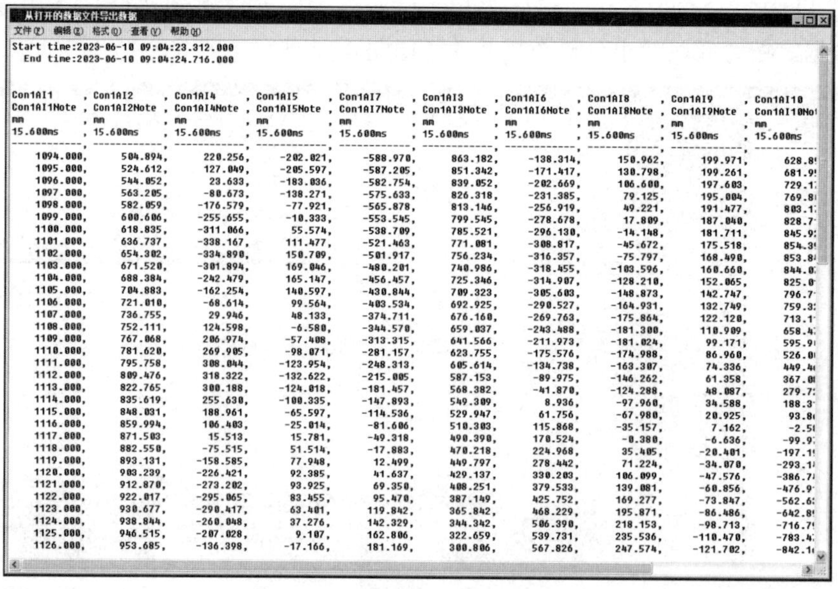

图 6.19　导出的 csv 格式数据

6.15　导出符合条件的分析数据

按某变量值设定数据范围导出分析数据，即按条件导出分析数据，如图 6.20 所示。

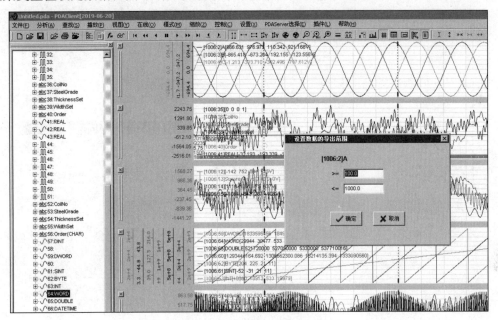

图 6.20　按条件导出分析数据

6.16　从打开的数据文件导出数据

打开一个或多个数据文件，单击"从打开的数据文件导出数据"菜单命令，在弹出的"从打开的数据文件导出数据"面板，勾选需要导出的变量，从数据文件导出需要的数据，如图 6.21 所示。

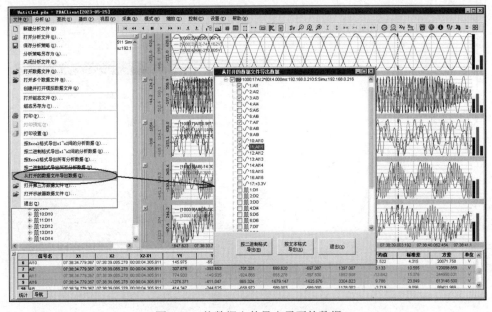

图 6.21　从数据文件导出需要的数据

1. 导出为二进制文件

在"从打开的数据文件导出数据"面板中，勾选需要导出的变量，按图 6.22 所示操作，按二进制格式导出数据。对导出的二进制格式文件，用 PDAClient 打开。

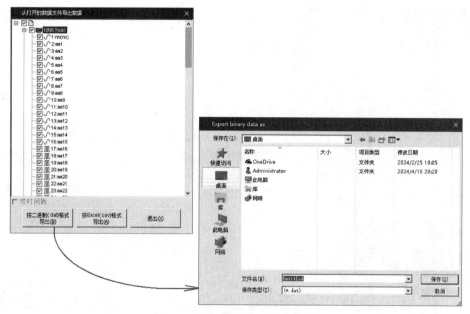

图 6.22　按二进制格式导出数据

2. 按文本格式导出数据

按文本格式导出数据如图 6.23 所示。

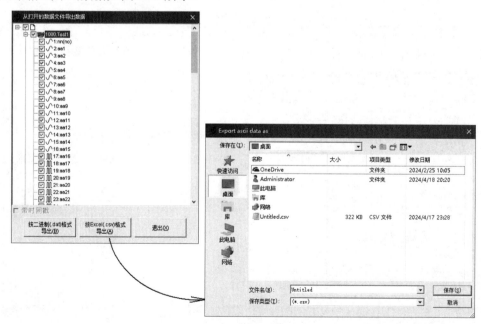

图 6.23　按文本格式导出数据

6.17　导出同比数据

用 x1 和 x2 时间段多次选择需要导出的数据并添加到同比数据中，然后将同比数据保存到一个数据文件中，导出同比数据，如图 6.24 所示。

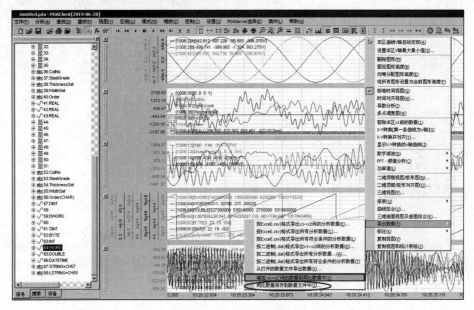

图 6.24　导出同比数据

6.18　按日期范围合并秒级数据

在组态文件 Config.csv 中的[Database]栏设置合适的循环次数 Cycle，使 PDAServer 能在 BigData 文件夹中每秒保存一个数据文件，如图 6.25 所示。

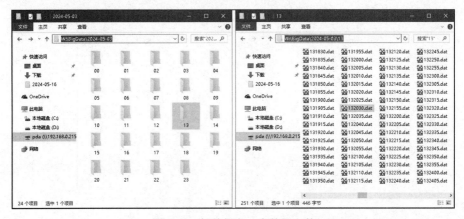

图 6.25　每秒保存一个数据文件

合并秒级数据的时基范围为 1～60s，可以选择合适的时基。当时基为 1s 时，可合并 1～31 天的数据；当时基为 2s 时，可合并 1～62 天的数据。按日期范围合并秒级数据，如图 6.26 所示。

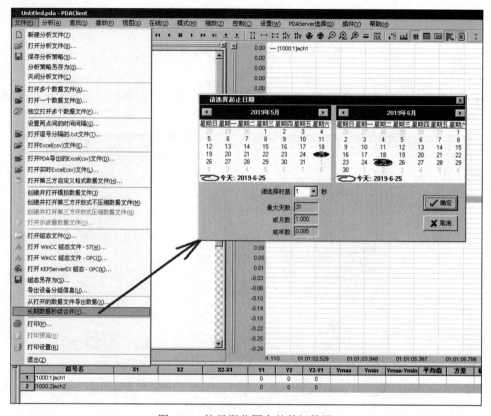

图 6.26　按日期范围合并秒级数据

第 7 章　分析功能使用说明

7.1　分析软件的窗口布局

PDAClient 的窗口布局如图 7.1 所示。在不同区域的窗口并不是固定的，信号显示、信号树、统计窗口都可以移动或调整位置甚至隐藏。

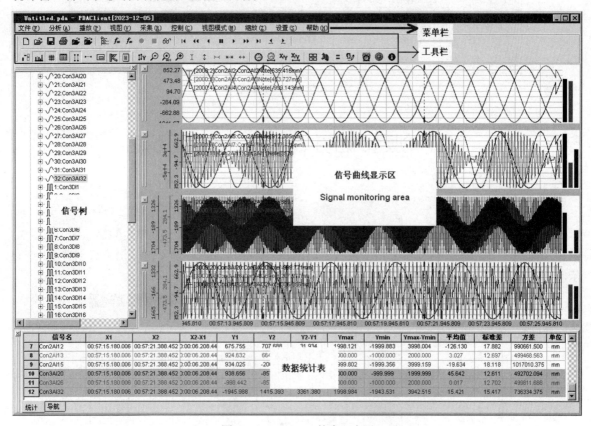

图 7.1　PDAClient 的窗口布局

7.2　信号树的查找功能

信号树设置了从头向后、向后、向前、从尾向前查找功能。在信号树中查找信号，如图 7.2 所示。

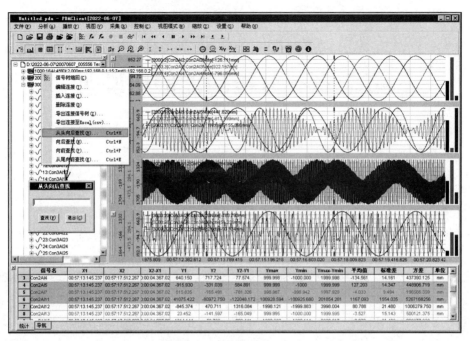

图 7.2　在信号树中查找信号

7.3　创建、合并、移动、删除显示区

1. 创建显示区

单击界面左侧信号树中的某个变量名，系统将在末显示区创建该变量曲线的显示区（见图 7.3 中显示区 1）。也可按住鼠标左键把变量拖到已创建的显示区或新建显示区。最多可创建 32 个显示区，每个显示区最多显示 32 条曲线。

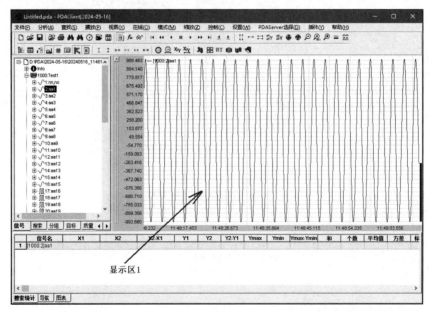

图 7.3　创建显示区

根据需要，可以创建多个显示区，图 7.4 所示为创建的两个显示区。

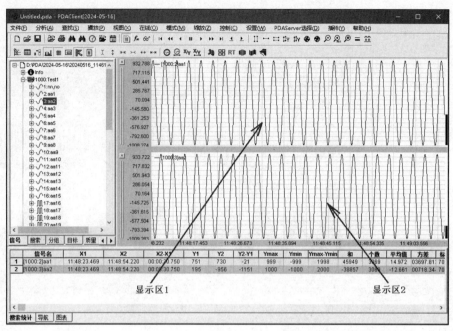

图 7.4　创建的两个显示区

2. 合并显示区

将光标移到显示区左侧的滚动条上，按住鼠标左键把需要合并的显示区拖到目标显示区，即可完成合并。合并显示区的操作示意如图 7.5 所示。

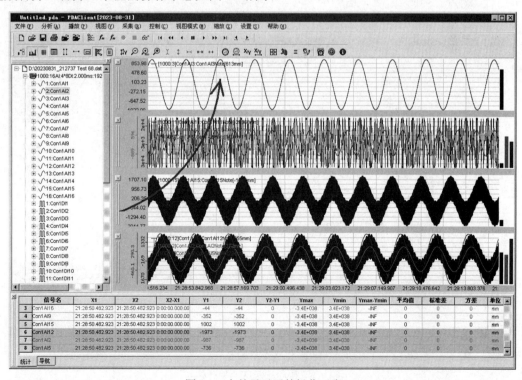

图 7.5　合并显示区的操作示意

合并后的显示区如图 7.6 所示。

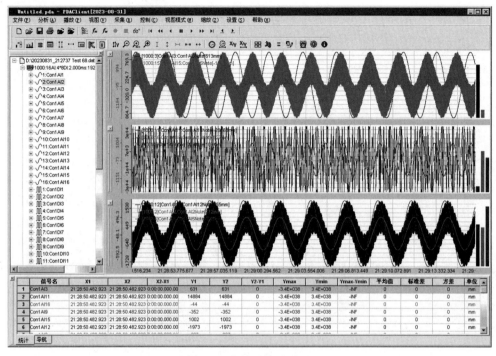

图 7.6   合并后的显示区

3. 移动显示区

将光标移到需要移动的显示区的滚动条上，按住鼠标左键拖动该显示区到目标区。即可完成显示区的移动。移动显示区的操作示意如图 7.7 所示。

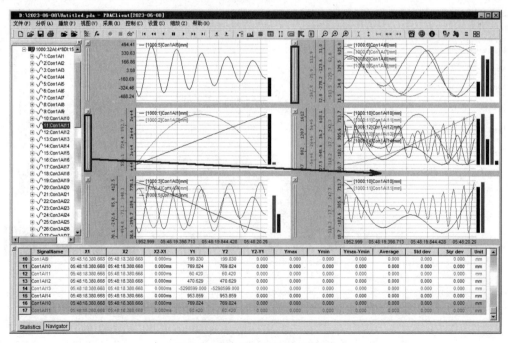

图 7.7   移动显示区的操作示意

移动后的显示区如图 7.8 所示。

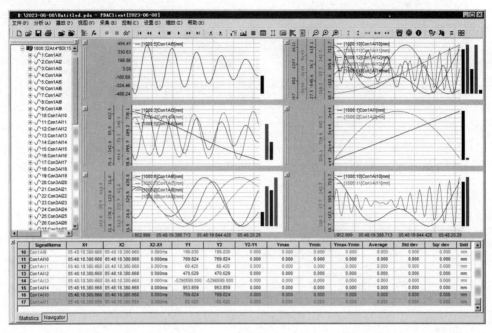

图 7.8　移动后的显示区

4. 删除显示区

单击某个显示区的删除按钮，即可删除该显示区。删除显示区的操作示意如图 7.9 所示。

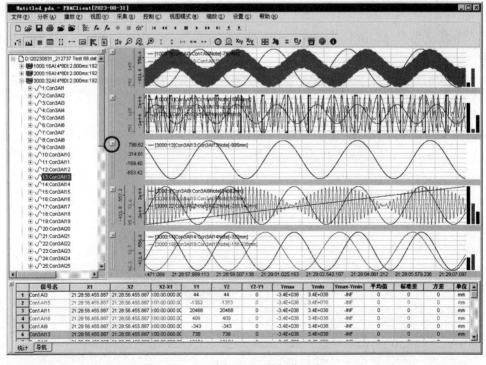

图 7.9　删除显示区的操作示意

剩余的显示区如图 7.10 所示。

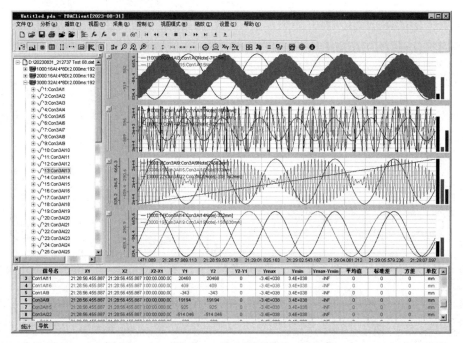

图 7.10　剩余的显示区

7.4　调整显示区变量的位置

1. 在同一显示区调整变量顺序

在同一显示区用鼠标左键将某一变量拖到另一变量位置，即可在同显示区调整变量顺序，如图 7.11 所示。

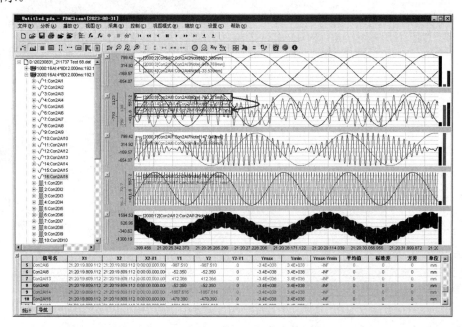

图 7.11　在同一显示区调整变量顺序

调整变量顺序后的显示区如图 7.12 所示。

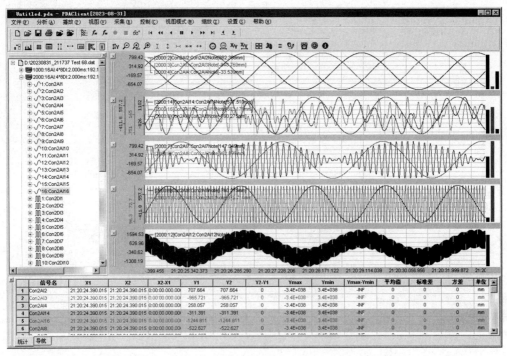

图 7.12　调整变量顺序后的显示区

2. 在不同显示区移动变量

将光标移到显示区变量名上，按住鼠标左键把该变量拖到新的显示区，即可在不同显示区移动变量，如图 7.13 所示。

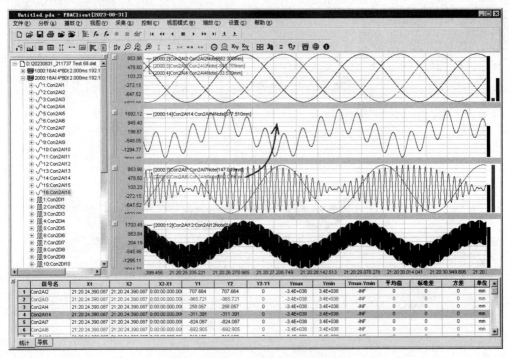

图 7.13　在不同显示区移动变量

变量移动后的显示区如图 7.14 所示。

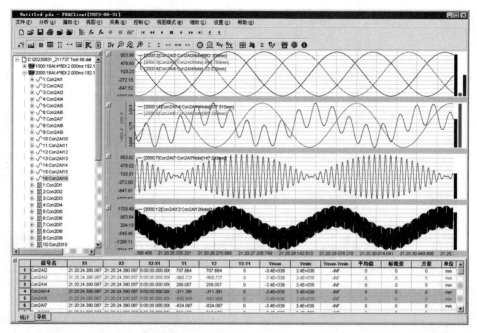

图 7.14　变量移动后的显示区

3. 在不同显示区移动变量并调整顺序

将光标移到显示区变量名上，按住鼠标左键把该变量拖到新显示区的某变量位置，即可在不同显示区移动变量并调整顺序，如图 7.15 所示。

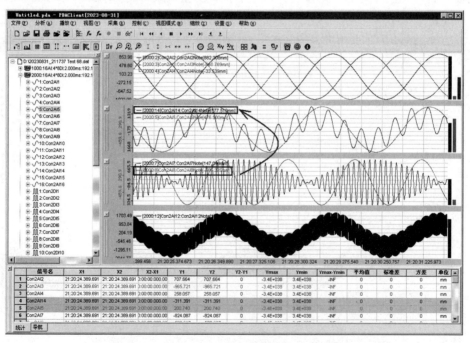

图 7.15　在不同显示区移动变量并调整顺序

移动变量并调整顺序后的显示区如图 7.16 所示。

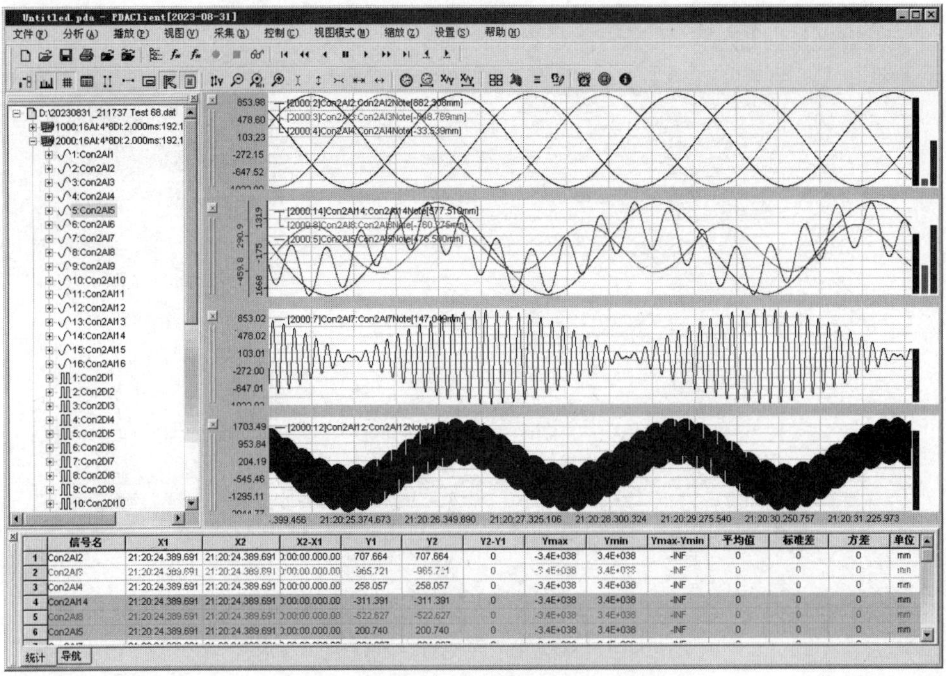

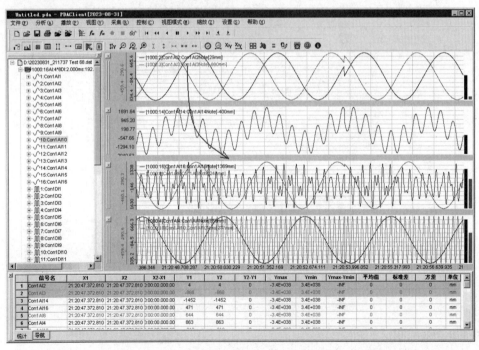

图 7.16 移动变量并调整顺序后的显示区

4. 通过移动显示区变量名创建新显示区

将光标移到显示区需要拖动变量名上，按住鼠标左键，将该变量名拖到非信号区即可创建新显示区。移动显示区变量名到非信号区的操作示意如图 7.17 所示。

图 7.17 移动显示区变量名到非信号区的操作示意

通过移动显示区变量名创建的新显示区如图 7.18 所示。

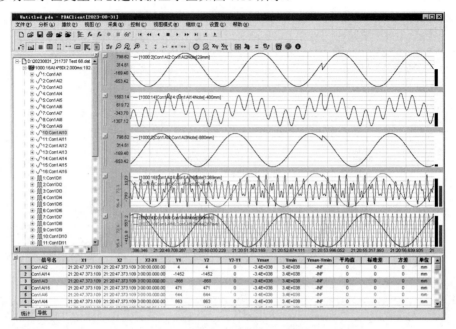

图 7.18　通过移动显示区变量名创建的新显示区

5. 删除显示区的变量

在显示区变量名上单击鼠标右键，选择弹出快捷菜单命令"删除信号"（见图 7.19）。单击该命令，即可删除显示区的变量。

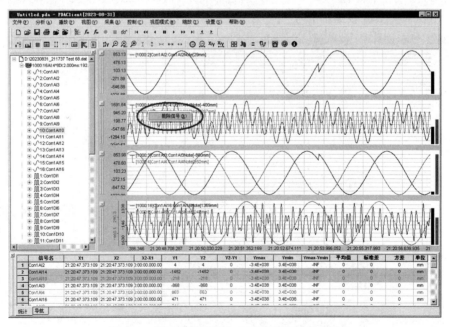

图 7.19　通过快捷菜单命令删除显示区的变量

删除变量后的显示区如图 7.20 所示。

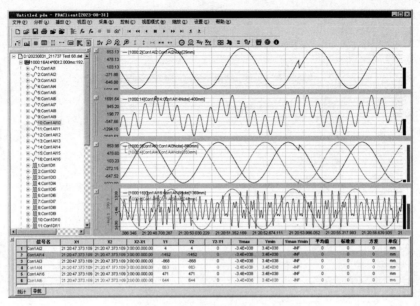

图 7.20　删除变量后的显示区

7.5　保存分析文件

分析文件记录了各区变量曲线信息，需要及时保存分析文件。保存分析文件的操作示意如图 7.21 所示。

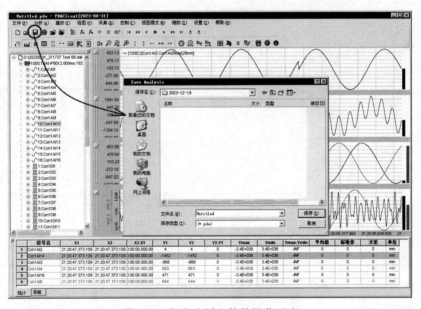

图 7.21　保存分析文件的操作示意

7.6　打开分析文件

打开分析文件的操作示意如图 7.22 所示。

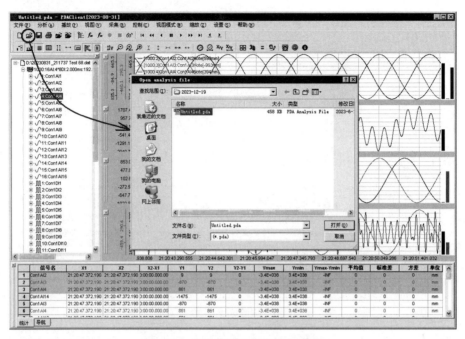

图 7.22　打开分析文件的操作示意

也可直接通过菜单命令"分析"选择分析文件，如图 7.23 所示。

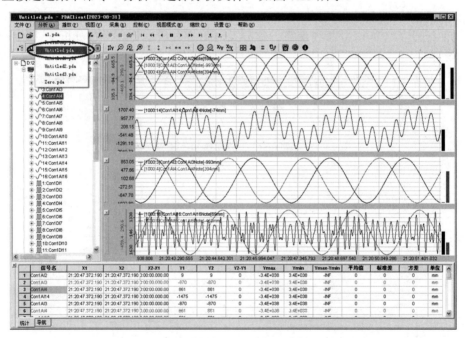

图 7.23　通过菜单命令"分析"选择分析文件

7.7　新建分析文件

新建分析文件的操作示意如图 7.24 所示。

图 7.24　新建分析文件的操作示意

7.8　定义逻辑信号

根据已有变量定义新的逻辑信号，可用常见数学函数对新逻辑信号进行算术运算。若用户有特殊要求，可定制特殊函数。新的逻辑信号虽可参与算术运算，但不能调用自身。新的逻辑信号支持离线和在线分析。当多项式的分母为 0 时，整个多项式的值记为 0.0。图 7.25 为 PDAClient 中定义的逻辑信号。

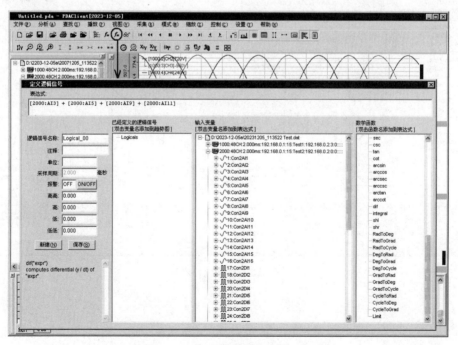

图 7.25　PDAClient 中定义的逻辑信号

定义的逻辑信号适用于任意多项式（表达式），双击变量名和函数名，可将它们添加到表达式中，双击已定义的逻辑信号变量名可将它添加到趋势图中，以便进行监控和查询。

逻辑信号保存在当前路径的 Logicals.ini 文本文件中，可直接修改该文件，以定义新的逻辑信号。

支持的算术运算函数名如下：

abs, sqr, sqrt, cube, cbrt, reciprocal, random, IntPower, Power, exp, sign, trunc, round, mod, ln, log2, log10, logN, max, min, sin, cos, sec, csc, tan, cot, arcsin, arccos, arcsec, arccsc, arctan, arccot, dif, integral, shl, shr, delay, RadToDeg, RadToGrad, RadToCycle, DegToRad, DegToGrad, DegToCycle, GradToRad, GradToDeg, GradToCycle, CycleToRad, CycleToDeg, CycleToGrad, Limit, FFTAmplMax, FFTAmpl, FFTPhase, FFTPhaseDiff, FFTfrequency, RisingEdgeInterval, MaxPeak, Hold, NSW6String 等。

7.9 数据统计表格

在图 7.26 所示的数据统计表格中，X1 列表示 X1 坐标时间，Y1 列表示 X1 时刻各变量的值，Ymax、Ymin 表示 X1～X2 时间段各变量的最大值、最小值。在该表格中，还列出了各变量的平均值、标准差、方差。该表格的内容可复制、粘贴和导出。

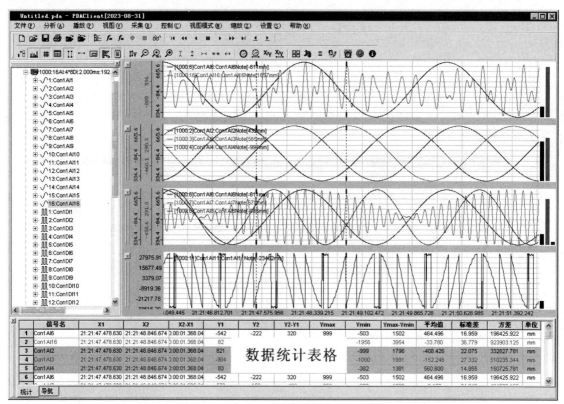

图 7.26 数据统计表格

7.10　曲线的多栏显示

单击 1～4 次多栏切换（Multi Column Switch）按钮，可把显示区设为 1～4 栏。图 7.27 所示为曲线的两栏显示。

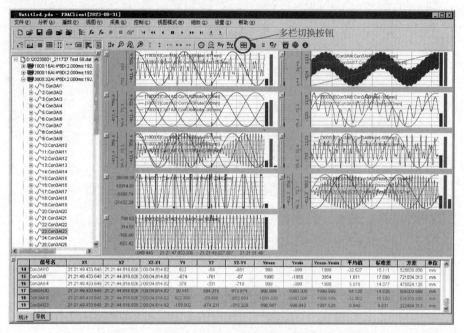

图 7.27　曲线的两栏显示

图 7.28 所示为曲线的三栏显示。

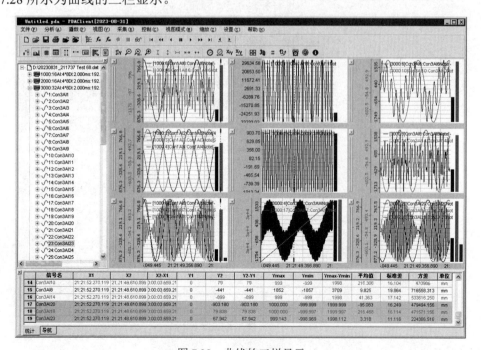

图 7.28　曲线的三栏显示

可分别设置每栏的显示区数，也可分别调整各显示区的高度，调整高度后的显示区如图 7.29 所示。

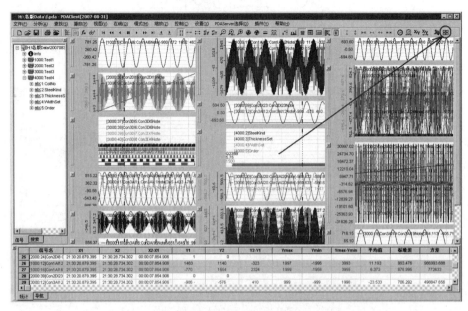

图 7.29 调整高度后的显示区

7.11 改变显示区底色和曲线颜色

单击改变显示区底色的按钮（见图 7.30 中的箭头指向的按钮），即可改变显示区底色。

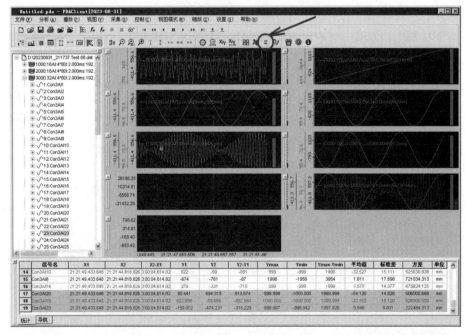

图 7.30 改变显示区底色

改变曲线颜色的操作示意如图 7.31 所示。

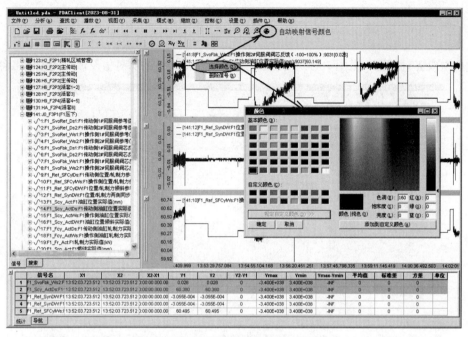

图 7.31 改变曲线颜色的操作示意

7.12 即指即查

即指即查是指光标移到哪里，就显示哪里的曲线值。即指即查的操作示意如图 7.32 所示。

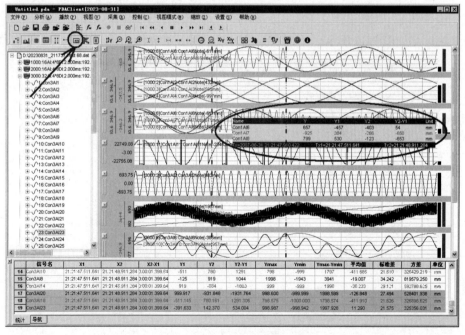

图 7.32 即指即查的操作示意

7.13　双 X 轴标记

通过单击双 X 轴标记（见图 7.33）按钮，可以查看两个时刻的瞬时值及该时间段的多种统计值。

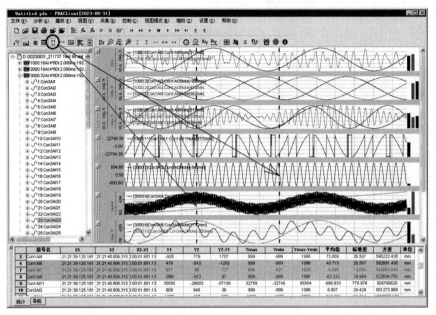

图 7.33　双 X 轴标记

7.14　动态 Y 轴及双 Y 轴标记

动态 Y 轴标记如图 7.34 所示，单击该标记按钮，可显示光标当前位置的纵坐标值。

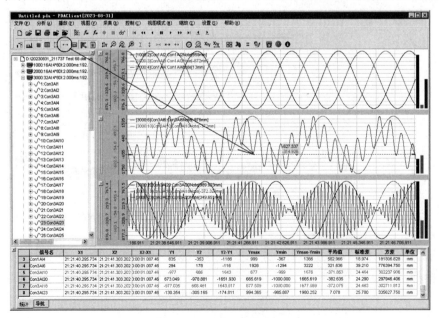

图 7.34　动态 Y 轴标记

双 *Y* 轴标记如图 7.35 所示，单击该标记按钮，可显示设定位置的纵坐标值。

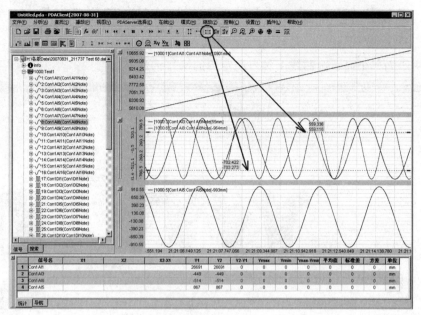

图 7.35　双 *Y* 轴标记

7.15　数　字　表

调用数字表的操作示意如图 7.36 所示。在"视图（View）"下拉菜单中单击"数字表"命令，可调出数字表（Digital meters）窗口（见图 7.36 中箭头下方的表格）。单击左侧信号树中的变量名，可将该变量添加到数字表窗口中。在数字表窗口中，用鼠标左键拖放数字表窗口到合适的位置。数字表窗口中的数字表组态可存放到数字表组态中，以便调用。

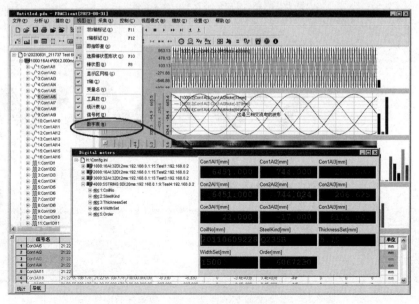

图 7.36　调用数字表的操作示意

7.16　单个显示区曲线 *Y* 轴自动定标

图 7.37 所示为单个显示区曲线 *Y* 轴自动定标的操作示意。

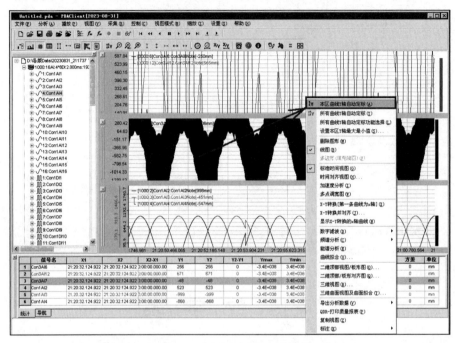

图 7.37　单个显示区曲线 *Y* 轴自动定标的操作示意

第 2 个显示区曲线 *Y* 轴自动定标后的曲线如图 7.38 所示。

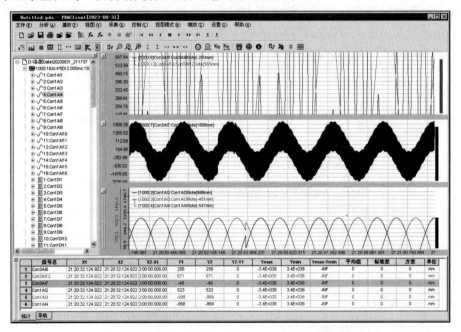

图 7.38　第 2 个显示区曲线 *Y* 轴自动定标后的曲线

7.17 所有曲线 *Y* 轴自动定标

图 7.39 所示为所有曲线 *Y* 轴自动定标的操作示意。

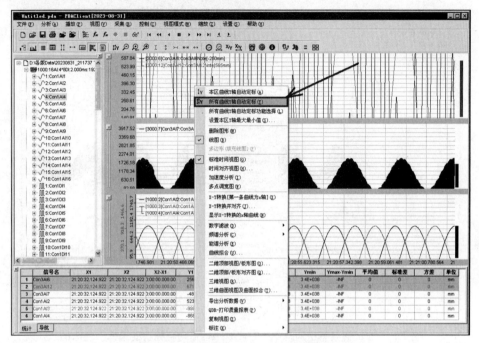

图 7.39 所有曲线 *Y* 轴自动定标的操作示意

所有曲线 *Y* 轴自动定标后的曲线如图 7.40 所示。

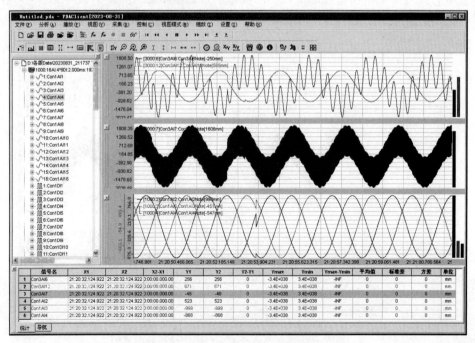

图 7.40 所有曲线 *Y* 轴自动定标后的曲线

7.18 所有曲线 Y 轴自动定标功能选择

可在右击弹出的快捷菜单中勾选"所有曲线 Y 轴自动定标功能选择"复选框，如图 7.41 所示。

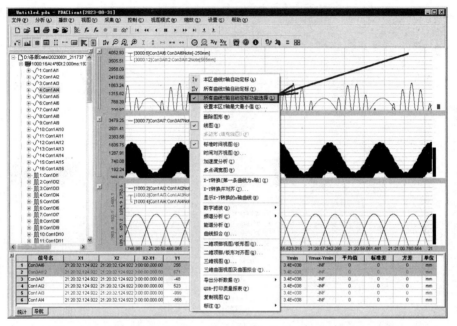

图 7.41 在快捷菜单中勾选"所有曲线 Y 轴自动定标功能选择"复选框

也可在主菜单的"设置"下拉菜单中，单击"所有曲线 Y 轴自动定标功能选择"命令。通过主菜单设置所有曲线 Y 轴自动定标功能选择的操作示意如图 7.42 所示。

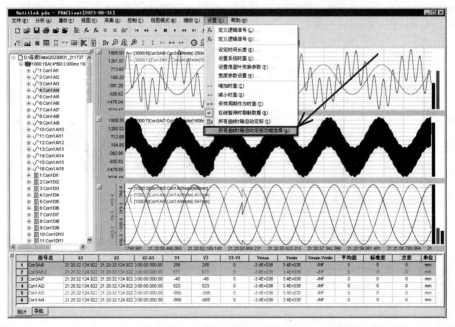

图 7.42 通过主菜单设置所有曲线 Y 轴自动定标功能选择的操作示意

7.19　设置显示区 Y 轴最大最小值

图 7.43 所示为设置某一显示区（本区）Y 轴最大最小值的操作示意。

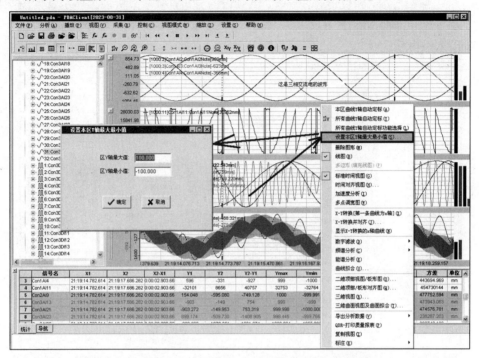

图 7.43　设置某一显示区（本区）Y 轴最大最小值的操作示意

Y 轴最大最小值设定后的曲线如图 7.44 所示。

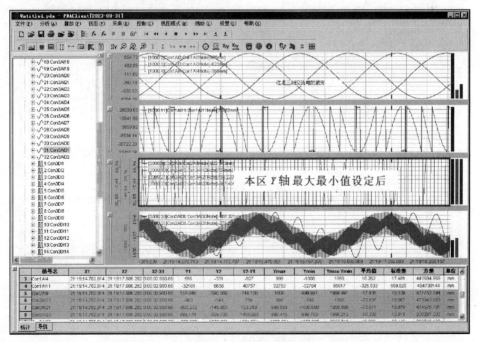

图 7.44　Y 轴最大最小值设定后的曲线

7.20　频 谱 分 析

频谱分析包括幅值谱、相位谱、对数谱、倒频谱的分析，频谱分析的操作示意如图 7.45 所示。

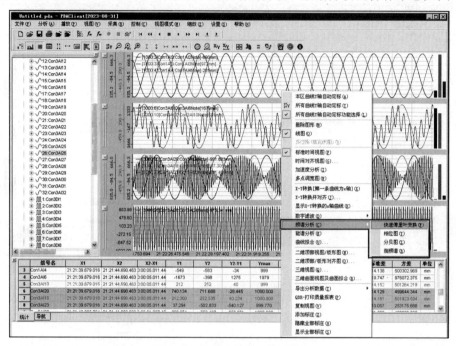

图 7.45　频谱分析的操作示意

频谱分析结果曲线如图 7.46 所示。

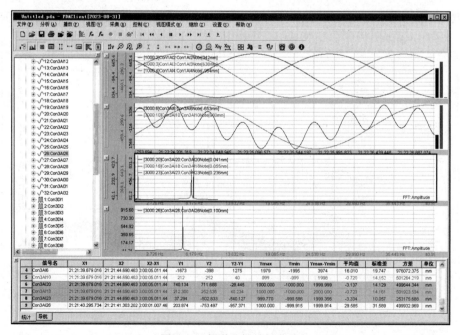

图 7.46　频谱分析结果曲线

7.21　能 谱 分 析

能谱分析的操作示意如图 7.47 所示。

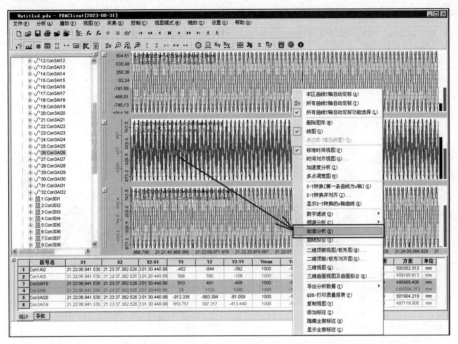

图 7.47　能谱分析的操作示意

能谱分析结果曲线如图 7.48 所示。

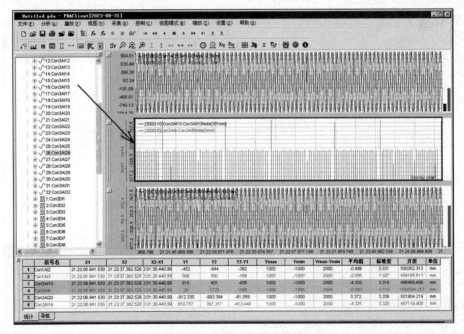

图 7.48　能谱分析结果曲线

7.22 *X-Y* 转换和对齐

转换后的 *X* 轴可以表示长度、电流、物质的量（mol）等不同的物理量，*X-Y* 转换和对齐的操作示意如图 7.49 所示。

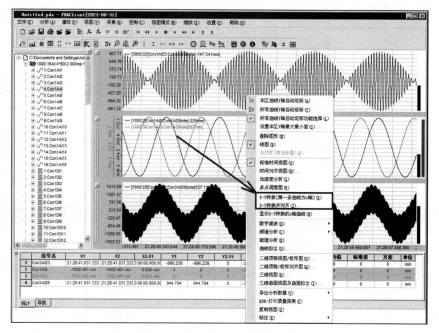

图 7.49 *X-Y* 转换和对齐的操作示意

进行 *X-Y* 转换后的曲线如图 7.50 所示。

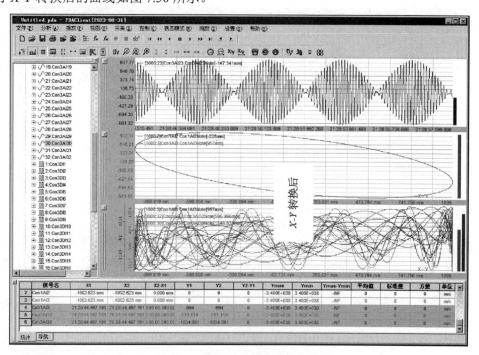

图 7.50 进行 *X-Y* 转换后的曲线

7.23　数据拟合

在曲线显示区单击右键，在弹出的快捷菜单中单击"曲线拟合"命令，弹出曲线拟合窗口。在该窗口可对当前显示区的第一条（X 轴）和第二条曲线（Y 轴）作 Power 函数运算后的数据进行拟合，得出拟合多项式。有 PowerPoly 幂指数多项式、埃尔米特多项式、勒让德多项式、切比雪夫多项式等 4 种类型可供选择，多项式项数最多 50 项。

图 7.51 是数据拟合的操作示意。

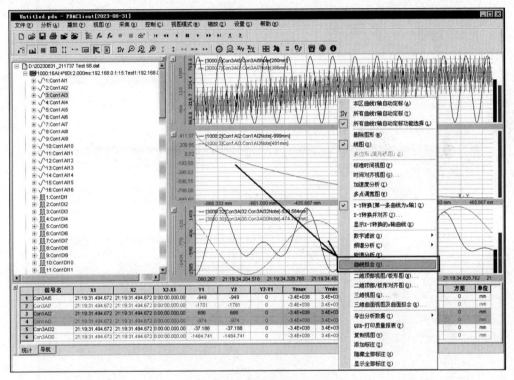

图 7.51　数据拟合的操作示意

图 7.52 是第 2 显示区拟合前后的曲线对比及拟合多项式。

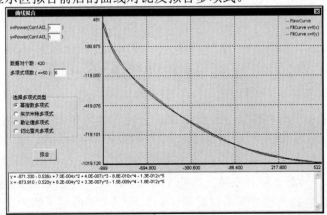

图 7.52　第 2 显示区拟合前后的曲线对比及拟合多项式

用户数据拟合如图 7.53 所示。

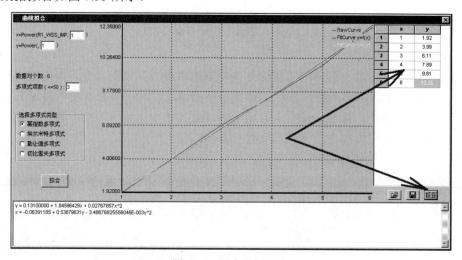

图 7.53　用户数据拟合

拟合后的曲线，如图 7.54 所示。

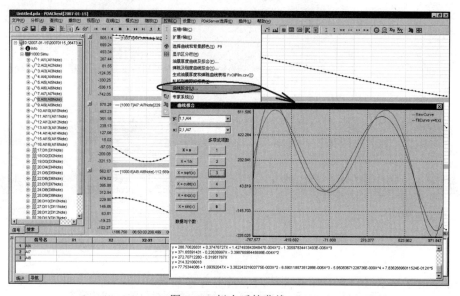

图 7.54　拟合后的曲线

7.24　三维曲面视图及曲面拟合

将显示区的前三条曲线分别作为 X、Y、Z 轴，进行三维曲面视图及曲面拟合。三维曲面视图及曲面拟合的操作示意，如图 7.55 所示，曲线拟合函数为 $y = f(x, z)$。其中，$x = \text{Power}(x', a)$，$z = \text{Power}(z', b)$，y、x'、z' 为实测值，拟合后的分段数据写入当前文件夹中的 FxOilFilm.csv 文件，最多可写入 20 段数据。可对原始三维曲面视图、拟合后的三维曲面视图、根据拟合参数计算得到的三维曲面视图进行对比分析，这类对比分析可用于测量轴承的油膜厚度。

该方法同样适用于历史数据，可推而广之进行多维曲面视图拟合。

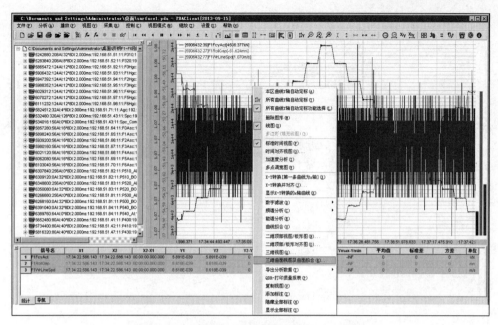

图 7.55 三维曲面视图及曲面拟合的操作示意

图 7.56 为根据拟合参数计算得到的三维曲面视图。

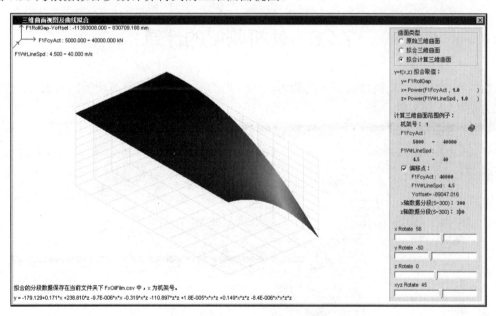

图 7.56 根据拟合参数计算得到的三维曲面视图

7.25 轴承油膜厚度的计算

轴承油膜厚度与轴承转速和压力相关,可用三维曲面视图直观表示三者关系,与拟合后的曲线对比,轴承油膜厚度计算方法如图 7.57 所示。

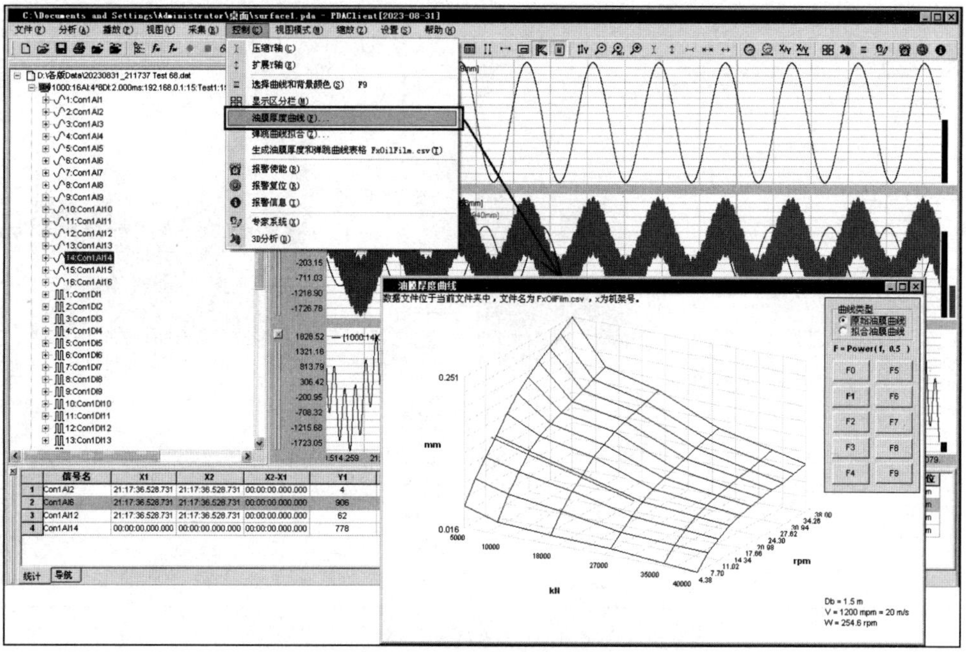

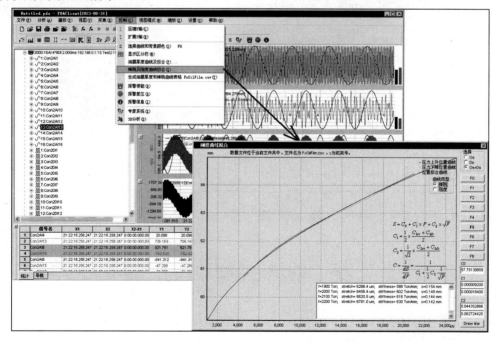

图 7.57　轴承油膜厚度计算方法

7.26　轧机刚度的计算

轧机的刚度体现了轧机抵抗变形的能力，一般用产生 1mm 弹跳距离所需的力表示。轧机刚度的计算方法如图 7.58 所示。

图 7.58　轧机刚度的计算方法

7.27　基于 FIR、IIR 的数字滤波器设计

基于有限脉冲响应（FIR）、无限脉冲响应（IIR）的数字滤波器设计如图 7.59 所示。

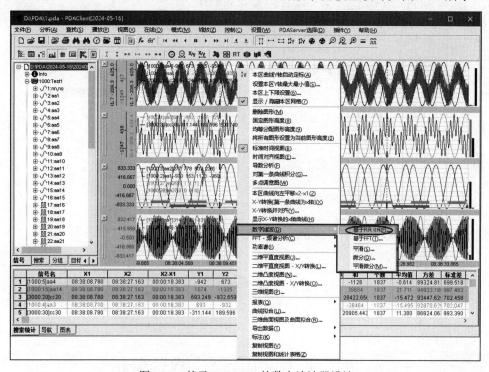

图 7.59　基于 FIR、IIR 的数字滤波器设计

数字滤波器类型有低通、高通、带通、带阻 4 种，FIR 数字滤波器的窗函数有矩形窗（Rectangular）、海明窗（Hamming）、汉宁窗（Hanning）、布莱克曼窗（Blackman）、高斯窗（Gaussian）、韦尔奇窗（Welch）、帕曾窗（Parzen）、三角形窗（Bartlett）、凯塞窗（Kaiser）9 种，IIR 数字滤波器的逼近函数有巴特沃斯（Butterworth）、切比雪夫（Chebyshev）、椭圆（Elliptic）、切比雪夫-II（Inv-Chebyshev）、贝塞尔（Bessel）5 种。滤波器类型和窗函数如图 7.60 所示。

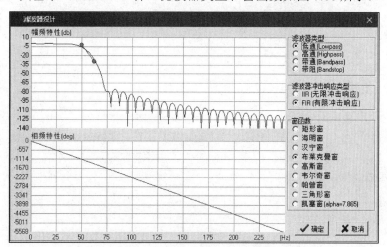

图 7.60　滤波器类型和窗函数

7.28　基于 FFT 的数字滤波器设计

基于快速傅里叶变换（FFT）的数字滤波器设计如图 7.61 所示。

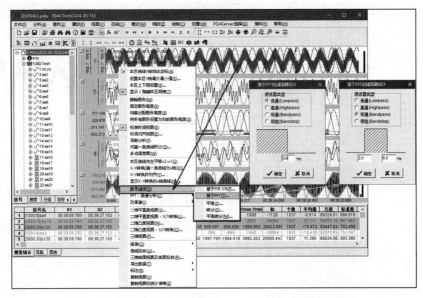

图 7.61　基于快速傅里叶变换（FFT）的数字滤波器设计

7.29　信号的平滑、微分分析

信号的平滑、微分分析操作示意如图 7.62 所示。

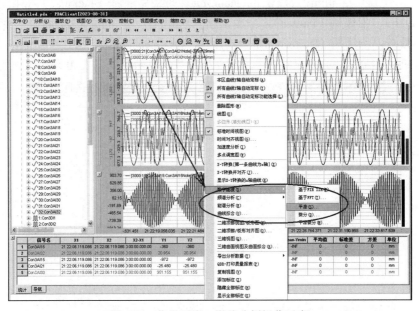

图 7.62　信号平滑、微分分析操作示意

信号平滑后的曲线如图 7.63 所示。

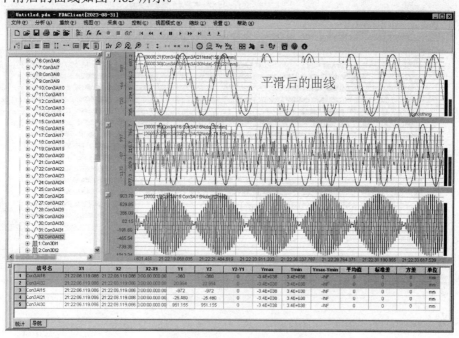

图 7.63　信号平滑后的曲线

7.30　毫秒级报警

若要对当前实时监控的曲线变化进行毫秒级的报警，可选择 PDAClient.exe 中的报警功能，报警按钮控制所有变量是否报警。

报警记录自动保存在 msAlarm 文件夹中，也可以打开历史报警记录。查看报警信息的操作示意如图 7.64 所示，毫秒级的报警信息如图 7.65 所示。

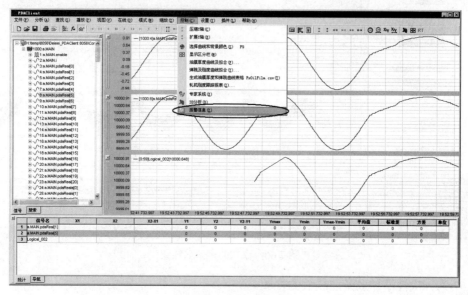

图 7.64　查看报警信息

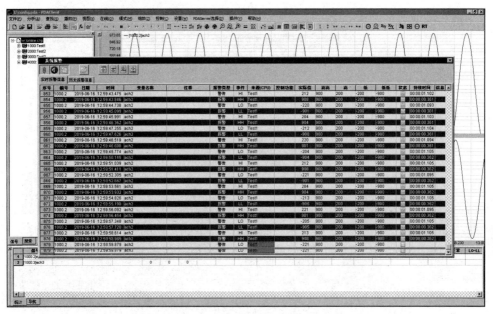

图 7.65　毫秒级的报警信息

7.31　添加多条曲线

按住"Ctrl 键+鼠标左键"，可取消或选中一条曲线。按住"Shift 键+鼠标左键"，可选中连续的多条曲线。按住鼠标左键把选中的多条曲线拖到显示区。添加的多条曲线如图 7.66 所示。在信号树空白处左击鼠标可取消选中的所有曲线。模拟量共用同一个 Y 轴。

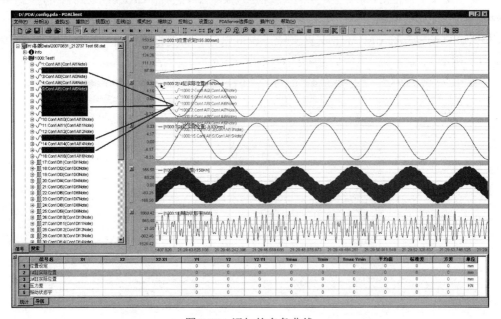

图 7.66　添加的多条曲线

图 7.67 为一次性添加多条曲线后的视图。

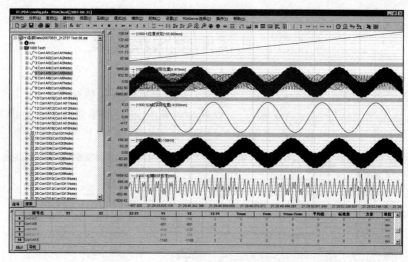

图 7.67 一次性添加多条曲线后的视图

7.32 质量报表

以热轧带钢厚度质量报表为例。打开历史数据文件,将带钢长度(m)、厚度偏差(μm)、宽度测量值(mm)、厚度需设定值、宽度设定值、钢卷号、钢种添加到显示区。其中,钢卷号和钢种为字符串类型。选择需要统计的钢卷,右击显示区,在弹出的快捷菜单中,单击"QDR-打印质量报表"命令,打印质量报表,显示区的变量要符合相应质量报表的要求。图 7.68 为某热轧带钢厚度质量报表。

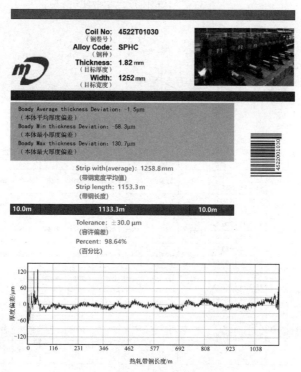

图 7.68 某热轧带钢厚度质量报表

7.33　轧机刚度跟踪报表

轧机刚度反映轧机抵抗变形的能力，一般通过实际测量确定轧机刚度。轧机刚度测量曲线如图 7.69 所示，轧机刚度线性拟合结果如图 7.70 所示，轧机刚度原始曲线和拟合曲线如图 7.71 所示，不同轧制力下计算得到的轧机刚度如图 7.72 所示，某钢厂的轧机精度评价表如图 7.73 所示。

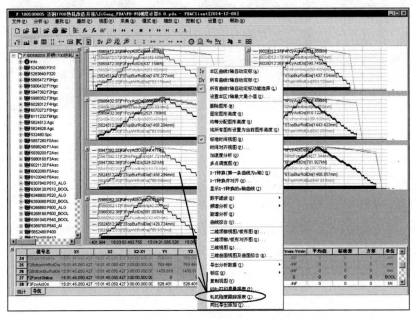

图 7.69　轧机刚度测量曲线

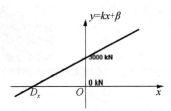

项目	k		Δk	Σk	支撑辊的辊径	工作辊的辊径	β		Δβ	Dx		ΔDx	r(相关系数 %)		Δr	起始时间	持续时间/s
	Os	Ds					Os	Ds		Os	Ds		Os	Ds	(%)		
F0FcyActOs	2897	3120	-223	6017	1476.28	751.76	-199807	-220695	20889	68.968	70.731	-1.763	99.83	99.87	-0.04	2014-12-09 15:02:13	220
					1472.24	752.18											
F1FcyActOs	2876	2705	171	5581	1464.06	717.51	-257045	-239904	-17140	89.375	88.690	0.686	98.42	99.71	-1.30	2014-12-09 15:02:21	239
					1473.84	716.83											
F2FcyActOs	3147	2981	166	6128	1458.29	769.88	-192236	-188205	-4031	61.083	63.141	-2.058	99.84	99.80	0.03	2014-12-09 15:02:28	205
					1459.92	769.46											
F3FcyActOs	2911	3262	-351	6173	1429.73	768.94	-179012	-202080	23068	61.494	61.949	-0.455	99.93	99.82	0.12	2014-12-09 15:02:30	178
					1417.16	768.39											
F4FcyActOs	3140	2948	192	6088	1437.15	633.13	-249283	-235218	-14065	79.379	79.787	-0.408	99.82	99.84	-0.03	2014-12-09 15:02:17	168
					1442.76	632.73											
F5FcyActOs	2704	2796	-93	5500	1443.42	642.03	-230845	-240990	10145	85.382	86.181	-0.799	99.51	99.61	-0.10	2014-12-09 15:02:25	162
					1432.57	641.81											
F6FcyActOs	2195	2977	-782	5173	1466.86	647.51	-102925	-135516	32592	46.883	45.519	1.364	99.56	99.36	0.20	2014-12-09 15:02:25	203
					1470.60	647.87											

图 7.70　轧机刚度线性拟合结果

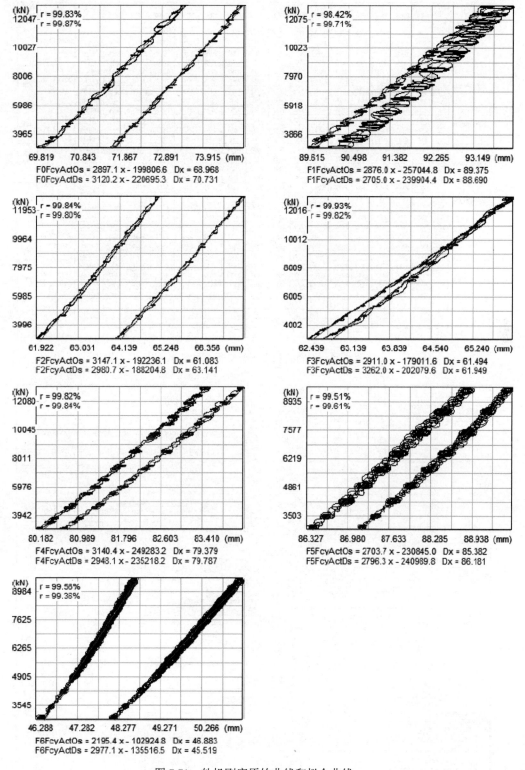

图 7.71　轧机刚度原始曲线和拟合曲线

刚度 kN / mm \ 轧制力（单侧）KN		1000	2000	3000	4000	5000	6000	7000	8000	9000	10000	11000	12000	13000	14000	15000	辊径 /mm	起始时间	持续时间 /s
F0FcyActOs	O_s	1905	2267	2475	2619	2727	2812	2882	2941	2992	3037	3076	3111	3143	3172	3198	1476.28	2014-12-09 15:02:13	220
	D_s	2075	2458	2678	2828	2941	3030	3103	3164	3217	3263	3304	3340	3373	3403	3430	751.76		
	Σk	3980	4725	5153	5447	5667	5842	5985	6106	6209	6300	6380	6451	6516	6574	6628	752.18		
	Δk	-170	-191	-202	-209	-214	-218	-221	-223	-225	-226	-228	-229	-230	-231	-232	1472.24		
F1FcyActOs	O_s	1696	2117	2378	2567	2714	2833	2934	3021	3096	3163	3223	3277	3327	3372	3414	1464.06	2014-12-09 15:02:21	239
	D_s	1676	2038	2254	2405	2521	2614	2691	2757	2813	2863	2908	2947	2983	3016	3046	717.51		
	Σk	3372	4155	4632	4972	5235	5448	5625	5777	5910	6026	6131	6225	6310	6388	6460	716.83		
	Δk	20	79	124	161	193	219	243	264	283	300	316	330	343	356	367	1473.84		
F2FcyActOs	O_s	2020	2421	2655	2818	2941	3038	3119	3187	3245	3297	3342	3383	3420	3453	3484	1458.29	2014-12-09 15:02:28	205
	D_s	1686	2110	2375	2567	2717	2839	2942	3031	3109	3177	3239	3295	3346	3392	3435	769.88		
	Σk	3705	4532	5030	5385	5657	5878	6061	6218	6354	6474	6581	6678	6766	6846	6919	769.46		
	Δk	334	311	281	251	224	199	176	156	137	119	103	88	74	61	48	1459.92		
F3FcyActOs	O_s	1848	2223	2443	2596	2712	2805	2881	2945	3001	3050	3093	3132	3167	3199	3228	1429.73	2014-12-09 15:02:30	178
	D_s	1830	2298	2591	2804	2971	3107	3222	3321	3408	3485	3554	3617	3674	3726	3775	768.94		
	Σk	3678	4521	5034	5400	5683	5912	6103	6267	6409	6535	6648	6749	6841	6925	7003	768.39		
	Δk	18	-74	-147	-208	-259	-303	-341	-376	-407	-435	-461	-485	-507	-527	-547	1417.16		
F4FcyActOs	O_s	1927	2350	2603	2782	2919	3029	3120	3198	3265	3324	3377	3424	3467	3506	3542	1437.15	2014-12-09 15:02:17	168
	D_s	1744	2153	2403	2581	2719	2830	2924	3003	3073	3134	3189	3238	3283	3324	3362	633.13		
	Σk	3671	4503	5006	5363	5638	5859	6044	6201	6338	6458	6566	6662	6750	6830	6904	632.73		
	Δk	183	197	201	201	200	198	196	194	192	190	188	186	184	182	180	1442.76		
F5FcyActOs	O_s	1771	2150	2374	2532	2652	2749	2829	2896	2955	3007	3053	3094	3131	3165	3196	1443.42	2014-12-09 15:02:25	162
	D_s	1613	2052	2333	2540	2705	2840	2955	3055	3143	3222	3292	3357	3415	3469	3520	642.03		
	Σk	3384	4201	4707	5072	5357	5589	5784	5952	6098	6228	6345	6450	6546	6634	6716	641.81		
	Δk	159	98	41	-8	-52	-92	-127	-159	-188	-215	-240	-263	-284	-305	-324	1432.57		
F6FcyActOs	O_s	1211	1564	1795	1969	2108	2224	2323	2410	2487	2556	2619	2676	2728	2777	2822	1466.86	2014-12-09 15:02:25	203
	D_s	1347	1859	2237	2544	2808	3040	3249	3440	3615	3779	3932	4075	4211	4340	4463	647.51		
	Σk	2558	3423	4032	4513	4915	5264	5572	5850	6102	6335	6550	6751	6939	7117	7284	647.87		
	Δk	-135	-296	-441	-575	-700	-816	-926	-1030	-1129	-1223	-1313	-1400	-1483	-1563	-1641	1470.60		
	O_s																		
	D_s																		
	Σk																		
	Δk																		

图 7.72 不同轧制力下计算得到的轧机刚度

F6-20211222-轧机精度评价表

大类		LC系数a	LC系数b	LC系数c	PT系数a	PT系数b	PT系数c	刚度原始值
刚度系数采集	total	42.73	-543.9	993.9	36.68	-482.7	891.5	
	DS	22.95	-272.7	509.4	16.32	-242.4	482.6	
	WS	19.78	-271.7	19.78	20.36	-239.6	408.8	
刚度计算模块	分析	轧制力设定	LC刚度评价		PT刚度评价			
			计算辊缝	LC计算刚度	计算辊缝	PT计算刚度		
	Total-Force/T	2000	-1.639	651.14	-1.994	598.35		
		1500	-0.871	581.59	-1.159	533.31		
		1000	-0.011	502.33	-0.221	458.96		
		500	0.984	\	0.868	\		
	DS	1000	-1.587	328.06	-1.893	290.13		
		750	-0.825	290.84	-1.032	260.40		
		500	0.035	247.98	-0.071	226.74		
		250	1.043	\	1.031	\		
	WS	1000	-2.967	375.92	-2.095	308.39		
		750	-2.302	348.58	-1.284	273.26		
		500	-1.585	318.88	-0.369	232.76		
		250	-0.801	\	0.705	\		
刚度评价模块		保持率评价		对向刚度差评价		同向刚度差评价		
	刚度评价	LC原始刚度	LC刚度保持率	LC刚度（DS-WS）/AVE(LC:DS+WS)	PT刚度（DS-WS）/AVE(PT:DS+WS)	DS:(LC-PT)/LC	WS:(LC-PT)/LC	
	压力段1000	660.47	106.6%	-13.60%	-6.10%	11.561%	17.96%	高级±5%
	压力段750			-18.06%	-4.82%	10.466%	21.61%	普通±10%
	压力段500			-25.02%	-2.62%	8.565%	27.01%	
零调评价模块		辊缝设定	对应压力	压力偏差	500吨时辊缝差	零调偏差	操调量	
	DS-Gap	0	509.4	185.05%	1.619	-2.315	0.352	偏差±2mm
	WS-Gap	0	19.78					操调量±0.3mm
	模型预报	轧制力预报	1115	轧制力实际（-0.5s+0.5s）	1133.000	预报精度	1.61%	±5%
	零调过程中的力及偏差分析	DS-LC	WS-LC	Total-LC	DS-PT	WS-PT	Total-PT	
		500.9	500.9	1001.8	468.900	413.7	882.6	
		DS（LC-PT）	WS（LC-PT）	Total（LC-PT）	LC（DS-WS）	PT（DS-WS）		±10%
		32	87.2	119.2	0.000	55.2		±10%
		Total（LC-PT）/Total-LC	DS（LC-PT）/DS-LC	WS（LC-PT）/WS-LC	LC（DS-WS）/aveLC:DS+WS	PT（DS-WS）/aveP:DS+WS		
		11.90%	6.39%	17.41%	0.00%	12.51%		
轧制过程评价模块	轧制过程中的力及偏差分析	DS-LC	WS-LC	Total-LC	DS-PT	WS-PT	Total-PT	
		568.7	574	1142.700	493.7	471.7	965.4	
		DS（LC-PT）	WS（LC-PT）	Total（LC-PT）	LC（DS-WS）	PT（DS-WS）		
		75	102.3	177.3	-5.300	22		
		Total（LC-PT）/Total-LC	DS（LC-PT）/DS-LC	WS（LC-PT）/WS-LC	LC（DS-WS）/aveLC:DS+WS	PT（DS-WS）/aveP:DS+WS		
		15.52%	13.19%	17.82%	-0.93%	4.56%		
结论	（1）：LC高压段对向刚度差-13.6%，低压段达到-25%;PT高压锻对向刚度差11.5612%； （2）：零调偏差-5.21mm；操调量0.35mm；DS加垫3mm； （3）：轧钢时，LC压差-4t，PT压差22.2t，正常。 （4）：设备变化：新换拖车，测量F6底平面，两侧水平差0.02mm；平面度0.39mm； 结论：（1）刚度检测异常，可能是上辊倾斜压下时造成的异常；需要优先解决加垫问题，怀疑DS上牌坊顶板。						C	

回归拟合值, F6-TOTALFORCE-LC = 993.9 - 543.9 F6-GAP + 42.73 F6-GAP**2
R-Sq = 99.9%

回归拟合值, F6-FORCE-LC-DS = 509.4 - 272.7 F6-GAP-DS + 22.95 F6-GAP-DS**2
R-Sq = 99.9%

回归拟合值, F6-FORCE-LC-WS = 484.2 - 271.7 F6-GAP-WS + 19.78 F6-GAP-WS**2
R-Sq = 99.9%

回归拟合值, F6-TOTALFORCE-PT = 891.5 - 482.7 F6-GAP + 36.68 F6-GAP**2
R-Sq = 99.9%

回归拟合值, F6-FORCE-PT-DS = 482.6 - 242.4 F6-GAP-DS + 16.32 F6-GAP-DS**2
R-Sq = 99.9%

回归拟合值, F6-FORCE-PT-WS = 408.8 - 239.6 F6-GAP-WS + 20.36 F6-GAP-WS**2
R-Sq = 99.9%

图 7.73 某钢厂的轧机精度评价表

7.34　标　　注

右击显示区，在弹出的快捷菜单中单击"标注"→"添加标注"命令。可添加新标注。添加标注的操作示意如图 7.74 所示。

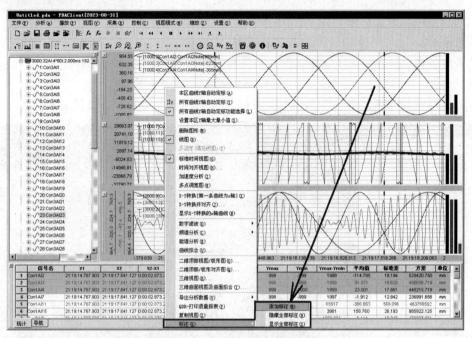

图 7.74　添加标注的操作示意

标注示例如图 7.75 所示。

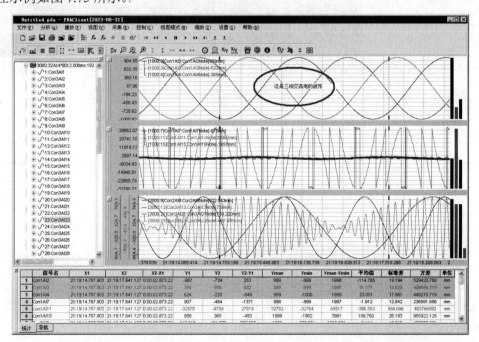

图 7.75　标注示例

7.35 专 家 系 统

专家系统文件保存在 PDAClient.exe 所在路径下的 Expertise 文件夹或 C:\ Expertise 或 D:\ Expertise 或 W:\ Expertise 文件夹下的目录中。Expertise 目录及其子目录和子目录下的专家条目文件均可由用户创建，专家系统如图 7.76 所示。

建议 Expertise 文件夹下的子目录按工艺流程分类。

一套专家条目文件由一个 jpg 格式图片文件和一个 txt 格式文本文件组成，这两个文件的文件名要相同。

打开专家系统信号树，单击专家条目，计算机自动以图片和文字方式调出专家系统。

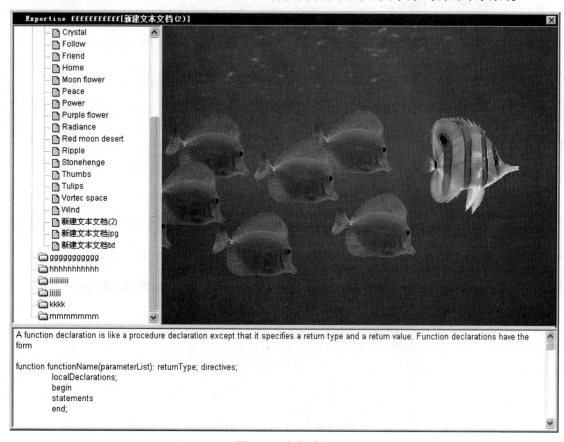

图 7.76 专家系统

7.36 二维视图分析

右击显示区，在弹出的快捷菜单中单击"二维顶部视图/板形图"选项，可进行二维视图分析，如图 7.77 所示。

右击显示区，在弹出的快捷菜单中单击"标准时间视图"选项，可返回标准视图。

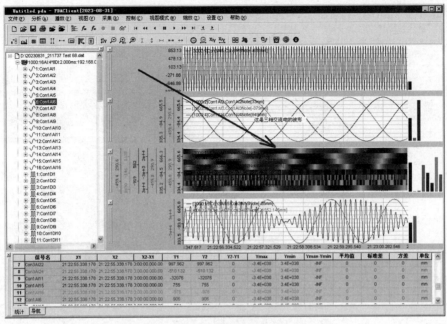

图 7.77 二维视图分析

7.37 三维视图分析

九种显示模式，支持 X 轴、Y 轴、Z 轴、原点旋转，布尔量和字符串不参与三维（3D）视图分析，三维视图分析效果如图 7.78 所示。

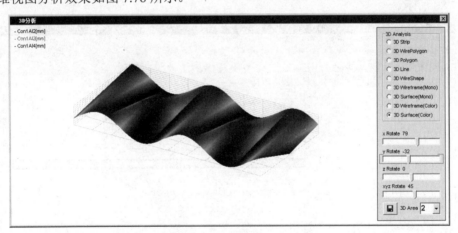

图 7.78 三维视图分析效果

7.38 滚轮 X 轴缩放

在 X 轴的坐标区按下滚轮，向前或向后滚动滚轮可对趋势图进行横向缩放。滚轮 X 轴缩放区如图 7.79 所示。

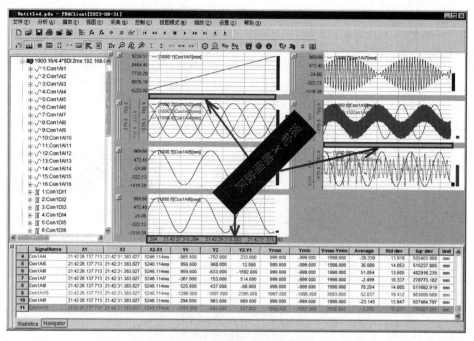

图 7.79　滚轮 X 轴缩放区

7.39　X 轴趋势图平移

在 X 轴显示区按住鼠标左键，向左或右拖动光标，显示区的曲线会同步移动。X 轴趋势图平移区如图 7.80 所示。

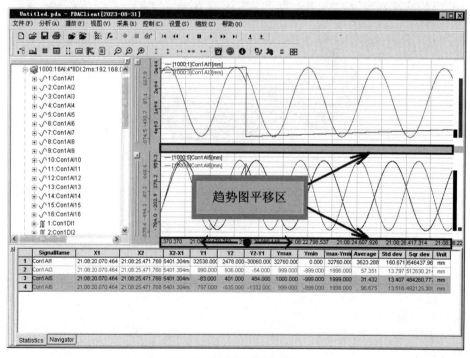

图 7.80　X 轴趋势图平移区

X 轴趋势图平移后的效果如图 7.81 所示。

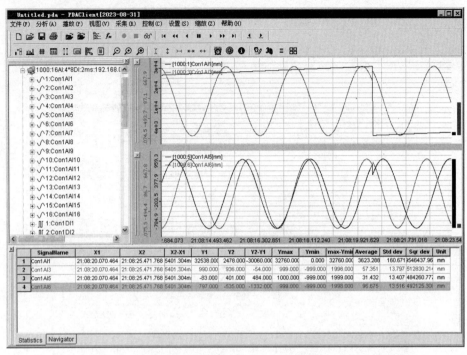

图 7.81　X 轴趋势图平移后的效果

7.40　滚轮 X 轴趋势图平移

滚轮 X 轴趋势图平移如图 7.82 所示。

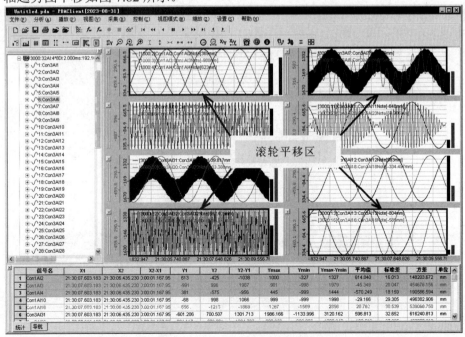

图 7.82　滚轮 X 轴趋势图平移

7.41　滚轮 *Y* 轴缩放

在 *Y* 轴的坐标区按下滚轮，向前或向后滚动滚轮，可对趋势图进行纵向缩放。滚轮 *Y* 轴缩放区如图 7.83 所示。

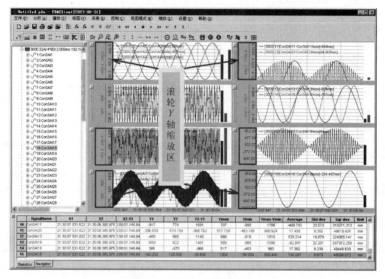

图 7.83　滚轮 *Y* 轴缩放区

7.42　*Y* 轴趋势图平移

在每个纵坐标显示区，按住鼠标左键，向上或下拖动光标，显示区的趋势图会同步上下平移。*Y* 轴趋势图平移如图 7.84 所示。

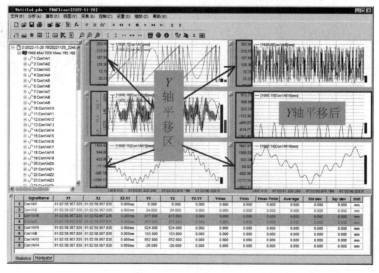

图 7.84　*Y* 轴趋势图平移

7.43 调整视图高度

在信号显示区之间的纵坐标处按住鼠标左键，向上或下拖动光标，本显示区的高度会减小或增大。

右击显示区，在弹出的快捷菜单中，根据需要选择"固定图形高度"、"均等分配图形高度"或"将所有图形设置为当前图形高度"选项，可调整视图高度，如图 7.85 所示。

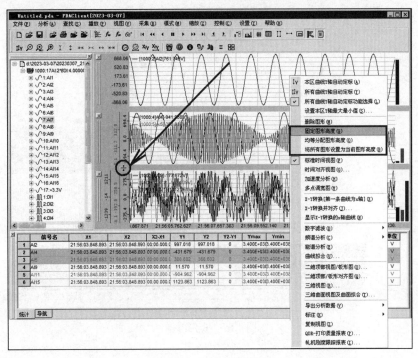

图 7.85　调整视图高度

还可调整多栏显示区高度，如图 7.86 所示。

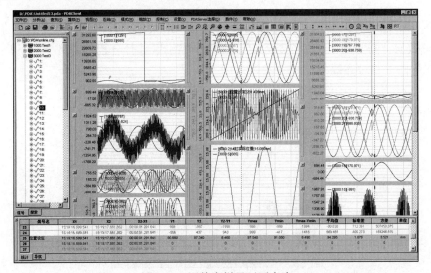

图 7.86　调整多栏显示区高度

7.44 视 图 导 航

在图 7.87 所示的视图导航中，序号 1 所示为"导航"选项卡，序号 2 所示为导航框。可平移导航框，以调整其左右的范围。

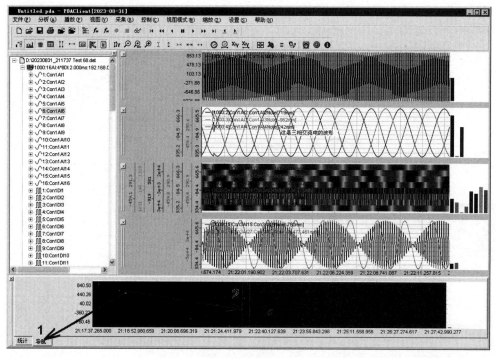

图 7.87 视图导航

7.45 按条件对齐

一般情况下，显示区只显示符合对齐条件的最后一组数据。若需要对多个对齐条件不一致的曲线观察对齐效果，则必须创建多个显示区，在每个显示区选择各自的对齐条件。图 7.88 为变量 "*ABC*" >600 条件下的对齐效果。

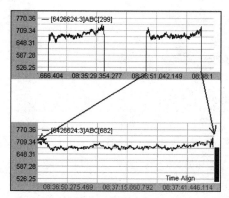

图 7.88 变量 "*ABC*" >600 条件下的对齐效果

PDA 高速数据采集分析系统有三种对齐方式：按时间对齐、X-Y 转换并对齐、三维顶部/板形对齐图，如图 7.89 所示。

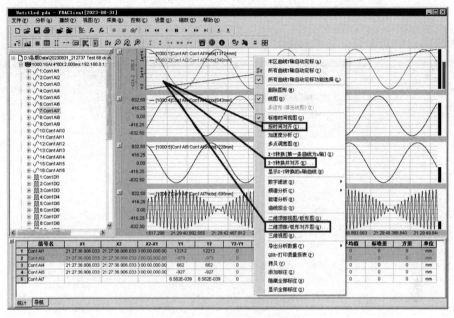

图 7.89　三种对齐方式

7.46　设定时间长度

可设定数据统计、Y 轴自动定标、在线（监控）的时间长度。在导出数据时还可设定数据导出的频度，如图 7.90 所示。

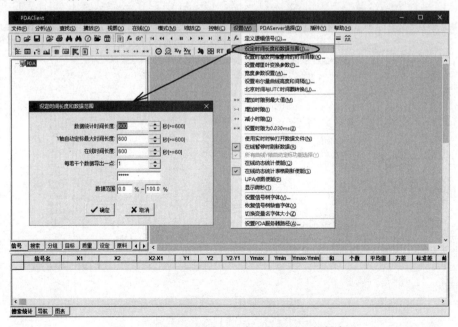

图 7.90　设定各种时间长度和数据导出的频度

7.47 设置无线串口模块参数

设置无线串口模块参数（如波特率、无线通信信道等）的操作示意如图 7.91 所示。

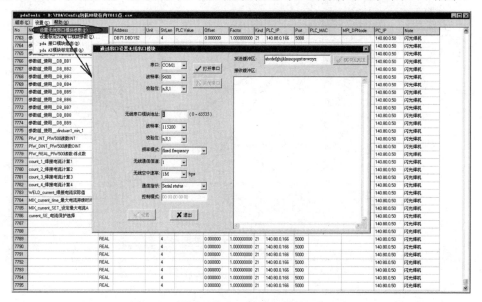

图 7.91 设置无线串口模块参数的操作示意

7.48 设置 2AI 串口模块参数

某两路模拟量数据采集模块可通过串口通信，该 2AI 串口模块参数设置如图 7.92 所示。

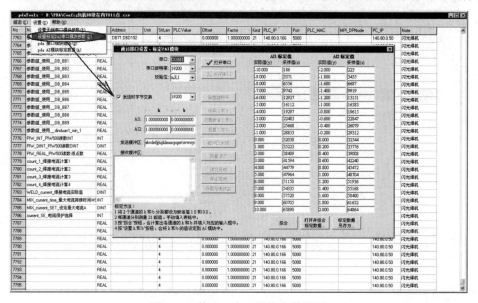

图 7.92 某 2AI 串口模块参数设置

7.49　设置 FFT 参数

设置快速傅里叶变换（FFT）参数（如时间长度、屏蔽的低频信号频率等）的操作示意如图 7.93 所示。

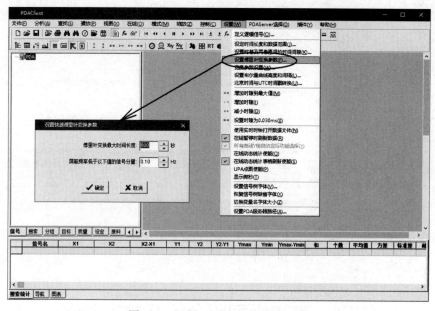

图 7.93　设置 FFT 参数的操作示意

7.50　同 比 分 析

对比分析相同或不同曲线在不同起始时刻之后的曲线段，分别将这些曲线上位于时间段的 x1 前的数据剪除。同比分析结果如图 7.94 所示，起点对齐后的视图如图 7.95 所示。

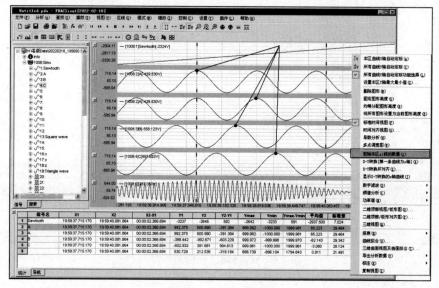

图 7.94　同比分析结果

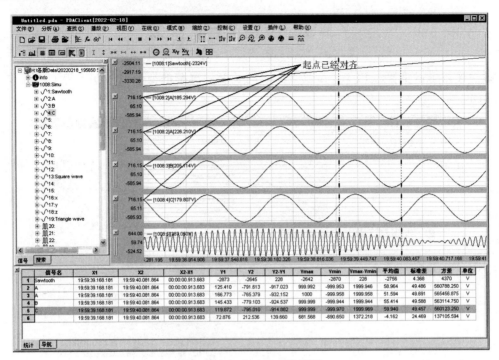

图 7.95　起点对齐后的视图

7.51　毫秒级同比分析及数据导出

将相同或不同数据文件中的相同信号曲线按不同的特征时刻导出到同一个数据文件中，便于对同一信号进行纵向对比。选择同比分析起始时刻，如图 7.96 所示。

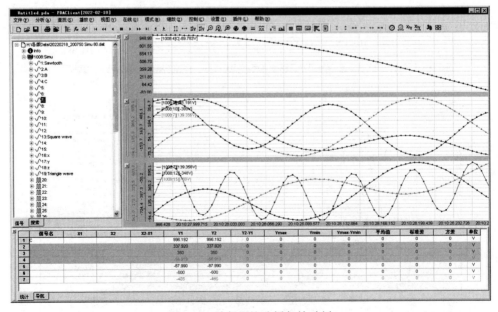

图 7.96　选择同比分析起始时刻

导出同比分析数据，如图 7.97 所示。

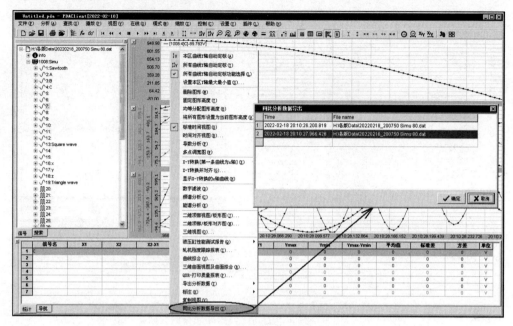

图 7.97　导出同比分析数据

7.52　长时间段同比分析及数据导出

打开数据文件，在 x1～x2 间选择第一个时间段，把该时间需要同比分析的数据加到同比数据中，在 x1～x2 间选择第二个时间段，把该时间段需要同比分析的数据添加到同比数据中。依此类推，可添多个时间段的数据。选择同比数据时间段的操作示意如图 7.98 所示。

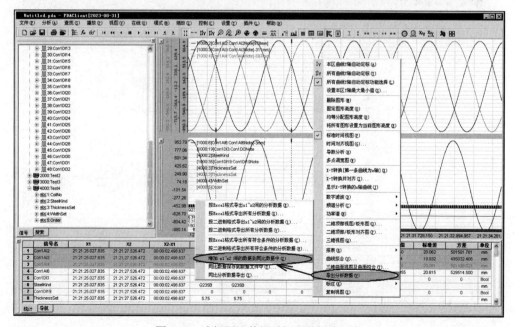

图 7.98　选择同比数据时间段的操作示意

将同比数据保存到数据文件中（见图 7.99），即可用 PDAClient 打开数据文件进行分析。

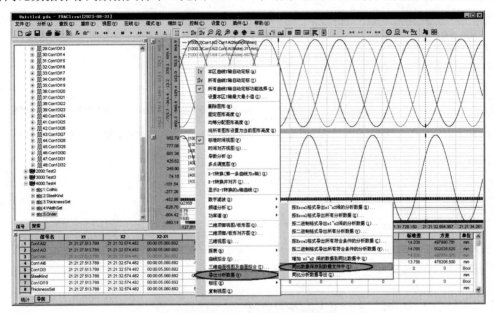

图 7.99　导出多个时间段的同比数据并保存到数据文件中

7.53　曲线标注

若需要重点观察和分析某条曲线，则可以选择该曲线进行标注。选择需要标注的曲线，如图 7.100 所示。

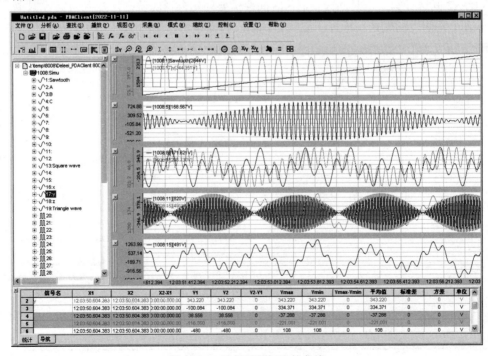

图 7.100　选择需要标注的曲线

在显示区变量名上按下鼠标左键，将以加粗方式显示该曲线。 加粗后的曲线如图 7.101 所示。

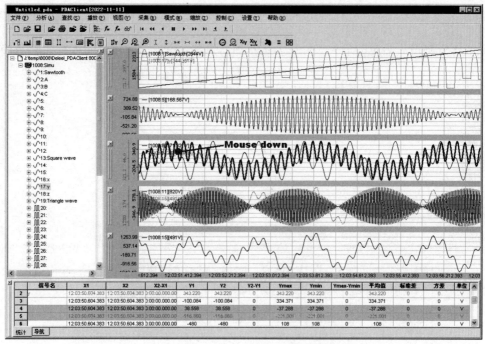

图 7.101 加粗后的曲线

7.54 大型液压缸性能测试

PDA 高速数据采集分析系统设有九大实验，可生成 11 种测试报告。图 7.102 所示为 11 种大型液压缸性能测试报告。

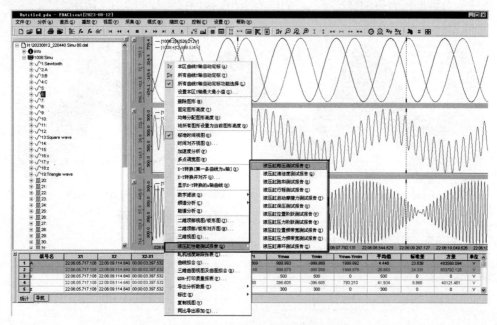

图 7.102 11 种大型液压缸性能测试报告

将组态文件 Config.csv 中的 Suffix 设为当前测试的液压缸编号，生成的数据文件名和报表会自动显示该液压缸编号。

1. 耐压试验

按照液压缸制造厂给定的最大实验压力进行耐压试验，生成的耐压试验报告如图 7.103 所示。

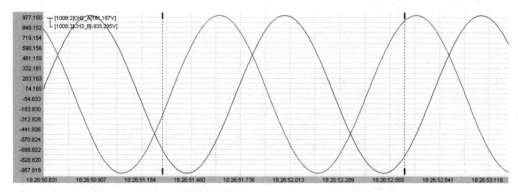

序号	信号名	开始时间	结束时间	持续时间	最大值	最小值	平均值	单位
1	CH2_A	2024-09-03 18:26:51	2024-09-03 18:26:52	00:00:01.347	999.949	-1000.000	-172.527	V
2	CH3_B	2024-09-03 18:26:51	2024-09-03 18:26:52	00:00:01.347	999.934	-999.998	77.451	V

图 7.103　生成的耐压试验报告

2. 液压缸清洁度检测

使用常规阀控制液压缸往返全行程运动，对液压缸进行冲洗，检测其清洁度，使其达到设计值（在系统压力为低压力值的情况下）。液压缸清洁度检测报告如图 7.104 所示。

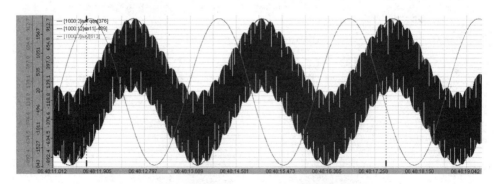

序号	信号名	开始时间	结束时间	持续时间	最大值	最小值	平均值	单位
1	aa1qqq	2022-11-09 06:48:11	2022-11-09 06:48:17	00:00:05.804	1000	-999	30.321	mm
2	aa11	2022-11-09 06:48:11	2022-11-09 06:48:17	00:00:05.804	1999	-1998	32.822	mm
3	aa2	2022-11-09 06:48:11	2022-11-09 06:48:17	00:00:05.804	999	-999	79.794	mm

图 7.104　液压缸清洁度检测报告

3. 液压缸往返运动测试

使用常规阀控制液压缸往返运动，需要对液压缸进行往返运动测试，使往返运动时间达到设计时间（在系统压力为低压力值的情况下）。液压缸往返运动测试报告如图 7.105 所示。

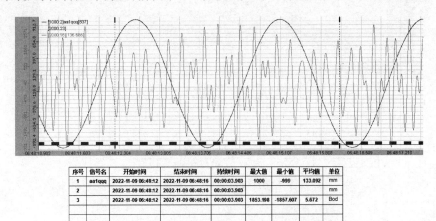

序号	信号名	开始时间	结束时间	持续时间	最大值	最小值	平均值	单位
1	aa1qqq	2022-11-09 06:48:12	2022-11-09 06:48:16	00:00:03.903	1000	-999	133.092	mm
2		2022-11-09 06:48:12	2022-11-09 06:48:16	00:00:03.903				mm
3		2022-11-09 06:48:12	2022-11-09 06:48:16	00:00:03.903	1853.198	-1857.607	5.672	Bod

图 7.105　液压缸往返运动测试报告

4. 液压缸行程测试

对液压缸从起点至终点的行程进行标定（使用伺服阀控制，系统压力为低压力值），液压缸行程测试报告报告如图 7.106 所示。

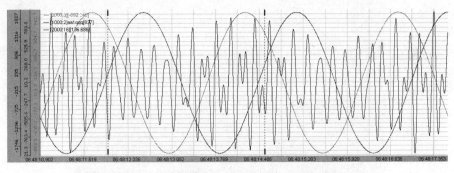

序号	信号名	开始时间	结束时间	持续时间	最大值	最小值	平均值	单位
1		2022-11-09 06:48:12	2022-11-09 06:48:14	00:00:02.564	999.999	-999.998	14.824	mm
2	aa1qqq	2022-11-09 06:48:12	2022-11-09 06:48:14	00:00:02.564	1000	-999	3.878	mm
3		2022-11-09 06:48:12	2022-11-09 06:48:14	00:00:02.564	1853.198	-1857.607	-12.097	mm

图 7.106　液压缸行程测试报告

5. 液压缸保压测试

液压缸处于加载状态，测试位置为液压缸行程中间位，在无杆腔压力达到设定值后，人工关闭管道球阀，记录无杆腔压力的变化，形成压力-时间曲线（使用伺服阀控制，系统压力为高压压力值。在高、低压两种工况下分别测试）。液压缸保压测试报告如图 7.107 所示。

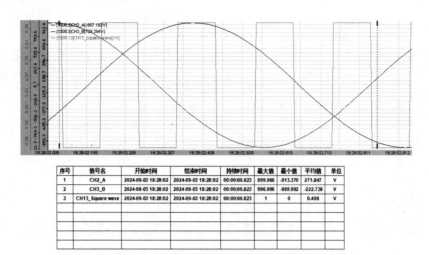

序号	信号名	开始时间	结束时间	持续时间	最大值	最小值	平均值	单位
1	CH2_A	2024-09-03 18:28:02	2024-09-03 18:28:02	00:00:00.823	999.966	-913.370	271.847	V
2	CH3_B	2024-09-03 18:28:02	2024-09-03 18:28:02	00:00:00.823	996.906	-999.992	-222.738	V
3	CH13_Square wave	2024-09-03 18:28:02	2024-09-03 18:28:02	00:00:00.823	1	0	0.498	V

图 7.107　液压缸保压测试报告

6. 液压缸启动摩擦力测试

液压缸保持垂直安装位置，有杆腔压力为 0MPa，有杆腔从静止状态开始下落，记录液压缸启动瞬间的摩擦力（使用伺服阀控制，系统压力为低压力值）。选择液压缸 1/4、1/2、3/4 行程三个工作位置进行测试，避免选择液压缸端头位置。液压缸启动摩擦力测试报告如图 7.108 所示。

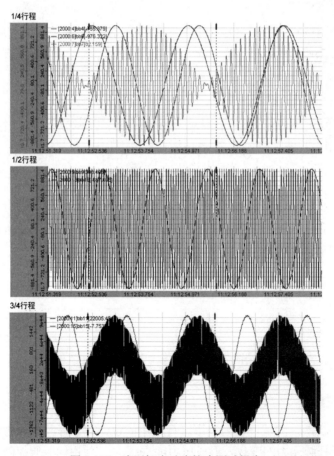

图 7.108　液压缸启动摩擦力测试报告

7. 阶跃响应测试

（1）位置阶跃响应测试。液压缸处于加载状态，在给定的载荷和指定的初始位置下，液压缸处于位置闭环控制状态，按照设计值给定一个位置阶跃，记录位置阶跃响应时间。

（2）压力阶跃响应测试。液压缸处于加载状态，在指定的初始位置和给定的载荷下，液压缸处于压力闭环控制状态，按照设计值给定一个压力阶跃，记录压力阶跃响应时间。

测试时使用伺服阀控制，泵站压力为系统工作压力。选择液压缸 1/4、1/2、3/4 行程三个工作位置进行测试，避免选择液压缸端头位置，液压缸初始测试位置通过垫块进行调整。在同一位置测试上升阶跃和下降阶跃。阶跃响应测试报告如图 7.109 所示。

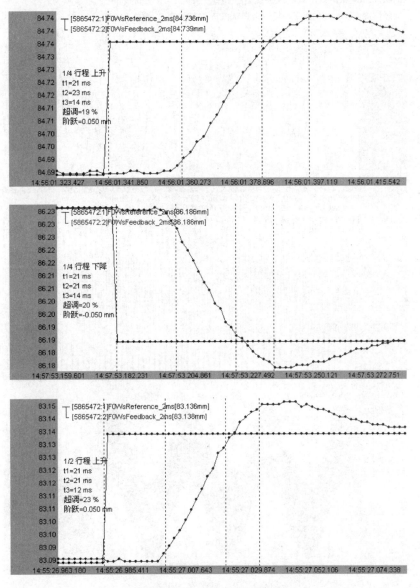

图 7.109　阶跃响应测试报告

8. 频带宽测试

（1）位置正弦波测试。液压缸处于加载状态，在给定的载荷和指定的初始位置下，液压缸处于位置闭环控制状态；给定一个正弦波位置信号，正弦波幅值按照设计值给定，频率从小逐渐增大至设定值。

（2）压力正弦波测试。液压缸处于加载状态，在指定的初始位置和给定的载荷下，液压缸处于压力闭环控制状态；给定一个正弦波压力信号，正弦波幅值按照设计值给定，频率从小逐渐增大至设定值。

测试时使用伺服阀控制，泵站压力为系统工作压力。在液压缸 1/2 行程工作位置进行测试，液压缸初始测试位置通过垫块进行调整。

在频带宽测试过程中应逐渐增大正弦波频率，防止系统振荡。频带宽测试报告如图 7.110 所示。

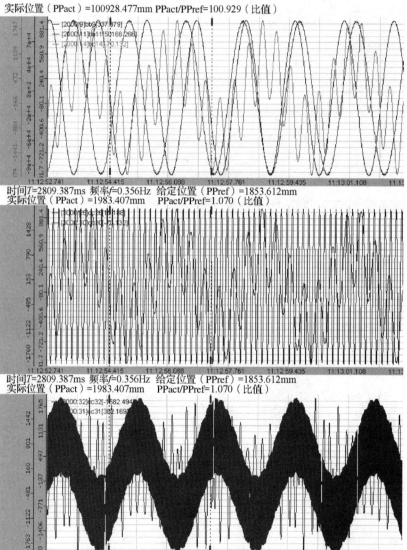

图 7.110　频带宽测试报告

9. 液压缸滞环测试

液压缸处于加载状态，在给定的载荷和指定的初始位置下，液压缸处于位置闭环控制状态；

给定一个正弦波或三角波位置信号，频率为 0.1Hz，正弦波幅值按照设计值给定，记录液压缸位移信号和液压缸出力信号。液压缸滞环测试曲线如图 7.111 所示（图中的油缸为液压缸的俗称）。

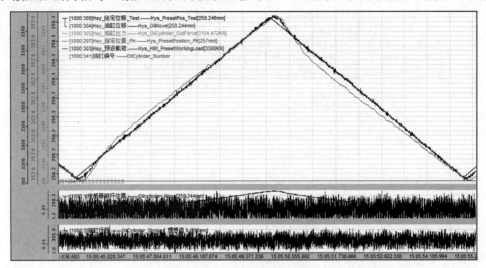

图 7.111　液压缸滞环测试曲线

在测试前，如有必要可对液压缸进行往返运动：在指定位置下，液压缸处于位置闭环控制状态，给定一个正弦波位置信号进行往返运动，幅值应大于滞环测试幅值。

测试时使用伺服阀控制，泵站压力为系统工作压力。在液压缸 1/4、1/2、3/4 行程三个工作位置进行测试，液压缸初始测试位置通过垫块进行调整。在同一位置测试三种载荷下的滞环，三种载荷大小分别为液压缸工作载荷的 1/4、1/2、3/4。

选择实验曲线，右击该曲线，通过弹出的快捷菜单，可直接计算并打印液压缸滞环测试报告，如图 7.112 所示。还可选择是否打印-创建 pdf 报表，如图 7.113 所示。液压缸滞环测试报告如图 7.114 所示。

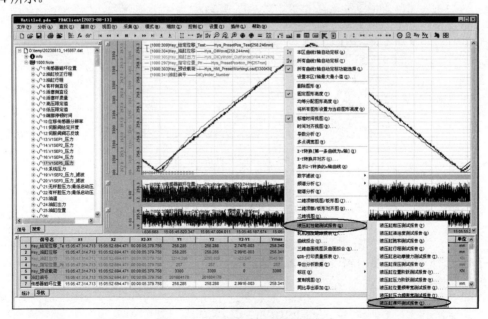

图 7.112　打印液压缸滞环测试报告

图 7.113　选择是否打印-创建 pdf 报表

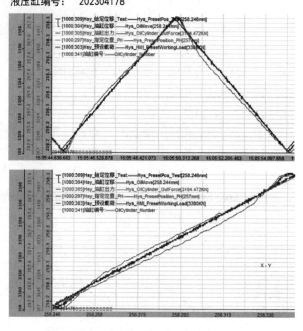

图 7.114　液压缸滞环测试报告

7.55　功率谱分析

进行功率谱分析时，要用到以下两个计算公式。

（1）功率谱密度（PSD）计算公式。

$$\text{PSD}(f) = \frac{2|X(n)|^2}{t_2 - t_1}$$

式中，$X(n)$ 为数字信号；t_1 和 t_2 为前后两个时刻。

（2）平均波动频率（f_a）计算公式。

$$f_a = \frac{\sum\limits_{k=0}^{N-1} \mathrm{PSD}(f_k) f_k}{\sum\limits_{k=0}^{N-1} \mathrm{PSD}(f_k)}$$

式中，f_k 为数字化的离散点 k 对应的频率。

进行功率谱密度计算的操作示意如图 7.115 所示，进行平均波动频率计算的操作示意如图 7.116 所示。

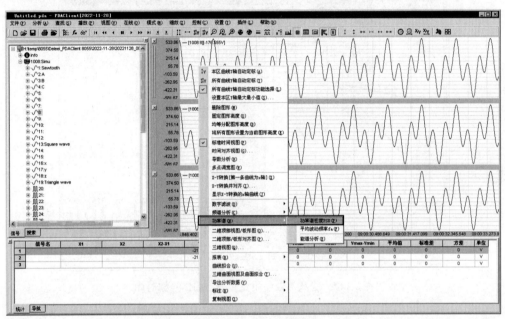

图 7.115　进行功率谱密度计算的操作示意

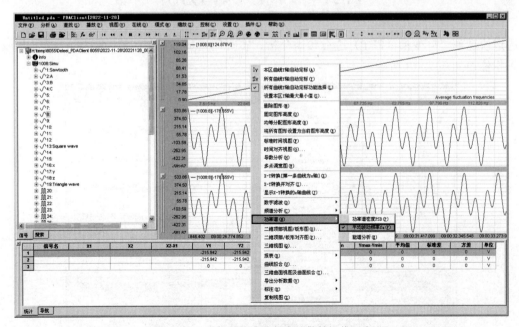

图 7.116　进行平均波动频率计算的操作示意

7.56　在信号树中隐藏备用变量

当信号树中的备用变量较多时，可以隐藏部分备用变量。隐藏部分备用变量前后的信号树对比如图 7.117 所示。

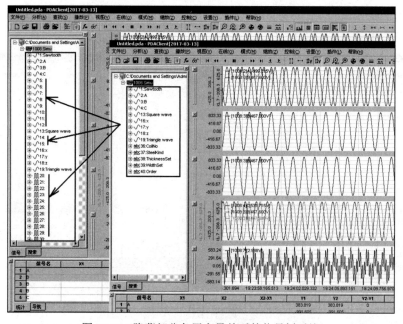

图 7.117　隐藏部分备用变量前后的信号树对比

7.57　FFT-频谱分析

通过快速傅里叶变换（FFT）进行频谱分析，实时监控基波幅值、峰-峰值的一半、基波频率和基频相位差如图 7.118 所示。

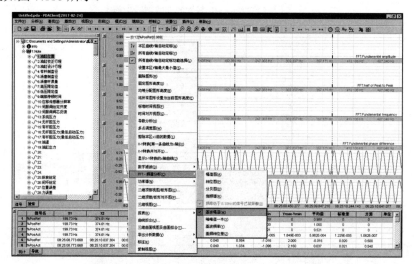

图 7.118　实时监控基波幅值、峰-峰值的一半、基波频率和基频相位差

7.58 复 制 视 图

复制视图的操作示意如图 7.119 所示，视图粘贴到其他文档中的效果如图 7.120 所示。

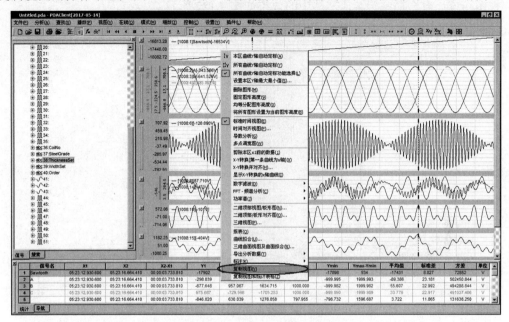

图 7.119 复制视图的操作示意

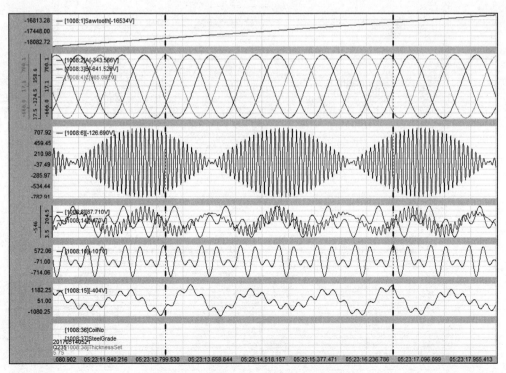

图 7.120 视图粘贴到其他文档中的效果

7.59　同时复制视图和统计表格

视图和统计表格可以同时被复制到剪贴板上，同时复制视图和统计表格的操作示意如图 7.121 所示。视图和统计表格粘贴到其他文档中的效果如图 7.122 所示。

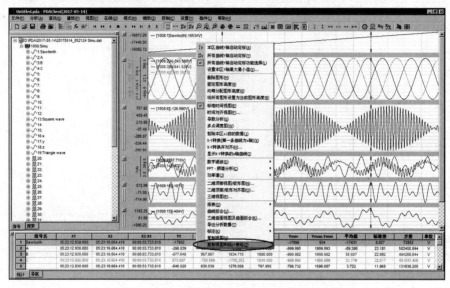

图 7.121　同时复制视图和统计表格的操作示意

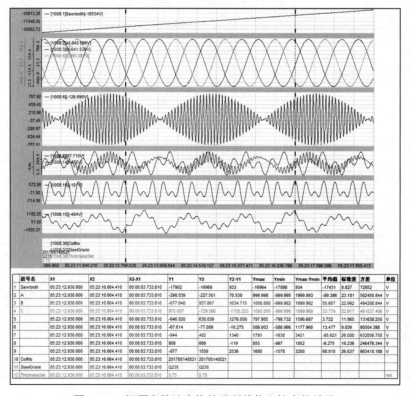

	信号名	X1	X2	X2-X1	Y1	Y2	Y2-Y1	Ymax	Ymin	Ymax-Ymin	平均值	标准差	方差	单位
1	Sawtooth	05:23:12.930.600	05:23:16.664.410	00:00:03.733.810	-17902	-16969	933	-16964	-17898	934	-17431	8.827	72852	V
2	A	05:23:12.930.600	05:23:16.664.410	00:00:03.733.810	-298.039	-227.501	70.538	999.998	-999.995	1999.993	-89.386	23.181	502450.844	V
3	B	05:23:12.930.600	05:23:16.664.410	00:00:03.733.810	-677.648	957.067	1634.715	1000.000	-999.982	1999.982	55.607	22.992	494288.844	V
4	C	05:23:12.930.600	05:23:16.664.410	00:00:03.733.810	975.687	-729.566	-1705.253	1000.000	-999.990	1999.989	33.779	22.917	41037.406	V
5		05:23:12.930.600	05:23:16.664.410	00:00:03.733.810	-646.020	630.039	1276.058	797.955	-798.732	1596.687	3.722	11.865	131638.250	V
6		05:23:12.930.600	05:23:16.664.410	00:00:03.733.810	-67.614	-77.889	-10.275	589.003	-588.966	1177.968	13.477	9.839	90504.398	V
7		05:23:12.930.600	05:23:16.664.410	00:00:03.733.810	-944	402	1346	1791	-1630	3421	-85.621	26.009	632058.750	V
8		05:23:12.930.600	05:23:16.664.410	00:00:03.733.810	808	689	-119	855	-997	1852	-6.275	16.236	246476.344	V
9		05:23:12.930.600	05:23:16.664.410	00:00:03.733.810	-977	1559	2536	1680	-1578	3258	68.015	26.637	663410.188	V
10	CoilNo	05:23:12.930.600	05:23:16.664.410	00:00:03.733.810	2017051405521	2017051405521								
11	SteelGrade	05:23:12.930.600	05:23:16.664.410	00:00:03.733.810	Q235	Q235								
12	ThicknessSet	05:23:12.930.600	05:23:16.664.410	00:00:03.733.810	5.75	5.75								mm

图 7.122　视图和统计表格粘贴到其他文档中的效果

7.60 查 找 数 据

查找数据的操作示意如图 7.123 所示。

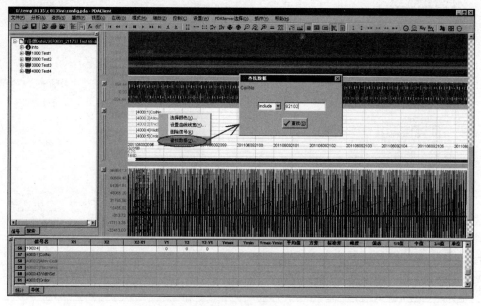

图 7.123 查找数据的操作示意

7.61 设备信号分组

为了管理方便或当一个连接通道的信号较多时，可按设备种类将信号分组，如图 7.124 所示。

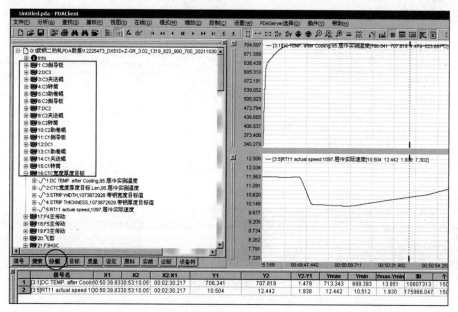

图 7.124 按设备种类信号分组

也可按设备编码（如前 4 位编码、前 6 位编码、9 位编码）将信号分组，如图 7.125 所示。

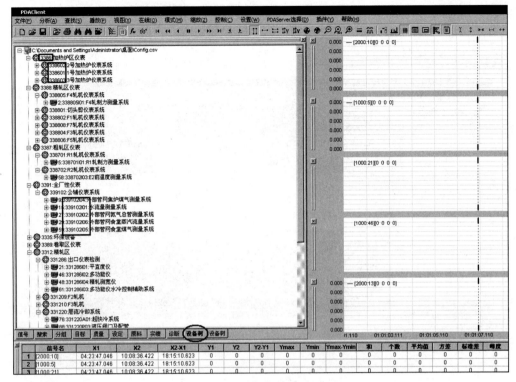

图 7.125　按设备编码将信号分组

还可按设备名称和控制特点将信号分组，如图 7.126 所示。

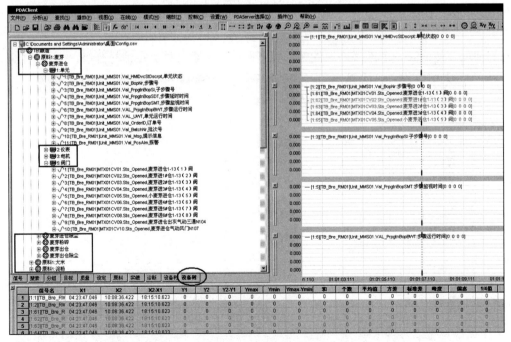

图 7.126　按设备名称和控制特点将信号分组

7.62　模拟量按位拆分

对于模拟量，可以一次全部拆分，也可按位拆分，如图 7.127 所示。

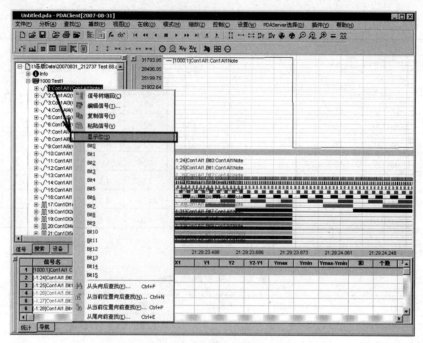

图 7.127　模拟量的按位拆分

7.63　搜索其他数据文件

在打开的数据文件菜单栏中单击搜索图标按钮，即可在硬盘中搜索其他数据文件，如图 7.128 所示。

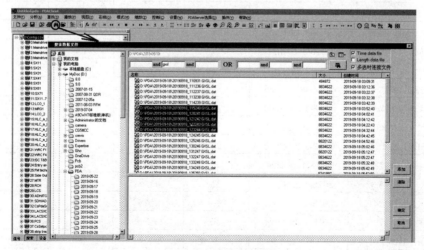

图 7.128　搜索其他数据文件

7.64 啤酒厂的 CO_2 回收及产量预测分析

将发酵母液信息录入表 7-1 中。

表 7-1 发酵母液信息

序号	发酵母液	母液代码	麦汁原始浓度/P	时间节点1/h	时间节点2/h	时间节点3/h	时间节点4/h	最大回收量/kL	下酒真浓(%)	理论回收率(%)	计算值1	计算值2	计算值3
0	基准	HB	16	18	33	85	131	426	4.6	5.44	28.4	−0.2	511
1	百威	GD50	16	18	33	85	131	426	4.6	5.44	28.4	−0.2	511
2	哈冰纯	WHI5	16	18	33	85	131	426	4.6	5.44	28.4	−0.2	511
3	百威纯生	GD50	16	18	33	85	131	426	4.6	5.44	28.4	−0.2	511
4	哈特制	WHS6	16	18	33	85	131	426	4.6	5.44	28.4	−0.2	511
5	哈1900	H1900	16	18	33	85	131	426	4.6	5.44	28.4	−0.2	511
6	小麦王	MHHB	16	18	33	85	131	426	4.6	5.44	28.4	−0.2	511

将主发酵罐数据录入表 7-2 中。

表 7-2 主发酵罐数据

序号	满罐日期	回收日期	主酵罐号	品牌	麦汁量/kL	满罐后回收间隔/h
1	2018-1-4 7:45	2018-1-5 7:45	1	百威	240	24
2	2018-1-4 16:00	2018-1-5 10:00	8	哈特制	400	18
3	2018-1-5 3:52	2018-1-5 21:52	23	小麦王	400	18
4	2018-1-5 20:49	2018-1-6 14:49	14	小麦王	480	18
5	2018-1-6 13:59	2018-1-7 7:59	19	小麦王	480	18
6	2018-1-10 23:56	2018-1-11 19:56	4	百威	240	20
7	2018-1-11 15:57	2018-1-12 9:57	15	哈冰纯	400	18
8	2018-1-12 1:18	2018-1-13 0:18	18	哈特制	480	23
9	2018-1-12 14:14	2018-1-13 8:14	24	哈特制	480	18
10	2018-1-13 3:44	2018-1-13 21:44	16	小麦王	480	18
11	2018-1-13 20:51	2018-1-14 14:51	17	小麦王	480	18
12	2018-1-14 11:21	2018-1-15 5:21	9	哈特制	480	18
13	2018-1-18 4:11	2018-1-18 22:11	11	哈特制	480	18
14	2018-1-18 18:35	2018-1-19 12:35	7	哈特制	480	18
15	2018-1-19 22:00	2018-1-20 16:00	22	小麦王	480	18
16	2018-1-20 8:07	2018-1-21 2:07	10	小麦王	480	18
17	2018-1-21 1:20	2018-1-21 19:20	20	小麦王	480	18
18	2018-1-23 12:04	2018-1-24 6:04	6	哈特制	480	18
19	2018-1-23 15:32	2018-1-24 17:04	21	百威	200	26
20	2018-1-24 3:41	2018-1-24 21:41	10	哈特制	480	18
21	2018-1-24 17:21	2018-1-25 11:21	5	小麦王	480	18
22	2018-1-25 7:05	2018-1-26 1:05	8	哈特制	480	18
23	2018-1-30 18:00	2018-2-1 7:00	2	百威	160	37

续表

序号	满罐日期	回收日期	主酵罐号	品牌	麦汁量/kL	满罐后回收间隔/h
24	2018-1-31 10:04	2018-2-1 4:04	18	哈特制	480	18
25	2018-2-1 2:40	2018-2-1 19:20	19	哈特制	480	17
26	2018-2-1 22:00	2018-2-2 16:00	14	小麦王	480	18
27	2018-2-2 1:32	2018-2-4 3:32	23	哈特制	200	50
28	2018-2-6 23:28	2018-2-8 0:28	9	百威	320	25
29	2018-2-7 15:04	2018-2-8 19:00	11	哈冰纯	400	28
30	2018-2-8 0:44	2018-2-8 19:00	7	哈特制	480	18
31	2018-2-8 14:54	2018-2-10 15:37	16	哈特制	320	49
32	2018-2-23 19:19	2018-2-24 19:19	4	百威	160	24
33	2018-2-24 3:25	2018-2-25 3:25	3	百威	240	24
34	2018-2-24 16:40	2018-2-25 10:40	6	哈特制	480	18
35	2018-2-25 7:40	2018-2-26 1:40	17	哈特制	480	18

按图 7.129 所示两个步骤操作，即可生成 CO_2 产量预测曲线。实时采集的 CO_2 产量曲线可以合并到一起，便于进行比对分析。

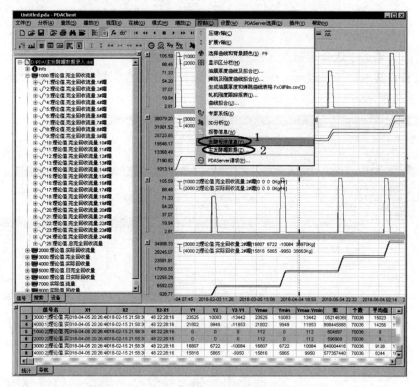

图 7.129　生成 CO_2 产量预测曲线的操作步骤

7.65　设置字体及选择字符集

若操作系统显示的是非本区域语言字符，则可通过选择字符集实现本区域语言的字符显示，然后重启 PDAClient。GB2312_CHARSET 为中文字符集，在英文操作系统下选择它可正常显示中文。设置默认字体及选择字符集的操作示意如图 7.130 所示。

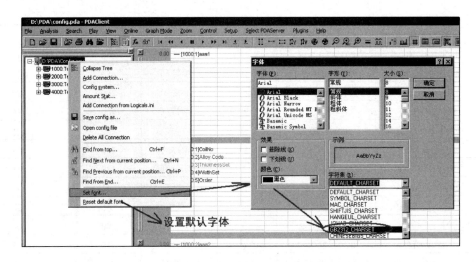

图 7.130　设置默认字体及选择字符集的操作示意

7.66　语言选择

可在"帮助"菜单中选择语言，系统内嵌英文和简体中文。可把系统中的英文字符串导出到 language.ini 文件，其他语种通过 language.ini 文件进行本地语言配置，本地语言优先。不同语言的界面图如图 7.131 所示。

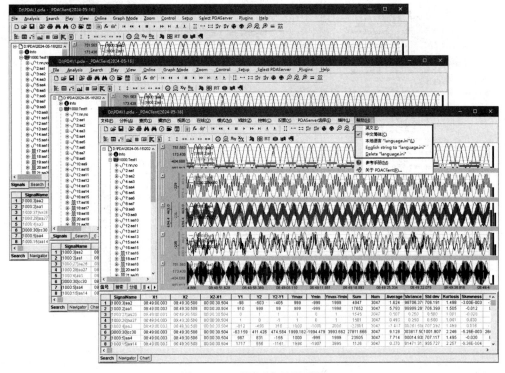

图 7.131　不同语言的界面图

7.67 帮　　助

单击"帮助"→"参考手册"菜单命令，可调用帮助文档（pdf 文件），如图 7.132 所示。

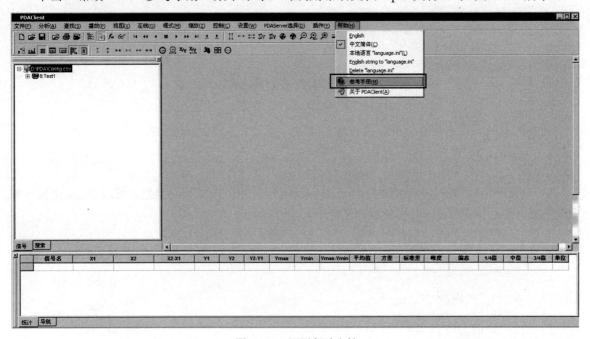

图 7.132　调用帮助文档

第 8 章 数 据 接 口

8.1 历史数据接口

动态链接库：pdaInterface.dll，打开数据文件时要带上文件的完整路径。

1. VC++编程例子

VC++程序可以通过调用动态链接库 pdaInterface.dll 中的历史数据函数，读取 PDA 数据文件中的数据。这种情况下的 VC++编程例子如下。

```
// testDlg.cpp : implementation file
//

#include "stdafx.h"
#include "test.h"
#include "testDlg.h"

#ifdef _DEBUG
#define new DEBUG_NEW
#undef THIS_FILE
static char THIS_FILE[] = __FILE__;
#endif

typedef short(WINAPI* ppdaOfflineDataRead)(CString pdaDataFilename,
                    short  ConNo,          // 连接号
                    long   Port,           // 端口号
                    short  ChNo,           // 通道号
                    long   MaxNum,         // 请求的最大点数
                    byte   *pChType,       // 返回 通道类型
                    float  *pY,            //      模拟量或数字量值
                    byte   *pYs,           //      字符串值
                    double *pTime,         //      时间值
                    long   *pNum,          //      采样次数
                    byte   *pNames,        //      通道名称
                    byte   *pNamesLen,     //      通道名称长度
                    byte   *pNotes,        //      通道注释
                    byte   *pNotesLen,     //      通道注释长度
                    byte   *pUnits,        //      通道单位
                    byte   *pUnitsLen,     //      通道单位长度
                    double *TimeBase,      //      时基
```

```
                              byte    *ConNotes,       //      连接注释
                              byte    *ConNotesLen);   //      连接注释长度
ppdaOfflineDataRead pdaOfflineDataReadA=NULL;
/*返回值:
      0:正常
      1:打开数据文件出错
      2:ConNo 超范围
      3:ChNo 超范围
      4:实际长度>MaxNum
      5:权限不够
      6:实时数据文件出错
ChType:
      5 float
      9 BIT
      7 STRING
*/


// 将时间转换为 2023-12-11 12:23:36.389 字符串格式
typedef short(WINAPI* pTimeToStr)(double t,           // 时间值
                              byte    *s);             // 转换结果


pTimeToStr TimeToStrA=NULL;


float        bfY[1000000];                             // 存放模拟量和数字量
char         sY[1000000][48+1];                        // 存放字符串
double       xTime[1000000];                           // 存放时间
unsigned char ChType;                                  // 变量类型
long         Num;                                      // 实际点数
unsigned char Names[160+1];
unsigned char NamesLen;
unsigned char Notes[63+1];
unsigned char NotesLen;
unsigned char Units[12+1];
unsigned char UnitsLen;
double       TimeBase;
unsigned char ConNotes[63+1];
unsigned char ConNotesLen;
short        ret,ret1;
unsigned char TimeStr1[23+1];
unsigned char TimeStr2[23+1];


/////////////////////////////////////////////////////////////////////////////
// CAboutDlg dialog used for App About

class CAboutDlg : public CDialog
{
```

```cpp
public:
    CAboutDlg();

// Dialog Data
    //{{AFX_DATA(CAboutDlg)
    enum { IDD = IDD_ABOUTBOX };
    //}}AFX_DATA

    // ClassWizard generated virtual function overrides
    //{{AFX_VIRTUAL(CAboutDlg)
    protected:
    virtual void DoDataExchange(CDataExchange* pDX);    // DDX/DDV support
    //}}AFX_VIRTUAL

// Implementation
protected:
    //{{AFX_MSG(CAboutDlg)
    //}}AFX_MSG
    DECLARE_MESSAGE_MAP()
};

CAboutDlg::CAboutDlg() : CDialog(CAboutDlg::IDD)
{
    //{{AFX_DATA_INIT(CAboutDlg)
    //}}AFX_DATA_INIT
}

void CAboutDlg::DoDataExchange(CDataExchange* pDX)
{
    CDialog::DoDataExchange(pDX);
    //{{AFX_DATA_MAP(CAboutDlg)
    //}}AFX_DATA_MAP
}

BEGIN_MESSAGE_MAP(CAboutDlg, CDialog)
    //{{AFX_MSG_MAP(CAboutDlg)
        // No message handlers
    //}}AFX_MSG_MAP
END_MESSAGE_MAP()

///////////////////////////////////////////////////////////////////////////
// CTestDlg dialog

CTestDlg::CTestDlg(CWnd* pParent /*=NULL*/)
    : CDialog(CTestDlg::IDD, pParent)
{
    //{{AFX_DATA_INIT(CTestDlg)
```

```
      // NOTE: the ClassWizard will add member initialization here
   //}}AFX_DATA_INIT
   // Note that LoadIcon does not require a subsequent DestroyIcon in Win32
   m_hIcon = AfxGetApp()->LoadIcon(IDR_MAINFRAME);
}

void CTestDlg::DoDataExchange(CDataExchange* pDX)
{
   CDialog::DoDataExchange(pDX);
   //{{AFX_DATA_MAP(CTestDlg)
      // NOTE: the ClassWizard will add DDX and DDV calls here
   //}}AFX_DATA_MAP
}

BEGIN_MESSAGE_MAP(CTestDlg, CDialog)
   //{{AFX_MSG_MAP(CTestDlg)
   ON_WM_SYSCOMMAND()
   ON_WM_PAINT()
   ON_WM_QUERYDRAGICON()
   ON_BN_CLICKED(IDC_BUTTON1, OnButton1)
   //}}AFX_MSG_MAP
END_MESSAGE_MAP()

/////////////////////////////////////////////////////////////////////////////
// CTestDlg message handlers

BOOL CTestDlg::OnInitDialog()
{
   CDialog::OnInitDialog();

   // Add "About..." menu item to system menu.

   // IDM_ABOUTBOX must be in the system command range.
   ASSERT((IDM_ABOUTBOX & 0xFFF0) == IDM_ABOUTBOX);
   ASSERT(IDM_ABOUTBOX < 0xF000);

   CMenu* pSysMenu = GetSystemMenu(FALSE);
   if (pSysMenu != NULL)
   {
      CString strAboutMenu;
      strAboutMenu.LoadString(IDS_ABOUTBOX);
      if (!strAboutMenu.IsEmpty())
      {
         pSysMenu->AppendMenu(MF_SEPARATOR);
         pSysMenu->AppendMenu(MF_STRING, IDM_ABOUTBOX, strAboutMenu);
      }
   }
```

```
// Set the icon for this dialog.  The framework does this automatically
//  when the application's main window is not a dialog
SetIcon(m_hIcon, TRUE);         // Set big icon
SetIcon(m_hIcon, FALSE);        // Set small icon

// TODO: Add extra initialization here

return TRUE;  // return TRUE  unless you set the focus to a control
}


void CTestDlg::OnSysCommand(UINT nID, LPARAM lParam)
{
    if ((nID & 0xFFF0) == IDM_ABOUTBOX)
    {
        CAboutDlg dlgAbout;
        dlgAbout.DoModal();
    }
    else
    {
        CDialog::OnSysCommand(nID, lParam);
    }
}


// If you add a minimize button to your dialog, you will need the code below
//  to draw the icon.  For MFC applications using the document/view model,
//  this is automatically done for you by the framework.

void CTestDlg::OnPaint()
{
    if (IsIconic())
    {
        CPaintDC dc(this); // device context for painting

        SendMessage(WM_ICONERASEBKGND, (WPARAM) dc.GetSafeHdc(), 0);

        // Center icon in client rectangle
        int cxIcon = GetSystemMetrics(SM_CXICON);
        int cyIcon = GetSystemMetrics(SM_CYICON);
        CRect rect;
        GetClientRect(&rect);
        int x = (rect.Width() - cxIcon + 1) / 2;
        int y = (rect.Height() - cyIcon + 1) / 2;

        // Draw the icon
        dc.DrawIcon(x, y, m_hIcon);
    }
```

```
     else
     {
       CDialog::OnPaint();
     }
}

// The system calls this to obtain the cursor to display while the user drags
//  the minimized window.
HCURSOR CTestDlg::OnQueryDragIcon()
{
    return (HCURSOR) m_hIcon;
}


void CTestDlg::OnButton1()
{
    // TODO: Add your control notification handler code here
    CString s;
    short i;

    HINSTANCE mydll=LoadLibrary(LPCTSTR("d:\\PDA\\pdaInterface.dll"));
    pdaOfflineDataReadA=(ppdaOfflineDataRead)GetProcAddress(mydll, "pdaOffline
DataRead");
           TimeToStrA=        (pTimeToStr)GetProcAddress(mydll,"TimeToStr");

    for (i=1;i<=5;i++)
    {
      ret=pdaOfflineDataReadA("g:\\20170421_081914 Simu 80.dat",
                      4,
                      0,
                      i,
                      1000000,
                      &ChType,
                      &bfY[0],
                      (byte *)&sY[0][0],
                      &xTime[0],
                      &Num,
                      &Names[0],
                      &NamesLen,
                      &Notes[0],
                      &NotesLen,
                      &Units[0],
                      &UnitsLen,
                      &TimeBase,
                      &ConNotes[0],
                      &ConNotesLen);

      ret1=TimeToStrA(xTime[0],&TimeStr1[0]);
```

```
        ret1=TimeToStrA(xTime[1],&TimeStr2[0]);

        s.Format("ret=%d, ret1=%d, ChType=%d, Num=%d, bfY[0]=%f, bfY[1]=%f, sY[0]=%s,
sY[1]=%s, xTime[0]=%s,  xTime[1]=%s, Names=%s, Units=%s",
                ret,ret1,ChType,Num,bfY[0],bfY[1],sY[0],sY[1],TimeStr1,TimeStr2,
Names,Units);

        MessageBox(s,"bbb",0);
    }
    FreeLibrary(mydll);
}
```

VC++程序调用历史数据接口运行示例如图 8.1 所示。

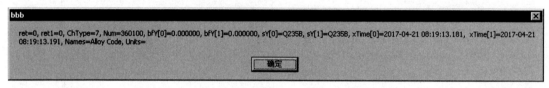

图 8.1　VC++程序调用历史数据接口运行示例

2. VB 编程例子

VB 程序可以通过调用动态链接库 **pdaInterface.dll** 中的历史数据函数，读取 PDA 数据文件中的数据。这和情况下的 VB 编程例子如下。

```
Module1.bas
Type MyStr
    str(0 To 48) As Byte
End Type

Public Declare Function pdaOfflineDataRead Lib "d:\pda\pdaInterface.dll" ( _
                ByVal pdaDataFilename As String, _
                ByVal ConNo As Integer, _
                ByVal Port As Long, _
                ByVal ChNo As Integer, _
                ByVal MaxNum As Long, _
                ByVal pChType As Long, _
                ByVal pY As Long, _
                ByVal pYs As Long, _
                ByVal pTime As Long, _
                ByVal pNum As Long, _
                ByVal pNames As Long, _
                ByVal pNamesLen As Long, _
                ByVal pNotes As Long, _
                ByVal pNotesLen As Long, _
                ByVal pUnits As Long, _
                ByVal pUnitsLen As Long, _
                ByVal pTimeBase As Long, _
```

```
                        ByVal pConNotes As Long, _
                        ByVal pConNotesLen As Long) As Integer
'返回值:
'      0:正常
'      1:打开数据文件出错
'      2:ConNo 超范围
'      3:ChNo 超范围
'      4:实际长度>MaxNum
'      5:权限不够
'      6:实时数据文件出错
'ChType:
'      5 single
'      9 Bit
'      7 STRING


' 将时间转换为 2023-12-11 12:23:36.389 字符串格式
Public Declare Function TimeToStr Lib "d:\pda\pdaInterface.dll" ( _
                    ByVal t As Double, _
                    ByVal s As Long) As Integer


Public bfY(0 To 10000000) As Single
Public sY(0 To 1000000) As MyStr
Public xTime(0 To 1000000) As Double
Public ChType As Byte
Public Num    As Long
Public Names(0 To 160) As Byte
Public NamesLen As Byte
Public Notes(0 To 63) As Byte
Public NotesLen As Byte
Public Units(0 To 12) As Byte
Public UnitsLen As Byte
Public TimeBase As Double
Public ConNotes(0 To 63) As Byte
Public ConNotesLen As Byte
Public ret, ret1 As Integer
Public TimeStr1(0 To 23) As Byte
Public TimeStr2(0 To 23) As Byte


Form1
Private Sub Command1_Click()
   ret = pdaOfflineDataRead("g:\20170421_081914 Simu 80.dat", _
                   4, 0, 3, 1000000, _
                   VarPtr(ChType), _
                   VarPtr(bfY(0)), _
                   VarPtr(sY(0)), _
                   VarPtr(xTime(0)), _
                   VarPtr(Num), _
```

```
                        VarPtr(Names(0)), _
                        VarPtr(NamesLen), _
                        VarPtr(Notes(0)), _
                        VarPtr(NotesLen), _
                        VarPtr(Units(0)), _
                        VarPtr(UnitsLen), _
                        VarPtr(TimeBase), _
                        VarPtr(ConNotes(0)), _
                        VarPtr(ConNotesLen))

    ret1 = TimeToStr(xTime(0), VarPtr(TimeStr1(0)))
    ret1 = TimeToStr(xTime(1), VarPtr(TimeStr2(0)))

    Text1.Text = Format(ret, "0    ") + Format(ret1, "0     ") _
            + Format(ChType, "0    ") + Format(Num, "0    ") _
            + Format(bfY(0), "0.000    ") + Format(bfY(1), "0.000    ")
    Text2.Text = StrConv(sY(0).str, vbUnicode)
    Text3.Text = StrConv(sY(1).str, vbUnicode)
    Text4.Text = StrConv(TimeStr1, vbUnicode)
    Text5.Text = StrConv(TimeStr2, vbUnicode)
    Text6.Text = StrConv(Names, vbUnicode)
    Text7.Text = StrConv(Notes, vbUnicode)
    Text8.Text = StrConv(Units, vbUnicode)
    Text9.Text = Format(TimeBase, "0.000")
    Text10.Text = StrConv(ConNotes, vbUnicode)
End Sub
```

VB 程序调用历史数据接口运行示例如图 8.2 所示。

图 8.2　VB 程序调用历史数据接口运行示例

3. Delphi 编程例子

Delphi 程序可以通过调用动态链接库 pdaInterface.dll 中的历史数据函数，读取 PDA 数据文件中的数据。这和情况下的 Delphi 编程例子如下。

```
unit Unit1;

interface
```

```
uses
  Windows, Messages, SysUtils, Variants, Classes, Graphics, Controls, Forms,
  Dialogs, StdCtrls;

type
  TForm1 = class(TForm)
    Button1: TButton;
    procedure Button1Click(Sender: TObject);
  private
    { Private declarations }
  public
    { Public declarations }
  end;

function pdaOfflineDataRead(pdaDataFilename:string;
                    tConNo        :smallint;    // 连接号
                    Port          :integer;     // 端口号
                    ChNo          :smallint;    // 通道号
                    MaxNum        :integer;     // 请求的最大点数
                    pChType       :pbyte;       // 返回 通道类型
                    pY            :psingle;     //      模拟量或数字量值
                    pYs           :pbyte;       //      字符串值
                    pTime         :pdouble;     //      时间值
                    pNum          :pinteger;    //      采样次数
                    pNames        :pchar;       //      通道名称
                    pNamesLen     :pbyte;       //      通道名称长度
                    pNotes        :pchar;       //      通道注释
                    pNotesLen     :pbyte;       //      通道注释长度
                    pUnits        :pchar;       //      通道单位
                    pUnitsLen     :pbyte;       //      通道单位长度
                    pTimeBase     :pDouble;     //      时基
                    pConNotes     :pchar;       //      连接注释
                    pConNotesLen  :pbyte        //      连接注释长度
                    ):smallint;stdcall;external 'd:\pda\pdaInterface.dll';
{返回值:
      0:正常
      1:打开数据文件出错
      2:ConNo 超范围
      3:ChNo 超范围
      4:实际长度>MaxNum
      5:权限不够
      6:实时数据文件出错
ChType:
      5 single
      8 BIT
      7 STRING
```

```
}

// 将时间转换为 2023-12-11 12;23:36.389 字符串格式
function TimeToStr(t:double;                    // 时间值
                   s:pchar                      // 转换结果
                   ):smallint;stdcall;external 'd:\pda\pdaInterface.dll';


var
  Form1: TForm1;

  bfY         : array[0..1000000] of single;              // 存放 模拟量和数字量
  sY          : array[0..1000000] of array[0..48] of char; // 存放字符串
  xTime       : array[0..1000000] of double;              // 存放时间
  ChType      : byte;                                     // 变量类型
  Num         : integer;                                  // 实际点数
  NameA       : array[0..160] of char;
  NameALen    : byte;
  Note        : array[0..63] of char;
  NoteLen     : byte;
  UnitA       : array[0..12] of char;
  UnitALen    : byte;
  TimeBase    : double;
  ConNote     : array[0..63] of char;
  ConNoteLen  : byte;
  ret1,ret2,ret3,ret4:smallint;
  TimeStr1    : array[0..23] of char;
  TimeStr2    : array[0..23] of char;


implementation

{$R *.dfm}


procedure TForm1.Button1Click(Sender: TObject);
var
  s,fn:string;
begin
  ret1:=pdaOfflineDataRead('g:\20170421_081914 Simu 80.dat',
                  4,
                  0,
                  3,
                  1000000,
                  @ChType,
                  @bfY[0],
                  @sY,
                  @xTime,
                  @Num,
                  @NameA[0],
```

```
                    @NameALen,
                    @Note[0],
                    @NoteLen,
                    @UnitA[0],
                    @UnitALen,
                    @TimeBase,
                    @ConNote[0],
                    @ConNoteLen);

        ret1:=TimeToStr(xTime[0],@TimeStr1);
        ret1:=TimeToStr(xTime[1],@TimeStr2);
        s:=Format('ret=%d, ret1=%d, ChType=%d, Num=%d, bfY[0]=%f, bfY[1]=%f, sY[0]=%s,
sY[1]=%s, xTime[0]=%s, xTime[1]=%s, Names=%s, Units=%s',
                    [ret1,ret1,ChType,Num,bfY[0],bfY[1],string(sY[0]), string(sY[1]),
string(TimeStr1), string(TimeStr2), string(NameA), string(UnitA)]);
        showmessage(s);
    end;

    end.
```

Delphi 程序调用历史数据接口运行示例如图 8.3 所示。

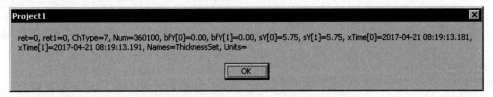

图 8.3　Delphi 程序调用历史数据接口运行示例

4. C#编程例子

C#程序可以通过调用动态链接库 pdaInterface.dll 中的历史数据函数，读取 PDA 数据文件中的数据。这种情况下的 C#编程例子如下。

```
using System;
using System.Collections.Generic;
using System.ComponentModel;
using System.Data;
using System.Drawing;
using System.Linq;
using System.Text;
using System.Threading.Tasks;
using System.Windows.Forms;
using System.Runtime.InteropServices;
using System.Collections;
using Newtonsoft.Json;
using System.IO;
using MongoDB.Driver;
using MongoDB.Bson;
```

```
namespace WindowsFormsApplication4
{
    public partial class Form1 : Form
    {
        public Form1()
        {
            InitializeComponent();
        }


        //   [System.Runtime.InteropServices.MarshalAsAttribute(System.Runtime.
InteropServices.UnmanagedType.LPStr)]
        [DllImport("pdaInterface.dll", EntryPoint = "pdaOfflineDataRead",CharSet=
CharSet.Unicode,CallingConvention = CallingConvention.StdCall)]
        ///  [return: System.Runtime.InteropServices.MarshalAsAttribute(System.
Runtime.InteropServices.UnmanagedType.U2)]
        public static extern short pdaOfflineDataRead(Byte[] pdaDataFilename,
                              Int16 ConNo,
                              Int16 ChNo,
                              Int32 MaxNum,         // 请求的最大点数
                              Byte VC_VB_Delphi,    // VC=0 VB=1 Delphi=2
                              ref Byte pChType,     // 返回 通道类型
                              Single[] pY,          // 模拟量和数字量值
                              Byte[] pYs,           // 字符串值
                              Double[] pTime,       // 时间值
                              ref Int32 pNum,       // 采样次数
                              Byte[] pNames,        // 通道名称
                              ref Byte NamesLen,    // 通道名称长度
                              Byte[] pNotes,        // 通道注释
                              ref Byte NotesLen,    // 通道注释长度
                              Byte[] pUnits,        // 通道单位
                              ref Byte UnitsLen);   // 通道单位长度);

        private void button1_Click(object sender, EventArgs e)
        {
            Int16 ret = 0;
            Byte type1 = 0;
//          Int16 conno = 5;
//          Int16 chno = 259;
            Int32 maxnum = 100000;
            Byte tt = 2;
            Single[] dataY = new Single[100000];
            Byte[] str = new Byte[49000000];
            Double[] time = new Double[100000];
            Int32 num1=0;
            Byte[] names = new Byte[160];
            Byte namnum = 0;
```

```csharp
        Byte[] notes = new Byte[80];
        Byte num2 = 0;
        Byte[] units = new Byte[12];
        Byte num3 = 0;
        String filepath = "d:\\92123292.dat";

        Byte[] byteunicode = Encoding.ASCII.GetBytes(filepath);
        String ASCIIstring = Encoding.ASCII.GetString(byteunicode);
        Dictionary<string, dynamic> dic = new Dictionary<string, dynamic>();
        dic.Add("coilno", "92123292");

        int interval=15;
        for (Int16 i = 2; i <10; i++)
        {
            if(i>5)  interval=150;
            for (Int16 j = 1; j < 500; j++)
            {
                ret=pdaOfflineDataRead(byteunicode, i, j, maxnum, tt, ref type1,
dataY, str, time, ref num1, names, ref namnum, notes, ref num2, units, ref num3);
                if (ret == 3) break;
                Single[] temp = new Single[num1];
                Array.Copy(dataY, temp, num1);
                int num = namnum;
                string str11 = System.Text.Encoding.Default.GetString(names, 0, num);
                // list.Add(temp);
                List<Single> list = new List<Single>();
                for (int z = 0; z < num1; z = z + interval)
                {
                    list.Add(temp[z]);
                }
                dic.Add(str11.Replace(" ", "").Replace(".", "_"), list.ToArray());
            }
        }
        /*  string Contentjson = JsonConvert.SerializeObject(dic);
        string fp = System.Windows.Forms.Application.StartupPath + "\\92123292.json";
        if (!File.Exists(fp)) // 判断是否已有相同文件
        {
            FileStream fs = new FileStream(fp, FileMode.Create, FileAccess.ReadWrite);
            byte[] myByte = System.Text.Encoding.UTF8.GetBytes(Contentjson);
            fs.Write(myByte.ToArray(), 0, (int)myByte.Length);
            fs.Close();
        }*/
        //建立连接通道
        var client = new MongoClient();
        //建立数据库
        var database = client.GetDatabase("hsmdatas");
        //建立 collection
```

```
        var collection = database.GetCollection<BsonDocument>("coils");

        var dc = new BsonDocument(dic);
        try
        {
            collection.InsertOne(dc);
        }
        catch(Exception ex)
        {
            MessageBox.Show(ex.ToString());
        }
    }
  }
}
```

5. Java 编程例子

Java 程序可以通过调用动态链接库 pdaInterface.dll 中的历史数据函数，读取 PDA 数据文件中的数据。这种情况下的 Java 编程例子如下。

```
        <!-- jna -->
        <dependency>
            <groupId>net.java.dev.jna</groupId>
            <artifactId>jna</artifactId>
            <version>5.4.0</version>
        </dependency>
//这个是 java 框架里面需要声明的依赖

NativeLibrary instance = null;
            //调用动态链接库的方法
            instance = NativeLibrary.getInstance("pdaInterface");
            result= (short) instance.getFunction("pdaOfflineDataRead").invokeInt(
new Object[]{datPath, i, j, MaxNum, VC_VB_Delphi, pChType,pY, pYs, pTime, pNum,
pNames, pNamesLen, pNotes, pNotesLen, pUnits, pUnitsLen});

        //释放 dll 资源
        instance.dispose();
```

8.2 秒级传输实时数据接口

动态链接库：pdaInterface.dll。将 PDA 服务器系统文件夹映射为本机 W:盘，按图 8.4 所示设置 Windows 本地安全策略。

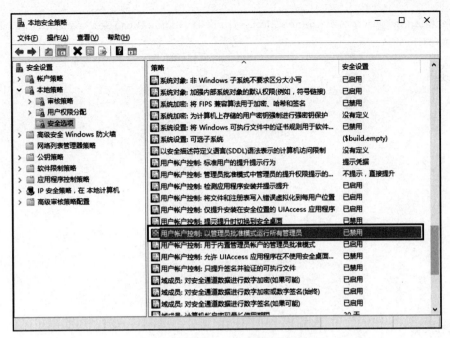

图 8.4 设置 Windows 本地安全策略

1. VC++编程例子

VC++程序可以通过调用动态链接库 pdaInterface.dll 中的实时数据函数，读取实时数据。这种情况下的 VC++编程例子如下。

```cpp
// testDlg.cpp : implementation file
//

#include "stdafx.h"
#include "test.h"
#include "testDlg.h"

#ifdef _DEBUG
#define new DEBUG_NEW
#undef THIS_FILE
static char THIS_FILE[] = __FILE__;
#endif


HINSTANCE mydll=LoadLibrary(LPCTSTR("d:\\pda\\pdaInterface.dll"));

typedef short(WINAPI* prtConfigRead)();
prtConfigRead rtConfigReadA=(prtConfigRead)GetProcAddress(mydll,"rtConfigRead");

typedef short(WINAPI* prtGetConNum)();
prtGetConNum rtGetConNumA=(prtGetConNum)GetProcAddress(mydll,"rtGetConNum");

typedef short(WINAPI* prtGetChannelNum)(short ConNo);
```

```
    prtGetChannelNum rtGetChannelNumA=(prtGetChannelNum)GetProcAddress(mydll,
"rtGetChannelNum");

    typedef short(WINAPI* prtGetChannelInfo)(
                        short   ConNo,
                        long    Port,
                        short   ChNo,
                        byte    *pNames,
                        byte    *pNamesLen,
                        byte    *pNotes,
                        byte    *pNotesLen,
                        byte    *pUnits,
                        byte    *pUnitsLen,
                        byte    *pChType,
                        double  *pTimeBase,
                        byte    *pConNotes,
                        byte    *pConNotesLen);
    /*返回值:
        0:正常
        1:打开数据文件出错
        2:ConNo 超范围
        3:ChNo 超范围
        4:实际长度>MaxNum
        5:权限不够
        6:实时数据文件出错
    ChType:
        5 float
        9 BIT
        7 STRING
    */
    prtGetChannelInfo rtGetChannelInfoA=(prtGetChannelInfo)GetProcAddress(mydll,
"rtGetChannelInfo");

    typedef short(WINAPI* prtTagRead)(
                        short   ConNo,
                        long    Port,
                        short   ChNo,
                        float   *pValue,
                        byte    *pStr,
                        byte    *pLen,
                        byte    *pChType);
    prtTagRead rtTagReadA=(prtTagRead)GetProcAddress(mydll,"rtTagRead");

    typedef short(WINAPI* prtFileOpen)();
    prtFileOpen rtFileOpenA=(prtFileOpen)GetProcAddress(mydll,"rtFileOpen");
```

```
short ConfigFlag;
short FileOpenFlag;
unsigned char ChType;


/////////////////////////////////////////////////////////////////////////
// CAboutDlg dialog used for App About

class CAboutDlg : public CDialog
{
public:
   CAboutDlg();

// Dialog Data
   //{{AFX_DATA(CAboutDlg)
   enum { IDD = IDD_ABOUTBOX };
   //}}AFX_DATA


   // ClassWizard generated virtual function overrides
   //{{AFX_VIRTUAL(CAboutDlg)
   protected:
   virtual void DoDataExchange(CDataExchange* pDX);    // DDX/DDV support
   //}}AFX_VIRTUAL

// Implementation
protected:
   //{{AFX_MSG(CAboutDlg)
   //}}AFX_MSG
   DECLARE_MESSAGE_MAP()
};

CAboutDlg::CAboutDlg() : CDialog(CAboutDlg::IDD)
{
   //{{AFX_DATA_INIT(CAboutDlg)
   //}}AFX_DATA_INIT
}

void CAboutDlg::DoDataExchange(CDataExchange* pDX)
{
   CDialog::DoDataExchange(pDX);
   //{{AFX_DATA_MAP(CAboutDlg)
   //}}AFX_DATA_MAP
}

BEGIN_MESSAGE_MAP(CAboutDlg, CDialog)
   //{{AFX_MSG_MAP(CAboutDlg)
      // No message handlers
```

```
    //}}AFX_MSG_MAP
END_MESSAGE_MAP()


/////////////////////////////////////////////////////////////////////////
// CTestDlg dialog

CTestDlg::CTestDlg(CWnd* pParent /*=NULL*/)
    : CDialog(CTestDlg::IDD, pParent)
{
    //{{AFX_DATA_INIT(CTestDlg)
        // NOTE: the ClassWizard will add member initialization here
    //}}AFX_DATA_INIT
    // Note that LoadIcon does not require a subsequent DestroyIcon in Win32
    m_hIcon = AfxGetApp()->LoadIcon(IDR_MAINFRAME);
}


void CTestDlg::DoDataExchange(CDataExchange* pDX)
{
    CDialog::DoDataExchange(pDX);
    //{{AFX_DATA_MAP(CTestDlg)
        // NOTE: the ClassWizard will add DDX and DDV calls here
    //}}AFX_DATA_MAP
}


BEGIN_MESSAGE_MAP(CTestDlg, CDialog)
    //{{AFX_MSG_MAP(CTestDlg)
    ON_WM_SYSCOMMAND()
    ON_WM_PAINT()
    ON_WM_QUERYDRAGICON()
    ON_BN_CLICKED(IDC_BUTTON1, OnButton1)
    ON_BN_CLICKED(IDC_BUTTON2, OnButton2)
    ON_BN_CLICKED(IDC_BUTTON3, OnButton3)
    ON_BN_CLICKED(IDC_BUTTON4, OnButton4)
    ON_BN_CLICKED(IDC_BUTTON5, OnButton5)
    //}}AFX_MSG_MAP
END_MESSAGE_MAP()


/////////////////////////////////////////////////////////////////////////
// CTestDlg message handlers

BOOL CTestDlg::OnInitDialog()
{
    CDialog::OnInitDialog();

    // Add "About..." menu item to system menu.

    // IDM_ABOUTBOX must be in the system command range.
```

```
    ASSERT((IDM_ABOUTBOX & 0xFFF0) == IDM_ABOUTBOX);
    ASSERT(IDM_ABOUTBOX < 0xF000);

    CMenu* pSysMenu = GetSystemMenu(FALSE);
    if (pSysMenu != NULL)
    {
       CString strAboutMenu;
       strAboutMenu.LoadString(IDS_ABOUTBOX);
       if (!strAboutMenu.IsEmpty())
       {
          pSysMenu->AppendMenu(MF_SEPARATOR);
          pSysMenu->AppendMenu(MF_STRING, IDM_ABOUTBOX, strAboutMenu);
       }
    }

    // Set the icon for this dialog.  The framework does this automatically
    //  when the application's main window is not a dialog
    SetIcon(m_hIcon, TRUE);          // Set big icon
    SetIcon(m_hIcon, FALSE);      // Set small icon

    // TODO: Add extra initialization here

    return TRUE;  // return TRUE  unless you set the focus to a control
}

void CTestDlg::OnSysCommand(UINT nID, LPARAM lParam)
{
    if ((nID & 0xFFF0) == IDM_ABOUTBOX)
    {
       CAboutDlg dlgAbout;
       dlgAbout.DoModal();
    }
    else
    {
       CDialog::OnSysCommand(nID, lParam);
    }
}

// If you add a minimize button to your dialog, you will need the code below
//  to draw the icon.  For MFC applications using the document/view model,
//  this is automatically done for you by the framework.

void CTestDlg::OnPaint()
{
    if (IsIconic())
    {
       CPaintDC dc(this); // device context for painting
```

```
            SendMessage(WM_ICONERASEBKGND, (WPARAM) dc.GetSafeHdc(), 0);

            // Center icon in client rectangle
            int cxIcon = GetSystemMetrics(SM_CXICON);
            int cyIcon = GetSystemMetrics(SM_CYICON);
            CRect rect;
            GetClientRect(&rect);
            int x = (rect.Width() - cxIcon + 1) / 2;
            int y = (rect.Height() - cyIcon + 1) / 2;

            // Draw the icon
            dc.DrawIcon(x, y, m_hIcon);
        }
        else
        {
            CDialog::OnPaint();
        }
}


// The system calls this to obtain the cursor to display while the user drags
//  the minimized window.
HCURSOR CTestDlg::OnQueryDragIcon()
{
    return (HCURSOR) m_hIcon;
}


void CTestDlg::OnButton1()
{
    // TODO: Add your control notification handler code here
    CString s;

    ConfigFlag=rtConfigReadA();

    s.Format("ConfigFlag=%d", ConfigFlag);
    MessageBox(s,"bbb",0);
}


void CTestDlg::OnButton2()
{
    // TODO: Add your control notification handler code here
    CString s;

    unsigned char Names[161];
    unsigned char NamesLen;
    unsigned char Notes[64];
    unsigned char NotesLen;
```

```
            unsigned char Units[13];
            unsigned char UnitsLen;
            double        TimeBase;
            unsigned char ConNotes[64];
            unsigned char ConNotesLen;
            short ret;

            if (ConfigFlag==0)
            {
ret=rtGetChannelInfoA(1,0,33,&Names[0],&NamesLen,&Notes[0],&NotesLen,&Units[0],
&UnitsLen,&ChType,&TimeBase,&ConNotes[0],&ConNotesLen);
                s.Format("ret=%d Name=%s, Unit=%s, TimeBase=%f, ConNote=%s, ChType=%d.",
ret,Names,Units,TimeBase,ConNotes,ChType);
                MessageBox(s,"bbb",0);
            }
        }


    void CTestDlg::OnButton3()
    {
        // TODO: Add your control notification handler code here
        CString s;

        FileOpenFlag=rtFileOpenA();

        s.Format("FileOpenFlag=%d", FileOpenFlag);
        MessageBox(s,"bbb",0);
    }


    void CTestDlg::OnButton4()
    {
        // TODO: Add your control notification handler code here
        CString s;
        short ret;
        unsigned char str[49];
        unsigned char len;
        float tfloat;

        if ((ConfigFlag==0) && (FileOpenFlag==0))
        {
            ret=rtTagReadA(1,0,1,&tfloat,&str[0],&len,&ChType);
            s.Format("ret=%d tfloat[0]=%f, str=%s, len=%d",ret, tfloat,str,len);
            MessageBox(s,"bbb",0);

            ret=rtTagReadA(4,0,3,&tfloat,&str[0],&len,&ChType);
            s.Format("ret=%d tfloat[0]=%f, str=%s, len=%d",ret, tfloat,str,len);
            MessageBox(s,"ccc",0);
        }
```

```
}

void CTestDlg::OnButton5()
{
    // TODO: Add your control notification handler code here
    CString s;
    short ConNum;

    ConNum=rtGetConNumA();
    s.Format("ConNum=%d", ConNum);
    MessageBox(s,"bbb",0);
}
```

VC++程序调用实时数据接口示例如图 8.5 所示。

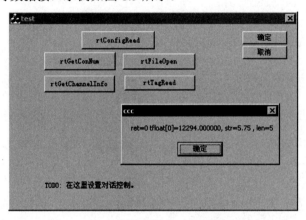

图 8.5　VC++程序调用实时数据接口示例

2. VB 编程例子

VB 程序可以通过调用动态链接库 **pdaInterface.dll** 中的实时数据函数，读取实时数据。这种情况下的 VB 编程例子如下。

```
Module1.pas
Public Declare Function rtConfigRead Lib "d:\pda\pdaInterface.dll" () As Boolean
Public Declare Function rtGetConNum Lib "d:\pda\pdaInterface.dll" () As Integer
Public Declare Function rtGetChannelNum Lib "d:\pda\pdaInterface.dll" (ByVal ConNo
As Integer) As Integer
Public Declare Function rtGetChannelInfo Lib "d:\pda\pdaInterface.dll" ( _
                        ByVal ConNo As Integer, _
                        ByVal Port As Integer, _
                        ByVal ChNo As Integer, _
                        ByVal pNames As Long, _
                        ByVal pNamesLen As Long, _
                        ByVal pNotes As Long, _
                        ByVal pNotesLen As Long, _
                        ByVal pUnits As Long, _
                        ByVal pUnitsLen As Long, _
```

```
                    ByVal pChType As Long, _
                    ByVal pTimeBase As Long, _
                    ByVal pConNotes As Long, _
                    ByVal pConNotesLen As Long) As Integer
'返回值:
'       0:正常
'       1:打开数据文件出错
'       2:ConNo 超范围
'       3:ChNo 超范围
'       4:实际长度>MaxNum
'       5:权限不够
'       6:实时数据文件出错
'ChType:
'       5 single
'       9 Bit
'       7 STRING
Public Declare Function rtFileOpen Lib "d:\pda\pdaInterface.dll" () As Integer
Public Declare Function rtTagRead Lib "d:\pda\pdaInterface.dll" ( _
                  ByVal ConNo As Integer, _
                  ByVal Port As Long, _
                  ByVal ChNo As Integer, _
                  ByVal pSingle As Long, _
                  ByVal pStr As Long, _
                  ByVal pLen As Long, _
                  ByVal pChType As Long) As Integer


Public ConfigFlag As Integer
Public OpenBufferFlag As Integer
Public Names(0 To 160) As Byte
Public NamesLen As Byte
Public Notes(0 To 63) As Byte
Public NotesLen As Byte
Public Units(0 To 12) As Byte
Public UnitsLen As Byte
Public ChType As Byte
Public TimeBase As Double
Public ConNotes(0 To 63) As Byte
Public ConNotesLen As Byte
Public ret As Integer
Public tSingle As Single
Public length As Byte
Public Str(0 To 48) As Byte

Form1
Private Sub Command1_Click()
   ConfigFlag = rtConfigRead()
   Text1.Text = Format(ConfigFlag, "0")
```

```vb
        ConNum = rtGetConNum()
        Text2.Text = "ConNum=" + Format(ConNum, "0")
    End Sub
    Private Sub Command2_Click()
        OpenBufferFlag = rtFileOpen()
        Text3.Text = Format(OpenBufferFlag, "0")
    End Sub
    Private Sub Command3_Click()
        If OpenBufferFlag = 0 Then
            If ConfigFlag = 0 Then
                ret = rtTagRead(1, 0, 1, VarPtr(tSingle), VarPtr(Str(0)), VarPtr(length),
VarPtr(ChType))
                Text4.Text = Format(ret, "0") + Format(tSingle, "0.000") + Format (length,
"0")


                ret = rtTagRead(4, 0, 2, VarPtr(tSingle), VarPtr(Str(0)), VarPtr(length),
VarPtr(ChType))
                Text5.Text = Format(ret, "0") + Trim(StrConv(Str, vbUnicode)) + Format
(length, "0")
            End If
        End If
    End Sub
    Private Sub Command4_Click()
        If ConfigFlag = 0 Then
            ret = rtGetChannelInfo(1, 0, 33, _
                                VarPtr(Names(0)), _
                                VarPtr(NamesLen), _
                                VarPtr(Notes(0)), _
                                VarPtr(NotesLen), _
                                VarPtr(Units(0)), _
                                VarPtr(UnitsLen), _
                                VarPtr(ChType), _
                                VarPtr(TimeBase), _
                                VarPtr(ConNotes(0)), _
                                VarPtr(ConNotesLen))
            Text6.Text = StrConv(Names, vbUnicode) + Format(ChType, "0")

            ret = rtGetChannelInfo(4, 0, 3, _
                                VarPtr(Names(0)), _
                                VarPtr(NamesLen), _
                                VarPtr(Notes(0)), _
                                VarPtr(NotesLen), _
                                VarPtr(Units(0)), _
                                VarPtr(UnitsLen), _
                                VarPtr(ChType), _
                                VarPtr(TimeBase), _
```

```
                    VarPtr(ConNotes(0)), _
                    VarPtr(ConNotesLen))
    Text7.Text = StrConv(Names, vbUnicode) + Format(ChType, "0    ")
  End If

End Sub
```

VB 程序调用实时数据接口示例如图 8.6 所示。

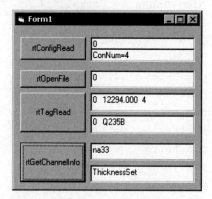

图 8.6　VB 程序调用实时数据接口示例

3. Delphi 编程例子

Delphi 程序可以通过调用动态链接库 pdaInterface.dll 中的实时数据函数，读取实时数据。这种情况下的 Delphi 编程例子如下。

```
unit Unit1;

interface

uses
  Windows, Messages, SysUtils, Variants, Classes, Graphics, Controls, Forms,
  Dialogs, StdCtrls;

type
  TForm1 = class(TForm)
    Button1: TButton;
    Button2: TButton;
    Edit1: TEdit;
    Button3: TButton;
    Edit2: TEdit;
    Edit3: TEdit;
    procedure Button1Click(Sender: TObject);
    procedure Button2Click(Sender: TObject);
    procedure Button3Click(Sender: TObject);
  private
    { Private declarations }
  public
```

```
    { Public declarations }
  end;


    function rtConfigRead:smallint;stdcall;external 'd:\pda\pdaInterface.dll';
    function rtGetConNum:smallint;stdcall;external 'd:\pda\pdaInterface.dll';
    function rtGetChannelNum(tConNo:smallint; Port:integer):smallint;stdcall;external
'd:\pda\pdaInterface.dll';
    function rtGetChannelInfo(tConNo      :smallint;
                              Port        :integer;
                              ChNo        :smallint;
                              pNames      :pchar;
                              pNamesLen   :pbyte;
                              pNotes      :pchar;
                              pNotesLen   :pbyte;
                              pUnits      :pchar;
                              pUnitsLen   :pbyte;
                              pChType     :pbyte;
                              pTimeBase   :pDouble;
                              pConNotes   :pchar;
                              pConNotesLen:pbyte):smallint;stdcall;external
'd:\pda\pdaInterface.dll';
    function rtFileOpen:smallint;stdcall;external 'd:\pda\pdaInterface.dll';
    function rtTagRead(tConNo :smallint;
                       Port   :integer;
                       ChNo   :smallint;
                       pValue :pSingle;
                       pStr   :pChar;
                       pLen   :pbyte;
                       pChType:pbyte):smallint;stdcall;external 'd:\pda\pdaInterface.dll';
    var
      Form1: TForm1;

      ChType      : byte;
      NameA       : array[0..160] of char;
      NameALen    : byte;
      Note        : array[0..63] of char;
      NoteLen     : byte;
      UnitA       : array[0..12] of char;
      UnitALen    : byte;
      TimeBase    : double;
      ConNote     : array[0..63] of char;
      ConNoteLen  : byte;
      ret1,ret2,ret3,ret4:smallint;


    implementation
```

```
{$R *.dfm}

procedure TForm1.Button1Click(Sender: TObject);
begin
   ret1:=rtConfigRead();
   ret2:=rtGetConNum();
   ret3:=rtGetChannelNum(2,0);

   ret4:=rtGetChannelInfo(1,
                          0,
                          33,
                           @NameA,
                          @NameALen,
                          @Note,
                          @NoteLen,
                          @UnitA,
                          @UnitALen,
                          @chType,
                          @TimeBase,
                          @ConNote,
                          @ConNoteLen);
     showmessage(format('ret1=%d, ret2=%d, ret3=%d, ret4=%d, NameA=%s, Notes=%s,
UnitA=%s, TimeBase=%f, ConNotes=%s',
                [ret1, ret2, ret3, ret4, NameA, Note, UnitA, TimeBase, ConNote]));
   end;

procedure TForm1.Button2Click(Sender: TObject);
begin
   edit1.Text:=inttostr( rtFileOpen());
end;

procedure TForm1.Button3Click(Sender: TObject);
var
   tSingle:single;
   Str:array[0..48] of char;
   Len:byte;
   ret:smallint;
begin
   ret:=rtTagRead(1,0,1,@tSingle,@Str,@Len,@chType);
   edit2.Text:=format('%d, %.3f, %d',[ret,tSingle,Len]);

   ret:=rtTagRead(4,0,2,@tSingle,@Str,@Len,@chType);
   edit3.Text:=format('%d, %s, %d',[ret,trim(string(Str)),Len]);
end;

end.
```

Delphi 程序调用实时数据接口示例如图 8.7 所示。

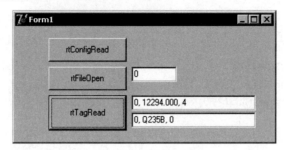

图 8.7　Delphi 程序调用实时数据接口示例

8.3　毫秒级传输实时数据接口

在 PDAClient 在线监控时，单击"采集"→"产生在线数据'C:\pdaOnlineData\'"菜单命令，即可生成在线数据曲线。生成在线数据曲线的操作示意如图 8.8 所示。

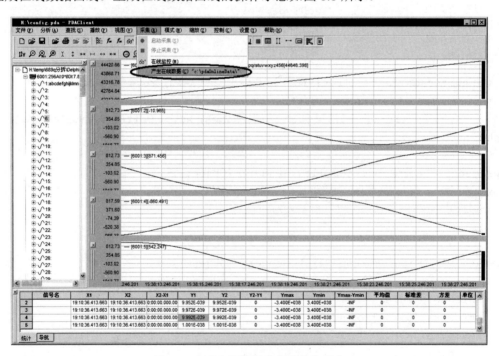

图 8.8　生成在线数据曲线的操作示意

在线数据和时间文件格式如下：

```
1000AI1.data
1  byte 变量类型  5: float; 9: Bit
100 byte 变量名  string
50 byte 注释     string
12 byte 单位     string
4  byte 偏移量   float
4  byte 比例系数 float
......          float 数据
```

```
1000AI1.time
double   8 byte   天
0.0   = 12/30/1899 12:00 am
2.75  = 1/1/1900 6:00 pm
-1.25 = 12/29/1899 6:00 am
35065 = 1/1/1996 12:00 am
```

8.4　视频同步分析应用接口

PDAClient 运行双时间轴 x1 和 x2 时，将 x1 时刻信息进行广播。视频分析系统收到该时刻信息后，将各子视频画面切换到该时刻，可支持任意的视频监控系统。

1．VC++编程例子

VC++程序通过系统信息获取 PDAClient 分析软件时间。这种情况下的 VC++编程例子如下。

```
// cccDlg.h : header file
//

#if !defined(AFX_CCCDLG_H__3384EE7B_D8D8_4627_8E52_C82ECD1AB8D0__INCLUDED_)
#define AFX_CCCDLG_H__3384EE7B_D8D8_4627_8E52_C82ECD1AB8D0__INCLUDED_

#if _MSC_VER > 1000
#pragma once
#endif // _MSC_VER > 1000

/////////////////////////////////////////////////////////////////////////////
// CCccDlg dialog

class CCccDlg : public CDialog
{
// Construction
public:
   CCccDlg(CWnd* pParent = NULL); // standard constructor

// Dialog Data
   //{{AFX_DATA(CCccDlg)
   enum { IDD = IDD_CCC_DIALOG };
      // NOTE: the ClassWizard will add data members here
   //}}AFX_DATA

   // ClassWizard generated virtual function overrides
   //{{AFX_VIRTUAL(CCccDlg)
   protected:
   virtual void DoDataExchange(CDataExchange* pDX);   // DDX/DDV support
   //}}AFX_VIRTUAL
```

```
    // Implementation
    protected:
    HICON m_hIcon;

    // Generated message map functions
    //{{AFX_MSG(CCccDlg)
    virtual BOOL OnInitDialog();
    afx_msg void OnSysCommand(UINT nID, LPARAM lParam);
    afx_msg void OnPaint();
    afx_msg HCURSOR OnQueryDragIcon();
    afx_msg void OnButton1();
    afx_msg int OnCreate(LPCREATESTRUCT lpCreateStruct);
    afx_msg void OnMyMessage(WPARAM wParam,LPARAM lParam);
    virtual void OnOK();
    //}}AFX_MSG
    DECLARE_MESSAGE_MAP()
    };

    //{{AFX_INSERT_LOCATION}}
    // Microsoft Visual C++ will insert additional declarations immediately before
the previous line.

    #endif // !defined(AFX_CCCDLG_H__3384EE7B_D8D8_4627_8E52_C82ECD1AB8D0__INCLUDED_)


    // cccDlg.cpp : implementation file
    //

    #include "stdafx.h"
    #include "ccc.h"
    #include "cccDlg.h"

    #ifdef _DEBUG
    #define new DEBUG_NEW
    #undef THIS_FILE
    static char THIS_FILE[] = __FILE__;
    #endif

    const UINT pdaPlayerSynMessage=::RegisterWindowMessage(_T("pdaPlayer_
synchronization_datetime"));
    typedef struct TpdaPlayerSynDateTime
    {
        char year;
        char month;
        char day;
        char hour;
```

```
    char minute;
    char second;
    unsigned short int millisecond;
};
TpdaPlayerSynDateTime p;


/////////////////////////////////////////////////////////////////////////
// CAboutDlg dialog used for App About

class CAboutDlg : public CDialog
{
public:
CAboutDlg();

// Dialog Data
    //{{AFX_DATA(CAboutDlg)
    enum { IDD = IDD_ABOUTBOX };
    //}}AFX_DATA


    // ClassWizard generated virtual function overrides
    //{{AFX_VIRTUAL(CAboutDlg)
    protected:
    virtual void DoDataExchange(CDataExchange* pDX);    // DDX/DDV support
    //}}AFX_VIRTUAL


// Implementation
protected:
    //{{AFX_MSG(CAboutDlg)
    //}}AFX_MSG
    DECLARE_MESSAGE_MAP()
};

CAboutDlg::CAboutDlg() : CDialog(CAboutDlg::IDD)
{
    //{{AFX_DATA_INIT(CAboutDlg)
    //}}AFX_DATA_INIT
}


void CAboutDlg::DoDataExchange(CDataExchange* pDX)
{
    CDialog::DoDataExchange(pDX);
    //{{AFX_DATA_MAP(CAboutDlg)
    //}}AFX_DATA_MAP
}


BEGIN_MESSAGE_MAP(CAboutDlg, CDialog)
    //{{AFX_MSG_MAP(CAboutDlg)
```

```
                 // No message handlers
//}}AFX_MSG_MAP
END_MESSAGE_MAP()


//
//////////////////////////////////////////////////////////////////////////
// CCccDlg dialog

CCccDlg::CCccDlg(CWnd* pParent /*=NULL*/)
   : CDialog(CCccDlg::IDD, pParent)
{
   //{{AFX_DATA_INIT(CCccDlg)
       // NOTE: the ClassWizard will add member initialization here
   //}}AFX_DATA_INIT
   // Note that LoadIcon does not require a subsequent DestroyIcon in Win32
   m_hIcon = AfxGetApp()->LoadIcon(IDR_MAINFRAME);
}


void CCccDlg::DoDataExchange(CDataExchange* pDX)
{
   CDialog::DoDataExchange(pDX);
   //{{AFX_DATA_MAP(CCccDlg)
       // NOTE: the ClassWizard will add DDX and DDV calls here
   //}}AFX_DATA_MAP
}


BEGIN_MESSAGE_MAP(CCccDlg, CDialog)
   //{{AFX_MSG_MAP(CCccDlg)
   ON_WM_SYSCOMMAND()
   ON_WM_PAINT()
   ON_WM_QUERYDRAGICON()
   ON_BN_CLICKED(IDC_BUTTON1, OnButton1)
   ON_WM_CREATE()
   ON_REGISTERED_MESSAGE(pdaPlayerSynMessage, OnMyMessage)
   //}}AFX_MSG_MAP
END_MESSAGE_MAP()

void CCccDlg::OnMyMessage(WPARAM wParam,LPARAM lParam)
{
   CString s;
   CopyMemory(&p.year  ,&wParam,4);
   CopyMemory(&p.minute,&lParam,4);

   CWnd* pWnd=GetDlgItem(IDC_EDIT1);
   s.Format("year=%d month=%d day=%d hour=%d minute=%d second=%d millisecond=%d",
        p.year,p.month,p.day,p.hour,p.minute,p.second,p.millisecond);
```

```
        pWnd->SetWindowText(s);
}


///////////////////////////////////////////////////////////////////////
// CCccDlg message handlers

BOOL CCccDlg::OnInitDialog()
{
    CDialog::OnInitDialog();

    // Add "About..." menu item to system menu.

    // IDM_ABOUTBOX must be in the system command range.
    ASSERT((IDM_ABOUTBOX & 0xFFF0) == IDM_ABOUTBOX);
    ASSERT(IDM_ABOUTBOX < 0xF000);

    CMenu* pSysMenu = GetSystemMenu(FALSE);
    if (pSysMenu != NULL)
    {
        CString strAboutMenu;
        strAboutMenu.LoadString(IDS_ABOUTBOX);
        if (!strAboutMenu.IsEmpty())
        {
            pSysMenu->AppendMenu(MF_SEPARATOR);
            pSysMenu->AppendMenu(MF_STRING, IDM_ABOUTBOX, strAboutMenu);
        }
    }

    // Set the icon for this dialog.  The framework does this automatically
    //  when the application's main window is not a dialog
    SetIcon(m_hIcon, TRUE);          // Set big icon
    SetIcon(m_hIcon, FALSE);         // Set small icon

    // TODO: Add extra initialization here

    return TRUE;  // return TRUE  unless you set the focus to a control
}


void CCccDlg::OnSysCommand(UINT nID, LPARAM lParam)
{
    if ((nID & 0xFFF0) == IDM_ABOUTBOX)
    {
        CAboutDlg dlgAbout;
        dlgAbout.DoModal();
    }
    else
    {
```

```
        CDialog::OnSysCommand(nID, lParam);
    }
}


// If you add a minimize button to your dialog, you will need the code below
//  to draw the icon.  For MFC applications using the document/view model,
//  this is automatically done for you by the framework.

void CCccDlg::OnPaint()
{
    if (IsIconic())
    {
        CPaintDC dc(this); // device context for painting

        SendMessage(WM_ICONERASEBKGND, (WPARAM) dc.GetSafeHdc(), 0);

        // Center icon in client rectangle
        int cxIcon = GetSystemMetrics(SM_CXICON);
        int cyIcon = GetSystemMetrics(SM_CYICON);
        CRect rect;
        GetClientRect(&rect);
        int x = (rect.Width() - cxIcon + 1) / 2;
        int y = (rect.Height() - cyIcon + 1) / 2;

        // Draw the icon
        dc.DrawIcon(x, y, m_hIcon);
    }
    else
    {
        CDialog::OnPaint();
    }
}


// The system calls this to obtain the cursor to display while the user drags
//  the minimized window.
HCURSOR CCccDlg::OnQueryDragIcon()
{
    return (HCURSOR) m_hIcon;
}


void CCccDlg::OnButton1()
{
    // TODO: Add your control notification handler code here
    CString s;

    CWnd* pWnd=GetDlgItem(IDC_EDIT1);
    s.Format("%d", pdaPlayerSynMessage);
```

```cpp
    pWnd->SetWindowText (s);
}


int CCccDlg::OnCreate(LPCREATESTRUCT lpCreateStruct)
{
    if (CDialog::OnCreate(lpCreateStruct) == -1)
        return -1;

    // TODO: Add your specialized creation code here
    return 0;
}


void CCccDlg::OnOK()
{
    // TODO: Add extra validation here

    CDialog::OnOK();
}
```

VC++程序调用视频同步分析接口示例如图8.9所示。

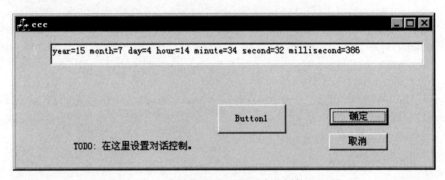

图 8.9　VC++程序调用视频同步分析接口示例

2. VB 编程例子

VB 程序通过系统信息获取 PDAClient 分析软件时间。这种情况下的 VB 编程例子如下。

```vb
'Module1.bas
Option Explicit

Type TpdaPlayerSynDateTime
    year         As Byte
    month        As Byte
    day          As Byte
    hour         As Byte
    minute       As Byte
    second       As Byte
    millisecond  As Integer
End Type
```

```vb
    Public Declare Function RegisterWindowMessage Lib "user32" Alias
"RegisterWindowMessageA" (ByVal lpString As String) As Long

    Public pdaPlayerSynMessage As Long
    Public p As TpdaPlayerSynDateTime


    Private Const GWL_WNDPROC = -4
    Public Const GWL_USERDATA = (-21)
    Public Const WM_SIZE = &H5
    Public Const WM_USER = &H400

    Private Declare Function CallWindowProc Lib "user32" Alias "CallWindowProcA"
(ByVal lpPrevWndFunc As Long, ByVal hwnd As Long, ByVal Msg As Long, ByVal wParam As
Long, ByVal lParam As Long) As Long
    Public Declare Function GetWindowLong Lib "user32" Alias "GetWindowLongA" (ByVal
hwnd As Long, ByVal nIndex As Long) As Long
    Private Declare Function SetWindowLong Lib "user32" Alias "SetWindowLongA" (ByVal
hwnd As Long, ByVal nIndex As Long, ByVal dwNewLong As Long) As Long
    Public Declare Function SendMessage Lib "user32" Alias "SendMessageA" (ByVal hwnd
As Long, ByVal wMsg As Long, ByVal wParam As Long, lParam As Any) As Long
    Private Declare Sub CopyMemory Lib "kernel32.dll" Alias "RtlMoveMemory" (ByRef
Destination As Any, ByRef Source As Any, ByVal Length As Long)


    Function WindowProc(ByVal hw As Long, ByVal uMsg As Long, ByVal wParam As Long,
ByVal lParam As Long) As Long
        If uMsg = WM_SIZE Then
    '       MsgBox "SIZE"
        End If


        If uMsg = pdaPlayerSynMessage Then
            Call CopyMemory(p.year, wParam, 4)
            Call CopyMemory(p.minute, lParam, 4)
            Form1.Text1.Text = Format(p.year, "0")
            Form1.Text2.Text = Format(p.month, "0")
            Form1.Text3.Text = Format(p.day, "0")
            Form1.Text4.Text = Format(p.hour, "0")
            Form1.Text5.Text = Format(p.minute, "0")
            Form1.Text6.Text = Format(p.second, "0")
            Form1.Text7.Text = Format(p.millisecond, "0")
            'MsgBox pdaPlayerSynMessage
        End If


        If uMsg = WM_USER + 1 Then
    '       MsgBox wParam
        End If
```

```
   Dim lpPrevWndProc As Long
   lpPrevWndProc = GetWindowLong(hw, GWL_USERDATA)
   WindowProc = CallWindowProc(lpPrevWndProc, hw, uMsg, wParam, lParam)
End Function

Public Function Hook(ByVal hwnd As Long) As Long
   Dim pOld As Long
   pOld = SetWindowLong(hwnd, GWL_WNDPROC, AddressOf WindowProc)
   SetWindowLong hwnd, GWL_USERDATA, pOld
   Hook = pOld
End Function

Public Sub Unhook(ByVal hwnd As Long, ByVal lpWndProc As Long)
   Dim temp As Long
   'Cease subclassing.
   temp = SetWindowLong(hwnd, GWL_WNDPROC, lpWndProc)
End Sub

'Form1
Dim wParam As Long
Dim lParam As Long
Dim lResult As Long

Private Sub Command1_Click()
    wParam = 12345
    lResult = SendMessage(Me.hwnd, WM_USER + 1, wParam, lParam)
End Sub

Private Sub Form_Load()
   pdaPlayerSynMessage = RegisterWindowMessage("pdaPlayer_synchronization_datetime")
   Me.Tag = Hook(Me.hwnd)
End Sub

Private Sub Form_Unload(Cancel As Integer)
   Unhook Me.hwnd, Me.Tag
End Sub
```

VB 程序调用视频同步分析接口示例如图 8.10 所示。

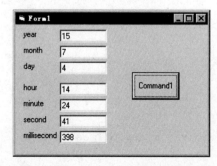

图 8.10　VB 程序调用视频同步分析接口示例

3. Delphi 编程例子

Delphi 程序通过系统信息获取 PDAClient 分析软件时间。这种情况下的 Delphi 编程例子如下。

```
unit Unit1;

interface

uses
  Windows, Messages, SysUtils, Variants, Classes, Graphics, Controls, Forms,
  Dialogs, StdCtrls;

type
  TpdaPlayerSynDateTime = packed record
    year          :byte;
    month         :byte;
    day           :byte;
    hour          :byte;
    minute        :byte;
    second        :byte;
    millisecond   :word;
  end;
  ppdaPlayerSynDateTime=^TpdaPlayerSynDateTime;

type
  TForm1 = class(TForm)
    Edit1: TEdit;
    procedure FormCreate(Sender: TObject);
  private
    { Private declarations }
  public
    { Public declarations }
    procedure WndProc(var message:Tmessage);override;
  end;

var
  Form1: TForm1;
  pdaPlayerSynMessage:cardinal;

implementation

{$R *.dfm}

procedure TForm1.WndProc(var message:Tmessage);
var
  p:TpdaPlayerSynDateTime;
```

```
begin
  if message.msg=pdaPlayerSynMessage then
  begin
    copymemory(@p.year,@message.wParam,4);
    copymemory(@p.minute,@message.lParam,4);
    edit1.Text:=format('%d %d %d %d %d %d %d',
[p.year ,p.month ,p.day ,p.hour ,p.minute ,p.second ,p.millisecond ]);
  end;
  inherited;
end;

procedure TForm1.FormCreate(Sender: TObject);
begin
  pdaPlayerSynMessage:=RegisterWindowMessage('pdaPlayer_synchronization_datetime');
end;

end.
```

Delphi 程序调用视频同步分析接口示例如图 8.11 所示。

图 8.11　Delphi 程序调用视频同步分析接口示例

4. 多窗口视频同步分析接口内存结构

在 PDAClient 计算机上同时打开的 PDAClient.exe 分析工具数量最多 10 个，每个 PDAClient 计算机最多可同步 5 个摄像头，这 5 个摄像头的时间坐标是一样的。

PDAClient 计算机在启动时会开辟内存文件映射 CreateFileMapping("pdaVideo_synchronization_analysis")共享内存区 1360 字节。多窗口视频同步分析接口内存结构如图 8.12 所示。

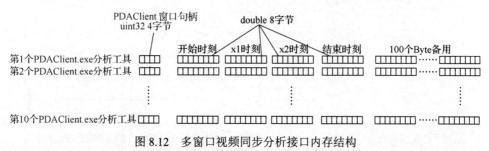

图 8.12　多窗口视频同步分析接口内存结构

当 x1 时刻信息停止变化时，就切换到 x1 时刻的图像；当 x2 时刻信息停止变化时，就切换到 x2 时刻的图像。

8.5 兼容第三方数据格式

为了保护和充分利用用户的数据资源，PDA 高速数据采集分析系统支持第三方数据格式，包括所有分析功能和历史数据接口。图 8.13 为第三方数据曲线，图 8.14 为在 PDA 高速数据采集分析系统上打开的第三方数据曲线。

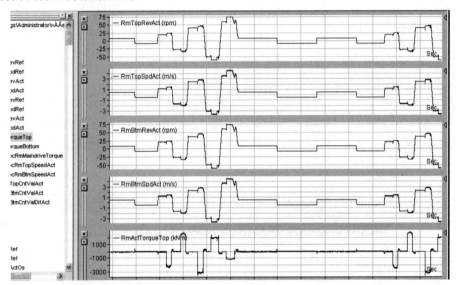

图 8.13　第三方数据曲线

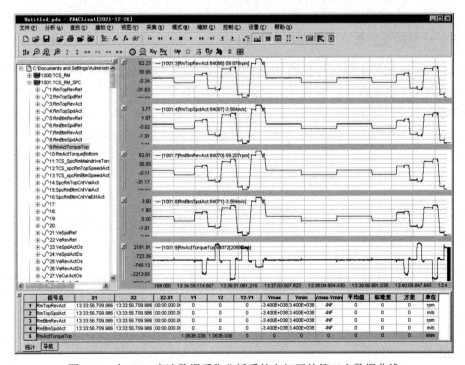

图 8.14　在 PDA 高速数据采集分析系统上打开的第三方数据曲线

8.6 插 件

将用户的 plug*.exe 文件复制粘贴到 PDAClient.exe 所在文件夹，PDAClient.exe 启动时自动将其载入"插件"菜单中，PDAClient 插件应用如图 8.15 所示。启动插件 plug*.exe 时，PDAClient 的窗口句柄作为参数，plug*.exe 利用该窗口句柄向 PDAClient.exe 发送命令。下列编程例子用于命令 PDAClient.exe 打开一个数据文件。

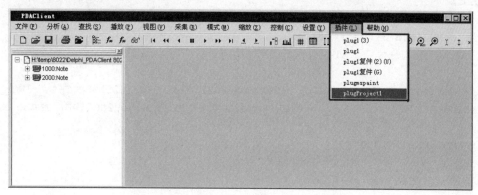

图 8.15 PDAClient 插件应用

1. VC++编程例子

VC++程序可通过窗口句柄向 PDAClient 发送命令，相应的 VC++编程例子如下。

```
新建 MFC AppWizard(exe) -> plugMy -> Dialog based -> Finished
// Resource.h

//{{NO_DEPENDENCIES}}
// Microsoft Developer Studio generated include file.
// Used by plugMy.rc
//
#define IDM_ABOUTBOX                    0x0010
#define IDD_ABOUTBOX                    100
#define IDS_ABOUTBOX                    101
#define IDD_PLUGMY_DIALOG               102
#define IDR_MAINFRAME                   128
#define IDC_BUTTON1                     1000
#define Plug_Enable_PDAClient      0
#define Plug_Open_One_Datafile     1
#define Plug_EnableUPA             2
#define Plug_Pause_Online          3
#define Plug_Pause_Play            4
#define Plug_Open_Analysis         5
#define Plug_EnableHighLowerLine   6

// Next default values for new objects
```

```
//
#ifdef APSTUDIO_INVOKED
#ifndef APSTUDIO_READONLY_SYMBOLS
#define _APS_NEXT_RESOURCE_VALUE          129
#define _APS_NEXT_COMMAND_VALUE           32771
#define _APS_NEXT_CONTROL_VALUE           1001
#define _APS_NEXT_SYMED_VALUE             101
#endif
#endif

// plugMyDlg.h : header file
//

#if !defined(AFX_PLUGMYDLG_H__86912DB8_F022_4287_8E23_B35A92CC264E__INCLUDED_)
#define AFX_PLUGMYDLG_H__86912DB8_F022_4287_8E23_B35A92CC264E__INCLUDED_

#if _MSC_VER > 1000
#pragma once
#endif // _MSC_VER > 1000

/////////////////////////////////////////////////////////////////////////////
// CPlugMyDlg dialog

class CPlugMyDlg : public CDialog
{
// Construction
public:
    CPlugMyDlg(CWnd* pParent = NULL);   // standard constructor
    unsigned short PDAClientHandle;
// Dialog Data
    //{{AFX_DATA(CPlugMyDlg)
    enum { IDD = IDD_PLUGMY_DIALOG };
        // NOTE: the ClassWizard will add data members here
    //}}AFX_DATA

    // ClassWizard generated virtual function overrides
    //{{AFX_VIRTUAL(CPlugMyDlg)
    protected:
    virtual void DoDataExchange(CDataExchange* pDX);   // DDX/DDV support
    //}}AFX_VIRTUAL

// Implementation
protected:
    HICON m_hIcon;

    // Generated message map functions
    //{{AFX_MSG(CPlugMyDlg)
```

```cpp
    virtual BOOL OnInitDialog();
    afx_msg void OnSysCommand(UINT nID, LPARAM lParam);
    afx_msg void OnPaint();
    afx_msg HCURSOR OnQueryDragIcon();
    afx_msg void OnButton1();
    virtual void OnCancel();
    //}}AFX_MSG
    DECLARE_MESSAGE_MAP()
};


//{{AFX_INSERT_LOCATION}}
// Microsoft Visual C++ will insert additional declarations immediately before
the previous line.

#endif // !defined(AFX_PLUGMYDLG_H__86912DB8_F022_4287_8E23_B35A92CC264E_INCLUDED_)
// plugMy.cpp : Defines the class behaviors for the application.
//

#include "stdafx.h"
#include "plugMy.h"
#include "plugMyDlg.h"

#ifdef _DEBUG
#define new DEBUG_NEW
#undef THIS_FILE
static char THIS_FILE[] = __FILE__;
#endif

/////////////////////////////////////////////////////////////////////////////
// CPlugMyApp

BEGIN_MESSAGE_MAP(CPlugMyApp, CWinApp)
    //{{AFX_MSG_MAP(CPlugMyApp)
        // NOTE - the ClassWizard will add and remove mapping macros here.
        //    DO NOT EDIT what you see in these blocks of generated code!
    //}}AFX_MSG
    ON_COMMAND(ID_HELP, CWinApp::OnHelp)
END_MESSAGE_MAP()

/////////////////////////////////////////////////////////////////////////////
// CPlugMyApp construction

CPlugMyApp::CPlugMyApp()
{
    // TODO: add construction code here,
    // Place all significant initialization in InitInstance
}
```

```
/////////////////////////////////////////////////////////////////////////
// The one and only CPlugMyApp object

CPlugMyApp theApp;

/////////////////////////////////////////////////////////////////////////
// CPlugMyApp initialization

BOOL CPlugMyApp::InitInstance()
{
    AfxEnableControlContainer();

    // Standard initialization
    // If you are not using these features and wish to reduce the size
    //  of your final executable, you should remove from the following
    //  the specific initialization routines you do not need.

#ifdef _AFXDLL
    Enable3dControls();         // Call this when using MFC in a shared DLL
#else
    Enable3dControlsStatic();   // Call this when linking to MFC statically
#endif

    CPlugMyDlg dlg;
    int nNumArgs = 0;
    LPWSTR pszShortPathNameW = CommandLineToArgvW(GetCommandLineW(),
                                        &nNumArgs)[1];
    dlg.PDAClientHandle=_wtoi(pszShortPathNameW);

    m_pMainWnd = &dlg;
    int nResponse = dlg.DoModal();
    if (nResponse == IDOK)
    {
        // TODO: Place code here to handle when the dialog is
        //  dismissed with OK
    }
    else if (nResponse == IDCANCEL)
    {
        // TODO: Place code here to handle when the dialog is
        //  dismissed with Cancel
    }

    // Since the dialog has been closed, return FALSE so that we exit the
    //  application, rather than start the application's message pump.
    return FALSE;
}
```

```cpp
// plugMyDlg.cpp : implementation file
void CPlugMyDlg::OnButton1()
{
   // TODO: Add your control notification handler code here
   COPYDATASTRUCT cpd;
   char c[255];

   if (PDAClientHandle!=0)
   {
      sprintf(&c[0],"%d,%s",Plug_Open_One_Datafile,"D:\\2007-08-31 QDR 测试数据
\\201106092208_Q235B_5.75_1500_3637240[20070831_231605].dat");
      cpd.dwData = 1;
      cpd.cbData = strlen(c)+1;
      cpd.lpData = &c[0];
      ::SendMessage((HWND)PDAClientHandle,WM_COPYDATA,NULL,(LPARAM)&cpd);
   }

}

void CPlugMyDlg::OnCancel()
{
   // TODO: Add extra cleanup here
   COPYDATASTRUCT cpd;
   char c[255];

   if (PDAClientHandle!=0)
   {
      sprintf(&c[0],"%d",Plug_Enable_PDAClient);
      cpd.dwData = 1;
      cpd.cbData = strlen(c)+1;
      cpd.lpData = &c[0];
      ::SendMessage((HWND)PDAClientHandle,WM_COPYDATA,NULL,(LPARAM)&cpd);
   }

   CDialog::OnCancel();
}
```

2. VB 编程例子

VB 程序可通过窗口句柄向 PDAClient 发送命令，相应的 VB 编程例子如下。

```vb
Public PDAClientHandle As Long

Private Type COPYDATASTRUCT
      dwData As Long
      cbData As Long
      lpData As Long
```

```vb
End Type


Private Const WM_COPYDATA = &H4A


Private Declare Function SendMessage Lib "user32" Alias _
   "SendMessageA" (ByVal hwnd As Long, ByVal wMsg As Long, ByVal _
   wParam As Long, lParam As Any) As Long


'Copies a block of memory from one location to another.
Private Declare Sub CopyMemory Lib "kernel32" Alias "RtlMoveMemory" _
   (hpvDest As Any, hpvSource As Any, ByVal cbCopy As Long)


Private Sub Command1_Click()
    Dim cds As COPYDATASTRUCT
    Dim buf(1 To 255) As Byte

    a$ = "1,D:\2007-08-31 QDR 测试数据\20070831_205413 Test.dat"
' Copy the string into a byte array, converting it to ASCII
    Call CopyMemory(buf(1), ByVal a$, LenB(StrConv(a$, vbFromUnicode)))
    cds.dwData = 3
    cds.cbData = LenB(StrConv(a$, vbFromUnicode)) + 1
    cds.lpData = VarPtr(buf(1))
    i = SendMessage(PDAClientHandle, WM_COPYDATA, Me.hwnd, cds)
End Sub


Private Sub Form_Load()
' This gives you visibility that the target app is running
' and you are pointing to the correct hWnd
    Me.Caption = Command$ 'Hex$(FindWindow(vbNullString, "Target"))
    PDAClientHandle = Val(Command$)
End Sub



Private Sub Form_Unload(Cancel As Integer)
    Dim cds As COPYDATASTRUCT
    Dim buf(1 To 255) As Byte

    a$ = "0"
' Copy the string into a byte array, converting it to ASCII
    Call CopyMemory(buf(1), ByVal a$, LenB(StrConv(a$, vbFromUnicode)))
    cds.dwData = 3
    cds.cbData = LenB(StrConv(a$, vbFromUnicode)) + 1
    cds.lpData = VarPtr(buf(1))
    i = SendMessage(PDAClientHandle, WM_COPYDATA, Me.hwnd, cds)
End Sub
```

3. Delphi 编程例子

Delphi 程序可通过窗口句柄向 PDAClient 发送命令，相应的 Delphi 编程例子如下。

```
unit Unit1;

interface

uses
  Windows, Messages, SysUtils, Variants, Classes, Graphics, Controls, Forms,
  Dialogs, StdCtrls;

const
  Plug_Enable_PDAClient   =0;
  Plug_Open_One_Datafile  =1;
  Plug_EnableUPA          =2;
  Plug_Pause_Online       =3;
  Plug_Pause_Play         =4;
  Plug_Open_Analysis      =5;
  Plug_EnableHighLowerLine=6;

type
  TForm1 = class(TForm)
    Button1: TButton;
    Edit1: TEdit;
    procedure SendMessageTo(PDAClientHandle: HWND; var SendStr: string);
    procedure Button1Click(Sender: TObject);
    procedure FormCreate(Sender: TObject);
    procedure FormClose(Sender: TObject; var Action: TCloseAction);
  private
    { Private declarations }
    PDAClientHandle:cardinal;
  public
    { Public declarations }
  end;

var
  Form1: TForm1;

implementation

{$R *.dfm}

procedure TForm1.FormCreate(Sender: TObject);
begin
  if ParamCount > 0 then
  begin
```

```
        try
            PDAClientHandle:=strtoint64(ParamStr(1));
        except

        end;
      end;
    end;


procedure TForm1.SendMessageTo(PDAClientHandle: HWND; var SendStr: string);
var
    DataStruct: TCopyDataStruct;
    data: PChar;
    dataSize: Integer;
begin
    data     := StrAlloc(Length(SendStr) + 1);
    dataSize := StrBufSize(data);
    ZeroMemory(data, dataSize);
    CopyMemory(data,@SendStr[1],dataSize);
    DataStruct.dwData := WM_COPYDATA;
    DataStruct.cbData := dataSize;
    DataStruct.lpData := data;
    SendMessage(PDAClientHandle, WM_COPYDATA,form1.Handle, LongInt(@DataStruct));
    StrDispose(data);
end;


procedure TForm1.Button1Click(Sender: TObject);
var
    s:string;
begin
    s:='D:\2007-08-31 QDR 测试数据\201106092216_Q235B_5.75_1500_3899390[20070831_
232438].dat';
    s:=format('%d,%s',[Plug_Open_One_Datafile,s]);
    SendMessageTo(PDAClientHandle, s);
end;


procedure TForm1.FormClose(Sender: TObject; var Action: TCloseAction);
var
    s:string;
begin
    s:=format('%d',[Plug_Enable_PDAClient]);
    SendMessageTo(PDAClientHandle, s);
end;


end.
```

4. C#编程例子

C#程序可通过窗口句柄向 PDAClient 发送命令，相应的 C#编程例子如下。

```csharp
static class RecieveAndSendHandler
{
    //SendMessage 参数
    private const int WM_COPYDATA = 0X4A;

    public static Int32 WM_Handle { set; get; }

    public static bool isSend { set; get; }

    public struct CallBackInfo
    {
        public Int32 LenthOfInfo;      //信息的长度
        public Int32 CodeOfInfo;       //信息 ID
        public Int32 lpInfo;           //信息的指针

        public override string ToString()
        {
            return   string.Format("LenthOfInfo:{0}   CodeOfInfo:{1}   lpInfo:{2}",
LenthOfInfo, CodeOfInfo, lpInfo);
        }
    }


    [System.Runtime.InteropServices.DllImport("user32.dll",     EntryPoint    =
"SendMessageA")]
    private static extern int SendMessage(IntPtr hwnd, int wMsg, IntPtr wParam,
IntPtr lParam);

    /// <summary>
    /// 发送字符串信息
    /// </summary>
    /// <param name="Input">信息</param>
    public static void SendMessageTo(string Input)
    {
        SendMessageTo((IntPtr)0,Input);
    }

    /// <summary>
    /// 发送信息
    /// </summary>
    /// <param name="hWnd">发送源的句柄</param>
    /// <param name="Input">字符信息</param>
    public static void SendMessageTo(IntPtr hWnd,string Input)
    {
```

```
        if (!isSend) return;
        CallBackInfo info = new CallBackInfo();
        info.LenthOfInfo = Input.Length;
        info.CodeOfInfo = WM_COPYDATA;

        //将托管内存转换为非托管内存
        info.lpInfo =(Int32)System.Runtime.InteropServices.Marshal.
StringToHGlobalAnsi(Input);
        IntPtr buffer = System.Runtime.InteropServices.Marshal.AllocHGlobal
(System.Runtime.InteropServices.Marshal.SizeOf(typeof(CallBackInfo)));
        System.Runtime.InteropServices.Marshal.StructureToPtr(info, buffer, true);

        //信息发送
        SendMessage((IntPtr)WM_Handle, WM_COPYDATA, hWnd, buffer);

        //非托管内存释放
        System.Runtime.InteropServices.Marshal.FreeHGlobal((IntPtr)info.lpInfo);
        System.Runtime.InteropServices.Marshal.FreeHGlobal(buffer);
    }
}
```

8.7 HMI 系统接口

任何开放的 HMI（Human Machine Interface，HMI）系统（如 UCanCode Software 的 E-Form++）可通过共享内存或数据文件 mqoa.nls 直接读取 PLC 数据，内存指针由 PDA 高速数据采集分析系统通过 CreateFileMapping 分配，文件映射对象名为 HMI_REALTIME_DATA_FileMap，数据刷新速率为 200ms 或 1000ms，数据刷新后先通过 BroadcastSystemMessage 广播 HMI_REALTIME_DATA_Message 消息，再通过 UDP 通信协议向 202 端口广播一条消息。

HMI 系统将连接号、变量序号及目标值通过 UDP 通信协议发送到 PDAServer 的 200 端口，PDAServer 把数据输入 PLC，状态返回到 HMI 接口系统的 201 端口。

PDAServer 可将 HMI 系统所有标签（Tags）高速归档，还可采集网络上的其他 HMI 系统数据。

8.8 质量管理系统及大数据接口

质量管理系统的数据采样周期较短，一般为 1000ms，少量的信号点的数据采集周期可达 100ms，可通过共享内存或数据文件直接读取 PLC 数据，内存指针由 PDAServer 通过 CreateFileMapping 分配，内存文件映射对象名为 BIG_DATA_FileMap，经过组态文件 Config.csv 中的[Cycle]栏设定的循环周期生成一个 dat 格式文件，Cycle 有效值范围为 10～100。质量管理系统及大数据接口数据文件如图 8.16 所示，总信号点数小于 5120 时还可分别生成一个 csv 格式文件，便于批量升迁到数据库，然后先通过 BroadcastSystemMessage 广播 BIG_DATA_Message 消息，再通过 UDP 通信协议给数据库系统 203 端口发送一条消息。

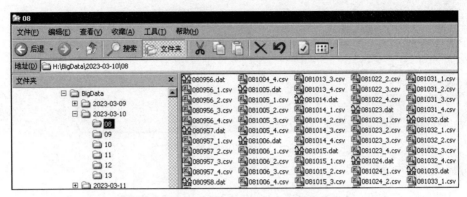

图 8.16　质量管理系统及大数据接口数据文件

支持 Windows、Linux 将质量管理系统数据纳入大数据平台，能够使用更多的提高产品质量的分析方法。

Oracle 连接通道配置示例：

```
Path=w:
ADOConnectionA=Provider=OraOLEDB.Oracle.1;Password=123456;Persist Security
Info=False;User ID=sysman;Data Source=orcl
IpA=192.168.0.210
```

SQL Server 连接通道配置示例：

```
Path=w:
ADOConnectionB=Provider=SQLOLEDB.1;Integrated Security=SSPI;Persist Security
Info=False;Initial Catalog=master;Data Source=PC-20110306EKQZ\WINCC
IpB=192.168.0.211
```

MySQL 连接通道配置示例：

```
Path=w:
ADOConnectionC=MSDASQL.1;Persist  Security  Info=False;Extended Properties=
"DRIVER=MySQL ODBC 5.1 Driver;UID=root;PWD=123456;PORT=3306;DATABASE=mysql;SERVER=
127.0.0.1"
IpC=192.168.0.212
```

UpgradeRealtimeData.exe 可将实时数据保存到数据库中，即实时数据升迁数据库应用，如图 8.17 所示。

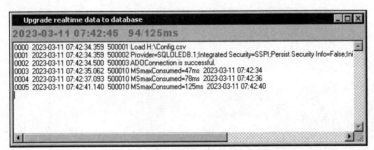

图 8.17　实时数据升迁数据库应用

UpgradeHistoryData.exe 可将历史数据按天保存到数据库中，即历史数据升迁数据库应用，如图 8.18 所示。

图 8.18　历史数据升迁数据库应用

8.9　新的数据文件名接口

新的数据文件保存完成后，PDAServer 通过 UDP 通信协议，将最近的 3 个数据文件名广播到
206 端口，其他系统收到该消息后，即可正常访问此历史数据文件。

8.10　ModbusTcp 接口

PDAServer 采集的信号点可映射到 Modbus 寄存器，映射地址在组态文件 Config.csv 中配置。
PDAServer 实时数据映射到 Modbus 寄存器时的配置如图 8.20 所示，任何第三方均可通过
Modbus-TCP 通信协议访问采集的实时数据。还可通过 ModbusTcpServer，把 PDAServer 实时数据
映射到 Modbus 寄存器中。实时数据的 Modbus-TCP 接口地址设置如图 8.20 所示。

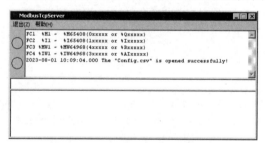

图 8.19　PDAServer 实时数据映射到 Modbus 寄存器

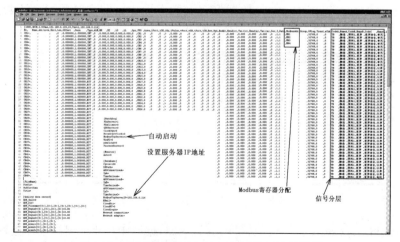

图 8.20　实时数据的 Modbus-TCP 接口地址设置

8.11 MQTT 接口

MQTT（消息队列遥测传输）是一种基于客户端-服务器的传输协议，它也属于 TCP/IP 通信协议，是为硬件性能低下的远程设备以及网络状况糟糕的情况而设计的发布/订阅型消息传输协议。为此，它需要一个消息中间件。

MQTT 通信协议具有轻量、简单、开放和易于实现的特点，这些特点使它的适用范围非常广泛，该通信协议在一些小型化设备中广泛使用。

mqttServer 会根据配置要求，把 PDAServer 实时数据映射到订阅的消息队列中，图 8.21 所示为 mqttServer 运行界面。

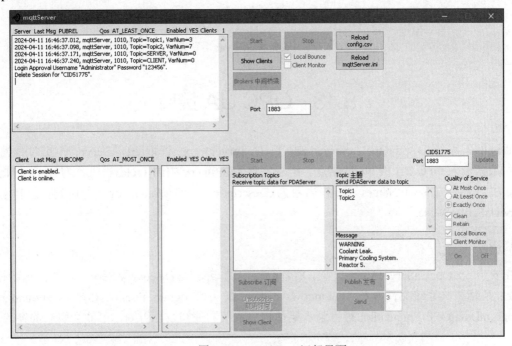

图 8.21 mqttServer 运行界面

8.12 WebSocket 接口

WebSocket 是一种在单个 TCP 连接通道上进行全双工通信的协议。WebSocket 通信协议于 2011 年被国际互联网工程任务组（IETF）定为标准 RFC 6455，并由标准 RFC 7936 补充规范。WebSocket API 也被万维网联盟（W3C）定为标准。

WebSocket 通信协议使客户端和服务器之间的数据交换变得更加简单，允许服务端主动向客户端推送数据。在 WebSocket API 中，浏览器和服务器只需要完成一次连接，两者之间就直接可以创建持久性的连接通道，并进行双向数据传输。

WebSocketServer 会根据订阅配置要求，把 PDAServer 实时数据推送到客户端，图 8.22 所示为 WebSocketServer 运行界面。

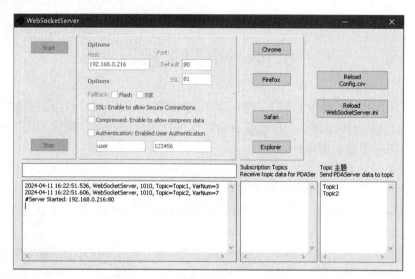

图 8.22　WebSocketServer 运行界面

8.13　OPC UA 接口

通过以下路径 D:\pdaOpcUaServer\pdaOpcUaServerA.exe 读取 PDAServer 的实时数据，并把这些数据输入 OPC UA 的 Node 结点。组态文件 Config.csv 中的[Field]栏内容为 BrowseName，[Name]栏内容为 DisplayName，[Id]栏内容为 Description。PDAWatchDog（看门狗）会自动启动 pdaOpcUaServerA.exe。

1. 安装

在安装 pdaOpcUaServerA.exe 之前，将计算机中的 Opc Ua Discovery Server 全部停止运行，如图 8.23 所示。其系统文件涉及 C:\windows\system32、C:\Program Files (x86)\OPC Foundation、C:\ProgramData\OPC Foundation 等目录。要把相关系统文件卸载，否则，可能会引起冲突。

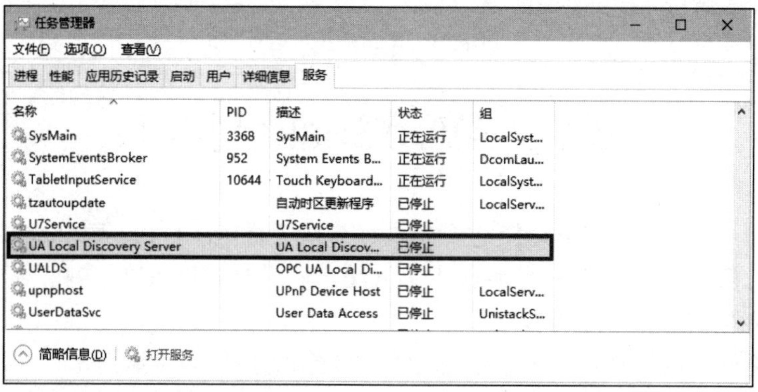

图 8.23　将计算机中的 Opc Ua Discovery Server 全部停止运行

将 pdaOpcUaServer 系统文件和 PDAServer 的 Config.csv 复制到自定义目录，在组态文件 Config.csv 中的[Database]栏指定 PDAServer 的位置，如 PDAServerDir= \\192.168.0.216\PDA，然后运行 PDAWatchDog。pdaOpcUaServerA 运行界面如图 8.24 所示，远程客户端将其中的计算机名改为 IP 地址。

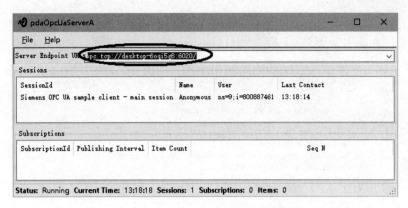

图 8.24　pdaOpcUaServerA 运行界面

2. 证书

pdaOpcUaServer 启动时会自动生成证书，pfx 格式的私钥证书文件存放路径为 C:\ProgramData\ OPCFoundation\pki\own\private，如图 8.25 所示。

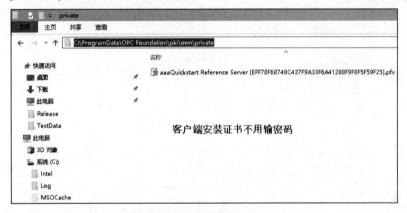

图 8.25　私钥证书存放路径

要把图 8.25 中的 pfx 格式文件发送到客户端并安装好，在 Windows 环境中双击该证书文件，即可完成证书的安装。在客户端安装私钥证书的操作示意如图 8.26 所示。

图 8.26　在客户端安装私钥证书的操作示意

如果不安装私钥证书或只安装公有证书，那么客户端连接时会提示非信任的服务器证书。提示证书错误的对话框如图 8.27 所示，在该对话框中单击"是"按钮，不影响数据访问。

图 8.27　提示证书错误的对话框

可在 Windows 环境中查看、导入、导出、删除证书，查看证书的操作示意如图 8.28 所示。

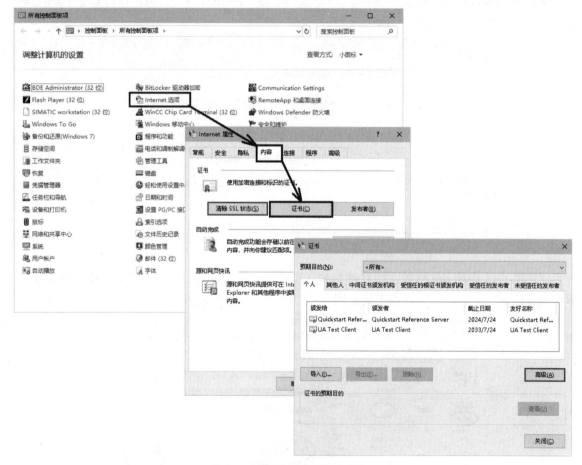

图 8.28　查看证书的操作示意

OPC UA 客户端访问的 Node 结构及实时值如图 8.29 所示。

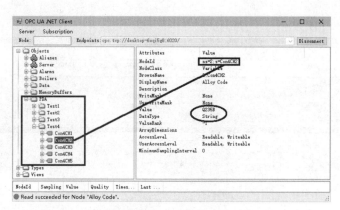

图 8.29　OPC UA 客户端访问的 Node 结构及实时值

8.14　用于 WinCC-PDA、FTView-PDA 和 Web-PDA 的 OCX 控件接口

　　WinCC 与 FTView 分别是西门子公司和罗克韦尔公司推出的人机接口（HMI）软件，IE 是微软公司推出的浏览器，这三者都可用于 Web 访问。PDA 高速数据采集分析系统自带的控件 PDAClientPrj.ocx 具有与 PDAClient 分析工具同样的分析功能，可以在 HTML 网页以及 VB、C#、InTouch、WinCC、FactoryTalk 等编程工具和工控组态软件中调用，为数以万计的信号点的一体化高频实时数据曲线和历史数据曲线分析提供便捷的途径。使用控件 PDAClientPrj.ocx 前，需要将 PDAServer 计算机中相关目录映射为本机 W:盘、P:盘、L:盘，使用命令 regsvr32 PDAClientPrj.ocx 注册该控件，使用命令 regsvr32 /u PDAClientPrj.ocx 注销该控件。图 8.30 所示为通过 C#调用控件 PDAClientPrj.ocx 示例。

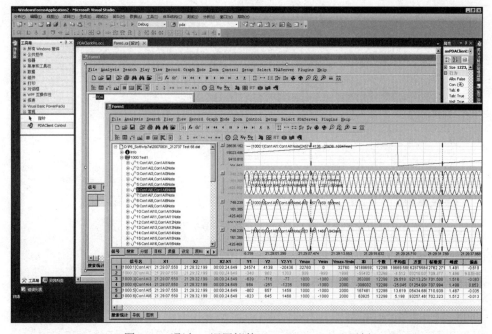

图 8.30　通过 C#调用控件 PDAClientPrj.ocx 示例

图 8.31 所示为通过 WinCC 调用控件 PDAClientPrj.ocx 示例。

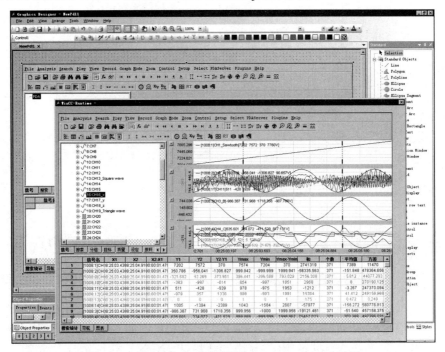

图 8.31　通过 WinCC 调用控件 PDAClientPrj.ocx 示例

图 8.32 所示为通过 FrontPage 调用控件 PDAClientPrj.ocx 示例。

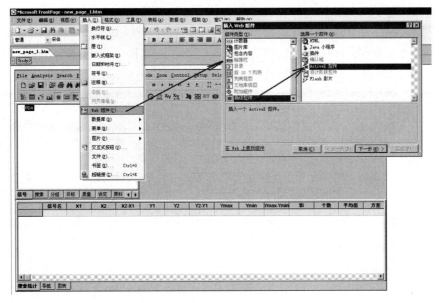

图 8.32　通过 FrontPage 调用控件 PDAClientPrj.ocx 示例

调用代码 index.htm 如下。

```html
<html>

<head>
<meta http-equiv="Content-Type" content="text/html; charset=gb2312">
<title>新建网页 1</title>
```

```
</head>

<body>

<p>
<object classid="clsid:97C81309-AD7F-4608-AD6F-F080689805EE" id="PDAClient1">
    <param name="Visible" value="0">
    <param name="AutoScroll" value="0">
    <param name="AutoSize" value="0">
    <param name="AxBorderStyle" value="1">
    <param name="Caption" value="PDAClient">
    <param name="Color" value="4278190095">
    <param name="Font" value="MS Sans Serif">
    <param name="KeyPreview" value="0">
    <param name="PixelsPerInch" value="96">
    <param name="PrintScale" value="1">
    <param name="Scaled" value="-1">
    <param name="DropTarget" value="0">
    <param name="HelpFile" value>
    <param name="ScreenSnap" value="0">
    <param name="SnapBuffer" value="10">
    <param name="DoubleBuffered" value="0">
    <param name="Enabled" value="-1">
</object>
</p>

</body>

</html>
```

在 IE 浏览器中调用控件 PDAClientPrj.ocx 时的运行界面如图 8.33 所示。对于 Edge 浏览器，可通过设置 IE 内核方式调用控件 PDAClientPrj.ocx。

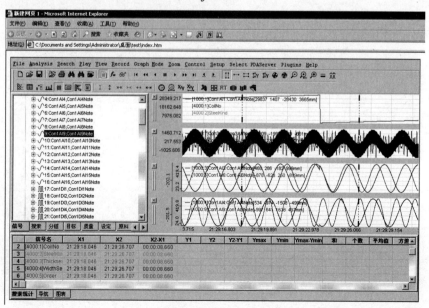

图 8.33　在 IE 浏览器中调用控件 PDAClientPrj.ocx 时的运行界面

图 8.34 所示为通过 FactoryTalk View 调用控件 PDAClientPrj.ocx 示例。

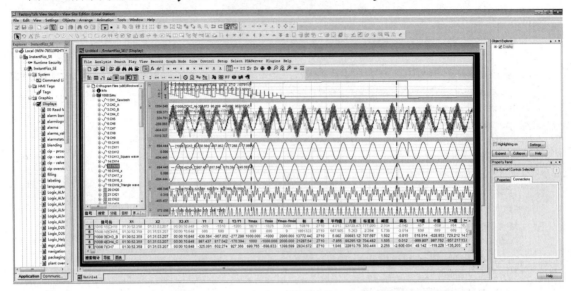

图 8.34　通过 FactoryTalk View 调用控件 PDAClientPrj.ocx 示例

第9章 PDA云——pdaCloud

PDA 云服务程序 pdaCloud.exe 负责把客户端需要的实时数据发送到公有云或私有云，并且每天自动生成下列两种格式文件：

（1）当天文件列表 lst 格式文件。

（2）当天秒级数据 dat 格式文件。

pdaCloud.exe 自动查找最能反映当天生产及设备状态的高频数据文件，将它和当天日志 log 格式文件、当天文件列表 lst 文件、当天秒级数据 dat 格式文件发送到组态文件 Config.csv 中的 [CloudDir]栏指定的云同步文件夹。

pdaCloud.exe 自动将当天文件列表 lst 格式文件和当天日志 log 格式文件发送到组态文件 Config.csv 中的[Email]栏指定的邮箱。组态文件 Config.csv 中的[WatchDog]栏指定 pdaCloud.exe 是否自动启动。

9.1 发送实时数据到云端

pdaCloud.exe 可将实时数据发送到云或云数据库中，供 WinRC 或移动端远程监控，刷新速率约为 1s。图 9.1 所示为 pdaCloud 运行界面，其中复选框"发送实时数据到云端"用于选择是否打开发送功能。

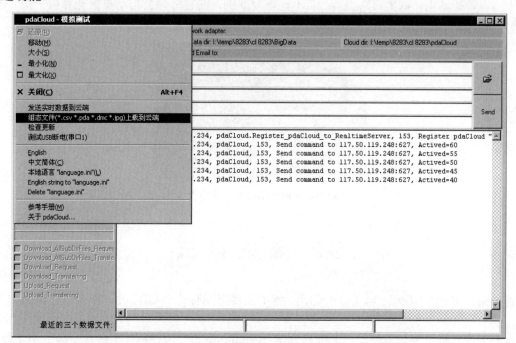

图 9.1　pdaCloud 运行界面

　　为了保证同步工作稳定运行，建议用有线方式上网，而无线网络适配器由于各种原因经常会断网，需要重启计算机才能恢复联网。对于 USB 无线上网设备，设置固定 IP 会使其运行稳定一些。IP 地址及路由设置如图 9.2 所示。在"常规"选项卡面板中，勾选"自动获取 IP 地址"单选框，在"备用配置"面板中勾选"用户配置"单选框。

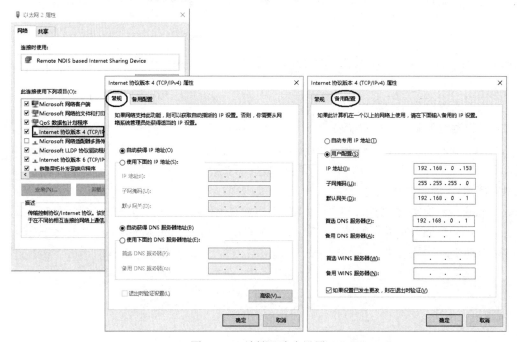

图 9.2　IP 地址及路由设置

　　pdaCloud.exe 每分钟检查一次上网状态，若发现断网，则通过一种网络适配器复位设备给 USB 无线上网设备断通电，以重启路由器。若不能恢复联网，则它每天会自动重启计算机一次。图 9.3 所示为一种网络适配器复位设备。

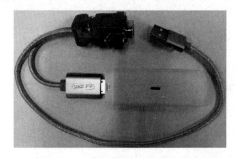

图 9.3　一种网络适配器复位设备

9.2　腾 讯 微 云

　　腾讯微云可进行同步工作，QQ 号为用户名，免费空间有若干 GB。腾讯微云运行界面如图 9.4 所示。

　　在个人计算机上安装最新版微云同步助手 WeiyunInstall，可查询、下载、删除云中文件。删除云中文件后，本地文件也会同步自动删除。

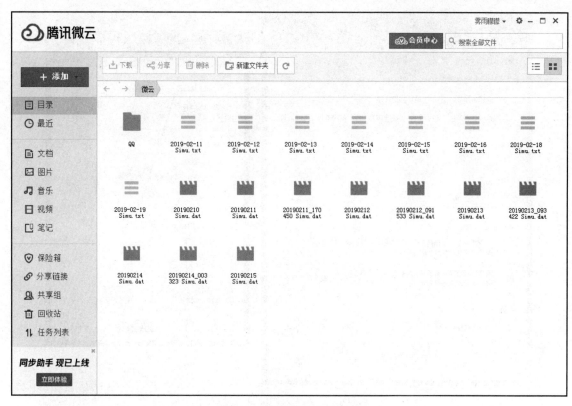

图 9.4　腾讯微云运行界面

PDA 服务器上安装微云同步助手 WeiyunSyncInstall 可进行同步工作，缺点是 PDA 服务器每次启动时要手动输入验证码。腾讯微云同步设置如图 9.5 所示，腾讯微云同步目录设置如图 9.6 所示。

图 9.5　腾讯微云同步设置

图 9.6　腾讯微云同步目录设置

9.3　百度网盘

百度网盘也可作为云备份工具，但要收费，每年按租用空间大小收费且不能自动下载。通过 ping pan.baidu.com 可检查网络状态，按图 9.7 所示进入百度网盘设置界面，百度网盘基本设置如图 9.8 所示，百度网盘自动备份设置如图 9.9 所示。

图 9.7　进入百度网盘设置界面

图 9.8　百度网盘基本设置

图 9.9 百度网盘自动备份设置

9.4 微软 OneDrive

微软 OneDrive 也可作为云同步工具,免费空间有若干 GB,要实现完全无人值守有些困难。微软 OneDrive 设置如图 9.10 所示。

建议安装最新版 OneDriveSetup 或由操作系统自动更新其版本,可使用 hotmail 邮箱作为登录名。通过免费工具 RaiDrive 可将 OneDrive 网盘映射成本地盘,使用更方便且不需要安装 OneDrive。

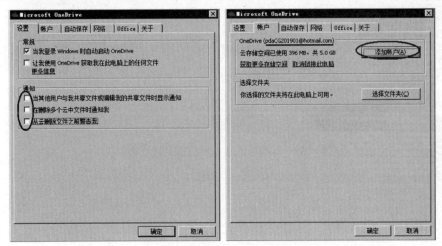

图 9.10 微软 OneDrive 设置

9.5 专 用 云

专用云可避免各种公用云的不可控问题,更易于实现无人值守。

9.6 移动端 App

PDA.apk 是安卓安装包,需要存储权限,要下载各项目现场配置信息到存储卡中以备调用。移动端 App 权限设置及运行界面如图 9.11 所示。

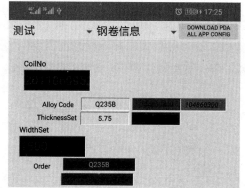
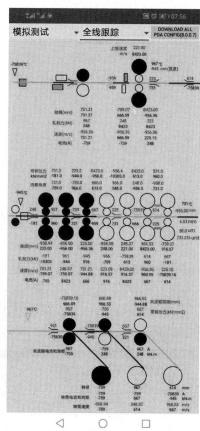

图 9.11　移动端 App 权限设置及运行界面

第 10 章 数字钢卷转换计算系统及全流程质量管理

数字钢卷转换计算系统（Digital steel Coil Conversion system，DCC）是热轧、冷轧信息化系统的重要组成部分，数字钢卷转换计算系统用于完成钢卷数据的切分和钢卷长度对齐工作，可以独立运行。

所谓数字钢卷，就是在实物钢卷上附有相关的生产数字信息，是一系列数据集合，实现钢卷"全程可视化"和"数字化"，为后续的大数据分析与挖掘，提供完善、准确、可靠的数据基础，是实现智能工厂关键的一步。它可随着实物钢卷交付，也可存放在大数据中心，供 5G 下载，其好处在于产品可追溯。钢卷上记录有基于时间的毫秒级数据和基于长度的厘米级数据，如果应用到家电、建筑，尤其是应用到汽车、硅钢、不锈钢类产品上，这将进一步提高产品质量。当前，加快建设制造强国，加快发展先进制造业，推动互联网、大数据、人工智能和实体经济深度融合，"数字钢卷"正是一个典型的制造业与大数据跨界融合的案例。数字钢卷的一些特点归纳如下。

（1）按用途分类，数字钢卷分为长度数字钢卷、时序数字钢卷、设备数字钢卷、设备诊断数字钢卷，各有相应的用途。

（2）按时效性分类，数字钢卷可分为实时数字钢卷和在线数字钢卷。

（3）按生产工艺分类，数字钢卷可分为热轧数字钢卷、冷轧数字钢卷、数字钢板、数字钢管等。

（4）不管粗轧、精轧、卷取，每个信号按长度等分 30000 份，真正精确到厘米级，同时实现了长度自然对齐。

（5）按头部、本体、尾部（可分 20 段）、全长特征统计某种指标，把 20 年内生产的钢卷搜索一遍，在 10s 内反馈搜索结果，一般只需要 3s。

（6）和国内外其他数字钢卷相比，本数字钢卷转换计算系统精确到厘米级、毫秒级，分析工具的内核与 PDA 高速数据采集分析系统一致，非常适合处理庞大的数据。

（7）数字钢卷转换计算系统是一个相对独立的系统，既可以单独运行也可以作为工厂级、公司级、集团级信息化系统中的一部分，为其他系统提供文件共享、数据库、FTP、HTTP、MQTT 等各类全开放式接口。

（8）数字钢卷与实物钢卷交付同步，有利于下游工艺流程控制产品质量。例如，高端冷轧钢板主要用于汽车外板，质量要求高、加工难度大，在把钢卷交付给客户的同时，还将依附在实物钢卷上的数据一并提交。这种数字钢卷不仅包含同批次钢材的共性数据，而且承载着厘米级钢卷的用料、工艺、性能等个性化数据，相当于全面采集了钢卷的"工艺指纹"，从而帮助汽车制造厂商更好地控制整车质量。

（9）分类并快速找出质量统计指标，指导决策。

（10）提高收得率。DCC 可用于钢卷宽度控制并分析得到实物钢卷能达到的控制精度，如果钢卷宽度裕量减少 1mm，将产生可观的经济效益。例如，对于某规格的宽度裕量，DCC 会统计历史上所有同类钢卷，在设定模型、控制策略不变时找出最佳宽度裕量。

（11）提高质量。DCC 可用于钢卷平直度控制，分析原因，改变控制方法，如凸度控制、厚度控制、温度控制等方法。

（12）提高控制水平。DCC 可根据设定值和钢卷号准确跟踪。

（13）改进模型。能够方便地找出钢卷共性数据，优化模型及参数。

（14）质量异议处理。数字钢卷记录了基于长度的厘米级所有质量数据，可远程快速分析并处理质量异议，缩短时效，降低成本。

（15）与钢卷有关的现有数据分散在各个系统中，数据的名称也不统一，这给数据的综合应用带来很大的困扰。DCC 将建立一个统一的数据平台，在这个平台上，设备数据、操作记录、能耗数据、缺陷数据、工艺数据、成本数据以及用户信息等一系列的信息被收集整理成统一的数据。把收集的数据统一按钢卷号编码，以钢卷为载体，按时序和长度两个维度进行赋值，从而生产出与实物钢卷同步的数字钢卷，为后续的设备智能监测、生产智能排程、成本管理、智能点检等深度应用提供数据基础。

（16）随着用户对产品质量越来越高的要求，产品质量稳定、性能指标高的钢卷将在全国推行数字钢卷交付。可以预见，附带数据信息的实物钢卷将更受市场欢迎，将可赢取市场优势，不仅给用户提供便利、降低成本，而且大大促进上游持续改进产品质量，产品不仅可追溯，而且全程数据可供整个产业链分析。

10.1 数字钢卷转换计算系统架构

每个单件产品形成一组质量数据记录文件(QDR 文件)，用组态文件进行配置。数字钢卷转换计算系统架构如图 10.1 所示。

10.2 数字钢卷转换计算

转换工作及长度由 QDRServer 根据时序数据文件计算，支持区占有和连续计算两种跟踪方式。将各流程形成的单个质量数据记录文件归集合并，即可获得全流程质量数据文件，为 B/S（浏览器/服务器模式）和大数据系统提供数据源。数字钢卷转换计算的优点如下。

（1）基于钢卷号和长度的数据记录。

（2）毫秒级的时间分辨率。

（3）厘米级的长度粒度。

（4）全流程数据整合。

（5）高效的质量分析工具。

（6）丰富的分析功能。

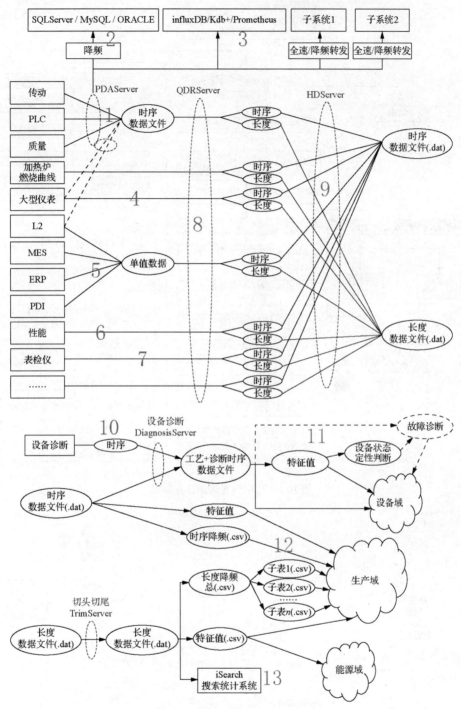

图 10.1　数字钢卷转换计算系统架构

10.3　计 算 流 程

数字钢卷数据计算流程如图 10.2 所示，工序质量数据转换流程如图 10.3 所示，质量数据记录文件转换计算过程日志如图 10.4 所示，生成的质量数据记录文件列表如图 10.5 所示。

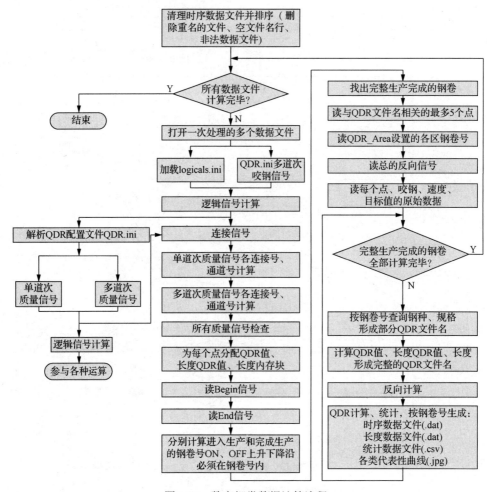

图 10.2　数字钢卷数据计算流程

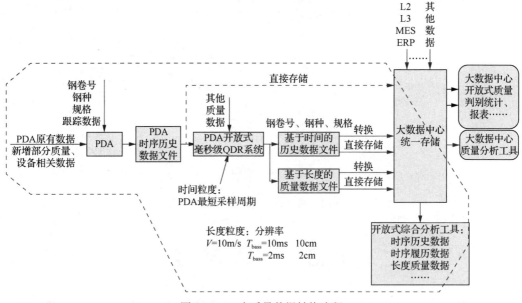

图 10.3　工序质量数据转换流程

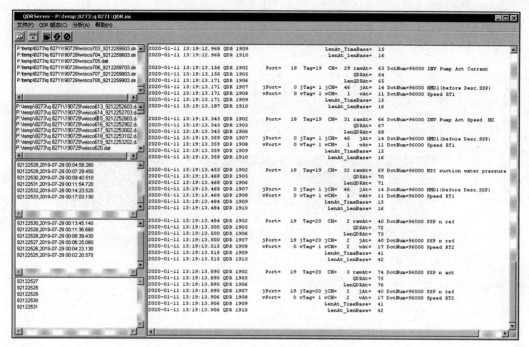

图 10.4　质量数据记录文件转换计算过程日志

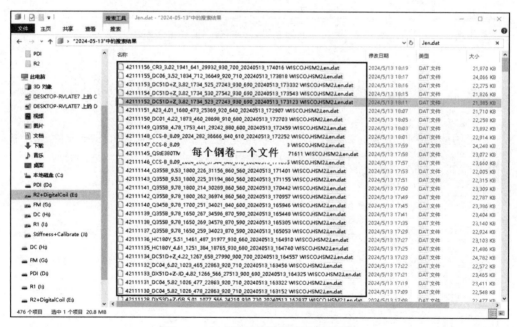

图 10.5　生成的质量数据记录文件列表

10.4　长度、时序和设备诊断数字钢卷

数字钢卷包括长度高分辨率数据文件、时序高频数据文件、设备诊断超高频数据文件，以及钢卷头部、本体、尾部、全长特征值统计数据和长度、时间序列的降频数据。图 10.6 所示为长度、时序和设备诊断数字钢卷文件列表。

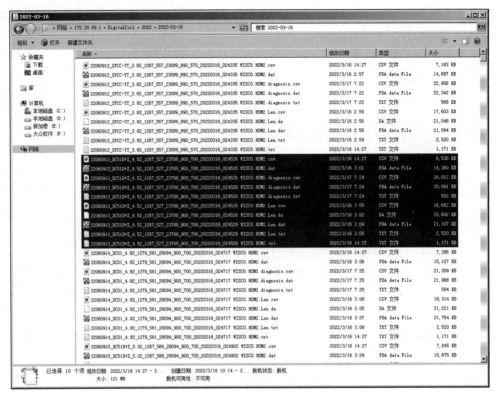

图 10.6　长度、时序和设备诊断数字钢卷文件列表

10.5　长度数字钢卷数据统计及降频

基于长度的厘米级统计数据如图 10.7 所示，这些数据可以保存到 SQL Server 数据库中。

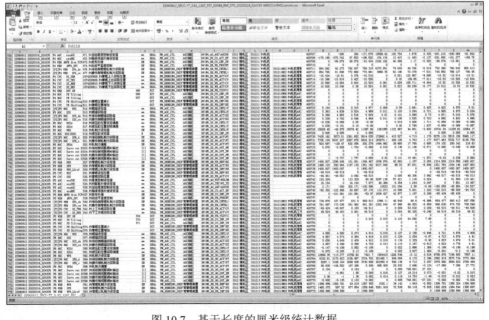

图 10.7　基于长度的厘米级统计数据

按长度降频到米级的统计数据如图 10.8 所示，这些数据可以保存到 SQL Server 数据库中。

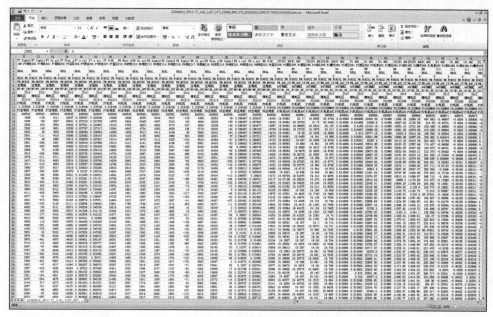

图 10.8　按长度降频到米级的统计数据

10.6　时序数字钢卷数据统计及降频

基于时间的毫秒级统计数据如图 10.9 所示，这些数据可以保存到 SQL Server 数据库中。

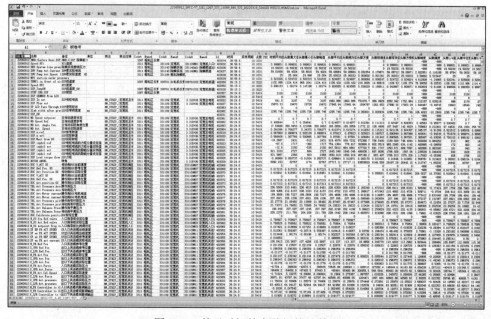

图 10.9　基于时间的毫秒级统计数据

按采样周期降频到 0.1s 的秒级时序数据如图 10.10 所示，这些数据可以保存到 SQL Server 数据库中。

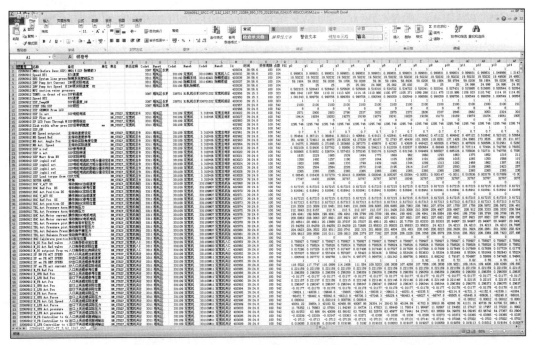

图 10.10　按采样周期降频到 0.1s 的秒级时序数据

10.7　设备诊断数字钢卷的特征值统计及降频

集成了设备诊断数据的时序数字钢卷即设备诊断数字钢卷。例如，某项目位移和加速度采样频率为 12.8kHz，速度和冲击采样频率为 2.56kHz，每次采样长度为 8192 点，1min 采样 1 次，根据时间对齐原则与钢卷号关联（设备诊断系统没有与钢卷号关联但与主轧线作了时间同步）原则，以咬钢 10s 后的采样值作为有效值。

根据时序数字钢卷设备振动特征值的长期趋势判断设备状态，得出设备健康状况的结论，为专用分析工具指明了方向、减少了工作量。按时间降频的数据如图 10.11 所示，具体的故障点和故障内容由专用分析工具得出更详尽的诊断报告。

图 10.11　按时间降频的数据

生产工艺参数和设备诊断数据曲线（以 12183630 号钢卷 F6 轧机工艺参数和主电机振动波形为例）如图 10.12 所示。

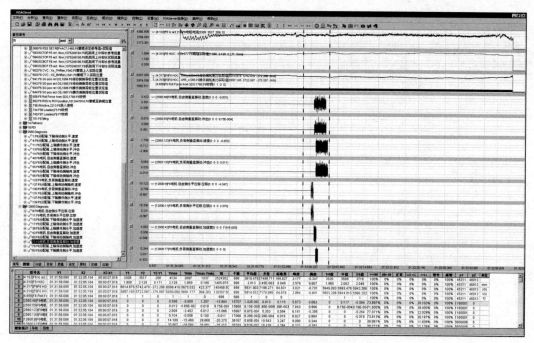

图 10.12 生产工艺参数和设备诊断数据曲线

时序数字钢卷的特征值（以 12183167 号钢卷信号"F6 电机 自由侧水平位移"原始数据曲线及其 16 种特征值为例）如图 10.13 所示。

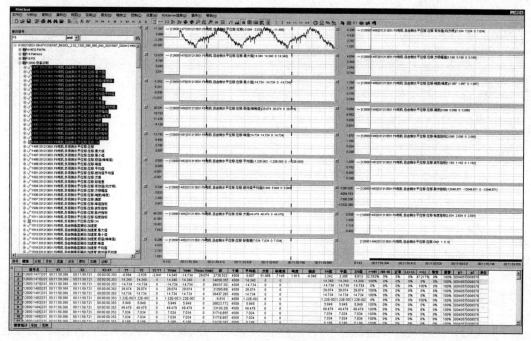

图 10.13 时序数字钢卷的特征值

设备诊断特征值统计数据如图 10.14 所示，这些数据可以保存到 SQL Server 数据库中。

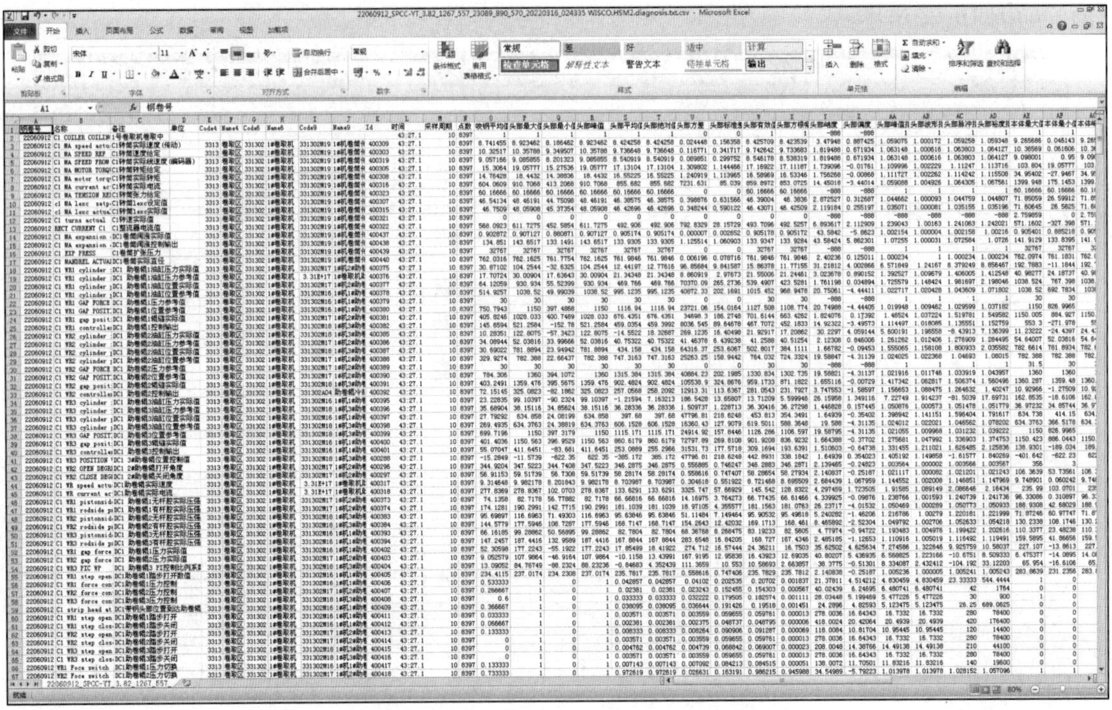

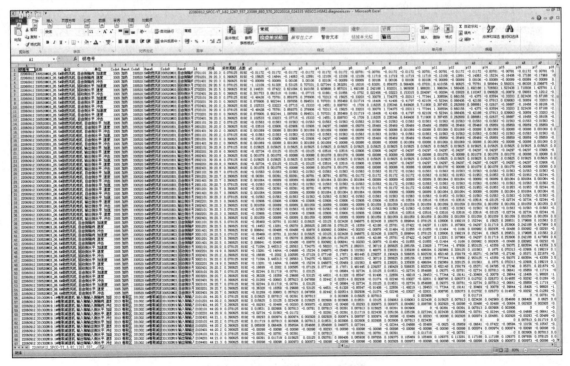

图 10.14　设备诊断特征值统计数据

设备原始振动高频数据如图 10.15 所示，这些数据可以保存到 SQL Server 数据库中。

图 10.15　设备原始振动高频数据

设备诊断系统采集全程数据，根据咬钢信号和钢卷号，关联钢卷头部、本体和尾部的数据。

10.8　对　　齐

在长度方向每个信号等分 30000 份，同一生产线的不同工艺段、不同生产线的不同工艺段均自动对齐，同时兼容热轧、冷轧、处理等全流程。在时序方向按照采样时间对齐，设备原始超高频数据按采样时间对齐。

10.9　实时数字钢卷计算

在粗轧区、精轧区、卷取区抛钢后 1s 内，由各区 PDAServer 启动 QDRServer 进行数字钢卷计算，QDRServer 在 2s 内完成计算，在 1s 内完成实时质量的判定、设备状态的判别、模型精度的评估，同时显示相关数据曲线。实时数字钢卷系统配置如图 10.16 所示。

PDA 服务器中的启动信号在组态文件 Config.csv 中设置，卷取区的各卷取机卸卷信号是或的关系。

数据曲线显示：抛钢前显示一段历史带钢和一段当前带钢的实时数据曲线，QDRServer 完成计算后在 1s 内显示上述历史带钢和当前带钢的数据曲线。

粗轧区主要数据曲线：出口宽度、中心线偏差、出口温度等末道次数据曲线。

精轧区主要数据曲线：厚度、宽度及偏差、FT0、FT7、平直度、凸度实测数据及目标值数据曲线。

卷取区主要数据曲线：卷取温度、宽度及偏差、中心线实测数据和目标值数据曲线。

需要查看辊缝、轧制力、电流、伺服阀信号时，可通过分析模板切换视图。

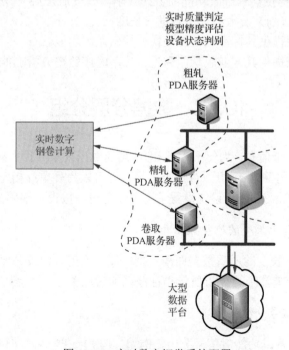

图 10.16　实时数字钢卷系统配置

10.10　带钢性能指标预报

20 世纪 50 年代开始兴起钢铁产品性能预报技术，利用该技术，可以根据带钢的化学成分和工艺参数直接预报带钢的各项性能指标。该技术应用前景非常广阔，可形成一系列以模型为核心的应用技术，例如，减少带钢取样量、控制带钢力学性能、优化钢种成分，甚至还可用于设计新钢种，进而改进生产组织方式等。

业内使用的冶金机理模型能较好地揭示过程变化对带钢性能造成的本质影响，应用范围较宽，具有普遍性，但该模型结构复杂，开发成本高；统计模型可以直接描述成分、工艺参数和带钢力学性能之间的定量关系。这些模型建立在实际生产数据的基础上，能更多地体现特定生产线、特定钢种、特定工艺下的带钢力学性能的变化规律，具有预报精度高、开发成本低等特点。PDA 高速数据采集分析系统采用统计模型，使用多元线性回归的方法。

该统计模型对热轧典型产品的屈服强度、抗拉强度、伸长率预报偏差小，典型产品取样替代率超过 80%，减少了产品的取样损失，缩短了物流周期，创造了显著的经济效益和社会效益。同时，性能测算系统运行稳定、可靠、精度高、实用性强。

10.11　数字钢卷各版本功能划分

根据实际需求和现场的实际情况，用户可以按各版本功能选择合适的数字钢卷版本。

（1）数字钢卷基础版提供粗轧区 L1（基础自动化系统级别）、精轧区 L1 和卷取区 L1 数据（长度+时序）。

（2）数字钢卷标准版提供其基础版功能和 L2（数学模型级别）、L3（制造执行系统 MES 级别）、L4（企业资源计划 ERP 级别）及大型仪表数据（长度+时序）。

（3）数字钢卷专业版提供其标准版功能和快速搜索系统功能。

（4）数字钢卷企业版提供其专业版功能和设备诊断时序数据分析功能。

10.12　数据分层分组

数字钢卷记录了几千个信号，为便于管理 PDA 高速数据采集分析系统，把信号分成目标、质量、设定、原料、实绩、诊断 6 个组。对每个信号，还可以另外单独指定组名。由于设备有层级关系，因此 PDA 高速数据采集分析系统设置了两种设备树，按设备编码分层。

1. 各跟踪区信号及基于长度的质量数据曲线

图 10.17 所示为基于长度的质量数据曲线，把厚度、宽度、温度、平直度等质量数据曲线在长度方向进行对齐分析，能清晰地分析质量指标波动的对应关系。

2. 按设备或功能对信号分组

图 10.18 所示为按设备或功能对信号分组，例如，按 F1～F7 各轧机的弯辊、窜辊、主传动等设备对信号分组，或者按 F1～F7 各轧机的自动厚度控制（AGC）、高度控制（HGC）等功能对信号分组。

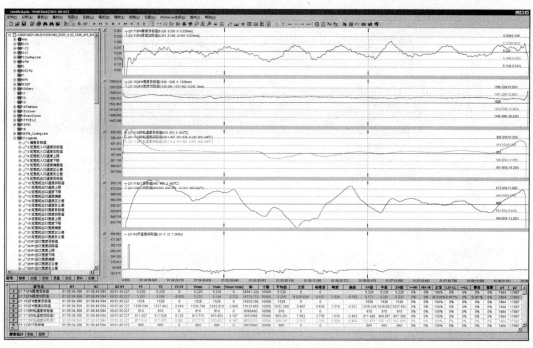

图 10.17　基于长度的质量数据曲线

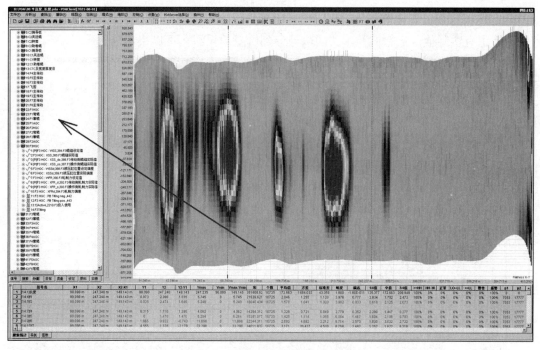

图 10.18　按设备或功能对信号分组

3.　按质量指标的目标值对信号分组

图 10.19 所示为按质量指标的目标值对信号分组。带钢关键的质量指标如厚度、宽度、温度、平直度、凸度等，都有目标值，设备动作位置、转速都有设定值，轧制力、功率等有统计模型预报值，这些信号统一归到目标值一栏进行管理。

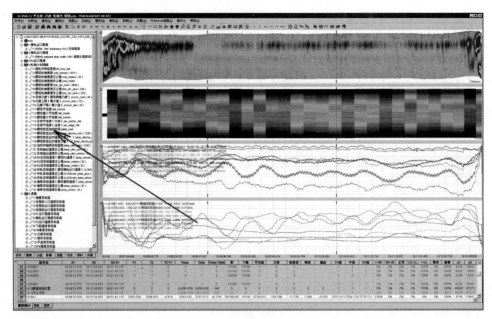

图 10.19 按质量指标的目标值对信号分组

4. 按质量数据分组

图 10.20 所示为按质量数据对信号分组。质量指标如厚度、宽度、温度、平直度、凸度等，既有目标值也有实际值，把它们及相关的信号分到质量数据组，可以快速分析质量缺陷原因。

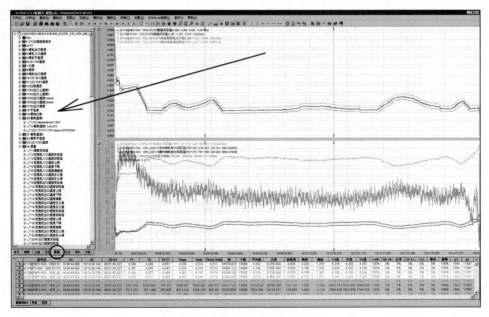

图 10.20 按质量数据对信号分组

5. 按设定数据对信号分组

图 10.21 所示为按设定数据对信号分组。数学模型的精度（设定数据）直接影响生产线的正常运行和产品质量。对于大型生产线来说，设备多、工艺复杂，要设定的数据非常多，因此有必要把这些信号分为一组。

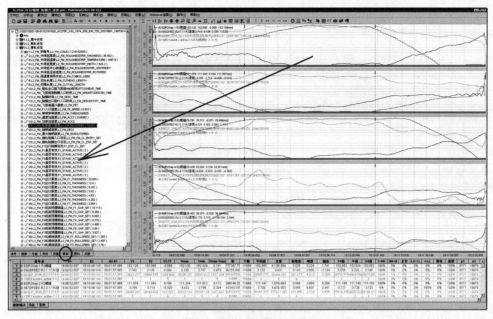

图 10.21　按设定数据对信号分组

6. 按原料数据对信号分组

图 10.22 所示为按原料数据对信号分组。原料的化学成分、物理尺寸、温度、浓度等属性决定最终产品的性能，因此，用于分析质量的数据精度和稳定性有必要与原料数据进行关联。

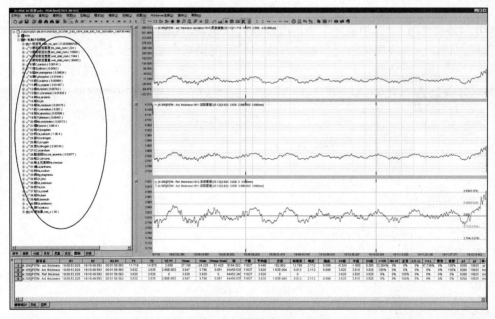

图 10.22　按原料数据对信号分组

7. 按实绩数据对信号分组

图 10.23 所示为按实绩数据对信号分组。数学模型的精度对产品质量和生产线顺利运行起着关键作用，数学模型的自学习是不断地提高其精度的最重要方法。自学习的主要数据来源就是实

绩数据，实绩数据信号多且波动快，需要对这些信号进行适当的数学处理才能把它们用于数学模型的自学习。

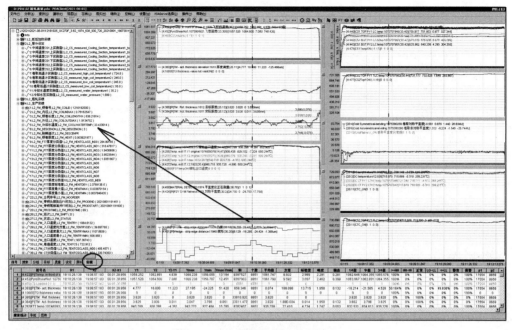

图 10.23　按实绩数据对信号分组

8. 加热炉燃烧温度曲线

图 10.24 为数字钢卷的加热炉燃烧温度曲线。在钢铁冶金行业加热炉燃烧温度是一个非常重要的物理量，该温度曲线变化情况和钢铁最终出炉温度影响产品质量。因此，分析产品质量时需要分析加热炉燃烧温度曲线。

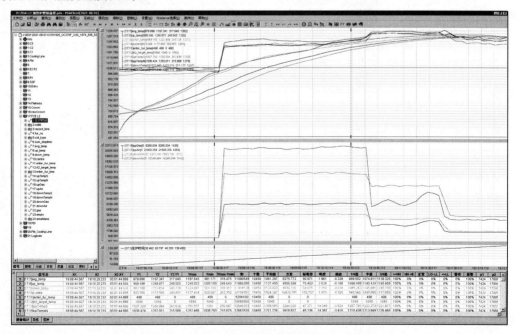

图 10.24　数字钢卷的加热炉燃烧温度曲线

10.13　信号的搜索

在数字钢卷中查找信号示例如图 10.25 所示。在对成千上万个信号进行关联分析时，尽管 PDA 高速数据采集分析系统设计了丰富的分组分级功能，仍然有必要对信号进行模糊搜索。

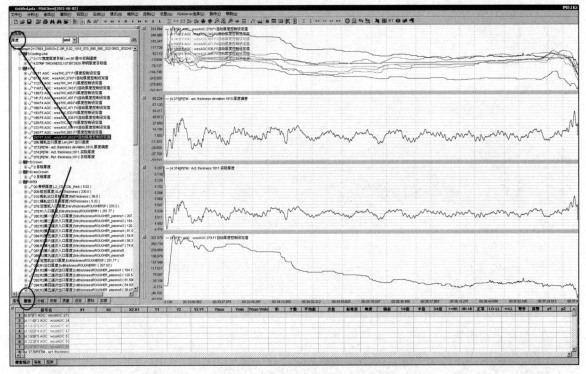

图 10.25　在数字钢卷中查找信号示例

10.14　热轧数字钢卷计算示例

PDA 高速数据采集分析系统中的数字钢卷支持的跟踪方式如下：

（1）计算跟踪方式。各区钢卷号根据跟踪缓冲区头尾位置计算，基础自动化系统中完成本工作。

（2）区占有跟踪方式。钢卷号直接采集基础自动化系统跟踪的钢卷号即可。

PDAServer 中完成的计算如下：

粗轧每道次信号转换，这部分工作理论上也可以在 QDRServer 中执行，但如轧制力、速度等信号要一分为七，点太多，导致 QDRServer 计算量太大。

热轧轧线分为粗轧区、精轧区、卷取区三个区，控制系统通常分为以下四级。L1 基础自动化系统，L2 过程自动化，L3 制造执行系统（MES）和 L4 企业资源计划（ERP）。图 10.26、图 10.27、图 10.28、图 10.29 分别为热连轧 L1 粗轧、精轧、层流冷却（简称层冷）、卷取跟踪图。

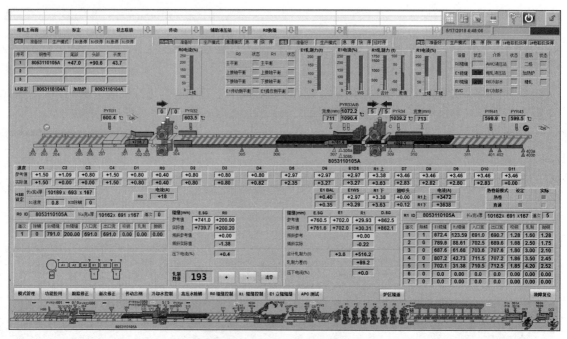

图 10.26　热连轧 L1 粗轧跟踪图

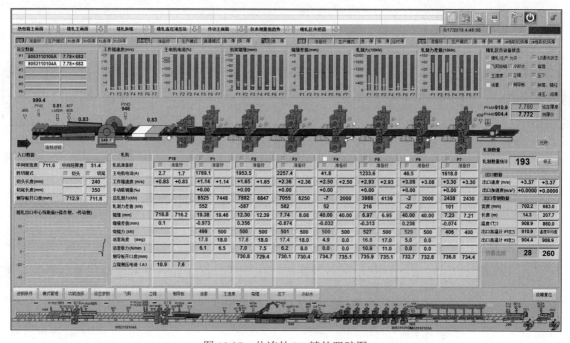

图 10.27　热连轧 L1 精轧跟踪图

QDRServer 监视着 206 端口，在它收到 PDAServer 数据文件已生成的消息（最近的 3 个数据文件名）后启动信号转换和长度计算，计算完成后将生成的时序数据文件名通过 UDP 通信协议广播到 207 端口，将生成的长度数据文件名通过 UDP 通信协议广播到 208 端口，将生成的统计数据文件名通过 UDP 通信协议广播到 209 端口。质量数据计算涉及大量数据传输，建议 PDAServer 和 QDRServer 两个服务器用单独网线连接。

如果 PDAClient.exe 文件夹中存在 Time 和 Len 这两个目录，PDAClient 就会定时扫描 *.qdr 文

件，将其中的单件产品按照 Time 和 Len 目录中的分析策略生成图片文件。

长度计算及信号转换工作由 QDRServer.exe 完成。

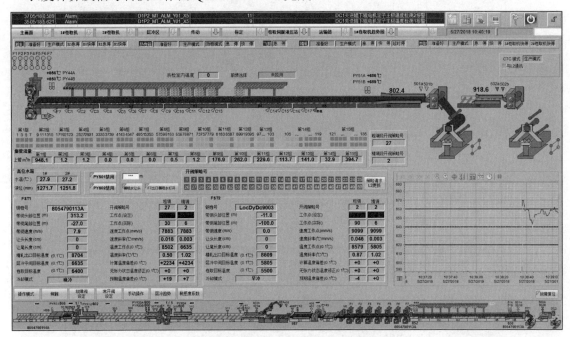

图 10.28　热连轧 L1 层冷跟踪图

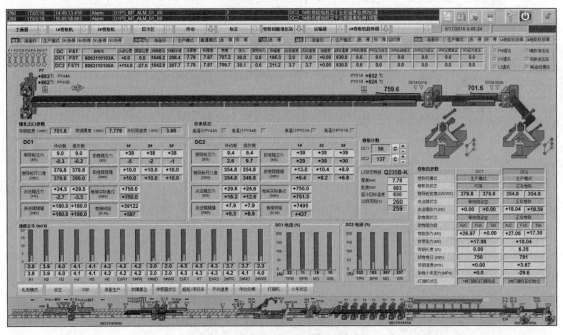

图 10.29　热连轧 L1 卷取跟踪图

图 10.30、图 10.31、图 10.32、图 10.33 分别为热连轧 L2 粗轧、精轧、层冷、卷取设定界面，图 10.34 为热连轧数字钢卷计算示例。

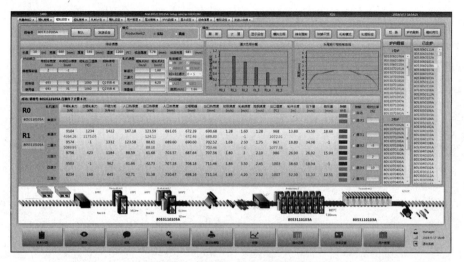

图 10.30　热连轧 L2 粗轧设定界面

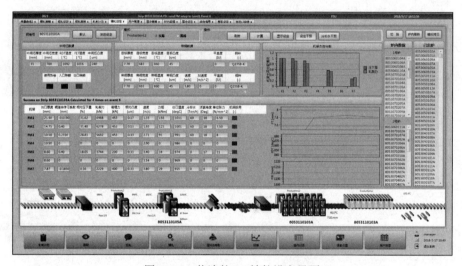

图 10.31　热连轧 L2 精轧设定界面

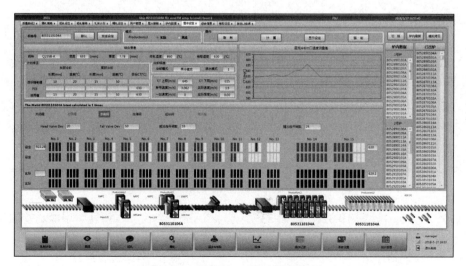

图 10.32　热连轧 L2 层冷设定界面

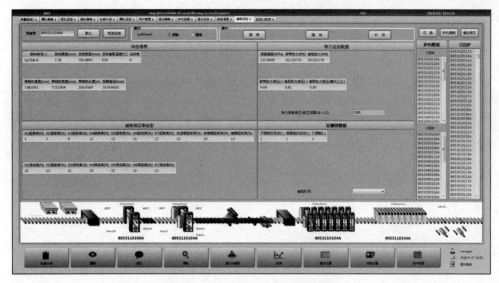

图 10.33　热连轧 L2 卷取设定界面

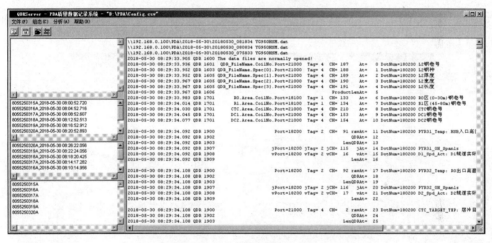

图 10.34　热连轧数字钢卷计算示例

为了提高广域网浏览器上的曲线显示速度，QDR 系统可预先按已定义好的分析策略和质量数据文件生成图片以备调用，长度分析策略放在 Len 目录中，时序分析策略放在 Time 目录，这两个目录以手动方式创建。

带钢头部跨过 QDR_Begin 设置的检测器时产生的信号为本产品生产开始信号，任意 QDR_End 的上升沿说明一件产品生产完成，根据每变量 jPort、jCH、jValue 和 vPort、vCH，用速度积分方法计算长度。

10.15　数字钢卷

数字钢卷是带钢质量分析的基石，对各工艺流程、各区、设备、模型、质量、管理等的数据，可分布式计算，形成统一的钢卷数字文件，数字钢卷计算内容如图 10.35 所示。

数字钢卷信号分类如图 10.36 所示。

某钢卷平直度、凸度、长度分布及剖面形状如图 10.37 所示，可以进行二维图形分析。

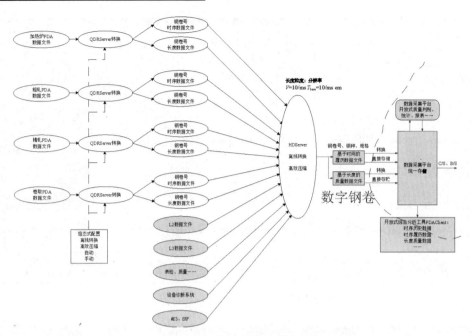

图 10.35 数字钢卷计算内容

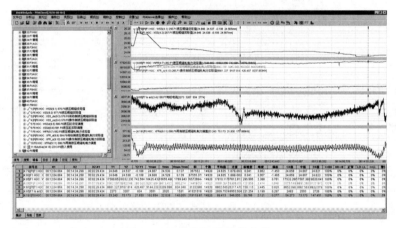

图 10.36 数字钢卷信号分类

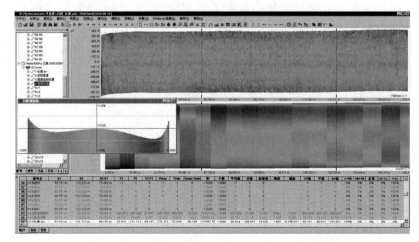

图 10.37 某钢卷平直度、凸度、长度分布及剖面形状

10.16　数字钢管

热轧无缝钢管的生产流程包括坯料轧前准备、管坯加热、穿孔、轧制、定减径、钢管冷却、钢管切头尾、分段、矫直、探伤、人工检查、喷标打印、打捆包装等基本工序，如图 10.38 所示。目前，热轧无缝钢管生产流程的主要变形工序有 3 个，即穿孔、轧管和定减径，其各自的工艺目的和要求如下：

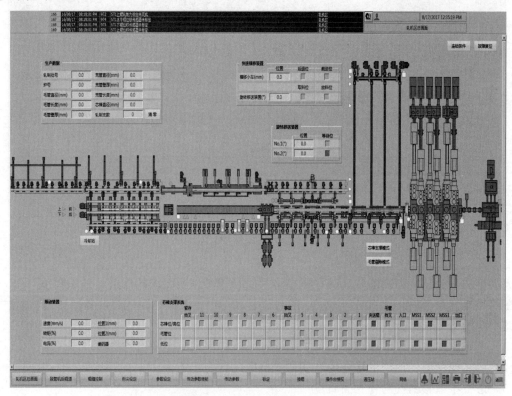

图 10.38　热轧无缝钢管生产流程

穿孔是指将实心的管坯穿制成空心的毛管，其设备称为穿孔机。对穿孔工艺的要求如下：

（1）要保证穿出的毛管壁厚均匀、椭圆度小、几何尺寸精度高。

（2）毛管的内外表面较光滑，不得有结疤、折叠、裂纹等缺陷。

（3）要有相应的穿孔速度和轧铡周期，以适应整个机组的生产节奏，使毛管的终轧温度能满足轧管机的要求。

轧管是指将穿孔后的厚壁毛管压成薄壁的荒管，以达到成品管所要求的热尺寸和均匀性，即根据后续工序减径量和经验公式确定本工序荒管的壁厚值进行壁厚的加工，其设备称为轧管机。对轧管工艺的要求如下：

（1）将厚壁毛管变成薄壁荒管（减壁延伸）时，要保证荒管具有较高的壁厚均匀度。

（2）荒管具有良好的内外表面质量。

轧管机的选型及其与穿孔工序之间变形量的合理匹配，是决定机组产品质量、产量和技术经济指标好坏的关键，图 10.39 为钢管精轧机布置。

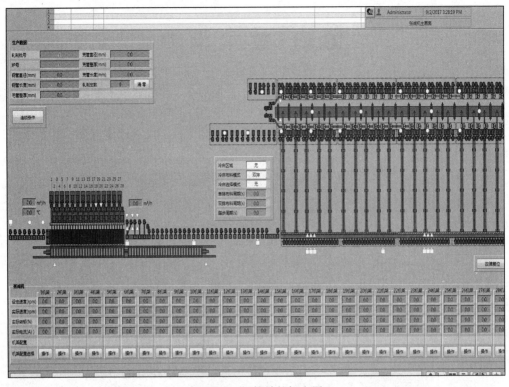

图 10.39　钢管精轧机布置

定减径（包括张减）的主要作用是消除前道工序轧制过程中造成的荒管外径不一致，以提高热轧成品管的外径精度和真圆度。减径是指将大管径缩减到所要求的规格尺寸和精度。张力减径是指在前后机架张力的作用下进行减径，同时进行减壁厚。定减径使用的设备称为定（减）径机。对定减径工艺的要求如下：

（1）在一定的总减径率和较小的单机架减径率条件下达到定径目的。

（2）可实现使用一种规格管坯生产多种规格成品管的任务。

（3）进一步改善钢管的外表面质量。

按钢管号，把穿孔、轧管、定减径等工艺和设备各类信息按钢管号统一生成钢管数字文件就形成数字钢管。

10.17　全流程质量管理

将各流程形成的单个质量数据记录文件合并，即可获得全流程质量数据文件。例如，把炼钢、连铸、冷轧的质量数据记录文件与上述热轧的质量数据记录文件合并在一起就得到钢铁企业的全流程质量管理数据。

10.18　数字钢卷分析工具

PDAClient 和 iSearch 都可作为数字钢卷的分析工具。图 10.40 所示为平直度、凸度与轧制力和辊缝的关系曲线。其中，第一个显示区是平直度二维图，头尾深色部分表示实际平直度值远超目标值，中间灰色部分表示实际平直度值远低于目标值，说明本块钢的头尾在生产过程出现较强的不稳定性，质量也较差，本体平直度正常；第二个显示区是凸度二维图，头部中间暗色表示实际凸度超标，本体及尾部边缘实际凸度低于目标值；第三个显示区是 F1～F7 各机架的轧制力曲线，头部的轧制力值波动较大；第四个显示区是 F1～F7 各机架的辊缝曲线，头尾的辊缝值波动较大。综合分析可知，本块带钢头尾部自动厚度控制不稳导致多项质量指标超标。

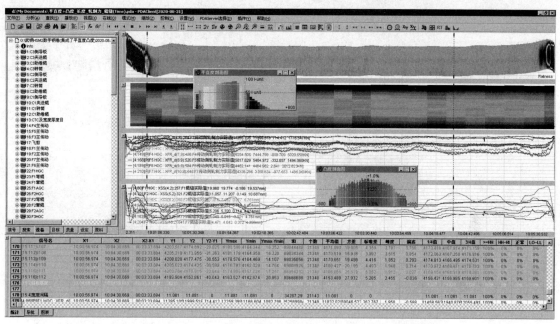

图 10.40　平直度、凸度与轧制力和辊缝的关系曲线

图 10.41 所示为轧制力、辊缝与出口厚度及 FT7 的关系曲线。其中，第一显示区为各机架的轧制力曲线，第二显示区为各机架的辊缝曲线，第五显示区为带钢出口温度曲线。综合分析可知，头部曲线温度低点与轧制力高点和辊缝低点有明显的对应关系。

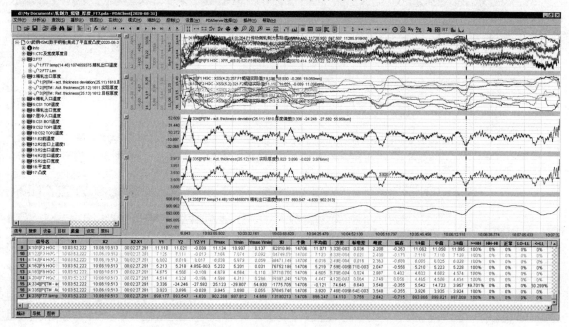

图 10.41　轧制力、辊缝与出口厚度及 FT7 的关系曲线

图 10.42 所示为粗轧温度、精轧温度、卷取温度与精轧速度的关系曲线。其中，第一显示区中的深色曲线是粗轧温度曲线，第二显示区是各机架精轧速度曲线，这两组曲线的变化趋势相反，说明随着来料温度的逐步降低，精轧不断加速。

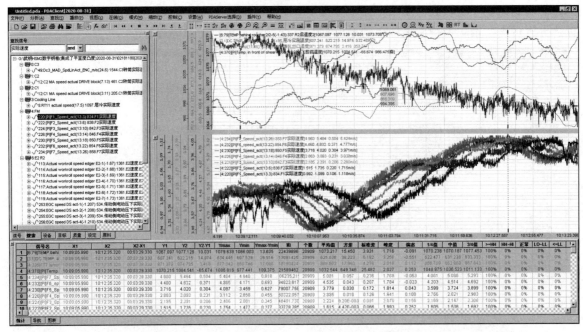

图 10.42　粗轧温度、精轧温度、卷取温度与精轧速度的关系曲线

图 10.43 所示为辊缝、轧制力与主传动电流的关系曲线。其中，第一显示区为各机架辊缝曲线，第二显示区为各机架轧制力曲线，第三显示区为各机架主传动电流曲线。综合分析可知，带钢头尾部的主传动电流变化趋势与轧制力和辊缝的变化趋势是相关的，而本体（中部）的相关性弱一些。

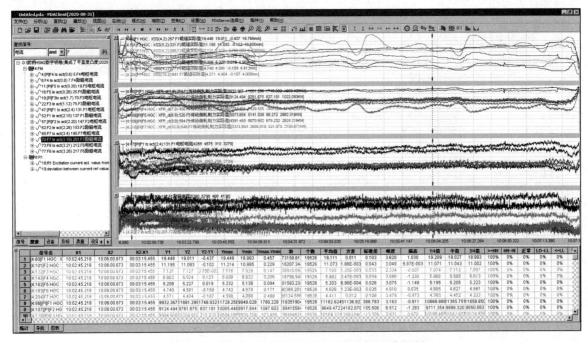

图 10.43　辊缝、轧制力与主传动电流的关系曲线

图 10.44 所示为 6 块带钢头部板形及曲线。带钢头部受穿带影响波动大，影响因素主要是设备状况、模型精度、来料温度等。如果带钢头部受控，那么带钢成品整体精度较高，因此有必要专门针对带钢头部的各种影响数据进行重点分析。

图 10.45 所示为 6 块带钢本体板形及曲线。带钢中部经过头部自动调节后一般比较稳定，控制精度也比较高。在异常情况下，可对带钢本体进行专门分析。

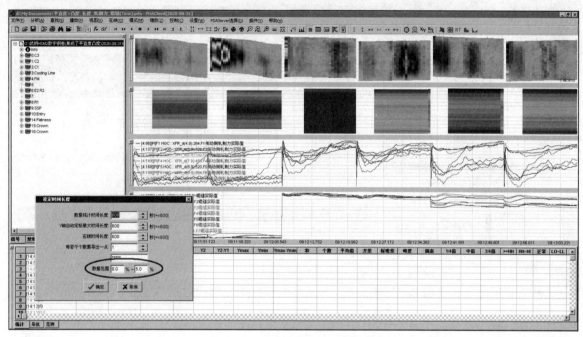

图 10.44　6 块带钢头部板形及曲线

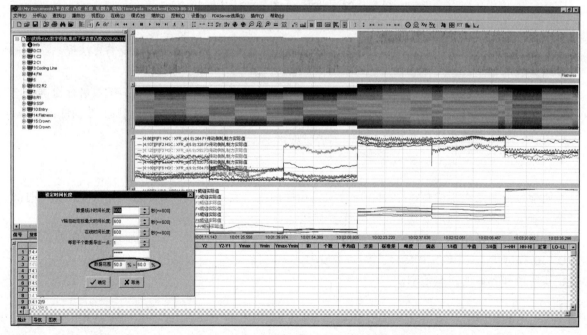

图 10.45　6 块带钢本体板形及曲线

图 10.46 所示为 6 块带钢尾部板形及曲线。带钢尾部受各机架连续抛钢动作的影响，生产状态处于不断变化中，板形质量受影响较大。因此需要进行针对性分析，对尾部采用特殊的控制策略。

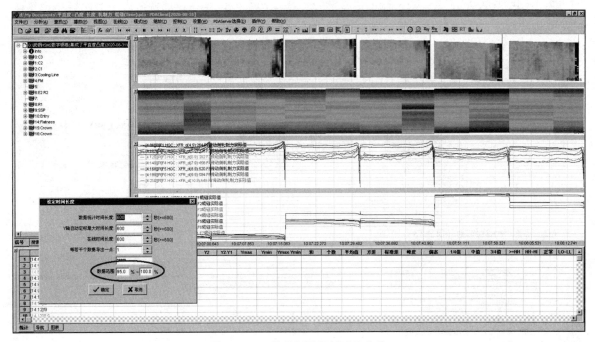

图 10.46　6 块带钢尾部板形及曲线

10.19　数字钢卷应用

经过数十年的发展，热轧理论和经验模型的精度已经趋近于极限，用传统的方法提高产量和质量越来越困难。

通过大量实际钢卷数据找出某些因果关系，对大量人工修正、人工设定的参数进行再确认，必将系统性地解除一些隐患，提高生产稳定性，产品全长质量指标提高 3%～5%。准确评价设备、工艺所能达到的实际能力，提高收得率，规避风险。

1. 质检

质检人员需要人工检查每个钢卷所有质量指标曲线，例如，每个指标的产品长度计算、时间平移、长度对齐几乎都是手动完成的，劳动强度大。

数字钢卷分析工具 iSearch 可高速搜索定位钢卷，按 PDI 指标上下限展示所有质检曲线，如图 10.47 所示。在该图中展示了厚度/宽度/中心线/终轧温度/卷取温度/平直度/凸度/楔形的目标值、实际值和容许的误差范围。

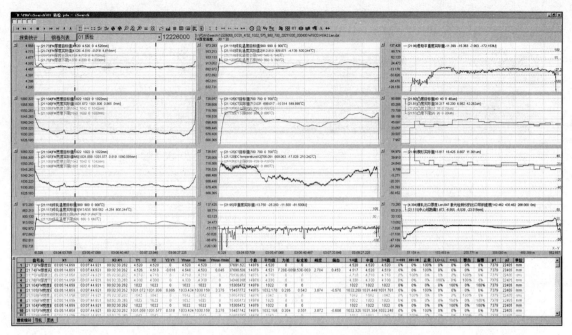

图 10.47　按 PDI 指标上下限展示所有质检曲线

对宽度，只允许正偏差。生产线上安装多台测宽仪，可对所有宽度曲线进行比对检查。图 10.48 所示为宽度质检曲线，显示了精轧段的 2 个宽度实测值和原始值。

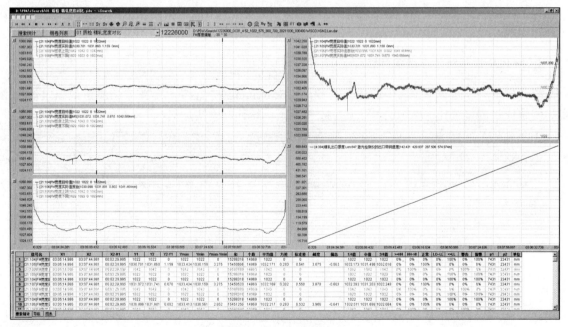

图 10.48　宽度质检曲线

平直度和凸度是热轧带钢最重要又难以控制的质量指标，是质检的重要内容。传统质检方法仅检查相关曲线，不仅不直观而且效率低，以图 10.49 所示的二维图形展示实测板形，长度定位准确，质检可靠。

质检内容虽多，但 PDA 高速数据采集分析系统可建立多个质检分析模板，以便快速切换质检内容，可大幅度提高工作效率。图 10.47、图 10.48、图 10.49 就是不同内容的质检分析模板。

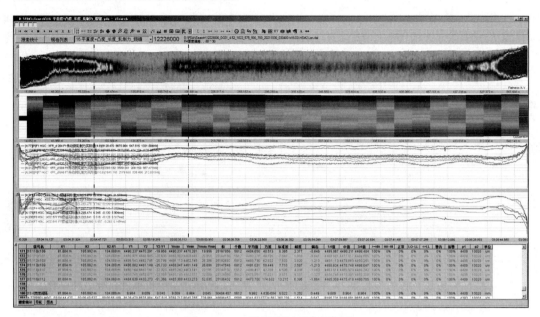

图 10.49　二维图形展示实测板形

2. 高分辨率的实时质量判定和设备状态判别

长度的判定可以精确到厘米级。时序的判定可以精确到毫秒级。

各区抛钢后立即启动本区数字钢卷计算，10s 内可完成质量判定、模型精度评价、伺服设备状态判别等。

3. 按 PDI 指标统计厚度实际值

统计变量可以是数字钢卷中的任何信号，在 Search.ini 中配置即可。重要的质量数据统计包括实际值统计和偏差统计，图 10.50 所示为按 PDI 指标统计厚度实际值。

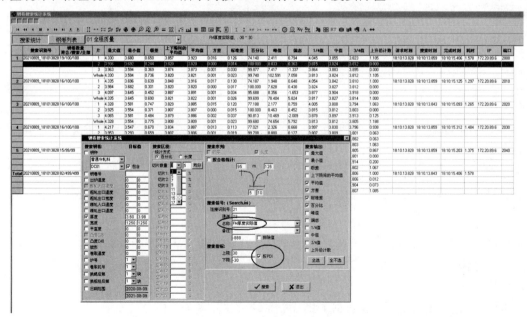

图 10.50　按 PDI 指标统计厚度实际值

4. 按自定义指标统计厚度偏差

图 10.51 为按自定义指标统计厚度偏差。

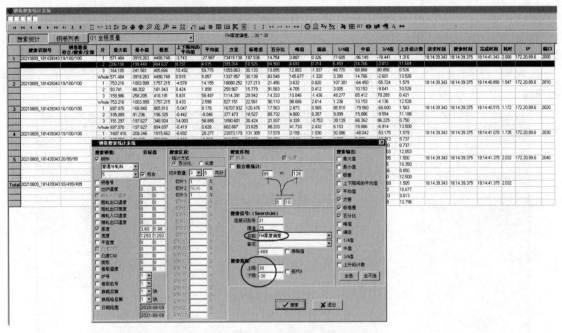

图 10.51　按自定义指标统计厚度偏差

5. 钢卷搜索列表

可以按人工输入的任意指标统计相关数据。例如，双击列表中的某个钢卷号，可以按模板分析各类数据曲线。图 10.52 所示为按钢卷号搜索的结果。

图 10.52　按钢卷号搜索的结果

6. 设备响应性能跟踪

当重要设备控制目标值发生较大变化时，测量并记录单位变化量的响应时间，得出劣化故障趋势判断结果。

7. 冷轧数字钢卷

支持把一个钢卷分成多个小卷的分卷功能，图 10.53 为冷轧生产流程，图 10.54 为某钢卷工艺数据曲线，图 10.55 为成品数字钢卷列表。

图 10.53　冷轧生产流程

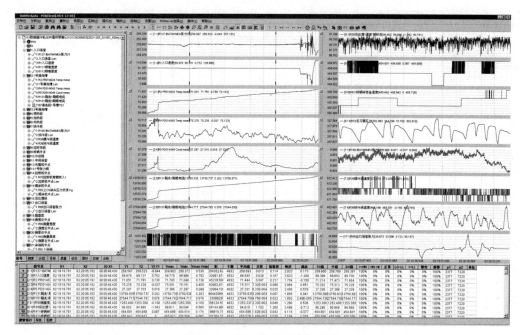

图 10.54　某钢卷工艺数据曲线

图 10.55 成品数字钢卷列表

8. 宽度裕量优化设置

进行带钢宽度裕量优化设置，分析宽度实际数据，客观评价宽度控制能力，提高收得率。

9. 控制参数调整

人工设定和调整的设备参数如下：
（1）活套张力、活套高度和轧机负荷分配。
（2）卷取张力、速度超前量。
（3）冲击补偿量及补偿时间。
（4）短行程参数。

10. 模型经验参数的修正

不论是理论模型还是经验模型都综合了大量的经验参数，这些参数的取值范围需要修正。

11. 自动化率统计

统计在带钢什么位置手动干预了多少次多长时间，有针对性地分析原因找出改进措施。

第 11 章 数字钢卷快速搜索统计系统

Google、百度等用于民用大数据搜索，其数据多为触发事件型，而 iSearch 用于工业大数据搜索，这两种数据有共同点也有很大区别，后者主要为高频时序及高密转换型数据。

数字钢卷数据是毫秒级、厘米级的庞大数据，如果采用传统数据库，在数千万块钢卷中搜索统计某种指标，那么运算时间将是小时级，实际工作中难以接受这种情况。

数字钢卷快速搜索统计系统（Coil Fast Search system，CFS）的搜索统计速度比传统数据库快数百倍，可以秒级速度在千万块钢卷中搜索出符合要求的 10000 块钢卷，并统计出这 10000 块钢卷的某种指标、返回抽取数据和统计结果。例如，把 20 年内的所有钢卷搜索统计一次，在 3s 内统计出结果，配置文件为\iSearch\Search.ini。

CFS 同时支持控制网、办公网、广域网等。搜索统计结果可保存到本地或远程文件、数据库，也可通过 MQTT 接收，支持文件共享并直接打开，支持 FTP、HTTP 下载，提供原始高频数据下载服务。

11.1 CFS 与传统系统的不同

1. 工作方式的变化

传统的方法是把每天的某种统计计算结果保存，在需要的时候进行汇总。如果要修改某个统计精度范围，就要把历史数据全部整理计算一次，不仅工作量巨大，耗时长，而且部分原始数据也可能早已丢失。iSearch 可以对原始高频数据进行统计计算，每次统计计算时的精度范围都可以不同。

2. 工作平台的变化

由固定的明确的计算转变为以搜索为主的分布式高速计算，每秒浮点运算次数可达到百亿次甚至千亿次。

3. 数据频度粒度的变化

由事件触发型、秒级或米级转变为毫秒级、厘米级的数据精度。

4. 系统结构

对应每个钢卷号的数字钢卷按一定规则分别保存在分布式系统的多台搜索服务器中，搜索服务器台数越多，搜索统计速度越快。这类服务器采用专利技术定制，成本可控。

iSearch 终端发布查询命令给各搜索服务器或查询代理服务器，所有搜索服务器几乎同时启动搜索统计。CFS 信号流程如图 11.1 所示。

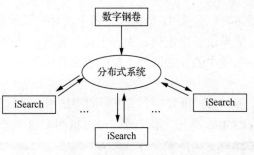

图 11.1　CFS 信号流程

11.2　实 施 方 案

某热轧厂的 CFS 架构示意如图 11.2 所示，其中的粗轧、精轧、卷取 PDA 服务器完成各区域实时数字钢卷的计算，数字钢卷计算服务器对钢卷的所有数据进行整合并分配存储到分布式集群搜索服务器中，同时把降频后的数据及基本统计数据保存到大型数据平台。

iSearch 支持 B/S 和 C/S 架构，局域网内的 iSearch 终端直接与所有搜索服务器交互数据，广域网内的 iSearch 终端通过查询代理服务器与搜索服务器交互数据。

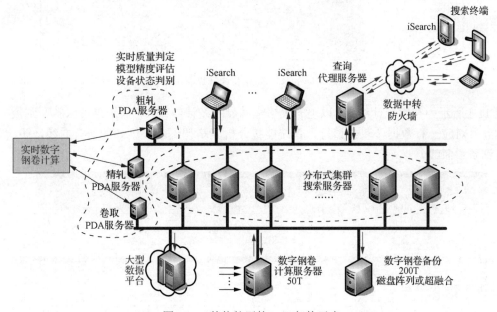

图 11.2　某热轧厂的 CFS 架构示意

11.3　切片指标的搜索统计

图 11.3 所示为 iSearch 搜索界面。搜索钢卷的查询项目及其条件有钢种（是否包含）、钢卷号、出炉温度范围、粗轧出口温度范围、粗轧出口宽度范围、精轧入口温度范围、精轧出口温度范围、厚度范围、宽度范围、平直度范围、凸度 C40 范围、楔形范围、卷取温度范围、炉号、卷取机号、换辊后第几块钢、换规格后第几块钢、日期范围，可以按图 11.3 勾选查询项目，填写查询条件。

　　搜索区段的每块钢卷最多可以分成 21 个切片，每个切片的长度和全长统计值都会同时输出，切片个数和对应的长度按质量异议长度定位、生产中设备异常时的带钢长度等条件设置。

　　搜索的信号可以是数字钢卷中的任意信号，在配置文件中设置，搜索指标可以是 PDI 也可以是输入值。

　　统计输出值有最大值、最小值、极差、上下限间的平均值、平均值、方差、标准差、百分比、峰值、偏态、1/4 值、中值、3/4 值、上升沿计数，可以按图 11.3 勾选。

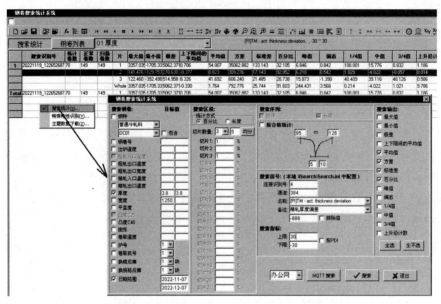

图 11.3　iSearch 搜索界面

　　图 11.4 所示为搜索统计结果，以电子表格文件显示统计结果，这些结果可以转存到数据库中，每个钢卷号对应一行数据，双击该行，系统能按分析策略调出本块钢卷的所有曲线，质检员可以据此查询质量曲线。

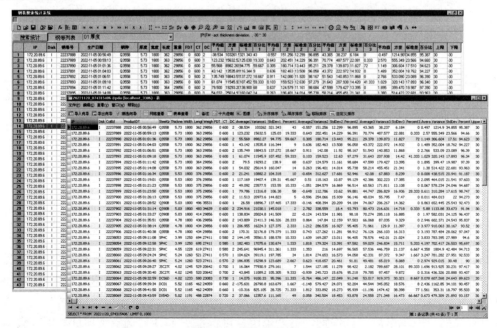

图 11.4　搜索统计结果

11.4　特殊特性识别

特殊特性模板由用户定义，钢种开发人员各自建立所负责钢种的统计参数，指导决策，任何钢种都可以按各种模板识别。

图 11.5 所示为开发某钢种时定义的特殊特性识别参数。

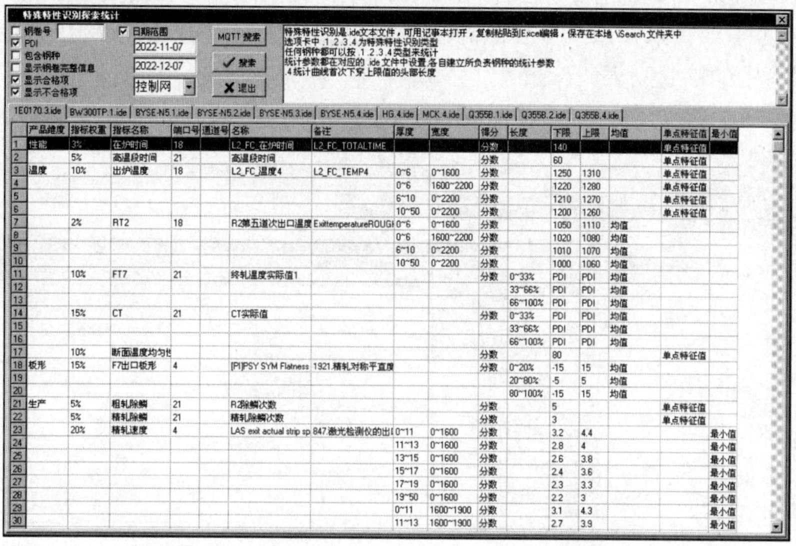

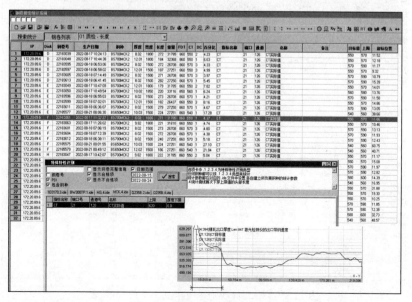

图 11.5　开发某钢种时定义的特殊特性识别参数

11.5　特殊特性识别——指导应切除带钢位置

某些特殊钢种如 BS700MCK2 对温度特别敏感，应尽可能切除超标部分后再交货，避免产生质量异议。操作界面和返回结果如图 11.6 所示。

图 11.6　操作界面和返回结果

11.6　搜索下载主题切片原始数据

原始数据是质量分析的重要依据，完整的数字钢卷记录了成千上万个变量，CFS 可以把用户所关注的某个钢卷和信号快速生成钢卷列表（csv 格式文件）并同时存入数据库，主题中的所有信号原始数据分别以 bin 格式保存，供直接分析和下载，搜索原始数据时可以指定长度范围，导出方式可以是每米 1 点或每米多点或多少点导出 1 点。图 11.7 为主题搜索启动界面，图 11.8 为存入 csv 文件和数据库中的钢卷列表。

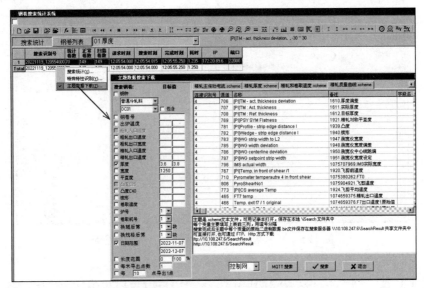

图 11.7　主题搜索启动界面

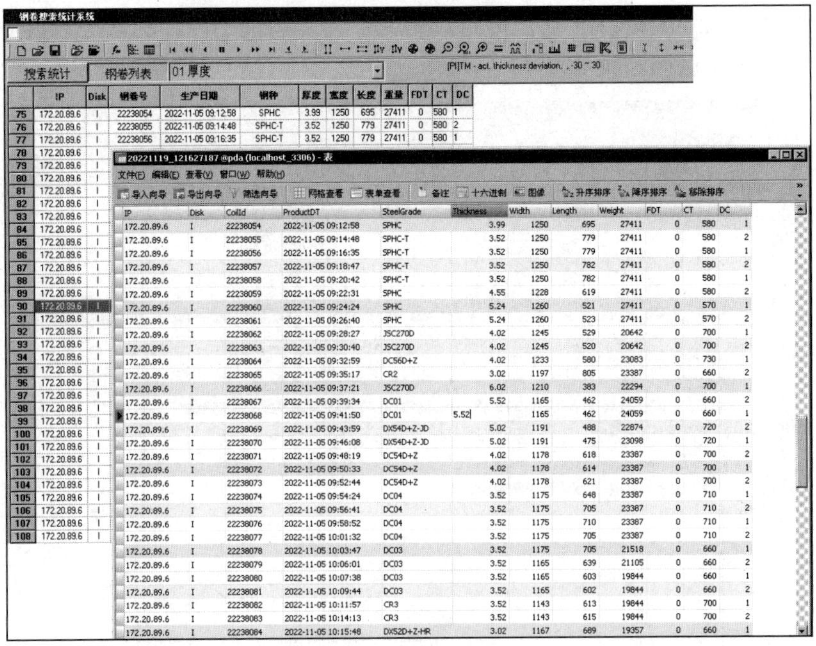

图 11.8　存入 csv 文件和数据库中的钢卷列表

第 12 章　PDA 子系统

PDA 高速数据采集分析系统可用来采集高频、高密数据，同时也可以处理低频、低密数据，效率更高。常用的一些子系统可以与 PDA 高速数据采集分析系统互相转换升迁。

12.1　长期趋势分析系统

除了采集毫秒级的数据记录，对生产过程还需要进行周、月度、季度、年度的数据曲线分析，PDA 高速数据采集分析系统一次采集数据，可以获取多种频度数据，从而快速进行长期趋势分析（Long Trend Analysis）。例如，可以对高炉、加热炉、石化、啤酒等流程行业及液位、温度等参数进行长期趋势分析。

长期趋势分析主要意义如下：

（1）为了认识现象随时间发展变化的趋势和规律性。

（2）为了对现象未来的发展前景和趋势作出预测。时序数据之所以存在长期趋势，是因为受到某些基本的、决定性因素的影响，这些起着支配作用的因素影响越强烈，其长期趋势就越明显。由此，通过对时序数据长期趋势的分析，可以掌握现象发展、变化的内在机理，可以评价过去所采取措施的成效。

（3）为了从时间序列中剔除长期趋势成分，以便分解出其他类型的影响因素，如季节变动、循环变动和不规则变动。

测定长期趋势值的方法主要有扩大时距法、移动平均法和最小二乘法。扩大时距法是指通过扩大动态序列各项指标所属的时间，消除因时距短而使各项指标值受偶然性因素影响所引起的波动，使经修正过的动态序列能够显著地反映现象发展变动总趋势的方法。移动平均法是指对动态序列进行逐期移动，以扩大时距，同时对时距已扩大的新动态序列的各项指标值分别计算时序平均数，从而由移动平均数形成一列派生动态序列的方法。而通过移动平均得到的一系列移动时序平均数就是各自对应时期的趋势值。最小二乘法又称最小平方法，是估计回归模型参数的常用方法。其基本原理如下：要求实际值与趋势值的离差平方和为最小，以此拟合出优良的趋势模型，从而测定长期趋势值。

PDAClient 对多种频度数据进行降频处理示意如图 12.1 所示，可以经过多次降频，把备用采样点改正式采样点或在连接通道的最后面增加/减少采样点都不影响正常转换工作。LTAServer.exe 位于 PDA 的系统文件目录，根据 PDA 高速数据采集分析系统生成并保存在由组态文件 Config.csv 中的[BigDataDir]栏指定目录下的每秒数据文件进行转换，生成的数据文件保存在 BigDataDir 指定的目录。

LTAServer 启动时及启动后间隔 12h 扫描转换一次，数据采集的频率和文件生成时间长度如下：

（1）每 10ms 采集一次数据，间隔 10min 生成 1 个数据文件。

（2）每 1s 采集一次数据，1 天生成 1 个数据文件。

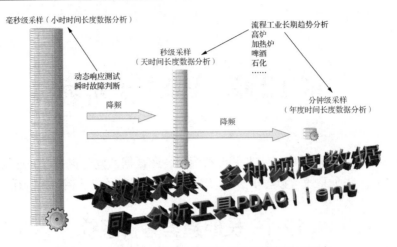

图 12.1　PDAClient 对多种频度数据进行降频处理示意

（3）每 10s 采集一次数据，1 周生成 1 个数据文件，1 年生成 52 个数据文件。

（4）每 60s 采集一次数据，1 月生成 1 个数据文件，1 年生成 12 个数据文件。

为了便于自动删除过时数据，LTAServer 生成的数据文件要保存在单独的磁盘分区中。例如，在组态文件 Config.csv 中设置 LTADir=L:，系统在运行过程中会按以下路径自动生成 L:\1s、L:\10s、L:\60s 三个目录。

当磁盘剩余空间小于 100GB 时自动删除数据，删除 10~30 天前的数据，每次最多可删除 30 天的数据。循环检测 LTAServer 启动时及启动后间隔 12h 检测并删除一次。

1. 某项目采样周期降频到秒级采样的 7 天数据曲线

图 12.2 所示为某项目采样周期降频到秒级的 7 天数据曲线。

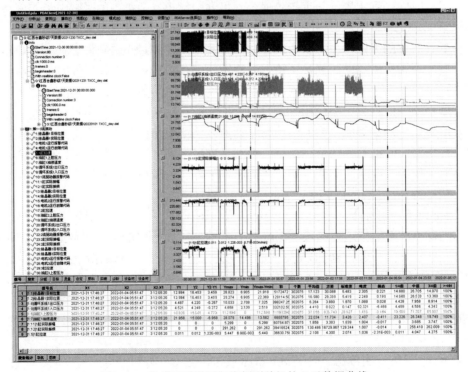

图 12.2　某项目采样周期降频到秒级的 7 天数据曲线

2. 某高炉长期趋势文件转 PDA 格式数据文件

AB 公司的一种 dat 格式文件记录了某高炉长期趋势，但其打开速度慢。利用
HistorianToPDA.exe 可以把该 dat 格式文件转换为 PDA 格式数据文件，从而可用 PDAClient 快速
打开近几个月的趋势图。图 12.3 所示为 AB 公司 1 天的原始数据文件，采样周期为 1s。

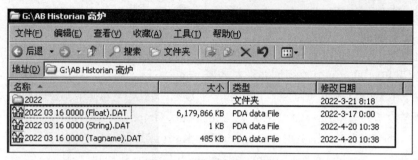

图 12.3　AB 公司 1 天的原始数据文件

图 12.4 所示为转换成 PDA 格式的数据文件，压缩率接近 100 倍。

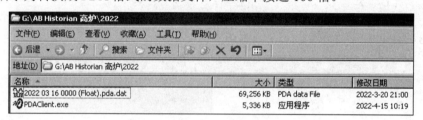

图 12.4　转换成 PDA 格式的数据文件

图 12.5 所示为用 PDAClient 对 PDA 格式数据文件进行长期趋势分析时显示的曲线。

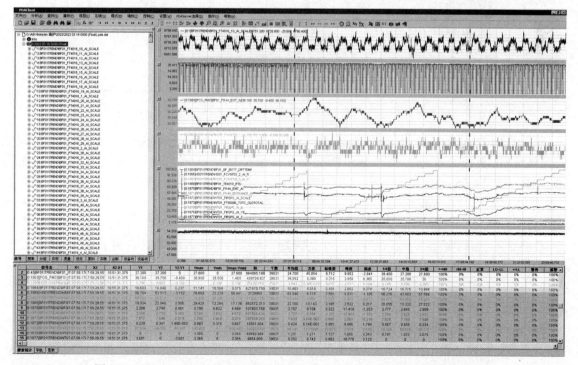

图 12.5　用 PDAClient 对 PDA 格式数据文件进行长期趋势分析时显示的曲线

12.2　开放式高频时序数据库 HDServer

时序数据库全称为时间序列数据库，该数据库主要指用于处理带时间标签（按照时间的顺序变化，即时间序列化）的数据。

时序数据主要由冶金、电力、化工、气象、地理信息等行业各类实时监测、检查与分析设备采集和产生的数据，这些工业数据的典型特点是产生频率快（每个监测点在 1s 内可产生多个数据）、严重依赖采集时间（每个数据均要求对应唯一的时间）、测点多且信息量大（常规的实时监测系统均有成千上万个监测点，监测点每秒都产生数据，每天产生几十 GB 的数据量）。

常用的时序数据库有 influxDB、KDb+、Prometheus、Graphite、RRDtool、TimescaleDB、Apache Druid、Fauna、OpenTSDB、GridDB、DolphinDB、KairosDB 等。

open high-frequency time series Historical Database Server 将 PDA 高速数据采集分析系统中毫秒级的高频数据存入时序数据库后，就可以通过 SQL 语句访问该数据库。

1. 将 PDA 数据文件中的数据导入 influxDB 数据库

influxDB 是主流时序数据库之一，其系统文件如图 12.6 所示。

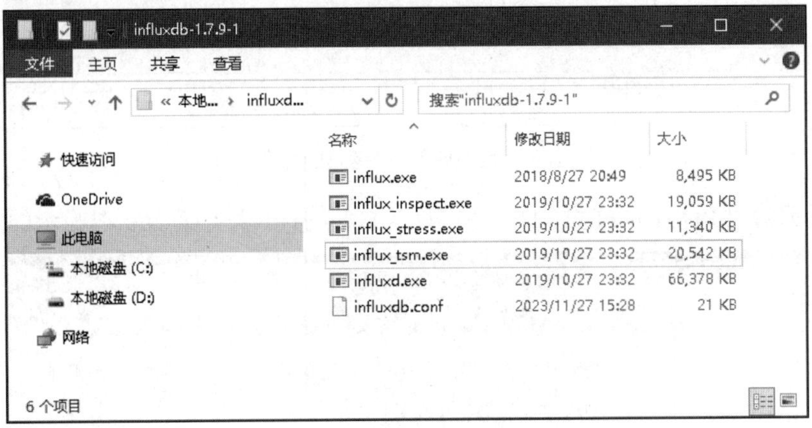

图 12.6　influxDB 数据库系统文件

dbUpgradeTSA.exe、dbUpgradeTSL.exe 之类的程序位于 PDA 或 HDServer 目录中，这类程序将 PDA 高速数据采集分析系统采集的数据文件按原始采样频率或降频后无损失地转换为 influxDB 支持的 csv 格式文件，并将其离线批量导入 influxDB 数据库中，成功导入后文件格式变为 csvf 格式。10 天前的 csv 格式文件和 csvf 格式文件自动删除，然后自动补充最近 7 天的数据。

数据库表结构与组态文件 Config.csv 中的设置完全符合，将 PDA 高速数据采集分析系统组态导入 influxDB 数据库，如图 12.7 所示。可以把 influxDB 数据库与 PDA 高速数据采集分析系统部署在同一台计算机上，也可把它们单独部署，互不影响。单独部署时，PDA 高速数据采集分析系统采集的数据文件通过 FileCopy.exe 同步到 influxDB 数据库所在的计算机上。

dbUpgradeTS 程序有多个进程，每个进程负责转换并导入若干连接通道的数据，以确保输入时序数据库的速度能跟上 PDA 高速数据采集分析系统产生数据文件的速度，每个进程间隔 2min 扫描一次 PDA 高速数据采集分析系统中的数据文件，数据批量导入过程如图 12.8 所示。

图 12.7　将 PDA 高速数据采集分析系统组态导入 influxDB 数据库

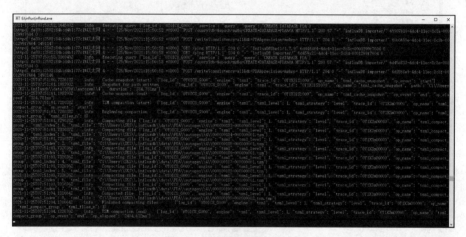

图 12.8　数据批量导入过程

可在 influxd.exe 服务程序"属性"对话框取消快速编辑模式和插入模式，避免输入信号的干扰。influxd 模式设置如图 12.9 所示。

图 12.9　influxd 模式设置

对单独布置 PDAServer 的计算机和 influxDB 计算机用一根网线直连，避免交换机等任何其他因素的干扰。其他应用程序访问 influxDB 数据库时，可通过其他网络适配器，influxDB 数据库 IP 及文件保存路径设置如图 12.10 所示。

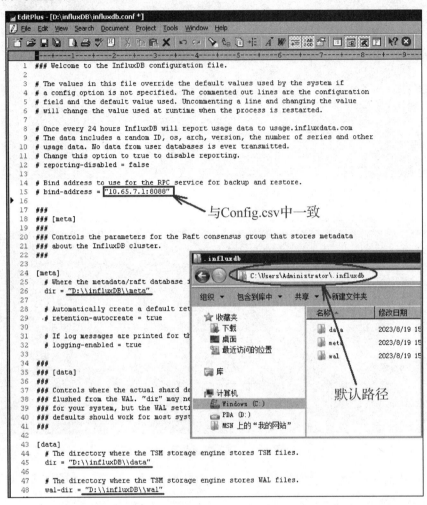

图 12.10　influxDB 数据库 IP 及文件保存路径设置

influxDB 数据库中的表名和字段名在组态文件 Config.csv 中的设置如图 12.11 所示。其中[Field] 栏为空，表示忽略；字段名也可以是 Name、Id 或 Id+FFS。

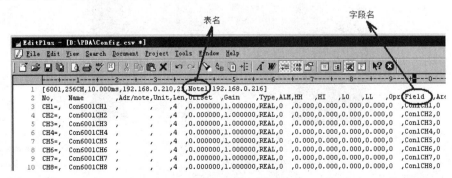

图 12.11　influxDB 数据库中的表名和字段名在组态文件 Config.csv 中的设置

　　为了便于自动删除过时数据，时序数据库要保存在单独的磁盘分区中。例如，在组态文件 Config.csv 中设置 TimeSeries0=192.168.0.100,G:。

　　如此设置后，当磁盘剩余空间小于 100GB 时自动删除数据，删除 10～30 天前的数据，每次最多可删除 30 天的数据，dbUpgradeTS 启动时及启动后间隔 12h 检测并删除一次。

　　2. influxDB1 简明用法

　　influxDB 是一个开源的时序数据库（本章仅介绍 influxDB1 和 influxDB2 两个版本），使用 GO 语言开发，特别适合用于处理和分析资源监控数据（时序相关的数据）。influxDB 自带的各种特殊函数（如求标准差、随机取样数据、统计数据变化等）使数据统计和实时分析变得十分方便。下面简要介绍 influxDB1 的用法。

　　1）命令行示例

　　influxDB1 常用命令见表 12-1。

表 12-1　influxDB1 常用命令

命　　令	解　　释
influxd.exe	启动 influx 服务
influxd-config influxDB.conf	加载配置文件，启动 influx 服务
influx-execute "SELECT I1,I2,I3 FROM Current LIMIT 3"-database=PDA	查询数据
influx-execute "delete from Current where time<1692358602921000000"-database=PDA	删除数据
influx.exe	按默认配置启动人机交互程序
influx-host 127.0.0.1-port 8086	按 IP 地址和端口号登录数据库

　　2）influxDB1 与 MySQL 的部分概念对比与数据构成

　　influxDB1 与 MySQL 的部分概念对比见表 12-2。

表 12-2　influxDB1 与 MySQL 的部分概念对比

influxDB1	MySQL	解　　释
Database/Bucket	Database	数据桶，数据库，存储数据的命名空间
Measurement	Table	度量，数据库中的表
Point	Record	数据点，记录，表里面的一行数据
Fields	Field	未设置索引的字段
Tags	Index	已设置索引的字段

　　influxDB1 数据点（Point）由时间戳（Time）、数据（Fields）、标签（Tags）组成，见表 12-3。

表 12-3　influxDB1 数据构成

Point 属性	传统数据库中的概念
Time	每个数据记录时间，是数据库中的主索引（会自动生成）
Fields	各种记录值（没有索引的属性）也就是记录的值，如温度和湿度等
Tags	各种有索引的属性，如地区和海拔等

　　influxDB1 中的 series：数据库中的所有数据都需要通过图表展示，series 表示这个表里面的数据。

3）安装和启动

在 Windows 环境中安装 influxdb-1.7.9_windows_amd64.zip 软件包，解压后就可以运行了。其中的 influxd.exe 是 influxDB1 服务器程序；influx.exe 是 influxDB 命令行客户端程序；influx_inspect.exe 是查看工具；influx_stress.exe 是压力测试工具；influx_tsm.exe 是数据库转换工具，将数据库从 b1 格式或 bz1 格式转换为 tsm1 格式；influxDB.conf 是配置文件。在存放数据的文件夹下有如下目录：data 目录下存放最终存储的数据，文件名以.tsm 结尾；meta 目录下存放数据库元数据，wal 目录下存放预写日志文件。

4）默认端口

influxDB1 常用端口号见表 12-4，可以在配置文件 influxdb.conf 中查看和修改端口号。

表 12-4　influxDB1 常用端口号

端口号	说　　明
8086	influxdb HTTP service 默认运行端口
8088	备份和存储的 RPC service 运行端口
2003	Graphite service 默认运行端口
4242	时间序列服务（OpenTSDB service）默认运行端口
8089	UDP service 默认运行端口
25826	Collectd service 默认运行端口

5）常用命令

influxDB1 的操作语法 influxSQL 与 SQL 基本一致，也提供了一个类似 MySQL-client 且名称为 nflux 的 CLI（客户端），CLI 常用命令见表 12-5。

表 12-5　CLI 常用命令

命　　令	解　　释
create database PDA	创建数据库
show databases	查询所有数据库
use PDA	使用数据库 PDA
show measurements	显示数据库所有表名
show field keys from Table1	显示表中的所有字段及数据类型
show tag keys from Table1	显示表中的分组
select * from Table1 limit 1	显示表中的 1 条记录
delete from Table1 where time<=1689506500376963568	删除某时间以前的记录
SHOW USERS	显示用户
CREATE USER usr WITH PASSWORD 'abc'	创建用户
CREATE USER usr WITH PASSWORD 'abc' WITH ALL PRIVILEGES	创建管理员权限的用户
DROP USER usr	删除用户
precision rfc3339	设置时间格式
INSERT Table1,host=server1,region=cn_east-1 value=0.68	在插入数据的时候按指定表名创建表
DROP MEASUREMENT Table1	删除表
select * from Table1 order by time desc	查询全部数据
SELECT * FROM Table1 ORDER BY time DESC LIMIT 3	查询最近的三条数据
select * from "86400"."abc.86400" where name = 'abc'	指定条件查询，值要用单引号
delete from Table1 where time=1480235366557373922	删除某条数据

influxDB1 创建数据库的操作类似于 MySQL 下的操作，而在 influxDB1 下没有细分的表的概念，influxDB1 下的表在插入数据的时候会自动创建。

influxDB1 没有 update 更新语句，不过有 alter 命令，更新操作基本不用到，当 insert 的 time 和 tags 与原有的数据重复时，会覆盖原有数据的 field value，实现类似更新的操作。

influxDB1 的权限设置比较简单，只有读、写、ALL 几种。关于更多用户权限设置，可以参看官方文档。默认情况下，influxDB1 类似 mongodb，不需要开启用户认证，可以修改其 conf 格式文件，配置 http 内容如下：

```
[http]
enable = true
bind-address = ":8086"
auth-enabled = true  # 开启认证
```

6）数据保存策略

influxDB1 没有提供直接删除数据记录的方法，但是提供数据保存策略（Retention Policies），该策略主要用于指定数据保存的时间段，超过指定时间段，系统就自动删除这部分数据。修改或创建数据保存策略，可能会丢失历史数据，相关的命令如下。

（1）创建数据保存策略的命令。

```
CREATE RETENTION POLICY <retention_policies_name> ON <db_name> DURATION 30d
REPLICATION 1 [SHARD DURATION <shardGroupDuration>] DEFAULT
```

其中，<retention_policies_name>是策略名；<db_name>是具体的数据库名；30d 表示保存 30 天，30 天之前的数据将被删除，时间单位可以是 h（小时）或 w（星期）；REPLICATION 1 是指副本个数，这里填 1 就可以了；DEFAULT 为默认的策略。

（2）查看数据保存策略的命令。

```
SHOW RETENTION POLICIES ON <db_name>
```

（3）修改数据保存策略的命令

```
ALTER RETENTION POLICY <retention_policies_name> ON <db_name> DURATION 3w DEFAULT
```

（4）删除数据保存策略的命令。

```
DROP RETENTION POLICY <retention_policies_name> ON <db_name>
```

7）连续查询

当数据超过保存策略里指定的时间段后，就会被删除。如果不希望数据被完全删除，就需要进行数据统计：把原先每秒的数据保存为每小时的数据，让数据占用的空间大大减少（以降低精度为代价），这就需要 InfluxDB1 提供的数据库连续查询（Continuous Queries）功能。当我们插入新数据后，通过 SHOW MEASUREMENTS 查询，可以发现数据库中多了一张名为 weather30m 的表（表中保存着计算好的数据），这一切都是通过连续查询功能自动完成的。相关的命令如下。

（1）创建连续查询命令。

```
CREATE CONTINUOUS QUERY cq_30m ON testDB BEGIN SELECT mean(temperature) INTO
weather30m FROM weather GROUP BY time(30m) END
```

其中，cq_30m 为连续查询的名字；testDB 为具体的数据库名；mean(temperature)表示计算平均温度；weather 为当前表名；weather30m 为存新数据的表名；30m 表示时间间隔为 30min。

（2）查看连续查询命令。

```
SHOW CONTINUOUS QUERIES
```

（3）删除连续查询命令

```
DROP CONTINUOUS QUERY <cq_name> ON <database_name>
```

8）influxDB1 配置

配置文件为 influxdb.conf，可以通过命令 influxd config > default.conf 生成默认配置文件。配置优先级为环境变量—文件配置—默认设置，配置文件 influxdb.conf 中的主要设置内容如下。

```
reporting-disabled            # 全局选项，发送数据统计给 influxDB1。
[meta]
retention-autocreate          # 自动创建保留策略，默认永久保留。
[data]
index-version = "inmem"
wal-fsync-delay               # 预写日志刷新延迟(若非 ssd 磁盘，建议选择 0~100ms)。
max-concurrent-compactions    # 配置 GOMAXPROCS 最大进程数，默认其值为 CPU 总数的一半，
                                不能超过 CPU 总数。
cache-max-memory-size         # 最大缓存容量,若容量占满则会拒绝写入。
cache-snapshot-memory-size    # 缓存快照大小。占满后会将内存内容写入 TSM 格式文件。
max-series-per-database = 0
max-values-per-tag = 0
index-version = "tsi1"
max-index-log-file-size = "1m"
series-id-set-cache-size = 100
max-index-log-file-size       # 预写日志的文件大小达到多大的阈值之后，将其压缩为索引文
                                件。阈值越低，压缩速度越快，堆内存使用率越低，但会降低
                                写入的吞吐量。
series-id-set-cache-size      # 使用内存缓存的 series 集的大小，由于 TSI 索引存储在磁
                                盘文件中，因此使用时需要额外的计算工作。如果将索引结果
                                缓存，就可以避免重复的计算工作，提高查询速度。默认缓存
                                100 个 series，这个值越大，使用的堆内存越大，若把该值
                                设为 0，则不缓存。
[coordinator]
write-timeout = "10s"
query-timeout = " 30s"        # 如果一次查询非常多的数据，执行该查询时，就需要很长时间。
                                如果这种数据量大的查询次数比较多，influxDB1 就会占用
                                CPU 全部资源执行这些数据查询，并且影响其他数据量小的查询。
max-concurrent-queries = 0
[shard-precreation]
advance-period = "10m"
```

9）Web 管理设置

influxDB1 在默认情况下未开启 Web 管理功能。此时，可以通过修改 influxDB.conf 文件中 admin 项的配置开启 Web 管理界面。具体内容如下：

```
[admin]
# Determines whether the admin service is enabled.
```

```
enabled = true

# The default bind address used by the admin service.
bind-address = ":8083"
```

10）数据备份与恢复

（1）数据备份命令。

```
influxd backup -portable -host 127.0.0.1:8088 -database mon -start 2017-01-01T00:
00:00Z -end 2019-12-31T23:59:59Z -retention 86400 /tmp/mon/
```

备份指定时间段的数据。

（2）数据恢复命令。

```
influxd restore -portable -host 127.0.0.1:8088 -db mon -newdb archive_mon /tmp/mon/
```

还原数据到新数据库。

11）批量导入 csv 文件

influxDB1 支持批量导入数据功能，导入命令示例如下：

```
influx -host 192.268.0.100 -port 8086 -import -path="d:\pdaData\20251129_135252
Simu_2000_3.csv" -precision=ns
```

其中，csv 格式文件如下，时间精度为纳秒级，换行符为 chr(10)。

```
# DDL

CREATE DATABASE PDA

# DML

# CONTEXT-DATABASE: PDA

Test2,Group=Untitled Con2CH1=17798,Con2CH2=854.925,Datetime="2023-11-29 14:02:26.530"
1764424946529777115
Test2,Group=Untitled Con2CH1=17803,Con2CH2=867.625,Datetime="2023-11-29 14:02:26.540"
1764424946529927180
Test2,Group=Untitled Con2CH1=17803,Con2CH2=879.783,Datetime="2023-11-29 14:02:26.550"
1764424946550077246
```

3. influxDB2 简明用法

关于 influxDB2 的安装使用方法，请参考官方相关资料。与 influxDB1 不同，使用 influxDB2 时，对数据库的操作都要带上 token，主要通过浏览器访问，通过控制台访问命令 influx v1 shell，也可使用 influxDB1 指令。

同样的数据在 influxDB2 中占用的硬盘空间只有 influxDB1 的五分之一左右，但批量数据导入速度只有 influxDB1 的三分之一左右，如果数据导入速度跟不上数据文件生成的速度，请选用 influxDB1。

批量导入的 csv 格式文件也与 influxDB1 不同，influxDB2 采用 ANSI 编码，换行符为 chr(13)+chr(10)。可以使用下面的命令将 aaa.csv 内容导入 influxDB2 的 PDA1 数据库中。

```
D:\influxdb27>influx    write    -bucket    PDA1    -f    c:\temp\aaa.csv    -token
wkSDQeEY2Qc-mRSNcfjxevWzWhQ4uXY5mUIMCahXSpi6Z1ulHfPNh1K1DF0sVdfIZfKT2QA6gUIqfkCK-
ZKDTQ==
```

aaa.csv 内容示例如下，其中含有模拟量、布尔量和字符串。

```
#group,false,false,false,true,true
#datatype,dateTime:RFC3339Nano,double,string,string,string
#default,,,,,
,_time,_value,_field,_measurement,group
,2023-06-07T17:22:59.007000000Z,3867,Con1CH1,PKG101,Untitled
,2023-06-07T17:22:59.007000000Z,466,Con1CH2,PKG101,Untitled
,2023-06-07T17:22:59.007000000Z,532,Con1CH3,PKG101,Untitled
,2023-06-07T17:22:59.007000000Z,-999,Con1CH4,PKG101,Untitled
,2023-06-07T17:22:59.007000000Z,876,Con1CH5,PKG101,Untitled
,2023-06-07T17:22:59.007000000Z,-757,Con1CH6,PKG101,Untitled
,2023-06-07T17:22:59.007000000Z,885,Con1CH7,PKG101,Untitled
,2023-06-07T17:22:59.007000000Z,-856,Con1CH8,PKG101,Untitled

#group,false,false,false,true,true
#datatype,dateTime:RFC3339Nano,boolean,string,string,string
#default,,,,,
,_time,_value,_field,_measurement,group
,2023-06-07T17:22:59.007000000Z,t,Con1CH17,PKG101,Untitled
,2023-06-07T17:22:59.007000000Z,t,Con1CH18,PKG101,Untitled
,2023-06-07T17:22:59.007000000Z,f,Con1CH19,PKG101,Untitled
,2023-06-07T17:22:59.007000000Z,t,Con1CH20,PKG101,Untitled
,2023-06-07T17:22:59.007000000Z,f,Con1CH21,PKG101,Untitled
,2023-06-07T17:22:59.007000000Z,f,Con1CH22,PKG101,Untitled
,2023-06-07T17:22:59.007000000Z,t,Con1CH23,PKG101,Untitled
,2023-06-07T17:22:59.007000000Z,t,Con1CH24,PKG101,Untitled
,2023-06-07T17:22:59.007000000Z,t,Con1CH25,PKG101,Untitled
,2023-06-07T17:22:59.007000000Z,f,Con1CH26,PKG101,Untitled

#group,false,false,false,true,true
#datatype,dateTime:RFC3339Nano,string,string,string,string
#default,,,,,
,_time,_value,_field,_measurement,group
,2023-06-07T17:22:59.007000000Z,"201106092145",Con4CH1,PKG101,Untitled
,2023-06-07T17:22:59.007000000Z,"Q235B",Con4CH2,PKG101,Untitled
,2023-06-07T17:22:59.007000000Z,"5.75",Con4CH3,PKG101,Untitled
,2023-06-07T17:22:59.007000000Z,"1500",Con4CH4,PKG101,Untitled
,2023-06-07T17:22:59.007000000Z,"1576390",Con4CH5,PKG101,Untitled
```

12.3　数据库升迁工具及大数据 BigOffice

数据库支持 SQL 语句且具有较好的开放性，Database Upgrade tool 可将 PDA 高速数据采集分析系统采集的高频数据导入关系型/时序型数据库中，实现高速数据采集点与各数据库表名、字段名及数据的统一；支持离线和在线方式，采用 C/S 架构。对于 B/S 架构的应用，PDA 高速数据采集分析系统作为后台提供各种高速数据服务。

支持的数据库有 Oracle、SQL Server、MongoDB、InfuluxDB 等。

1. SQL Server 数据库配置

在 PDA Server 计算机上手动建立 ODBC 数据源 PDA，在组态文件 Config.csv 中进行相应配置。

设置 SQL Server，使之能被远程访问。SQL Server 数据库配置如图 12.12 所示。

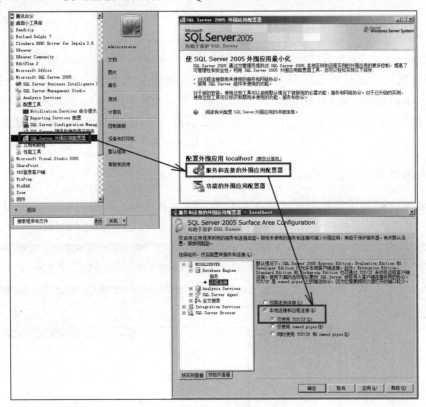

图 12.12　SQL Server 数据库配置

共享 PDAServer 的 BigData 上一级目录，在 SQL Server 计算机上能正常打开该目录。

设置 SQL Server，使之能导入远程数据，远程数据导入设置如图 12.13 所示。

按以下操作步骤，移动 PDA 数据库到别的位置：停止 SQL Server 服务，将 PDA.mdf 和 PDA.ldf 复制到目标位置；右击数据库，在弹出的快捷菜单中，单击"附加"命令。如果系统报错，就将 PDA.mdf 所在的目录安全属性添加所有人有完全控制的权限。

对 PDAServer 和 SQL Server 两台计算机，用一根网线直接连接，避免交换机等任何其他因素的干扰，其他应用程序访问 SQL Server 时，可通过其他网络适配器。

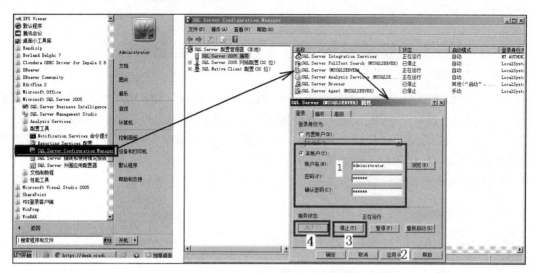

图 12.13 远程数据导入设置

2. 将实时数据导入 SQL Server

通过 dbUpgradeRt.ini 配置实时写数据库的触发条件和哪些变量写入哪张数据库表。

PDA 高速数据采集分析系统可将采集的数据按配置好的周期数，通过 dbUpgradeRtA.exe、dbUpgradeRtB.exe 和 dbUpgradeRtJ.exe 等工具实时保存到 SQL Server/MySQL/Oracle 等关系型数据库，数据保存有多种触发方式，首次运行时按 dbUpgradeRtA.ini、dbUpgradeRtB.ini 和 dbUpgradeRtJ.ini 等的组态自动创建数据库表，组态变化后通过人工按 ini 格式文件配置修改表结构。

3. 将历史数据导入 SQL Server

dbUpgrade.exe 可将历史数据导入关系型数据库中，首次运行时按组态文件 Config.csv 自动创建数据库表，可降频导入数据。图 12.14 所示为 PDA 组态升迁到关系型数据库操作示意。

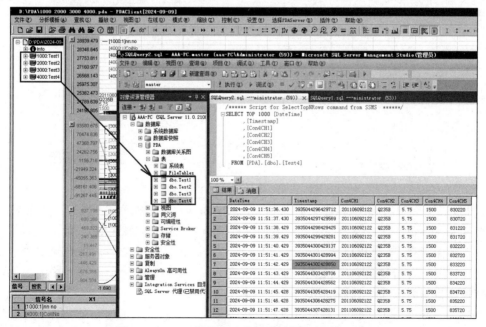

图 12.14 PDA 组态升迁到关系型数据库操作示意

4. 将实时数据导入 influxDB

通过 dbUpgradeRtTS.ini 配置实时写数据库的触发条件和哪些变量写入哪张数据库表。

dbUpgradeRtTS.exe 调用 influx_Rt.exe，在配置文件 dbUpgradeRtTS.ini 满足七种触发条件之一时，实时写一次数据库表，也可以每秒无条件写一次数据库表，每秒可以写入几万采集点数据，支持 0.1s 的触发频度，要对写入 influx 的字段名在组态文件 Config.csv 中的[FFS]栏进行正确配置。IP 地址及采集点配置如图 12.15 所示。

通过 dbUpgradeRtTSsr.exe 可补登最近 7 天没有上传的数据文件，间隔 12 小时扫描一次，10 天前的临时文件被自动删除。

图 12.15　IP 地址及采集点配置

5. 大数据管理

全流程质量管理数据是一种工业大数据，可以借鉴一些专业公司提供的用于大数据存储、检索、分析的常规方法。选择开源系统也是较好的方案，但是这种工业大数据具有非典型性。

从数据仓库中获取数据对任何人来说都是比较困难的一件事情，直观地抽取原始数据、高效地显示原始曲线、便捷地选择分析方法、快速地展示分析结果是工业大数据走入各专业工程师桌面的"最后一公里"，否则，大数据管理难以落地。

大数据时代广大的工程技术人员迫切需要一套 BigOffice。PDA 高速数据采集分析系统正是一套毫秒级实时大数据工具，也是工业大数据采集基础平台。PDA 高速数据采集分析系统把复杂的操作简单化，大量的数学运算高效化，数据的展示图形化。PDA 高速数据采集分析系统为 C/S、B/S 各类架构提供高速数据服务。

PDA 高速数据采集分析系统也可以天然兼容秒级或分钟级的数据采集频度。例如，对铁前工艺流程大数据来说，按天、周或月将炼铁、烧结、焦化工艺流程的所有数据从数据仓库中抽取出来保存为 pda 格式的数据文件，设备工程师和工艺工程师可以从各自的角度对这些数据进行分析。PDA 高速数据采集分析系统具备了常规的数学分析方法，大数据专用分析方法以插件的形式集成到 PDA 高速数据采集分析系统。这样，用户丰富多彩的想法都可以纳入 PDA 高速数据采集分析系统中。PDA 高速数据采集分析系统的数据和功能是完全开放透明的。

输入输出数据和分析方法全部在 Excel 中完成，这样的大数据分析办法也可以取得一定的效果。对用户来说，可操作、可控、可用。

6. 自动报表

自动报表是一种大数据分析统计工具。通过数据库和 PDA 高速数据采集分析系统底层技术，对各类自动报表提供充分支持。图 12.16 所示为微软 Power BI 自动报表示例，图 12.17 所示为帆软自动报表示例，图 12.18 所示为 Grafana 组态信息的实时统计报表示例。

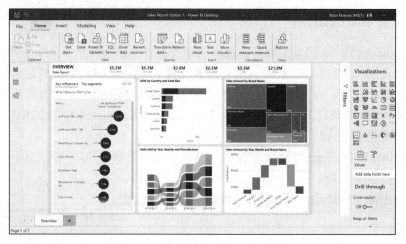

图 12.16 微软 Power BI 自动报表示例

图 12.17 帆软自动报表示例

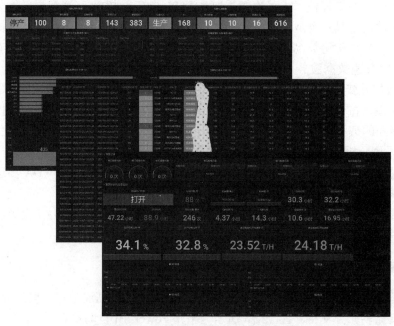

图 12.18 Grafana 组态信息的实时统计报表

7. 全厂毫秒级高速数据采集

PDA 高速数据采集分析系统可在 10ms 内采集 3 万个采集点的数据采集，全厂中的慢速或触发信号统一高速保存，超过 3 万个采集点时，可以采用多台 PDAServer，PDAServer 把采集的信号降频后写入多台 SQL Server、MySQL、ORACLE 等关系型数据库，把毫秒级信号写入 influxDB 等时序型数据库。其他子系统需要的实时数据也由 PDAServer 高速或降频转发。全厂毫秒级高速数据采集系统框架如图 12.19 所示。

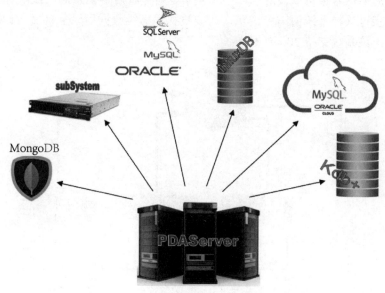

图 12.19 全厂毫秒级高速数据采集系统框架

8. MySQL 和 MongoDB

MongoDB 的优势在于无模式的数据存储、高性能、高扩展性、灵活的查询能力，以及自动分片和负载均衡等特性，这些特性共同确保 MongoDB 在处理大规模数据和高并发访问场景中的高效性和灵活性。

MySQL 数据库优势表现在以下 4 个方面。

（1）易于使用。MySQL 数据库易于安装，并且提供了丰富的安装工具和管理工具，可以让用户轻松地使用和管理 MySQL 数据库。

（2）性能强大。MySQL 数据库使用多种索引技术，查询速度极快，提高了系统的性能。

（3）跨平台。MySQL 数据库支持多种操作系统，可以在 Windows、Linux 和 MAC 等操作系统中运行，可以满足不同用户的需求。

（4）免费。MySQL 数据库是开源的，完全免费，可以大大降低数据库的使用成本。

PDA 高速数据采集分析系统也支持 MySQL 和 MongoDB 的数据迁移。

12.4 设备诊断同步过采样系统

设备诊断同步过采样系统（Device Diagnostic Synchronous Oversampling System）以 PDA 高速数据采集分析系统为依托。

　　PDA 高速数据采集分析系统支持 50kHz 采样速率、0.02ms 采样周期的数据采集，历史数据全保存，支持实时快速傅里叶变换计算和振动曲线分析，可以灵活且连续地选择时间片，也可以选用专用 A/D 转换器和专用存储系统，还可以采用标准 PLC 系统完成信号接入，快速实现系统部署。图 12.20 所示为西门子 S7-1500PLC 过采样系统，图 12.21 所示为倍福 PLC 过采样系统实物照片。

　　PLC 过采样系统中的 AI 模块能实现 16kHz、20kHz 等采样速率，可以满足设备诊断系统加速度传感器、速度传感器、位移传感器等设备的接入，生产工艺数据如转速、电流、压力、流量、温度等常规采样周期信号也可以被准确地同步采集，避免了后期繁杂的离线对齐工作。

　　设备诊断同步过采样系统简洁、透明，在线数据和离线数据可以直接输入诊断分析系统，立即得到计算结果，该系统支持 200 万根谱线。

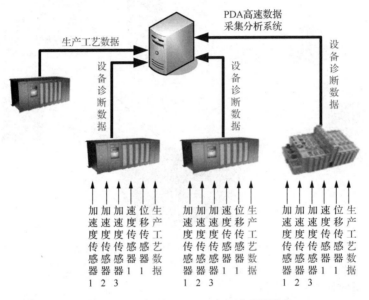

图 12.20　西门子 S7-1500PLC 过采样系统

图 12.21　倍福 PLC 过采样系统实物照片

傅里叶快速变换计算和振动曲线分析如图 12.22 所示。

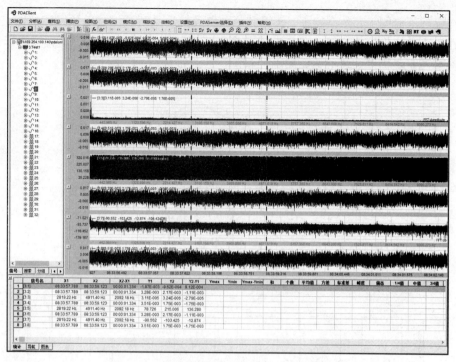

图 12.22 傅里叶快速变换计算和振动曲线分析

12.5 轧辊剥落预警及快停系统

轧机在轧制过程中，轧辊处于复杂的应力状态，如轧辊与轧件接触因摩擦生热、轧辊水冷引起的周期性热应力、轧制负荷引起的接触应力、剪切应力及残余应力等。当轧辊的选材、设计、制作工艺等不合理或轧制时卡钢等造成局部发热而引起热冲击，这些都易使轧辊失效，轧辊剥落是轧辊失效的首要形式。图 12.23 所示为轧辊剥落的多种形式。

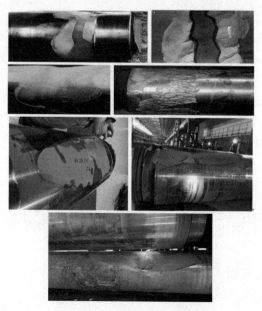

图 12.23 轧辊剥落的多种形式

根据轧辊剥落前的工艺数据特征，轧辊剥落预警及快停系统可以发出预警和快停信号。此时，只需要把轧辊正常抽出检查即可，避免轧辊彻底剥落后对其他子系统造成影响及长时间的故障处理。轧辊剥落预警及快停系统框架如图 12.24 所示。

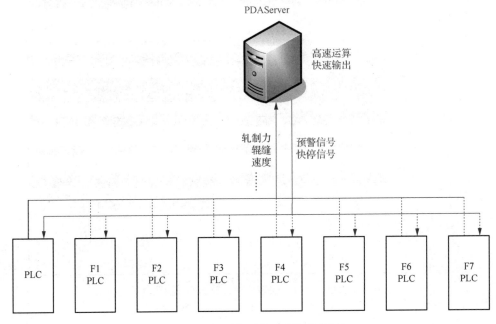

图 12.24　轧辊剥落预警及快停系统框架

12.6　辊道电流监测系统

辊道电流监测系统（Roller Current Monitoring System）监测辊道状态，可以及时避免带钢表面划伤，并且可以判断辊道的其他情况，最终实现辊道状态预报、主动维修，提高设备上线率，降低故障时间，提高产品表面质量。

热轧层流辊道位于精轧机与卷取机中间，其主要作用是把精轧出来的带钢送到卷取机，同时带钢在热轧层流辊道上运输时，辊道上方的冷却设备会持续喷出冷水为带钢降温。热轧层流辊道总长达百余米，具有数百根辊子。这数百根辊子由若干控制器控制，每个控制器控制多个电动机，进而控制一组辊道的运转，一组辊道有 10～30 根辊子。由于热轧层流辊道所处工作环境水汽多、温度高，因此辊道容易过热、其表面的润滑脂流失，经常会出现水汽渗入电动机，造成电动机接地、电动机绝缘性低、电动机卡死等故障，进一步导致带钢被划伤，严重影响产品表面质量。

对于电动机的监控，通常以人工方式对显示屏上电动机的电流曲线进行监测，当发现电流曲线异常变化时，人工报警。由于有多组辊道，每组辊道又有多个电动机，导致电动机数据量巨大，而且某些异常导致的电动机电流变化也很难用肉眼发现，人工方式难以及时发现电动机故障。

某热连轧粗轧辊道布置如图 12.25 所示。某热连轧层流辊道布置如图 12.26 所示。辊道电动机电流互感变送器安装示意如图 12.27 所示。

图 12.25 某热连轧粗轧辊道布置

图 12.26 某热连轧层流辊道布置

图 12.27 电动机电流互感器安装示意

电流监测系统框架如图 12.28 所示。

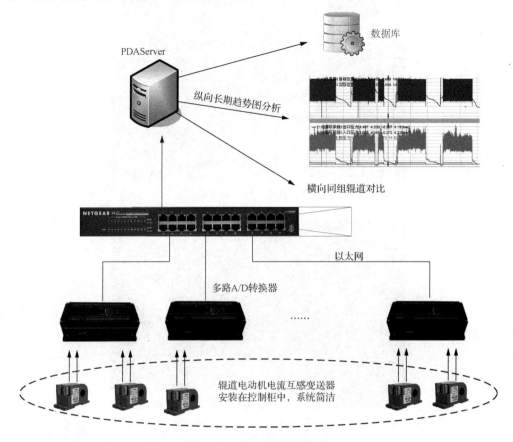

图 12.28　电流监测系统框架

12.7　高频高密高速数据平台的构建

高频指采样时间，高密指空间，高速指访问平台的速度。

基于高分辨率数据的二次分析和开发有着巨大的市场需求，但是门槛高。现在数据分析速度基本是秒级，数据平台升级为高频高密数据平台（High Density Data Platform）是理想的选择。

1. 高频高密数据平台

高频高密数据平台作为一种过渡性的平台，可以存储高频高密数据，对访问平台的速度没有较高要求。常规数据平台可与 PDA 高速数据采集分析系统结合使用，这种情况下的高频高密数据平台的数据流向如图 12.29 所示。

优点：对平台硬件性能没有特殊要求，可保持不变，几乎没有额外成本，工作量也不大，也没有技术瓶颈。

缺点：访问平台的速度会变慢。

2. 高频高密高速数据平台

高频高密高速数据平台可以存储高频高密数据，访问平台的速度达到秒级。

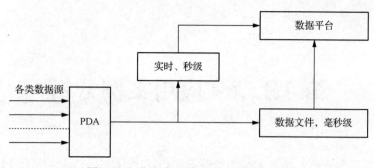

图 12.29 高频高密数据平台的数据流向

3. 实现方式

每个项目安装 PDA 高速数据采集分析系统，将为高分辨率数据平台打下坚实的基础。

高频高密数据平台是数据分析的现实需求，一旦形成高频高密高速数据平台将与竞争对手拉开距离。

4. 与外界的合作

我国工业控制领域高性能控制器基本被国外垄断，例如，现场总线标准、通信协议几乎由国外公司掌控，对工业数据进行高速采集面临诸多技术壁垒和国外的高强度重重加密，自主地拿到我们自己工厂的高频高密数据是一种奢望，这种局面迫切需要改变。

多年来，我们的研发团队专注于通信协议研发、现场总线剖析、高速数据采集、实时数据压缩、海量数据存储、在线数据分析等技术的探究，倾注了无限的精力和热忱，孜孜以求，终于取得了一点点突破，希望能与广大用户分享共勉，对提高我国工业产品产量质量、设备测试、故障诊断、工业 4.0、大数据质量分析贡献一点力量。

有些国外的高速数据采集系统现在越来越封闭，层层加密，作为战略合作伙伴必须要求无条件开放数据接口。

为了大幅度降低高频数据采集的成本，武汉经纬科技有限公司做了不懈的努力，推出了大客户制、包年制等，为大面积普及 PDA 高速数据采集分析系统奠定了基础。这样，分摊到每个项目的成本就基本可以忽略，每个项目安装几套高速数据采集分析系统，实现高频数据应采尽采，将为高分辨率数据平台打下坚实的基础。

武汉经纬科技有限公司只负责基本的数据采集、存储、分析功能，后面的事情都由数据平台来做，包括数据平台与高频数据的快速交换、转换、存储、分析、计算、展示、应用与平台的交互。武汉经纬科技有限公司全力提供底层技术支持，这将是数据平台的一个里程碑。

第13章　应用案例分析

PDA 高速数据采集分析系统在大中型企业得到广泛应用，表 13-1 列举了 PDA 高速数据采集分析系统典型应用案例。下面具体介绍 17 个应用案例。

表 13-1　PDA 高速数据采集分析系统典型应用案例

序号	工艺设备
1	硅钢厂
2	热轧
3	CSP 连铸连轧
4	冷轧
5	复合轧机（子弹外壳）
6	炼钢、连铸
7	钢管
8	加热炉
9	平整机
10	实验室
11	闪光焊机
12	电池能耗曲线测量
13	气力输送实验
14	水泥
15	能源管理
16	数据远传服务
17	数据采集系统改造
18	啤酒厂信息化系统
19	啤酒厂点图分析
20	啤酒厂 CO_2 回收预测及实测数据分析
21	主传动 SL150PLC
22	质量管理及数字钢卷
23	无人机车及智能铁水运输系统
24	全天候少人化码头
25	电液伺服控制系统
26	汽车监控系统
27	热轧厂数字钢卷系统
28	冷轧厂数字钢卷系统
29	基于 IGBT 柔性直流斩波电源的绿色智能超级电弧炉
30	轧制节奏跟踪
31	镰刀弯、翘扣头、跑偏控制

13.1　某热轧厂平整机高速数据采集

某热轧厂平整机偶尔出现振荡，不能正常使用，经历史数据曲线分析（见图 13.1 椭圆中的曲线）发现压力环参数设置不太合适。调整压力环参数后该平整机使用正常。

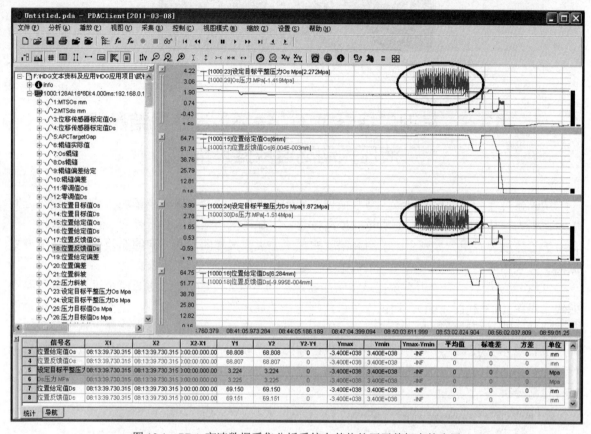

图 13.1　PDA 高速数据采集分析系统在某热轧厂平整机中的应用

13.2　基于 IGBT 柔性直流斩波电源的绿色智能超级电弧炉高速数据采集

绿色智能超级电弧炉如图 13.2 所示。该电弧炉应用了新型绝缘栅双极晶体管（IGBT）柔性直流供电技术、电极无级双控智能调节技术、废钢连续预热技术、废钢阶梯连续加料技术、风冷触针底电极技术、二噁英治理和余热回收技术、智能炼钢技术等先进技术，可快速响应电弧炉内的冶炼供能需求和应对短路过流冲击工况，可缩短冶炼周期至 30min 以内，电耗可低至 250～300（kW·h）/t，电极消耗量为 0.6～0.8kg/t。该电弧炉是新一代绿色、节能、环保、高效型电炉，相比常规电炉，它在提高生产效率、降低电耗和电极消耗、提升金属收得率等方面有极大的优势。PDA 高速数据采集分析系统可采集该电弧炉的电压、电流、有功功率、无功功率等参数，采样周期为 1ms。此外，还可以采集各相电流和电压，采集周期为 50μs，并且可以在线分析高次谐波。

图 13.2　绿色智能超级电弧炉

13.3　某钢厂特厚板坯（铸坯）连铸机结晶器液压振动高速数据采集

结晶器是连铸机的核心设备，与机械振动相比，液压振动能有效减小铸坯与结晶器铜管之间的摩擦阻力，从而提高铸坯表面质量，提高拉速，增加产量；采用板弹簧导向，无机械磨损，设备维护工作量和费用大大减少；采用高精度的预应力板弹簧导向，各方向的偏差小；可在线调整振幅、振频和波形，实现正弦或非正弦振动，适应各钢种的浇注工艺要求。

PDA 高速数据采集分析系统记录了结晶器起振和停振的过程数据，生成两个过程的各种参数曲线（见图 13.3 和图 13.4）。调试人员可依据这些曲线波形调节各种参数，使反馈量与给定量尽可能快速跟随且超调量很小。有时由于液压油液不太干净而导致伺服阀出现堵塞，这个现象能从曲线上直观体现出来，方便调试人员快速找出原因。一般生产现场工人发现结晶器液压停振后可将历史数据曲线调出，以便判断是信号干扰、摩擦力太大、油路堵塞还是操作不规范造成停振，进行定量分析。

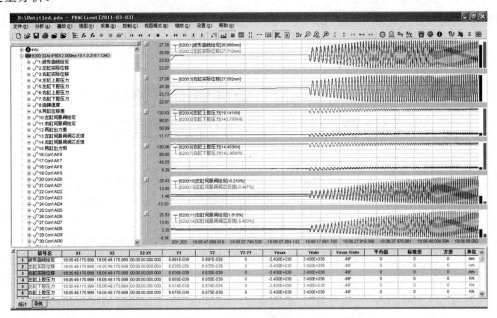

图 13.3　结晶器液压振动启动过程的各种参数曲线

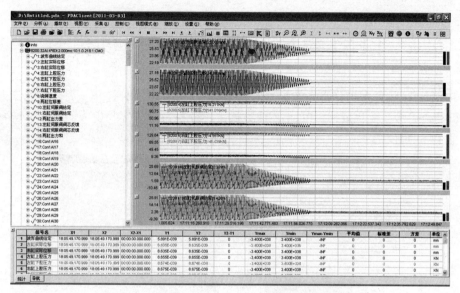

图 13.4 结晶器液压振动停止过程的各种参数曲线

13.4 某热轧控制系统高速数据采集

PDA 高速数据采集分析系统采集并生成的某热轧控制系统的数据曲线如图 13.5 所示。采集点数为 9200，采样周期为 1.95ms。

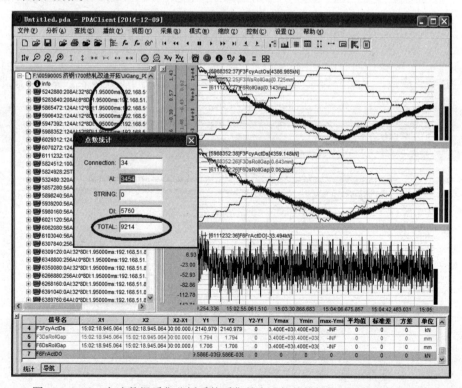

图 13.5 PDA 高速数据采集分析系统采集并生成的某热轧控制系统的数据曲线

13.5　气力输送系统高速数据采集

利用 PDA 高速数据采集分析系统配置的复杂数学公式，可同时打开一周以内的气力输送实验数据，分析其中的参数变化规律。PDA 高速数据采集分析系统采集并生成的气力输送系统各种参数曲线如图 13.6 所示。

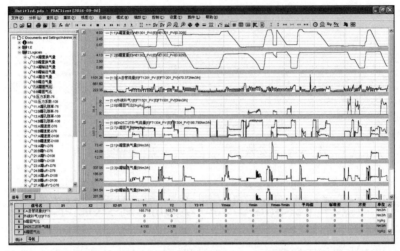

图 13.6　PDA 高速数据采集分析系统采集并生成的气力输送系统各种参数曲线

13.6　某机组作业时间统计报表

通过 PDA 高速数据采集分析系统，可为某机组生成作业时间统计报表。某机组作业时间日报表和月报表如图 13.7 所示，某机组作业时间日班报表和月班报表如图 13.8 所示。

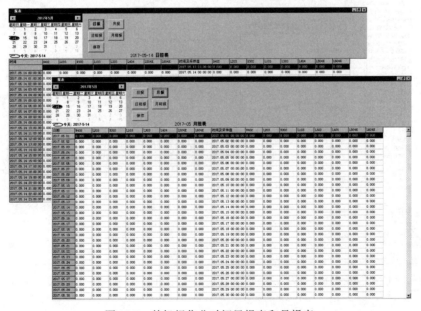

图 13.7　某机组作业时间日报表和月报表

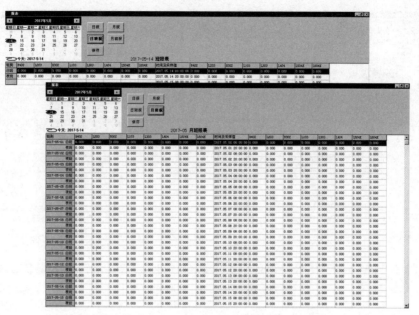

图 13.8 某机组作业时间日班报表和月班报表

13.7 钢管轧制高速数据采集

某钢管厂利用 PDA 高速数据采集分析系统控制钢管的轧制，采集点数为 9906，采样周期为 2ms，采集数据对象为西门子 S7-1500PLC 和 TDC，需要采集数据的控制功能区为液压孔型控制系统、轧机主传动、轧机辅传动、轧机区硬件 IO、轧机区控制逻辑、张减机主传动、张减机冷床区辅传动、张减机冷床区硬件 IO、张减机冷床区逻辑。图 13.9 所示为 PDA 高速数据采集分析系统采集并生成的各种参数曲线。

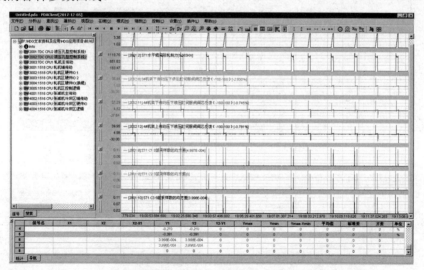

图 13.9 PDA 高速数据采集分析系统采集并生成的各种参数曲线

利用某钢管厂定制函数 RisingEdgeInterval 计算每根钢管的轧制时间，统计的轧制时间曲线如图 13.10 所示。

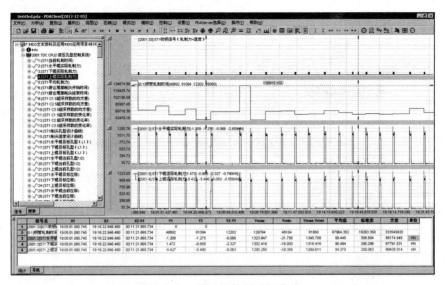

图 13.10 统计的轧制时间曲线

13.8 电能管理系统高速数据采集

节能减排是降低成本的有效手段，采集电能管理系统数据，有利于制造业企业节能减排。PDA 高速数据采集分析系统除了提供对设备能耗特点进行综合分析的方法，还可作为工厂日常用电量管理工具，生成相关报表，报表栏目是动态设定的。图 13.11 所示为全厂空压机用电量统计报表，图 13.12 所示为总降分表总和统计报表，图 13.13 所示为水泥磨电能统计表，图 13.14 所示为窑头煤磨设备 1 电能统计报表。

图 13.11 全厂空压机用电量统计报表

图 13.12 总降分表总和统计报表

图 13.13 水泥磨电能统计表（`I:\PDA水泥厂一周数据\BigData\窑头煤磨设备1.pda`）

标签栏：全厂空压机用电量 | 原料煤磨设备2 | 总表 | 总降分表总和 | 搅拌站 | 水泥磨水泵外供电表 | **水泥磨电能统计表** | 熟料电能统计表 | 生料磨用电量月报表 | 窑头煤磨

序号	日期时间	班别	水泥磨1#变压器 电能示值kWh	倍率/电度kWh	水泥磨2#变压器 电能示值kWh	倍率/电度kWh	1#磨主电机 电能示值kWh	倍率/电度kWh	2#磨主电机 电能示值kWh	倍率/电度kWh	1#磨排风机 电能示值kWh	倍率/电度kWh	2#磨排风机 电能示值kWh	倍率/电度kWh	1#磨辊压机1 电能示值kWh	倍率/电度kWh	1#磨辊压机2 电能示值kWh	倍率/电度kWh	2#磨辊压机1 电能示值kWh	倍率/电度kWh	2#磨辊压机2 电能示值kWh
0	2018-09-01 23:30:00	期初	6652.80	2000	5455.15	2000	14352.92	4000	14438.02	4000	4333.20		4524.33		4112.64		4105.82	2000	4028.88	2000	4527.24
1	2018-09-02 07:30:00	夜班	6654.89	4180.0	5456.93	3560.0	14357.73	19240.0	14442.80	19120.0	4334.72	3040.0	4525.81	2960.0	4114.16	3040.0	4107.32	3000.0	4030.19	2620.0	4528.68
2	2018-09-02 15:30:00	早班	6657.11	4440.0	5458.80	3740.0	14362.54	19240.0	14447.55	19000.0	4337.20	2960.0	4527.29	2960.0	4115.61	2900.0	4108.75	2860.0	4031.49	2600.0	4530.12
3	2018-09-02 23:30:00	中班	6659.31	4400.0	5460.68	3760.0	14367.35	19240.0	14452.32	19080.0	4337.70	2960.0	4528.74	2900.0	4117.21	3200.0	4110.39	3280.0	4032.83	2680.0	4531.59
4	2018-09-03 07:30:00	夜班	6661.47	4320.0	5462.46	3560.0	14372.15	19080.0	14457.29	19000.0	4339.19	2980.0	4530.20	2900.0	4119.88	3360.0	4112.11	3440.0	4034.08	2500.0	4533.01
5	2018-09-03 15:30:00	早班	6663.68	4420.0	5464.30	3680.0	14376.95	19240.0	14461.87	19120.0	4340.69	3000.0	4531.65	2900.0	4120.46	3140.0	4113.72	3220.0	4035.39	2620.0	4534.46
6	2018-09-04 07:30:00	夜班	6665.89	4420.0	5466.18	3760.0	14381.75	19200.0	14466.64	19080.0	4342.19	3000.0	4533.11	2920.0	4121.98	3040.0	4115.23	3020.0	4036.75	2620.0	4535.92
7	2018-09-04 23:30:00	中班	6667.99	4200.0	5467.98	3600.0	14386.56	19240.0	14471.40	19040.0	4343.70	3020.0	4534.59	2960.0	4123.65	3400.0	4116.93	3400.0	4037.95	2500.0	4537.35
8	2018-09-04 15:30:00	早班	6670.22	4460.0	5469.83	3700.0	14391.41	19400.0	14476.17	19080.0	4345.21	3020.0	4536.05	2920.0	4125.16	3020.0	4118.40	2940.0	4039.27	2640.0	4538.83
9	2018-09-05 07:30:00	夜班	6672.49	4540.0	5471.77	3880.0	14396.39	19520.0	14480.93	19040.0	4346.77	3120.0	4537.50	2900.0	4126.71	3100.0	4119.89	2980.0	4040.54	2540.0	4540.30
10	2018-09-05 23:30:00	中班	6674.73	4480.0	5473.72	3900.0	14401.18	19560.0	14485.69	19040.0	4348.36	3180.0	4538.97	2940.0	4127.97	2520.0	4121.08	2380.0	4041.96	2680.0	4541.78
11	2018-09-05 15:30:00	早班	6676.99	4520.0	5475.69	3940.0	14406.03	19360.0	14490.46	19000.0	4349.92	3060.0	4540.43	2920.0	4129.49	3040.0	4122.99	3040.0	4043.31	2700.0	4543.26
12	2018-09-05 23:30:00	中班	6679.31	4640.0	5477.53	3680.0	14410.82	19400.0	14495.21	19000.0	4351.40	2960.0	4541.90	2940.0	4131.06	3140.0	4124.12	3100.0	4044.67	2720.0	4544.78
13	2018-09-06 07:30:00	夜班	6681.26	3900.0	5479.29	3520.0	14415.67	19400.0	14499.98	19080.0	4352.94	3000.0	4543.39	2980.0	4132.65	3180.0	4125.68	3120.0	4046.02	2700.0	4546.30
14	2018-09-06 15:30:00	早班	6683.53	4540.0	5481.03	3480.0	14420.50	19320.0	14504.75	19080.0	4354.50	3100.0	4544.92	3000.0	4134.34	3380.0	4127.35	3340.0	4047.33	2620.0	4547.77
15	2018-09-06 23:30:00	中班	6685.80	4540.0	5482.74	3420.0	14425.31	19720.0	14509.51	19040.0	4356.06	3140.0	4546.45	3040.0	4135.92	3160.0	4128.91	3120.0	4048.64	2620.0	4549.24
16	2018-09-07 07:30:00	夜班	6687.99	4300.0	5484.42	3360.0	14430.13	19280.0	14514.29	19120.0	4357.65	3180.0	4548.00	3020.0	4137.40	2920.0	4130.37	2920.0	4049.94	2600.0	4550.71

图 13.13　水泥磨电能统计表

标签栏：原料煤磨设备2 | 总表 | 总降分表总和 | 搅拌站 | 水泥磨水泵外供电表 | 水泥磨电能统计表 | 熟料电能统计表 | 生料磨用电量月报表 | **窑头煤磨设备1**

序号	日期时间	班别	1805 电能示值kWh	倍率/电度kWh	66206屏2 电能示值kWh	倍率/电度kWh	66206屏1 电能示值kWh	倍率/电度kWh	2705VS-W 电能示值kWh	倍率/电度kWh	2719 电能示值kWh	倍率/电度kWh	黄沙破碎 电能示值kWh	倍率/电度kWh	当班总电度	当班产量	单位电耗	操作工
0	2018-09-01 23:30:00	期初	2783.88	20	903.44	40	5808.33	40	2986.92	40	6808.81	80	3683.40	120				
1	2018-09-02 07:30:00	夜班	2784.63	15.0	903.65	8.4	5810.05	68.8	2987.94	40.4	6816.73	633.6	3684.26	103.2	869.40			
2	2018-09-02 15:30:00	早班	2785.53	18.0	903.88	9.2	5811.98	77.2	2989.10	46.4	6824.71	638.4	3687.12	343.2	1132.40			
3	2018-09-02 23:30:00	中班	2786.49	19.2	904.10	8.8	5813.99	80.4	2990.38	51.2	6832.78	645.6	3688.21	130.8	936.00			
4	2018-09-03 07:30:00	夜班	2787.35	17.2	904.31	8.4	5815.73	69.6	2991.41	41.2	6841.00	657.6	3688.91	84.0	878.00			
5	2018-09-03 15:30:00	早班	2788.08	14.6	904.53	8.8	5817.64	76.4	2992.56	46.0	6849.17	653.6	3690.05	136.8	936.20			
6	2018-09-03 23:30:00	中班	2789.12	20.8	904.76	9.2	5819.49	74.0	2993.67	44.4	6857.36	655.2	3692.55	300.0	1103.60			
7	2018-09-04 07:30:00	夜班	2790.00	17.6	904.99	9.2	5821.52	81.2	2994.91	49.6	6865.48	649.6	3693.54	118.8	926.00			
8	2018-09-04 15:30:00	早班	2790.82	16.4	905.20	8.4	5823.27	70.0	2995.94	41.2	6873.22	619.2	3695.02	177.6	932.80			
9	2018-09-04 23:30:00	中班	2791.70	17.6	905.43	9.2	5825.10	73.2	2997.04	44.0	6881.31	647.2	3698.41	406.8	1198.00			
10	2018-09-05 07:30:00	夜班	2792.63	18.6	905.65	8.8	5826.97	74.8	2998.17	45.2	6889.45	651.2	3698.49	9.6	808.20			
11	2018-09-05 15:30:00	早班	2793.52	17.8	905.87	8.8	5828.84	74.8	2999.07	36.0	6897.69	659.2	3699.99	180.0	982.20			
12	2018-09-05 23:30:00	中班	2794.43	18.2	906.12	9.6	5830.83	77.2	3000.48	46.4	6905.79	655.2	3702.31	278.4	1085.00			
13	2018-09-06 07:30:00	夜班	2795.42	19.8	906.35	7.6	5833.76	77.6	3001.63	46.0	6914.12	666.4	3702.84	63.6	882.60			
14	2018-09-06 15:30:00	早班	2796.68	25.2	906.60	10.0	5834.82	82.0	3002.80	46.8	6922.47	668.0	3703.32	57.6	889.60			
15	2018-09-06 23:30:00	中班	2797.71	20.6	906.83	9.2	5836.79	78.8	3003.91	44.4	6930.88	672.8	3704.49	140.4	966.20			
16	2018-09-07 07:30:00	夜班	2798.66	19.0	907.07	9.6	5838.76	78.8	3005.04	45.2	6939.38	680.0	3705.04	66.0	898.60			

图 13.14　窑头煤磨设备 1 电能统计报表

高速响应、参数完备的三相网络电力仪表是电能管理系统的必要条件。北京爱博精电合资生产的 Acuvim II 系列三相网络电力仪表（见图 13.15）功能较完善：全参数测量，双向四象限 0.2s 级电能计量；电能质量事件记录和波形记录功能，为事故追忆提供技术依据；支持 RS485、PROFIBUS、以太网，支持 Web 浏览，定时发送邮件，支持 Modbus-TCP 通信协议；提供全参数的定时记录功能；实测量每周波通信刷新，适用于要求高响应速度的场合。

图 13.15　Acuvim II 系列三相网络电力仪表

13.9　其他数据采集系统的改造

某些数据采集系统采用了一些专用的设备、专用的通信网络、专用的服务器，系统异常复杂，价格昂贵，一旦出故障，恢复功能很困难，可以采用 PDA 高速数据采集分析系统对其进行改造。图 13.16 所示为某钢厂采用 PDA 高速数据采集分析系统改造主机网络。

图 13.16　采用 PDA 高速数据采集分析系统改造主机网络

13.10　某铁路站与铁路局之间的数据远传

某铁路站控制系统由 S7-200 smart 组成，其上级单位铁路局需要采集该控制系统的信号，但只能通过 Modbus-TCP 通信协议，而 S7-200 smart 使用的 Modbus-TCP 通信协议比较麻烦。此时，可通过 PDAServer 进行通信，把采集的实时数据映射到 Modbus 寄存器，铁路局与 ModbusTcpServer 通信即可获得需要的数据。图 13.17 所示为某铁路站和铁路局的数据远传网络示意。

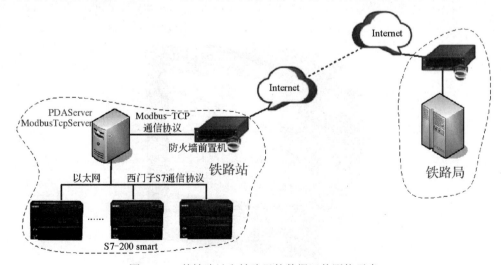

图 13.17　某铁路站和铁路局的数据远传网络示意

13.11　动态运行记录及抄表系统高速数据采集

根据自动保存在 BigData 中的分析策略文件（pda 格式文件）自动生成报表，默认记录时间间隔为 1s，按分钟统计累加值（此时组态文件 Config.csv 中的 I=1）或累加值平均值(I=2)或瞬时值(I<>1 或 2)，每小时求一个值。对布尔量和字符串只求瞬时值。13.18 所示为动态运行记录及抄表系统运行界面。

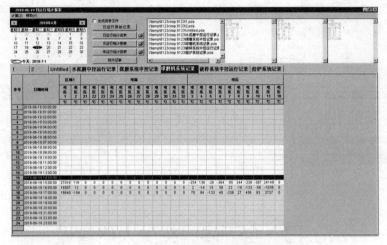

图 13.18　动态运行记录及抄表系统运行界面

13.12　无人机车及智能铁水运输系统高速数据采集

无人机车及和智能铁水运输系统已投入使用，但是该系统中的无人驾驶、摘挂钩、驻车防溜、定位、脱轨检测、环境感知、设备保障、行车调度、远程集控等子系统的任何故障都可能引起灾难性的后果。为阶范这些子系统发生故障，需要采用 PDA 高速数据采集分析系统，对相关参数曲线进行监控。图 13.19 所示为铁水运输机车，图 13.20 所示为无人机车相关参数曲线。

图 13.19　铁水运输机车

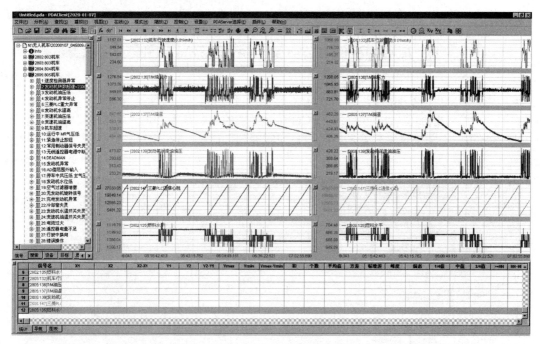

图 13.20　无人机车相关参数曲线

13.13　全天候码头少人化管理

港机无人驾驶、钢卷自动吊运、码头智能化管控等子系统的应用将码头作业人员从危险的工作环境中解放出来，实现全天候码头少人化管理。图 13.21 所示为全天候码头钢卷自动吊运作业现场。

图 13.21　全天候码头钢卷自动吊运作业现场

图 13.22 所示为通过 PDA 高速数据采集分析系统采集并生成的各种参数曲线，其中包括漏波电缆无线信号强度及信噪比曲线，用于监控全天候码头作业现场。

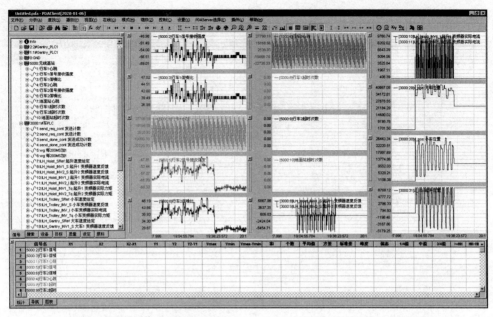

图 13.22　通过 PDA 高速数据采集分析系统采集并生成的各种参数曲线

13.14　电液伺服控制系统高速数据采集

由伺服电动机驱动液压缸进行高精度闭环控制，定位精度可达到微米级，而不需伺服阀和大型液压站，系统成本低、维护工作量小、可靠性高。

通过 PDA 高速数据采集分析系统，可生成图 13.23 所示的电液伺服控制系统毫秒级数据曲线。

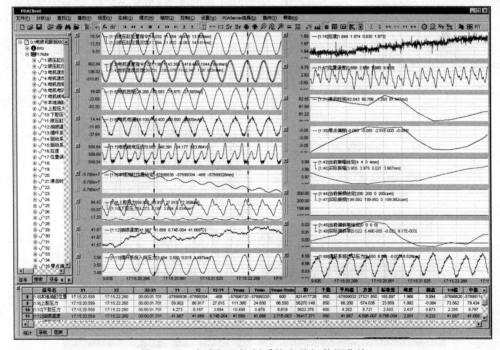

图 13.23　电液伺服控制系统毫秒级数据曲线

图 13.24 所示为电液伺服控制系统秒级数据曲线。

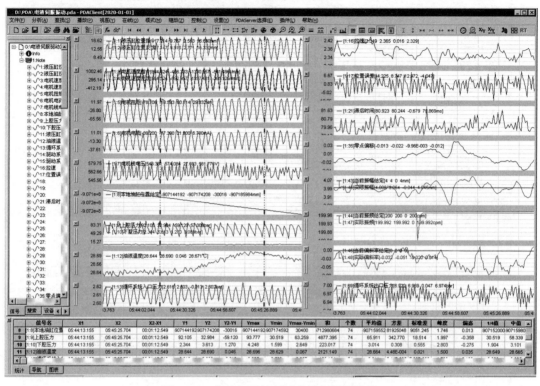

图 13.24　电液伺服控制系统秒级数据曲线

13.15　汽车监控系统高速数据采集

目前，各类汽车大多采用 CAN 总线控制（见图 13.25）。PDA 高速数据采集分析系统支持 CAN 总线标准帧和扩展帧，可以高速采集所有帧的 ID，是汽车监控、无人驾驶调试的有效工具。图 13.26 所示为某汽车的 CAN 总线数据采集示例。

图 13.25　基于 CAN 总线控制的各类汽车

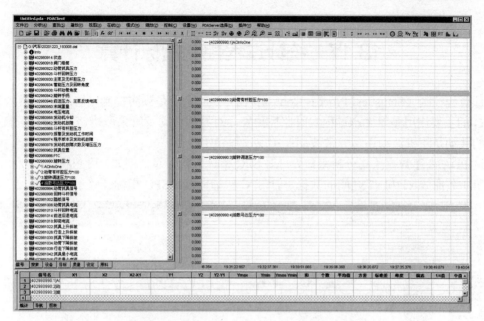

图 13.26　某汽车的 CAN 总线数据采集示例

13.16　某啤酒厂高速数据采集及点图分析

通过 PDA 高速数据采集分析系统采集某啤酒厂 30 多台 PLC 和电表的数据，通过点图分析 CO_2 回收及消耗、低压电度表、高压电度表、水量、压缩空气、蒸汽等变化情况。

将采集的秒级数据导入 SQL Server，将毫秒级数据导入 influxDB 数据库，所有数据表格均自动创建，表结构与 PDA 高速数据采集分析系统中的分析模板一致。图 13.27 所示为采集的啤酒厂部分能耗数据。

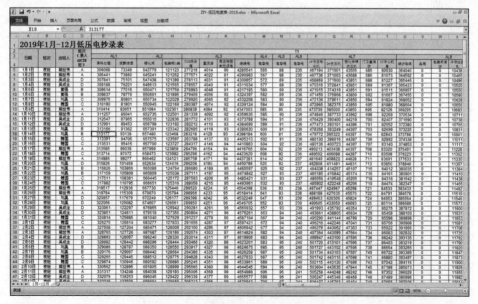

图 13.27　采集的啤酒厂部分能耗数据

13.17 统计过程控制指标计算

统计过程控制（Statistical Process Control，SPC）的宗旨是预防控制，防患于未然。

SPC 的主要作用是对生产过程实时监控预警，对异常波动及时采取措施，实时改进；判断生产过程的波动是随机波动还是异常波动；实现过程稳定受控。

通过 PDA 高速数据采集分析系统，可对 SPC 指标进行计算。例如，可利用图 13.28 中的当前显示区第 1 条曲线 x1 和 x2 之间的数据进行 SPC 指标计算。SPC 指标计算示例如图 13.28 所示。

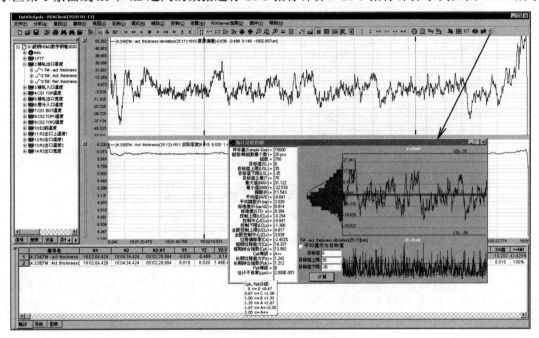

图 13.28 SPC 指标计算示例